D1942675

Konrad Lorenz

Vergleichende Verhaltensforschung

Grundlagen der Ethologie

Konrad Lorenz

Vergleichende Verhaltensforschung

Grundlagen der Ethologie

Springer-Verlag Wien New York

Vergleichende Verhaltensforschung
Prof. Dr. Konrad Lorenz

Das Werk ist urheberrechtlich geschützt.
Die dadurch begründeten Rechte, insbesondere die der Übersetzung, des Nachdruckes, der Entnahme von Abbildungen, der Funksendung, der Wiedergabe auf photomechanischem oder ähnlichem Wege und der Speicherung in Datenverarbeitungsanlagen, bleiben, auch bei nur auszugsweiser Verwertung, vorbehalten.

Porträtphoto von Hans J. Böning, Wien

Mit einem Porträt und 32 Abbildungen

Sonderausgabe für Weltbild Verlag GmbH, Augsburg 1995
© 1978 Springer-Verlag/Wien
Umschlaggestaltung: Adolf Bachmann, Reischach
Gesamtherstellung: Druckerei zu Altenburg GmbH, Altenburg

Printed in Germany
ISBN 3-89350-975-5

An Nikolaas Tinbergen

Statt eines Vorworts

Genausowenig wie Darwin beabsichtigte, den Darwinismus zu erfinden, haben die Väter der Vergleichenden Verhaltensforschung einen neuen „Ismus“ in die Welt setzen wollen, als sie die Ergebnisse ihrer Forschungen deuteten und mitteilten. Trotzdem wurde in beiden Fällen das gültige Weltbild unserer Kultur entscheidend durch die neuen Erkenntnisse gewandelt. Auch diejenigen, die zunächst Darwins Schlüsse ablehnten, mußten sich mit ihnen weiterhin auseinandersetzen; und dabei erwies sich bekanntlich solche Ablehnung als weit schwieriger, als man zunächst meinte. Das gleiche gilt für die Kritik an der Vergleichenden Ethologie.

Da beide Male – in Wirklichkeit oder nur scheinbar – weltanschauliche Werte im Spiele waren und sind, wurde das Neue von den berufsmäßigen Hütern geheiligter Überlieferungen oft erstaunlich heftig angegriffen; und da es auch in Wissenschaft und Politik vergleichbare Doktrinen gibt, so fechten bis in unsere Tage hinein deren Vertreter zuweilen mit einem grimmen Eifer, der an Religionskämpfe vergangener Jahrhunderte erinnert.

Neue Erkenntnisse und Gedankengänge stecken den Rahmen für das gewandelte Bild der Welt zunächst meist in großen Zügen ab. Kleinarbeit an den Einzelheiten gibt dem Ganzen dann die Klarheit und Überzeugungskraft. Allerdings wurde beim Darwinismus solche Arbeit weitgehend schon von Charles Darwin selber geleistet; Entsprechendes gilt für die Vergleichende Ethologie, bei der man sich auch von vornherein nicht mit großzügig angenommenen Perspektiven begnügt hat.

Wie sehr dann in wenigen Jahrzehnten der Darwinismus zum festen Bestandteil der abendländischen Kultur geworden ist, erkennt man nicht nur an den mehr oder weniger geglückten Versuchen, ihn in ihren verschiedenen Teilgebieten anzuwenden; auch uns heute selbstverständlich erscheinende sprachliche Wendungen zeugen von dieser „Integration“.

Das ist ähnlich bei der nun seit etwa vierzig Jahren mehr und mehr „ins öffentliche Bewußtsein getretenen“ Vergleichenden Verhaltensforschung; und auch hier bemerkt der aufmerksame Kenner, wie sehr bei wissenschaftlichen oder gesellschaftspolitischen Gesprächen oder Veröffentlichungen stillschweigend schon so manches aus dem Gedankengut und dem Wortschatz der Ethologie übernommen wird.

Schließlich ergibt sich noch etwas Sonderbares: Sowohl beim Darwinismus wie bei der Vergleichenden Ethologie drängt sich ein verwegen erscheinender Vergleich auf, der aber wesentliche Züge einer Entwicklung trifft: Das Christentum tauchte zunächst als ein, den „anderen“ unauffälliges Urchristentum auf, das anschließend jedoch als lästig empfunden und daher vom geistigen „Establishment“ bekämpft wurde. Sodann entwickelte sich aus einer ecclesia militans eine ecclesia triumphans, mit der die Mächtigen der Welt paktierten, wobei die Lehre merklich im Sinne der jeweiligen Politik „entschärft“ wurde. – So ähnlich verhält es sich nun auch mit der Vergleichenden Verhaltenslehre: Sie gilt nun weitgehend als allgemein anerkannt; und schon versucht man, aus ihr eine gezielt beschnittene Doktrin zu machen, zu deren Verwaltung sich eifrige Leute drängen. – In jedem der verglichenen Fälle war das durchaus nicht „im Sinne der Erfinder".

Da ist es zur Klärung allemal gut, zu den Quellen hinaufzusteigen und nachzusehen, wo die Ursprünge waren, und wie sich alles seinerzeit entwickelt hat. Dabei schärft sich der Blick für den wesentlichen Kern und das Beiwerk, sowie für sachliche und persönliche Gründe und Bedeutung unausweichlicher Auseinandersetzungen. So sehe ich den Sinn dieses Buches.

Ob es ganz objektiv ist? – Das wäre zuviel verlangt! Denn wer kann die Entwicklung seiner Kinder ganz objektiv sehen? Daß es redlich ist, darauf kommt es an; und das muß man ihm zuerkennen. Nicht das Durchsetzen einer Doktrin wird hier betrieben, sondern hier werden dargestellt die Entwicklung und der Inhalt eines neu-entstandenen Wissenschaftszweiges und seiner vielfältigen und sorgsam abgewogenen Methoden. Das Buch ist auch frei von der Meinung, man müsse – um das Gesicht zu wahren – auf Entdeckungsschritten verharren, die einst originell waren, nun aber teilweise überholt sind. Der Verfasser zeigt sich offen jeder sinnvollen Kritik und Korrektur, ist jedoch ausreichend unhöflich, um unhaltbare Einwände begründet abzuweisen.

Genauso wie manche Historiker es ablehnen, aus der Geschichte Lehren für zukünftiges Handeln zu ziehen, hat man Konrad Lorenz schon vorgeworfen, er wolle leichtfertig auf den Menschen anwenden, was er an Enten und Gänsen erforscht habe. Solche Skeptiker kommen sich immer sehr weise vor; denn mit Recht können sie jedesmal darauf hinweisen, daß nicht nur die Vergangenheit und die Zukunft in der Gesamtheit ihrer Faktorenkombination kaum zu vergleichen sind, sondern daß auch der Mensch gegenüber anderen Lebewesen viel Unvergleichbares bietet.

Trotzdem ist das eine unfruchtbare Einstellung, der die weit bescheidenere des Verfassers vorzuziehen ist: Er hat nie behauptet, die Vergleichende Ethologie könne etwa den Menschen erklären. Aber er hat immer wieder versucht zu zeigen, daß es sinnvoll ist, diejenigen Wesensbereiche des Menschen zu erkennen, die dieser mit sehr vielen anderen Lebewesen – keinesfalls nur Enten und Gänsen! – gemeinsam hat. Es gibt zahlreiche Verhaltensweisen, die sicher hundertmal älter sind als das Menschengeschlecht, und von denen man erkannt hat, daß und welche Allgemeingültigkeit sie haben. Sie stecken auch noch in uns und bestimmen unser Handeln und schon unsere Erkenntnisfähigkeit mehr, als wir bislang geahnt haben, – und mehr, als wir oft wahr haben wollen. Auf diesem tiefreichenden Fundament steht dann der sehr zerbrechliche Oberbau des wahrhaft Humanen, um den wir heute und morgen mehr bangen müssen als je zuvor. Wollen wir ihn schützen, müssen wir ihn erkannt haben; wollen wir ihn erkennen, müssen wir auch das kreatürliche Fundament kennen, das ihn trägt, – eben das ur-alte Vor-Humane, das die Ethologie vergleichend erforscht.

So ist die Beschäftigung mit der Vergleichenden Verhaltensforschung nicht etwa nur ein „Elfenbeinturm-Bauen", sondern eine politische Notwendigkeit.

Gerolf Steiner

Inhaltsverzeichnis

Historische Einleitung

Die *Ethologie* oder *vergleichende Verhaltensforschung* ist leicht zu definieren: Sie besteht darin, auf das Verhalten von Tieren und Menschen alle jene Fragestellungen und Methoden anzuwenden, die in allen anderen Zweigen der Biologie seit Charles Darwin selbstverständlich sind.

Wenn man in Betracht zieht, mit welcher Schnelligkeit die Gedanken der Evolution und insbesonders die der Darwinschen Erkenntnis der natürlichen Selektion in den allermeisten Zweigen biologischer Wissenschaft Fuß faßten, sucht man nach einer Erklärung, warum sie in die Wissenschaften der Psychologie und der Verhaltensforschung so spät Eingang fanden. Der Hauptgrund hierfür war der Meinungsstreit zwischen zwei großen Psychologen-Schulen, der das Eindringen biologischen Denkens in die Verhaltensforschung verhinderte.

Die Erbitterung, mit der dieser Meinungsstreit ausgefochten wurde, war vor allem durch die weltanschauliche Verschiedenheit der Gegner genährt. Die Schule der Zweckpsychologie (purposive psychology), die vor allem von William McDougall und späterhin von Edward Chase Tolman vertreten wurde, postulierte einen außernatürlichen Faktor: Der „Instinkt" wurde als ein Agens betrachtet, das einer natürlichen Erklärung weder bedürftig, noch zugänglich ist. „Wir betrachten den Instinkt, aber wir erklären ihn nicht", schrieb Bierens de Haan noch 1940. Diesem Begriff des Instinktes haftete stets auch die Vorstellung von seiner Unfehlbarkeit an. McDougall lehnte alle mechanistischen Erklärungen des Verhaltens ab, z. B. betrachtete er es als eine Auswirkung des Instinktes, wenn Insekten zweckmäßigerweise dem Hellen zustreben, die Möglichkeit einer mechanistischen Erklärung durch Tropismen gab er nur dort zu, wo diese Tiere höchst unzweckmäßigerweise in ein brennendes Licht fliegen. In allem, was sie tun, verfolgen die Tiere, nach Meinung McDougalls und seiner Schule, einen Zweck (purpose) und dieser Zweck ist von ihrem außernatürlichen und untrüglichen Instinkt gesetzt.

Die Schule des Behaviorismus (von engl. behaviour = Verhalten) kritisierte mit Recht die Annahme außernatürlicher Faktoren als unwissenschaftlich und stellte die Forderung nach ursächlicher Erklärung. In ihrer Methodik suchte sie sich möglichst weit von derjenigen der Zweckpsychologen abzusetzen. Sie betrachtete das kontrollierte Experiment als einzig legitime Wissensquelle. Empirische Methoden sollten an Stelle philosophischer Spekulation treten.

Mit Ausnahme einer gewissen Geringschätzung der einfachen Beobachtung enthielt dieses Programm keinen methodologischen Fehler, dennoch zeitigte es eine böse Folge: Es konzentrierte das gesamte Forschungsinteresse auf jene Anteile tierischen und menschlichen Verhaltens, mit denen sich am besten experimentieren ließ – und führte so zum Erklärungsmonismus.

Aus einer Kombination der Assoziationslehre Wilhelm Wundts mit der zur Zeit in der Psychologie herrschenden Reflextheorie, sowie mit den Ergebnissen I. P. Pawlows ließ sich leicht ein Verhaltensmechanismus abstrahieren, dessen Beschaffenheit ihn zum idealen Objekt experimenteller Forschung stempelte, nämlich die sogenannte *bedingte Reaktion.*

Zu seiner Zeit war das Verfahren der Behavioristen mit seiner korrigierenden Kritik an den Meinungen der Purposivisten durchaus begrüßenswert. Unmerklich aber schlich sich ein verderblicher logischer Fehler in das behavioristische Denken ein: Weil man nur die Lernvorgänge experimentell untersuchen kann und alles Verhalten experimentell untersucht werden muß, dann muß, so schloß die behavioristische Lehrmeinung, alles Verhalten erlernt sein – was natürlich nicht nur logisch falsch, sondern auch faktisch ein vollkommener Unsinn ist.

Das Wissen um die gegnerische Meinung und die berechtigte Kritik an ihr drängten sowohl Purposivisten wie Behavioristen in extreme Stellungen, die weder die einen noch die anderen sonst eingenommen hätten. Waren die Einen von einer mystischen Ehrfurcht vor „dem Instinkt" erfüllt und trauten dem Angeborenen übergroße Leistungen, ja sogar Unfehlbarkeit zu, so leugneten die Anderen seine Existenz. Die Purposivisten, die offene Augen für angeborene Verhaltensweisen hatten, hielten alles Instinktive für unerklärlich und weigerten sich, wie Bierens de Haan, seine Kausalanalyse auch nur zu versuchen. Diejenigen, die sehr wohl fähig und bereit gewesen wären eine solche analytische Forschung in Angriff zu nehmen, leugneten die Existenz von irgend etwas Angeborenem und erklärten dogmatisch alles Verhalten für erlernt. Das wahrhaft Tragische an dieser historischen Situation liegt darin, daß die Purposivisten, vor allem McDougall selbst, Tierkenner waren und ein gutes Allgemeinwissen über tierisches Verhalten besaßen, das den Behavioristen auch heute noch abgeht, da sie die einfache Beobachtung für unnötig, ja für „unwissenschaftlich" halten. Es kommt einem wahrlich der Ausspruchs Fausts in den Sinn: „Was man nicht weiß, das eben brauchte man und was man weiß, kann man nicht brauchen".

Der Meinungsstreit zwischen den beiden Psychologen-Schulen war noch in vollem Gange, als, völlig unbeachtet von beiden und unbeeinflußt von ihnen, eine wissenschaftliche Erforschung angeborener Verhaltensweisen ihren Ursprung nahm. Um die Jahrhundertwende hatten Charles Otis Whitman und wenige Jahre danach unabhängig von ihm Oskar Heinroth die Entdeckung gemacht, daß es *Bewegungsweisen* gibt, deren Ähnlichkeit und Verschiedenheit von Art zu Art, von Gattung zu Gattung, ja von einer der größten taxonomischen Gruppenkategorien zur anderen sich ganz genau so verhalten wie diejenigen von körperlichen Merkmalen. Mit anderen Worten, diese Bewegungsweisen sind ebenso verläßliche Charaktere der betreffenden Gruppen, wie die Form von Zähnen, Federn und anderen, in der vergleichenden Morphologie verwendeten und bewährten Kennzeichen. Für diese Tatsachen gibt es keine andere Erklärung, als daß die Ähnlichkeiten und Unähnlichkeiten dieser Bewegungskoordination auf die gemeinsame Abstammung von einer Ahnenform zurückzuführen sind, der diese Bewegungen in einer Urform ebenfalls schon zu eigen waren. Kurz, der Begriff der *Homologie* ist auf sie anwendbar.

Diese Tatsachen allein beweisen, daß diese Bewegungsformen phylogenetisch entstanden *und im Genom verankert* sind. Eben dies übersehen jene Verhaltensforscher, die jede begriffliche Trennbarkeit von angeborenen und erworbenen Merkmalen wegdiskutieren wollen. Wenn die afrikanische schwarze Ente (Anas sparsa), die auf tropischen Flüßchen lebt, die Stockente unserer Seen, die vielen Schwimmenten auf den Teichen der zoologischen Gärten und die Hausente unserer Bauernhöfe, trotz der Verschiedenheiten ihrer Umwelten und trotz aller möglichen Einflüsse der Gefangenenhaltung, unverkennbar und in unzähligen Merkmalen ähnliche Balzbewegungen besitzen, so müssen die Programme zu diesen Bewegungen im Genom verankert sein, nicht anders als jene, von denen die Ausbildung der körperlichen Merkmale bestimmt wird, nach denen wir die Stammesverwandtschaft dieser Tierform beurteilen. Wenn nach dieser Entdeckung noch Theorien über das Problem von „Nature and Nurture" veröffentlicht werden, so ist dies nur daraus zu erklären, daß die Autoren diese um die Jahrhundertwende entdeckten Tatsachen nicht kennen oder ignorieren. Daß sie dies tun, wurde mir früh klar. Im Institut Karl Bühlers gab es stets viele amerikanische Psychologen zu Gast. Ich fragte jeden einzelnen, ob er den Namen Charles Otis Whitman kenne; keiner kannte ihn.

Die Entdeckung der Homologisierbarkeit von Bewegungsweisen ist der archimedische Punkt, von dem aus die Ethologie oder vergleichende Verhaltensforschung ihren Ursprung genommen hat. Auf ihr bauen inkonsequenterweise auch die Arbeiten jener Autoren auf, die jede Unterscheidbarkeit von Angeborenem und Erworbenem leugnen.

Ich selbst entdeckte die Homologisierbarkeit von Bewegungsweisen unabhängig von Whitman und Heinroth. Als ich in der Schule des Wiener Anatomen Ferdinand Hochstetter gründlich mit Fragestellung und Methodik vertraut gemacht wurde, war mir sogleich klar, daß die Methoden der vergleichenden Morphologie ebenso gut auf das Verhalten der vielen Arten von Fischen und Vögel anwendbar war, das ich dank meiner früh einsetzenden Tierliebhaberei gründlich kannte. Bald darauf lernte ich Oskar Heinroth, den Entdecker meiner Entdeckung kennen, und anfangs der dreißiger Jahre wurde uns beiden durch Vermittlung der amerikanischen Ornithologin Margret Morse Nice bekannt, daß Charles Otis Whitman die wesentlichen Erkenntnisse schon rund zehn Jahre vor Heinroth gewonnen hatte. Gleichzeitig damit lernten wir den bedeutendsten Schüler Whitmans, Wallace Craig, kennen.

Weder Whitman noch Heinroth haben je irgendwelche Meinungen über die physiologische Natur der von ihnen entdeckten, homologisierbaren Bewegungsmuster geäußert. Ich selbst hatte meine Kenntnisse der Physiologie des Zentralnervensystems aus Vorlesungen und Lehrbüchern bezogen, in denen die Sherringtonsche Reflexlehre als letzte und unumstößliche Wahrheit galt. Der Ausdruck „Reflex" erweckt sprachlogisch die Vorstellung eines einfachen, linearen Kausalzusammenhanges zwischen dem eintreffenden Reiz und seiner Beantwortung durch den Organismus. In dieser Einfachheit liegt die verführerische Wirkung des Begriffes: Er ist ebenso leicht zu verstehen, wie zu lehren.

In der psychologischen Schule Karl Bühlers hatte ich einige Kenntnis der beiden großen amerikanischen Lehrmeinungen erworben, die mich zu ihrer fundamentalen Kritik in zwei Punkten berechtigte. Der erste war, daß es den untrüglichen, außernatürlichen Instinkt der Purposivisten einfach nicht gab, ich kannte allzu gut ein völlig blindes und sinnloses Ablaufen der mir vertrauten, artkennzeichnenden Bewegungen. Der zweite war, daß die Anschauung der Behavioristen, alles tierische Verhalten sei erlernt, völlig falsch war.

Ich hatte einige kleinere, auf eigenen Beobachtungen gegründete Arbeiten veröffentlicht, die sich mit dem Problem der angeborenen und homologisierbaren Verhaltensweisen beschäftigten, als mein Freund Gustav Kramer in den Gang der Ereignisse eingriff, indem er den Biologen Max Hartmann veranlaßte, mich zu einem Vortrag bei der Kaiser-Wilhelm-Gesellschaft zur Förderung der Wissenschaften, der jetzigen Max-Planck-Gesellschaft, einzuladen. Kramer verfolgte damit die Absicht, eine Diskussion zwischen Erich von Holst und mir herbeizuführen. Er war mit jedem von uns befreundet und war sich voll bewußt, daß die Erscheinungen, die ich am Verhalten intakter Tiere beobachtete, auf das Engste mit jenen verwandt waren, die Holst auf der Ebene nervenphysiologischen Geschehens experimentell untersuchte. Gustav Kramer war der Ansicht, daß die Übereinstimmung zwischen den Ergebnissen Holsts und den meinen umso überzeugender wirken würden, je länger wir völlig unabhängig voneinander forschten, deshalb vollbrachte er eine bemerkenswerte Leistung der Verschwiegenheit.

So hielt ich denn im Jahre 1935 im Harnack-Haus in Berlin einen Vortrag, dem meine Arbeit „Der Begriff des Instinktes einst und jetzt" zugrundelag. Ich zeigte, daß das Tier sehr wohl imstande ist, durch zweckgerichtetes und variables Verhalten ein Ziel (purpose) anzustreben, daß dieses Ziel jedoch nicht, wie die Zweckpsychologen meinten, mit dem teleonomen Sinn des Verhaltens gleichgesetzt werden darf. Der vom Tier als Subjekt angestrebte Zweck besteht einfach im Ablaufen-Lassen der angeborenen Bewegung, das Wallace Craig als „consummatory action" bezeichnete, und das wir heute triebbefriedigende Endhandlung nennen. So weit entsprachen meine damaligen Ausführungen auch meiner heutigen Meinung.

Was ich aber über die physiologische Natur der Instinktbewegungen sagte, war von doktrinären Vorurteilen beeinflußt. Die Purposivisten, an ihrer Spitze McDougall, hatten immer schon gegen die Reflextheorie der Behavioristen angekämpft und – ganz richtig – die *Spontaneität* tierischen Verhaltens betont: „The healthy animal is up and doing", schrieb McDougall. Ich kannte zwar damals schon gründlich die Schriften Wallace Craigs und war aus eigener Anschauung mit den Erscheinungen des Appetenzverhaltens und der Schwellenerniedrigung auslösender Reize vertraut und hätte einen bestimmten Satz Wallace Craigs beherzigen sollen, der mir kurz vorher, gegen den Reflexbegriff argumentierend, geschrieben hatte: „It is obviously nonsense to speak of a reaction to a stimulus not yet received" (Es ist offensichtlich ein Unsinn, von einer Re-Aktion auf einen Reiz zu sprechen, der noch gar nicht empfangen wurde).

Es hätte damals schon nahegelegen, folgende Fragen zu stellen: Die Instinktbewegungen haben offenbar mit höheren Verstandesleistungen nichts zu tun, sie sind an zentralnervöse Vorgänge gebunden, die weitgehend unabhängig von Außenreizen ablaufen und dazu neigen, sich rhythmisch zu wiederholen. Kennen wir irgendwelche anderen physiologischen Vorgänge, die sich ähnlich verhalten? Die selbstverständliche Antwort hätte gelautet: Solche Bewegungsweisen sind sehr wohl bekannt, und zwar vor allem vom Herzen der Wirbeltiere, dessen Reizerzeugungsorgane anatomisch bekannt und physiologisch gründlich untersucht sind.

Mir mangelte leider die Selbständigkeit des Denkens, die zum Stellen dieser Frage notwendig gewesen wäre, meine tiefe und berechtigte Abneigung gegen die außernatürlichen und unerklärbaren Faktoren, die von den Vitalisten zur Erklärung spontanen Verhaltens herangezogen wurden, war so tief, daß ich in den gegenteiligen Irrtum verfiel und meinte, es bedeute eine Konzession gegenüber der vitalistischen Zweckpsychologie, vom herkömmlichen mechanistischen Reflexbegriff abzugehen. In jenem Vortrag sprach ich zwar ausführlich und mit besonderer Betonung über alle jene Eigenschaften und Leistungen der Instinktbewegung, die *nicht* von der Ketten-Reflextheorie eingeordnet werden können, kam aber in meiner Zusammenfassung doch zu dem Schluß, daß Instinktbewegungen auf Verkettungen von unbedingten Reflexen beruhten, wenn auch die genannten Erscheinungen des Appetenzverhaltens, der Schwellenerniedrigung und der Leerlaufaktivität, auf die ich S. 102 zurückkommen werde, der Erklärung durch eine Zusatzhypothese bedürfen.

Neben meiner Frau, die in der hintersten Reihe des Hörsaales zuhörte, saß ein junger Mann, der dem Vortrag gespannt lauschte und bei meinen Ausführungen über Spontaneität immer wieder murmelte: „Menschenskind, es stimmt, es stimmt!“ Als ich bei der eben erwähnten Zusammenfassung ankam, verhüllte er sein Haupt und stöhnte: „Idiot“. Dieser Mann war Erich von Holst. Anschließend an meinen Vortrag lernten wir uns im Restaurant des Harnack-Hauses kennen und er brauchte etwa zehn Minuten, um mich für immer von der Idiotie der Reflextheorie zu überzeugen.

Alle jene Erscheinungen, wie Schwellenerniedrigung, Leerlaufaktivität u. s. w., die von der Reflextheorie nicht eingeordnet werden können, erscheinen als selbstverständliche, ja theoretisch zu fordernde Epiphänomene der Instinktbewegung, sowie man die Annahme zugrunde legte, daß die von Holst entdeckten Vorgänge der endogenen Produktion und zentralen Koordination von Reizen die physiologische Grundlage dieser Verhaltensmuster bilden, und nicht etwa Verkettungen von Reflexen.

Aus der neuen physiologischen Theorie der Instinktbewegungen ergab sich neben anderen wichtigen Konsequenzen die Notwendigkeit, jene Einheit weiter zu analysieren, die Heinroth als die arteigene Triebhandlung bezeichnet hatte. An jenen Verhaltensabläufen, die in der ersten geeigneten Situation ohne vorherige diesbezügliche Erfahrung in fertiger Form auftreten, mußte offensichtlich das selektive Ansprechen auf die adäquate Reizkonfiguration begrifflich von der Bewegungsweise getrennt werden, die der Organismus anschließend sinnvollerweise in der betreffenden Situation ausführt. Solange die Gesamtreaktion für eine Kette von Reflexen gehalten wurde, konnte man ihren Beginn einfach als den ersten der verketteten Reflexe auffassen. Als man erkannt hatte, daß die Bewegungsweise auf endogener Reizerzeugung und zentraler Koordination beruht, und daß sie, solange sie nicht gebraucht wird, von einer übergeordneten Instanz unter Hemmung gehalten werden muß, trat der physiologische Apparat, der ihre Enthemmung bewirkt, als ein Mechanismus sui generis (von besonderer Art) hervor. Die selektiv Reize beantwortenden, ja in gewissem Sinne „filternden" Mechanismen in der Afferenz waren offensichtlich grundverschieden von denen der Reizerzeugung und der von jeder Afferenz unabhängigen zentralen Koordination.

Diese Zerlegung des Triebhandlungs-Begriffes bedeutete einen wesentlichen Schritt in der Entwicklung der Ethologie. Er wurde auf einem Kongreß in Leyden getan, den Prof. van der Klaauw einberufen hatte. In nächtelangen Diskussionen zwischen Niko Tinbergen und mir wurde der Begriff des *angeborenen Auslösemechanismus* (AAM) geboren, doch ist nicht mehr festzustellen, von wem. Seine weitere Entwicklung und die Erforschung seiner physiologischen Eigenschaften, vor allem seiner Leistungsbeschränkungen, ist den Experimenten Niko Tinbergens zu danken.

Gleichzeitig mit der Begriffsbildung des AAM wurde auch der Begriff von der erbkoordinierten Bewegung oder Instinktbewegung präzisiert und eingeengt, und zwar genau in der Weise, die Charlotte Kogon in ihrem Buch „Das Instinktive als philosophisches Problem", das mir leider bis vor kurzem unbekannt geblieben war, schon 1941 gefordert hatte. Die Begriffe des AAM und der Instinktbewegung haben sich in der Folge und bis auf den heutigen Tag gut bewährt, ihre Verwendbarkeit in Fließdiagrammen der verschiedensten Art machen es wahrscheinlich, daß es sich tatsächlich um funktionell, wenn nicht sogar physiologisch gleichartige Leistungen handelt. Vor allem in den Vorstellungen von hierarchisch organisierten Instinkten (Tinbergen, Baerends, Leyhausen) haben sie ihre Brauchbarkeit erwiesen.

In den nächsten Jahren folgte eine schnelle Entwicklung der Ethologie, sowohl was ihre Ergebnisse, als das Anwachsen der Zahl der Forscher betraf. Ein großer Schatz von Tatsachen wurde erarbeitet, viele spezielle Erkenntnisse gewonnen. Wenn man Kritik an dieser Zeit glücklicher Forschung üben will, kann man ihr Einseitigkeit vorwerfen, ja sogar einen gewissen Mangel an ganzheitsgerechtem Denken. Dieser lag darin, daß *Lernvorgänge* weitgehend außer Betracht gelassen wurden. Vor allem wurden die Beziehungen und Wechselwirkungen, die zwischen den neugefundenen angeborenen Verhaltensmechanismen und den verschiedenen Formen des Lernens bestehen, kaum untersucht. Mein bescheidener Ansatz, der in der Fassung des Begriffes von der Trieb-Dressur-Verschränkung bestand, gedieh nicht weiter, außerdem war das Beispiel falsch, auf das sich die an sich richtige Begriffsbildung gründete (S. 161).

Im Jahre 1953 kam eine Kritik, die zwar von behavioristischen Anschauungen her, aber nicht von einem Behavioristen kam, nämlich von Daniel S. Lehrman: „A Critique of Konrad Lorenz' Theory of Instinctive Behavior". Lehrman leugnete prinzipiell das Vorhandensein angeborener Bewegungsweisen, wobei er sich im wesentlichen auf die These D. O. Hebbs stützte, der behauptet hatte, das angeborene Verhalten sei nur durch den Ausschluß von Erlerntem definiert und sein Begriff daher „non valid", d. h. unbrauchbar. Weiters behauptete Lehrman, indem er sich auf die Ergebnisse' Z. Y. Kuos berief, daß man nie wissen könne, ob bestimmte Verhaltensmuster nicht im Ei oder in utero erlernt worden seien. Schon Kuo hatte vorgeschlagen, die Begriffstrennung zwischen Angeborenem und Erworbenem aufzugeben. Alles Verhalten besteht, seiner Meinung nach, aus Reaktionen auf Reize und spiegelt eine Wechselwirkung zwischen Organismus und Umwelt wider. Die Theorie einer vorgegebenen Beziehung zwischen dem Organismus und den Gegebenheiten seiner Umwelt ist für Kuo nicht weniger fragwürdig, als die Annahme angeborener Ideen.

Meine Antwort auf diese Kritik war kurz und schlagend, traf aber zunächst das Wesentliche nicht. Die Behauptung, daß das Angeborene von der vergleichenden Verhaltensforschung nur durch den Ausschluß von Lernvorgängen definiert sei, ist ganz falsch: Angeborene Verhaltensweisen sind an denselben Merkmalen der systematischen Verbreitung erkennbar wie morphologische; die Begriffe von angeboren und erworben sind ebenso gut definiert wie Genotypus und Phänotypus. Die Antwort auf die Theorie, daß der Vogel im Ei oder das Säuger-Embryo im Uterus Verhaltensweisen gelernt haben könnte, die auf seine spätere Umwelt ,,passen", wurde von meiner Frau in einem Wort formuliert: ,,Trockenskikurs". Ich selbst schrieb damals, daß Lehrman, um den Begriff angeborener Verhaltensweisen zu umgehen, einen angeborenen eingebauten Lehrmeister (innate schoolmarm) postuliere.

Meine Formulierung des Begriffs vom ,,angeborenen Lehrmeister" war danals ausgesprochen als eine reductio ad absurdum gemeint. Was weder ich, noch meine Meinungsgegner sahen, war, daß in eben diesem Lehr-Mechanismus das wahre Problem steckte. Ich brauchte nahezu zehn Jahre, um mir darüber klar zu werden, wo eigentlich der Fehler von Kritik und Gegenkritik gelegen sei. Er war deshalb so schwer zu finden, weil er von den extremen Behavioristen und von den älteren Ethologen in völlig gleicher Weise begangen worden war. Es war tatsächlich falsch, die Begriffe des Angeborenen und des Erworbenen als disjunktive Gegensätze zu formulieren; die Gemeinsamkeit und Überschneidung der Begriffsinhalte lag jedoch nicht darin, daß, wie die ,,Instinktgegner" behaupteten, alles scheinbar Angeborene eigentlich erlernt sei, sondern, genau umgekehrt, darin, daß allem Lernen ein stammesgeschichtlich gewordenes Programm zugrunde liegen muß, woferne es, wie es tatsächlich tut, arterhaltend sinnvolle Verhaltensweisen produzieren soll. Nicht nur Oskar Heinroth und ich selbst, sondern auch andere ältere Ethologen hatten sich niemals tiefere Gedanken über jene Erscheinungen gemacht, die wir recht summarisch als erlernt oder von der Einsicht bestimmt beiseite schoben. Wir betrachteten sie, wenn man unser Verfahren etwas allzu mitleidslos beschreiben will, als den Sammeltopf alles dessen, was außerhalb unseres analytischen Interesses gelegen war.

So kam es, daß weder einer der älteren Ethologen, noch einer der ,,Instinktgegner" die naheliegende Frage gestellt hat, woher es wohl käme, daß der Organismus, wann immer sein Verhalten durch Erwerbungsvorgänge modifiziert wird, das *Richtige* lernt, mit anderen Worten, eine adaptive Verbesserung seiner Verhaltensmechanismen erzielt. Besonders kraß erscheint diese Versäumnis bei Z. Y. Kuo, der sich so audrücklich von jeder vorgegebenen Beziehung zwischen Organismus und Umwelt distanziert, es aber gleichzeitig als selbstverständlich betrachtet, daß alle Lernvorgänge arterhaltend sinnvolle Veränderungen bewirken. Unter den Lerntheoretikern war meines Wissens P. K. Anokhin (1961) der Erste, der die bedingte Reaktion als einen *Regelkreis* auffaßte, in welchem nicht nur die von außen kommende Reizkonfiguration, sondern vor allem die *Rückmeldungen* über Vollzug und Auswirkung des bedingten Verhaltens eine Überprüfung seiner Adaptivität bewirken.

Wie so viele Denkfehler der Behavioristen ist auch das Ausklammern der Frage nach dem Anpassungswert erlernten Verhaltens aus ihrem affektbetonten Antagonismus gegen die Schule des Purposivismus zu erklären. Deren hemmungsloses Bekenntnis zu einer außernatürlichen Zielsetzung des Verhaltens führte bei den Behavioristen zu einer solchen Abneigung gegen alle Zweckvorstellungen, daß sie mit der purposivistischen Teleologie auch jede Betrachtung der arterhaltenden Zweckmäßigkeit, der Teleonomie im Sinne C. Pittendrighs entschlossen verweigerten. Diese Einstellung machte sie leider blind für Alles, was sich nur auf Grund der Kenntnis von Evolutionsvorgängen verstehen läßt.

Der eingebaute Lehrmeister, der dem Organismus sagt, ob sein Verhalten arterhaltend nützlich oder schädlich sei, und es im ersten Falle andressiert (reinforcement) und im zweiten Falle abdressiert (extinction), muß in einem Rückmeldungs-Apparat sitzen, der den Erfolg einer Sequenz von Verhaltensmustern mit ihren ersten Gliedern in Verbindung setzt. Diese Erkenntnis kam mir nur langsam, unabhängig von P. K. Anokhin. Ich veröffentlichte meine diesbezüglichen Theorien ebenfalls 1961 in meiner Arbeit „Phylogenetische Anpassung und adaptive Modifikation des Verhaltens", die ich später zu einem Buch in englischer Sprache ausgebaut und erweitert habe. Wie ich dort ausgeführt habe, bedeutet jedes Angepaßt-Sein eines Organs wie einer Verhaltensweise an eine bestimmte Umweltgegebenheit stets, daß *Information über diese Gegebenheit* in den Organismus gelangt sein muß. Es gibt nur zwei Wege, auf denen dies geschehen kann, erstens im Laufe der Phylogenese durch Mutation und Neukombination von Erbanlagen und durch natürliche Selektion, und zweitens durch individuellen Informationsgewinn des Organismus im Laufe seiner Ontogenese. „Angeborenes" und „Erlerntes" sind nicht eines durch den Ausschluß des anderen definiert, sondern durch die *Herkunft der die Außenwelt betreffenden Information,* die Voraussetzung jedes Angepaßtseins ist.

Die Zweiteilung, die „Dichotomie" des Verhaltens in angeborenes und erlerntes ist in zweifacher Weise irreführend, aber nicht in dem vom behavioristischen Argument behaupteten Sinne. Es ist weder durch Beobachtung, noch durch Experimente auch nur im geringsten wahrscheinlich gemacht, am wenigsten aber eine Denknotwendigkeit, daß jeder phylogenetisch programmierte Verhaltensmechanismus durch Lernen adaptiv modifizierbar sei. Es ist im Gegenteil sowohl Erfahrungstatsache wie logisch zu postulieren, daß gewisse Verhaltenselemente, und zwar eben jene, die als eingebaute „Schulmeister" Lernvorgänge in die richtigen Wege leiten, *nicht* durch Lernen modifizierbar sein dürfen.

Umgekehrt aber enthält jedes „erlernte Verhalten" insofern phylogenetisch gewonnene Information, als jedem „Lehrmeister" ein unter dem Selektionsdruck seiner Lehr-Funktion evoluierter physiologischer Apparat zugrundeliegt. Wer dies leugnet, kann nur durch die Annahme einer prästabilierten Harmonie zwischen Umwelt und Organismus die Tatsache erklären, daß Lernen – von einigen aufschlußreichen Fehlleistungen abgesehen – stets teleonomes Verhalten verstärkt und unzweckmäßiges auslöscht. Wer sich selbst für die Tatsachen der Evolution blind macht, kommt unweigerlich zur Annahme einer prästabilierten Harmonie, die genannten Behavioristen ganz ebenso wie der große Vitalist Jakob von Uexküll.

Die Suche nach der Herkunft der Information, die aller Angepaßtheit, der angeborenen wie der erworbenen, zugrundeliegt, hat seit jenen Jahren bedeutsame Ergebnisse erzielt, ich erinnere nur an die Untersuchungen von Jürgen Nicolai an Witwenvögeln (Viduinae), bei denen die Information in so verzwickter Weise „kodiert" sein kann: Der erwachsene Vogel lernt wesentliche Bestandteile seines Gesanges, indem er die Betteltöne und sonstige Lautäußerungen jener Art von Wirtsvogel abhorcht, von denen er seinerzeit erbrütet und aufgezogen wurde.

Die Frage nach der phylogenetischen Programmiertheit von Erwerbungsvorgängen hat sich in vieler Hinsicht als wichtig erwiesen. Das Versäumen von Erwerbungsvorgängen, die nach Art der Prägung nur zu bestimmten sensitiven Perioden der Ontogenese vor sich gehen können, kann die seelische Gesundheit von Tier und Mensch für immer beschädigen. Auch in kultureller Hinsicht ist die Unterscheidung von Angeborenem und Erworbenem wesentlich. Auch der Mensch ist in seinem Verhalten nicht unbegrenzt durch Lernen modifizierbar und so manche angeborenen Programme bedeuten Menschenrechte.

Erster Teil

Methodenlehre

I. Biologisches Denken

1. Die Verschiedenheiten der Ziele physikalischer und biologischer Forschung

Die Physik sucht nach den allgemeinsten Gesetzen, von denen alle Materie und alle Energie beherrscht werden. Die Biologie versucht, lebende Systeme, so wie sie vorgefunden werden, zu verstehen. Seit Galilei verfährt die Physik nach der Methode der *generalisierenden Reduktion.* Der Physiker betrachtet das individuelle System, das er im Augenblick untersucht – etwa ein Planetensystem, ein Pendel oder einen fallenden Stein – stets als einen speziellen Fall einer *übergeordneten* Klasse von Systemen – in den genannten Fällen als eines, das aus Masse in einem Gravitationsfeld besteht. Er findet nun Gesetzlichkeiten, die in einem der speziellen Systeme obwalten, wie die Keplerschen Gesetze und die Pendelgesetze, und bemüht sich, diese auf die allgemeineren Gesetze der übergeordneten Klasse von Systemen, in unserem Beispiel auf die Newtonschen Gesetze, zurückzuführen. Zu diesem Behufe muß er natürlich die Struktur der speziellen Systeme untersuchen, er muß die Mechanik des Pendels, die Achse, die Länge des Pendelarmes, das Gewicht des Pendels, usw. in seine Betrachtung einbeziehen. Die Kenntnis von Strukturen und Funktionen der speziellen Systeme ist für den Physiker aber nur Mittel, nur Zwischenziel auf dem Wege zur Abstraktion allgemeinerer Gesetze. Sowie diese gewonnen ist, sind für ihn die Eigenschaften des speziellen Systems völlig uninteressant geworden. Für die Gültigkeit der Gravitationsgesetze Newtons sind die individuellen Eigenschaften des Sonnensystems, an dem er sie entdeckte, völlig gleichgültig. Er wäre zur Abstraktion derselben Gesetze gelangt, wenn er ein völlig anderes Sonnensystem mit anderen Größen, Abständen und Umlaufzeiten der Himmelskörper untersucht hätte.

Der Vorgang der generalisierenden Reduktion besteht ausnahmslos darin, zu zeigen, in welcher Weise die *Struktur* des speziellen Systems es mit sich bringt, daß die allgemeineren Gesetze in der Form jener spezielleren in Erscheinung treten, die für das betreffende System kennzeichnend sind. Der Physiker muß z. B. zeigen, wie beim Pendel das fallende Gewicht durch den um eine Achse beweglichen Arm von konstanter Länge in eine Kreisbahn gezwungen wird und nach Erreichen des tiefsten Punktes auf einer ebensolchen wieder aufwärts wandern muß, in welcher Weise die Schwingungsfrequenz durch die Länge des Pendelarmes und das Gewicht des Pendels bestimmt wird usw., usf.

Die theoretische Physik kann auf Grund ihrer Kenntnis allgemeiner Gesetze im Prinzip auch *deduzieren,* welchen besonderen Gesetzlichkeiten irgend ein Mechanismus, wie beispielsweise ein Pendel, zu gehorchen hat. In der Geschichte der Wissenschaft aber war es wohl auch in der Physik meist so, daß der Experimentator auf ein *wirkliches* Pendel stieß, ehe er über dessen Gesetzlichkeiten nachzudenken begann. Dabei bekam er es begreiflicherweise auch mit Gegebenheiten zu tun, die seinem Abstraktionsstreben im Wege standen. Bei einem realen Pendel ist der Pendelarm weder gewichtslos, noch frei von Trägheit, die Achse nicht reibungsfrei, aber alle diese höchst realen Tatsachen sind für den Physiker zunächst *Störungen,* die er zwar berücksichtigen, unter Umständen sogar messen muß, die aber in die Formulierung der schließlich abstrahierten Gesetze nicht mit eingehen. Das System, in dem er nach allgemeinen Gesetzen fahndet, interessiert ihn als solches gar nicht, noch weniger seine Struktur, deren Verständnis für ihn wie gesagt nur als Zwischenziel auf seinem Forschungsweg wesentlich ist. Er geht an diesen Dingen ganz buchstäblich vorüber, auf seinem Weg, der abwärts und immer weiter abwärts führt, zu allgemeineren und immer allgemeineren Gesetzen, hinab zu den Erhaltungs-Sätzen der Physik.

Die Erforscher lebender Systeme benützen dieselbe *Methode,* mit gewissen Einschränkungen ihrer Anwendbarkeit, von denen später gesprochen wird. Das *Ziel* seines Erkenntnisstrebens ist aber nicht das des Physikers: Der Biologe will das lebende System, und sei es auch nur ein Teilsystem, als solches und *um seiner selbst willen* verstehen lernen. Ihn interessieren alle lebenden Systeme gleichermaßen, ungeachtet ihrer Integrationsebene, ihrer Einfachheit oder Komplexität. Wie die Analyse des Physikers, so geht auch die des Biologen von „oben" nach „unten" vor, vom Spezielleren zum Allgemeineren. Auch wir Biologen sind überzeugt davon, daß das Universum von *einem einzigen,* in sich widerspruchsfreien Satz von allgemeineren und spezielleren Gesetzen beherrscht wird, von denen die letzteren im Prinzip auf die ersteren zurückgeführt werden können, woferne man erstens die Strukturen der Materie kennt, in denen sie sich auswirken, und zweitens den historischen Werdegang dieser Strukturen.

Daß diese zweite Notwendigkeit unserer Reduktion sehr oft ihre Grenze setzt, werden wir noch zu besprechen haben. Dessen ungeachtet wäre unser Streben nach Verständnis des Lebendigen von vornherein sinnlos, wenn wir nicht von der Grundannahme ausgingen, daß wir, wenn wir das utopische Ziel der Analyse erreicht hätten, alle Lebensvorgänge, soweit sie von ihrer objektiven Seite her erfaßbar sind, einschließlich aller jener, die sich in uns selbst abspielen, aus den allgemeinsten Gesetzen der Physik – und aus den ungeheuer komplexen organischen Strukturen – erklärt haben würden, die ihnen ihre jeweils andere und besondere Erscheinungsform vorschreiben. Als Verhaltensforscher hoffen wir zunächst, die Phänomene, die wir untersuchen, auf physikalische und chemische Prozesse zurückzuführen, wie sie sich etwa in den Synapsen, an den geladenen Zellmembranen, in der Reizleitung usw. abspielen. Auch wir sind „Reduktionisten".

Die Biologie wäre auch dann an den Strukturen des Lebendigen um ihrer selbst willen interessiert, wenn die Physiologie nicht so unauflöslich mit der

Pathologie verwoben wäre. Wer in seiner Tagesarbeit mit lebenden Systemen zu tun hat, sei er nun Bauer, Tiergartendirektor, Physiologe oder Arzt, der kann nicht umhin, sich mit *Störungen* in der Funktion lebender Systeme zu beschäftigen. Er wird mit der Nase auf die unlösbare Verknüpfung zwischen Physiologie und Pathologie gestoßen, denn um eine Störung beheben zu können, muß man zuerst den normalen Ablauf verstanden haben; und umgekehrt ist es fast immer eine Störung, die zum Verstehen des normalen Ablaufs führt. Jeglicher therapeutische Eingriff entbehrt der Erfolgswahrscheinlichkeit, wenn er nicht von der Einsicht in die normale Funktion und in die Art ihrer Störung geleitet wird. Dies gilt ebensowohl, wenn es sich um eine Vergaserverstopfung bei einem Auto, als auch wenn es sich um eine Erkrankung des Menschen handelt.

2. Die Grenzen der Reduktion

In seiner bedeutungsvollen wissenschaftstheoretischen Schrift ,,Scientific Reduction and the Essential Incompleteness of all Science" hat Karl Popper die von verschiedenen Wissenschaften unternommenen erfolgreichen und erfolglosen Versuche zur Reduktion besprochen und gezeigt, daß auch bei dem bisher erfolgreichsten unter ihnen, bei der Reduktion der Chemie auf atomphysikalische Vorgänge, ein *Rest* zurückbleibt, ein Residuum, das weiterer Reduktion nicht zugänglich ist. ,,Im Laufe dieser Diskussion", sagt Popper, ,,werde ich drei Thesen verteidigen. Erstens werde ich nahelegen, daß jeder Naturwissenschaftler insoferne Reduktionist sein muß, als in der Wissenschaft nichts ein so großer Erfolg ist, wie eine erfolgreiche Reduktion (wie etwa Newtons Reduktion – oder besser Erklärung – der Gesetze Keplers und Galileis aus seiner Gravitationstheorie). Eine erfolgreiche Reduktion ist vielleicht die erfolgreichste denkbare Form einer wissenschaftlichen Erklärung, da sie, wie Meyerson (1908, 1930) betont hat, die Identifizierung von etwas Unbekanntem mit etwas bereits Bekanntem erreicht. Ich darf aber erwähnen, daß eine Erklärung, im Gegensatz zu einer Reduktion darin besteht, daß das Bekannte – das bekannte Problem – durch eine *neue* Theorie verständlich gemacht wird: durch eine neue Annahme.

,,Zweitens werde ich zu zeigen versuchen, daß Wissenschaftler, was immer ihre philophische Einstellung sein mag, den Reduktionismus als *Methode* willkommen heißen *müssen:* sie sind gezwungen, naive oder mehr oder weniger kritische Reduktionisten zu sein: in der Tat sogar, wie ich argumentieren werde, etwas verzweifelte kritische Reduktionisten, weil kaum je ein größerer Reduktionsversuch in irgend einer Wissenschaft *vollkommen* erfolgreich gewesen ist: es bleibt so gut wie immer ein ungelöster Rest, selbst bei den erfolgreichsten Reduktionsversuchen.

,,Drittens werde ich die Behauptung aufstellen, daß augenscheinlich keine guten Argumente zugunsten eines *philosophischen* Reduktionismus vorliegen, während sich umgekehrt sehr gute Argumente gegen den Essentialismus anführen lassen, der mit philosophischem Reduktionismus nahe verwandt ist. Ebenso aber werde ich zu zeigen versuchen, daß wir aus methodischen Gründen in unserem Bestreben zur Reduktion fortfahren sollen. Der Grund hiefür ist, daß wir ungeheuer viel aus unseren Reduktions-Versuchen lernen, selbst wenn sie unvollständig bleiben, und daß die Probleme, die auf diese Weise offenbleiben, zum wertvollsten intellektuellen Besitz der Wissenschaft zählen. Ich möchte den Gedanken nahelegen, daß es uns außerordentlich gut tun würde, wenn wir ein größeres Gewicht auf all das legen würden, was oft als unsere wissenschaftlichen Mißerfolge betrachtet wird – mit anderen Worten, auf die großen Probleme der Wissenschaft, die noch offen sind". (Übersetzung.)

Popper führt anschließend eine Reihe von Beispielen an, die illustrieren, in welcher Weise das Steckenbleiben von Reduktionsversuchen zur Entdeckung von vorher unbekannten Problemen geführt hat. Schon in der Mathematik hat, nach Popper, der Versuch der „Arithmetisation", d. h. die Reduktion der Geometrie und der irrationalen Zahlen auf rationale Summen nicht zum Erfolg geführt. Popper sagt: „Die Zahl der unerwarteten Probleme, sowie die Menge des unerwarteten Wissens, das durch diesen Fehlschlag zutage gebracht wurde, ist überwältigend. Dies, so behaupte ich, kann verallgemeinert werden: sogar dort, wo wir als Reduktionisten keinen Erfolg haben, ist die Zahl der interessanten und unerwarteten Ergebnisse, die wir auf dem Wege durch unseren Mißerfolg erwerben, von größtem Werte." (Übersetzung.)

Ein anderes, für unsere Betrachtungen besonders wichtiges Beispiel für dasselbe Prinzip bietet der Versuch, Chemie auf Quantenphysik zu reduzieren. Selbst wenn man annehmen wollte, daß es gelungen sei, die Natur der chemischen Bindung auf quantenphysikalische Prinzipien zu reduzieren – was immer noch nicht gelungen ist –, und selbst wenn man um des Argumentes willen annehmen wollte, daß man eine völlig befriedigende Theorie der Kernkräfte, des periodischen Systems der Elemente und ihrer Isotope usw., hätte, so würde dennoch der Versuch, die chemischen Vorgänge auf quantenphysikalische zu reduzieren, auf ein Hindernis stoßen, das eine dem Physiker grundsätzlich fremde Denkweise in den Kreis seiner Betrachtung bringt: die des historischen Werdens. Die neue Bohrsche Theorie des periodischen Systems der Elemente nimmt an, daß die schweren Kerne aus leichteren zusammengesetzt seien und daß dieser Zustand durch ein zurückliegendes *historisches* Geschehen zustande gekommen sei, in welchem, in weit auseinander liegenden seltenen Fällen Wasserstoffkerne zu schwereren Kernen verschmolzen sind, was nur unter Bedingungen stattgefunden haben kann, die im Kosmos offenbar sehr selten vorkommen. Die Physik hat starke Indizien, die dafür sprechen, daß dies tatsächlich geschehen ist und noch geschieht. Vom Helium angefangen, sind alle schwereren Elemente das Ergebnis einer kosmologischen Evolution. „Auf diese Weise", sagt Popper, „haben unsere Versuche zur Reduktion zu ungeheuren Erfolgen geführt, wenn man sie vom Gesichtspunkt der Methode aus betrachtet, obwohl man sagen kann, daß die Reduktionsversuche als solche mißlungen seien." (Übersetzung.)

3. Ontologischer Reduktionismus

Die aller Wissenschaft zugrunde liegende Annahme, daß alles Existente im Laufe eines großen kosmischen Werdens aus materiellen Elementen entstanden sei und auch heute noch von den gleichen Gesetzen beherrscht werde, die in diesen Elementen obwalten, kann leicht zu einem philosophischen Irrtum führen, der deshalb gefährlich ist, weil er alle Naturwissenschaften in den Augen vernünftig Denkender zu diskreditieren geeignet ist. Dieser Irrtum entspringt, wie so viele andere, der Vernachlässigung der *Strukturen,* in denen die allgegenwärtigen Gesetze der Physik sich in Form hochkomplexer Sondergesetze auswirken. Diese aber haben vollen Anspruch darauf, im gleichen Sinne Naturgesetze genannt zu werden, wie etwa der erste Hauptsatz der Physik oder die Erhaltungssätze.

Die Folge dieses Irrtums ist die Aussage, alles, was sich aus Materie aufbaut, sei „nichts Anderes als" eben diese Materie. Dieses „nichts Anderes als" hat sich schon auf basalsten physikalischen Gebieten als ein Irrtum erwiesen, doch haben große Entdecker an ihm mit merkwürdiger Zähigkeit festgehalten. So hat nach Popper z. B. Eddington lang an dem Glauben festgehalten, daß mit dem Entstehen der Quantenmechanik die elektromagnetische Theorie der Materie abgeschlossen sei und daß alle Materie aus Elektronen und Protonen zusammengesetzt sei, und das zu einer Zeit, als das Meson schon entdeckt war.

Wirklich gefährlich wird der ontologische Reduktionsimus auf dem Gebiete des Lebendigen. Wenn wir z. B. sagen: „Alle Lebensvorgänge sind chemische und physikalische Vorgänge", so wird kaum ein wissenschaftlich denkender Mensch an der Richtigkeit des Satzes zweifeln. Wenn wir aber sagen: „Alle Lebensvorgänge sind *eigentlich nur* chemische physikalische Vorgänge", so wird jeder Biologe protestieren, denn gerade hinsichtlich dessen, was sie eigentlich sind, was ihnen allein zu eigen ist, sind Lebensvorgänge etwas anderes als alle anderen chemisch-physikalischen Vorgänge. Noch deutlicher wird die Fehlleistung der ontologischen Reduktion, wenn wir zwei andere Sätze vergleichen: „Menschen sind Lebewesen aus der Klasse der Säugetiere und der Ordnung der Primaten" und „Menschen sind eigentlich nichts Anderes als Säugetiere von der Ordnung der Primaten".

Das „nichts Anderes als" (nothing else but) des ontologischen Reduktionismus, für den Julian Huxley* den Terminus „Nothingelsebuttery" geprägt hat, beweist Blindheit für zwei höchst wesentliche Gegebenheiten: Erstens für die Komplexität und die verschiedenen Integrationsebenen organischer Strukturen, und zweitens für jene Wertempfindungen, die jeder normale Mensch den niedrigeren und den höheren Ergebnissen des organischen Werdens entgegenbringt.

In der Evolution entstehen neue Systemeigenschaften häufig dadurch, daß zwei bis dahin unabhängig voneinander funktionierende Systeme zu einem einzigen zusammengeschlossen werden. Ein dem Buch von Bernhard Hassenstein entnommenes einfaches elektrisches Modell (Abb. 1) mag veranschaulichen, wie durch eine solche Integration schlagartig völlig neue Systemeigenschaften entstehen können, die vorher nicht, und zwar *auch nicht in Andeutungen* vorhanden gewesen waren. Hierin liegt der Wahrheitsgehalt des mystisch klingen-

* Ich habe diesen Terminus von meinem Freund Donald Mackay gelernt, doch konnte mein viel älterer Freund Sir Julian Huxley Priorität für den schönen Ausdruck nachweisen.

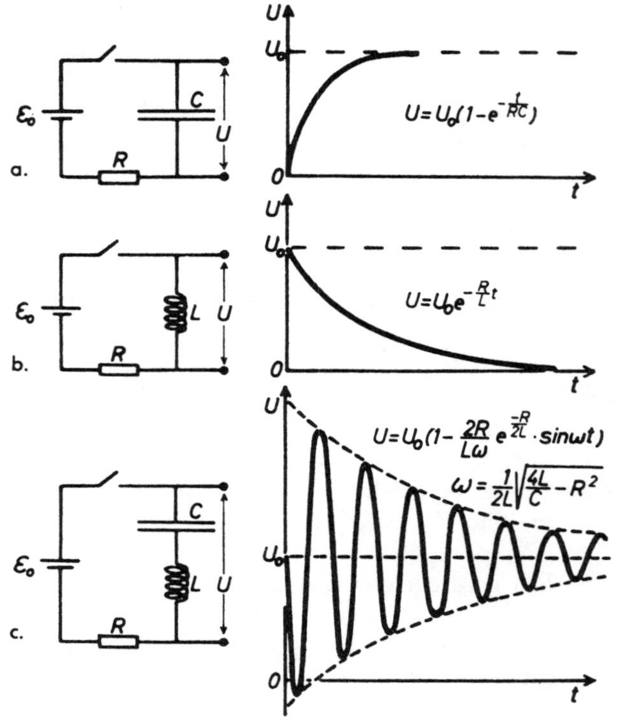

Abb. 1. Drei Stromkreise, darunter *(c)* ein Schwingungskreis, zur Veranschaulichung des Begriffs „Systemeigenschaft". Die Pole einer Batterie mit der elektromotorischen Kraft E_0 bzw. der Klemmenspannung U_0 sind durch eine Leitung verbunden. Der Ohmsche Widerstand des Kreises ist in *R* zusammengefaßt. In den Stromkreis ist bei *a* ein Kondensator mit der Kapazität *C*, bei *b* eine Spule mit der Induktivität *L* und bei *c* sowohl der Kondensator wie die Spule eingeschaltet. An zwei Klemmen kann die Spannung *U* gemessen werden. Die Diagramme auf der rechten Seite zeigen die Änderungen der Spannung nach Schließen des Schalters zur Zeit null. Bei *a* lädt sich der Kondensator über den Widerstand allmählich auf, bis er die Spannung U_0 erreicht hat. Bei *b* nimmt der Stromfluß – zunächst durch Selbstinduktion gehemmt – so lange zu, bis die durch das Ohmsche Gesetz gegebene Stromstärke erreicht ist; die Spannung *U* ist dann theoretisch null, weil der Gesamtwiderstand des Kreises in *R* zusammengefaßt wurde. In *c* entstehen abklingende Schwingungen. Man erkennt anschaulich, daß sich das Verhalten von *c* nicht durch summative Überlagerung der Vorgänge *a* und *b* ergibt, obwohl das System *c* durch Zusammensetzung aus *a* und *b* entstanden gedacht werden kann. – Das Schema gilt z. B. für folgende Zahlenwerte: $C = 0{,}7 \cdot 10^{-9}$F; $l = 2 \cdot 10^{-}$ Hy; $R = 10^3\Omega$; $\alpha = 1{,}2 \cdot 10^{-6}$. Dieser letzte Wert definiert auch die für alle drei Kurven übereinstimmende Zeitachse. – Berechnung E. U. v. Weizsäcker. (Aus: Hassenstein, Kybernetik und biologische Forschung)

den, aber völlig richtigen Satzes, den die Gestaltpsychologen geprägt haben: „Das Ganze ist mehr als seine Teile". Kybernetik und Systemtheorie haben das plötzliche Entstehen neuer Systemeigenschaften und Funktionen auf rein physikalischem Wege erklärt und denjenigen, der sie beschreibt und erforscht, von dem Verdacht eines vitalistischen Wunderglaubens befreit.

Geisteswissenschaftliche Denker, die sich dieser Eigenschaft der Evolution nicht bewußt sind, pflegen dem Glauben zu huldigen, daß alle Evolutionsschritte nur in langsamen graduellen Übergängen bestünden. Daraus ergibt sich häufig ein ontologischer Streit, ob zwischen zwei Evolutionsstufen ein Unterschied bestehe, der nur graduell sei oder einer, der die *Wesenheit* der betreffenden Lebensformen bedeute. Besonders heftig entbrennt dieser Streit begreiflicherweise dort, wo es um den Evolutionsschritt vom Tier zum Menschen geht. Mortimer J. Adler hat ein ganzes Buch „The Difference of Man and the Difference it makes" der Diskussion dieser Frage gewidmet. In Wirklichkeit bedeutet fast jeder größere Schritt der Evolution das Entstehen eines Wesensunterschiedes, da er nie Dagewesenes entstehen läßt. Dies gilt im Prinzip auch schon für den Unterschied der von Hassenstein als Beispiel herangezogenen anorganischen Systeme.

4. Das organische Gewordensein als Grenze der Reduktion

Wie wir gesehen haben, scheitert der Versuch, die gesamte Chemie auf Quantenphysik zu reduzieren, an der undurchdringlichen Grenze des historisch Gewordenen. Um die Reduktion über die Gegebenheit der schweren Kerne hinaus vorzutreiben, d. h. um deren So-und-nicht-anders-Sein zu erklären, müßte man eben die kosmogonischen Vorgänge durchschauen, die es erzeugten. Der Physiker stößt nur ausnahmsweise an diese Grenze, der Biologe tut es auf Schritt und Tritt.

Jeder lebende Organismus ist in buchstäblich jedem einzelnen seiner Bau- und Funktionsmerkmale vom Gang des Evolutionsgeschehens bestimmt, das ihn hervorgebracht hat. Dieser geschichtliche Verlauf ist seinerseits von einer astronomischen Zahl von Kausalketten verursacht, die in ihn zusammenfließen, sodaß es prinzipiell unmöglich wird, sie alle auch nur ein kurzes Stück zurückzuverfolgen. Der Gang, den die Evolution genommen hat, läßt sich, wie ich im folgenden Kapitel zeigen will, bis zu einem bescheidenen Grade rekonstruieren, nicht aber die Ursachen, die seinen Weg bestimmten. Der Biologe muß sich bei seinen Reduktions- und Erklärungsversuchen mit einem sehr großen Rest des historisch nicht Rationalisierbaren abfinden. Er kann die Funktionen, die er an seinem Objekt beobachtet, nur aus dessen Strukturen erklären und ist daher gezwungen, diesen sein Augenmerk zuzuwenden, nicht nur um ihrer selbst, sondern auch um ihrer Funktion willen.

Dem Versuch des Biologen, das Vorgefundene auf bekannte Gesetzlichkeiten zu reduzieren, oder durch neue Hypothesen zu erklären, sind somit zwei Aufgaben gestellt, die, wenn sie sich auch überlappen und mischen, doch klar zu unterscheiden sind. Die erste besteht in der Analyse von Form und Funktion des lebenden Systems, *wie es im Augenblick ist,* die zweite aber darin, verständlich zu machen, wieso dieses System so und nicht anders *geworden* ist. Am Beispiele einer vom Menschen gemachten Maschine läßt sich die Zweiheit dieser Fragen illustrieren. Wenn den Japanern ein von den Sowjets gebautes Kampfflugzeug in die Hände fällt, werden sie es auseinandernehmen, also im buchstäblichen Sinne analysieren und sehr wahrscheinlich wird ihnen diese Analyse bis zu einem Punkt gelingen, der bei einem lebenden System noch utopisch ist, nämlich bis zur Fähigkeit der vollendeten Re-Synthese, d. h. bis zur Fähigkeit, das Flugzeug nachzubauen. Sie werden aber sicher eine Menge konstruktive Einzelheiten finden, die genial erdacht sind und bei denen sie sich wundern werden, wie in aller Welt der Konstrukteur auf diese originelle Lösung verfallen ist. Die Frage, wieso der fremde Konstrukteur diesen Bestandteil so und nicht anders entworfen hat, würde zu ihrer Beantwortung zunächst ein gewaltiges Maß an Information über den russischen Flugzeugbau und seine Geschichte erfordern, darüber hinaus aber über die Gedankengänge, die Hirn- und Nervenphysiologie des Konstrukteurs, usw., usf., bis in die gesamte Stammesgeschichte von Homo sapiens.

Daß diese beiden Aufgaben auch bei Untersuchung eines lebenden Systems getrennt in Angriff genommen werden können, beweist die Tatsache, daß die Analyse des lebenden Systems, so wie es im Augenblick ist, beträchtlich weit gediehen war, ehe die Frage nach seinem Gewordensein überhaupt gestellt wurde. Harvey hat die Funktion des Blutkreislaufes klar durchschaut und das Vorhandensein der Kapillaren, die man damals noch gar nicht sehen konnte, folgerichtig postuliert; die Geschichte der Medizin hat eine ganze Reihe von Entdeckungen aufzuweisen, die von der historischen Betrachtung des organischen Werdens unabhängig sind.

Lange Zeit, ehe die Hauptursachen aller Anpassung, nämlich Erbänderung und natürliche Auslese, entdeckt waren, fiel den Untersuchern organischer Systeme die Tatsache auf, daß ihre Konstruktion in spezieller und generell unwahrscheinlicher Weise dazu eingerichtet sei, das Leben des Individuums, seiner Nachkommen und damit seiner Art zu erhalten. Der an einen einmaligen Schöpfungsakt glaubende Mensch erklärte diese arterhaltende Zweckmäßigkeit entweder aus der Weisheit des Schöpfers oder, wie Jakob von Uexküll, der den Evolutionsgedanken ablehnte, aus einer prästabilierten Harmonie zwischen Organismus und Umwelt. Wer sich mit diesen Erklärungen zufrieden geben kann, dem bleibt das Stellen von vielen schwierigen Problemen erspart, allerdings um den Preis, vor bestimmten Erscheinungen die Augen schließen zu müssen und das sind die vielen *Unzweckmäßigkeiten* in der Konstruktion lebender Wesen.

5. Die Frage „Wozu"?

An dieser Stelle wird dem Forschenden durch ein Hemmnis der Reduktion eine Denkweise aufgezwungen, die bis zu diesem Punkte seiner Rückführungs- und Erklärungsversuche völlig ferngelegen hatte, er wird gezwungen, die Frage nach einem *Zweck* zu stellen. Vom Zweck her, „final" determinierte Vorgänge gibt es im Kosmos ausschließlich im Bereich des Organischen. Die Analyse eines Finalnexus läßt sich nach Nicolai Hartmann nur vom Wirkungsgefüge des Gesamtverlaufes einer zweckgerichteten Geschehenskette her geben, für die drei Akte kennzeichnend sind: Erstens die Setzung eines Zweckes mit Überspringen des Zeitflusses als eine Antizipation von etwas Zukünftigem. Zweitens eine von diesem gesetzten Zweck her erfolgende Auswahl der Mittel, die also sozusagen rückläufig determiniert werden. Drittens die Verwirklichung des Zweckes durch die kausale Aufeinanderfolge der ausgewählten Mittel. Diese drei Akte bilden eine funktionelle Einheit, die im Reich des Organischen auf verschiedenen Integrationsebenen vorkommt (Abb. 2).

Nicolai Hartmann glaubte, daß der Träger der Akte und Setzer der Zwecke

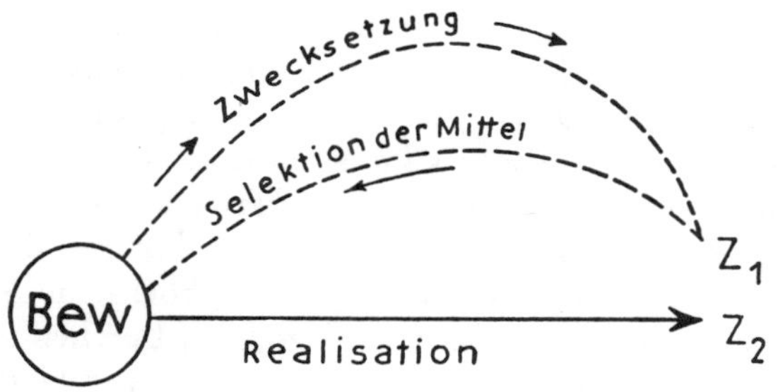

Abb. 2. (Aus: Hartmann, Teleologisches Denken)

immer nur ein Bewußtsein sein könne, denn, so sagt er, „nur ein Bewußtsein hat Beweglichkeit in der Anschauungszeit, kann den Zeitlauf überspringen, kann vorsetzen, vorwegnehmen, Mittel seligieren und rückläufig gegen die übersprungene Zeitfolge bis auf das Erste zurückverfolgen“. Seit Hartmann diese Sätze schrieb, haben die Biochemie, die Erforschung der Morphogenese und auch die des tierischen Appetenzverhaltens (2. I/10, S. 104) Vorgänge zutage gefördert, in denen die von Hartmann geforderten drei Akte in klarem Wirkungsgefüge sich auch in Prozessen abspielen, die sicher nicht von Bewußtsein begleitet sind.

Es entspricht durchaus dem von Hartmann postulierten Zusammenwirken der drei Akte, wenn die im Genom vorgesehene „Blaupause“ die Erzeugung eines neuen Organismus als Ziel vorwegnimmt und wenn anschließend dieses Ziel in einer recht variablen und anpassungsfähigen Wahl der vom Milieu angebotenen Mittel in streng kausaler Aufeinanderfolge von Entwicklungsschritten erreicht wird. Dasselbe gilt für die allerdings etwas komplizierten Vorgänge des Appetenzverhaltens, durch das ein Tier einen ebenfalls im Genom programmierten arterhaltend sinnvollen Endeffekt erreicht. Wiewohl diese Vorgänge der Embryogenese und des Verhaltens ganz sicher nicht von einem vorausschauenden individuellen Bewußtseins gesteuert werden, sondern sich auf einer sehr viel niedrigeren Ebene organischen Geschehens abspielen, müssen sie durchaus als zweckgerichtet oder „final determiniert“ angesehen werden.

Die Vorgänge der Stammesgeschichte, von denen die in Rede stehenden „Blaupausen“ hervorgebracht werden, leisten zwar Bewunderungswürdiges, sie lassen aber ebensowohl die Unfehlbarkeit eines allwissenden, Zwecke setzenden Schöpfers, als auch die Stetigkeit einer prästabilierten Harmonie völlig vermissen. Auf Schritt und Tritt begegnet der vergleichende Stammesgeschichtsforscher „Irrtümern“ der Evolution, Fehlkonstruktionen von einer Kurzsichtigkeit, die man keinem menschlichen Konstrukteur zutrauen würde. In seiner Schrift über das Unzweckmäßige in der Natur hat Gustav Kramer viele Beispiele für diese Erscheinung gebracht, von denen hier nur eines angeführt sei. Beim Übergang vom Wasserleben zum Landleben wurde die Schwimmblase der Fische zum Atmungsorgan. Beim Fisch, ja schon bei den kieferlosen Rundmäulern (Cyclostomata) sind im Kreislauf Herz und Kiemen hintereinander geschaltet, d. h. das ganze, vom Herzen gepumpte Blut muß zwangsläufig die Kiemen passieren und das sauerstoffreiche Blut wird von dort unvermischt dem Körperkreislauf zugeleitet. Da die Schwimmblase ein vom Körperkreislauf versorgtes Organ ist, läuft zunächst, auch nachdem sie zum Atmungsorgan geworden ist, das aus ihr kommende Blut in den Körperkreislauf zurück. Daher wird dem Herzen eine Mischung von aus dem Körper kommendem sauerstoffarmen und aus der Lunge kommendem sauerstoffreichen Blut zugeführt. Obwohl dies eine technisch höchst unbefriedigende Lösung ist, wurde sie durch viele Erdzeitalter von allen Lurchen und nahezu allen Reptilien bis heute beibehalten. Es wird selten zusammenfassend betont, daß alle diese Tiere in höchstem Grade *ermüdbar* sind. Ein Frosch, der nicht nach einer Anzahl von Sprüngen das Wasser oder eine Deckung erreicht hat, läßt sich widerstandslos greifen und dasselbe gilt auch von den gewandtesten und schnellsten Echsen. Kein Lurch und kein Reptil sind einer *dauernden* Muskelleistung fähig, wie sie jeder Hai, jeder Knochenfisch und jeder Vogel zu vollbringen vermag.

Die Tatsache, daß sich in der individuellen Entwicklung jedes Lebewesens ein echtes Finalgeschehen, die Verwirklichung eines vorgegebenen Planes vollzieht, darf nicht zu der Meinung verführen, daß für die stammesgeschichtliche Entwicklung der Lebewesen Gleiches gelte, eine Vorstellung, die leider schon durch die Worte Entwicklung und Evolution nahegelegt wird.

Die Evolution ist insoferne geradezu das Gegenteil von zweckgerichtet, als sie überhaupt keinen Vorgriff in die Zukunft zu tun vermag. Sie ist nicht imstande, um eines zukünftigen Vorteils willen auch nur die geringsten gegenwärtigen Nachteile in Kauf zu nehmen, mit anderen Worten, sie kann nur solche Maßnahmen ergreifen, die einen unmittelbaren ,,Selektionsvorteil" erbringen, etwa in gleicher Weise wie auch ein weitsichtiger und gutwilliger Politiker nur solche Maßnahmen zu ergreifen imstande ist, die ihm einen unmittelbaren ,,Elektionsvorteil" verschaffen.

Dank sehr alter Ergebnisse von Charles Darwin wissen wir, welche Vorgänge von Erbänderung und natürlicher Auslese den Organismen ihre im Sinne der Arterhaltung ausreichende Zweckmäßigkeit verleiht, und dank neuer Erkenntnisse der Molekulargenetik wissen wir heute ziemlich genau, in welcher Weise die aller Anpassung zugrundeliegende Information in den ,,Blaupausen" des Genoms kodiert ist. Die Molekulargenetiker, wie Manfred Eigen, haben überzeugend dargetan, daß die Selektion, die natürliche Auslese schon auf der molekularen Ebene wirksam geworden ist und eine entscheidende Rolle schon bei der Entstehung des Lebens gespielt hat. Das Material aber, an dem die Selektion angreift, ist immer nur die rein zufällige Veränderung oder Neukombination von Erbanlagen. Es ist formal richtig zu sagen, daß die Evolution nur nach den Prinzipien des blinden Zufalls und der Ausmerzung des nicht Existenzfähigen vorgehe, und doch ist diese Ausdrucksweise irreführend. Die an sich unbestreitbare Tatsache läßt es jedem ferner Stehenden unglaubhaft erscheinen, daß die wenigen Milliarden Jahre der Existenz, die unserem Planeten von den Strahlenforschern zugestanden werden, dazu ausreichen sollten, um auf diesem Wege den Menschen aus einfachsten, Blaualgen ähnlichen Vorlebewesen, entstehen zu lassen. Der Zufall ist indessen in eigenartiger Weise ,,gezähmt", wie Manfred Eigen sich ausdrückt, und zwar durch den Gewinn, den er erbringt. Eine Mutation, welche die Überlebenschancen eines Organismus vermehrt, ist von einer Unwahrscheinlichkeit, die von berufenen Genetikern mit 10^{-8} beziffert wird.

Wenn die genetische Ausstattung eines Individuums dessen Überlebenschancen im Vergleich zu seinen Artgenossen vergrößert, so gilt dies ausschließlich für die eine Konstellation von Umweltfaktoren, mit denen sich dieses Lebewesen aktuell auseinandersetzen muß. Für eine andersartige Umwelt könnte die neuerworbene genetische Ausstattung gerade ungünstig sein. Wenn sich im Laufe der Zeit die Umwelt für eine Tierart ändert (z. B. hinsichtlich des Klimas, neuer Ernährungsbedingungen oder Feinde), so ist die überkommene genetische Durchschnitts-Ausstattung der Individuen der betreffenden Art zumeist nicht mehr optimal angepaßt; die Selektion fördert folglich manche der vorhandenen genetischen Varianten und unterdrückt andere, sodaß nach einem entsprechenden Zeitraum eine neue, besser an die eingetretenen Bedingungen angepaßte genetische Ausstattung erreicht ist. Man kann diesen Vorgang mit Hilfe des Informationsbegriffes ausdrücken, indem man formuliert: Durch den Selektionsprozeß gelangt neue, die Umwelt betreffende Information in das Genom hinein und wird dort fortan als „Instruktion" (Eigen) gespeichert. Hinsichtlich dieses Informationsgewinnes ähnelt der Vorgang der Evolution dem kognitiven Prozeß eines Wissensgewinnes.

Das Lebensgeschehen ist, um nochmals Eigen zu zitieren, „ein Spiel, in dem nichts festliegt, außer den Spielregeln". Der Stammbaum des Lebendigen ist ein typisches Beispiel dessen, was die Spieltheoretiker einen „Entscheidungsbaum" nennen, als dessen reales Beispiel Eigen eine Luftaufnahme vom Mündungsdelta des Colorado-River abbildet: Milliarden von unübersehbaren kausalen Einflüssen bestimmen, welchen Verlauf jedes einzelne Rinnsal genommen hat (Abb. 3).

Wenn man die Spielregeln einigermaßen kennt, nach denen das Wachstum des Lebensstammbaumes verfährt, wundert man sich nicht mehr, daß man in der Konstruktion von Lebewesen neben geradezu genialen konstruktiven Lösungen auch solche findet, die jeder menschliche Ingenieur wesentlich verbessern könnte. Kein Installateur würde z. B. die Röhrenleitungen für das Blutgefäßsystem einer Eidechse so unzweckmäßig verlegen, wie die Evolution das getan hat. Das Prinzip der Erbänderung und der Selektion macht es verständlich, daß wir im Bereich der Organismenwelt nicht nur Merkmale von Struktur und Funktion vorfinden, die zweckmäßig sind, sondern auch alle solchen, die nicht *so* unzweckmäßig sind, daß sie zur Ausmerzung des Trägers führen.

Eine andere wichtige Eigenschaft aller Lebewesen, die wir bei der Kenntnis der Spielregeln des evolutiven Geschehens ohne weiteres verstehen, ist die große „Konservativität" ihrer Strukturen. Durch eine Veränderung der Lebensweise, besonders wenn sie Anpassungen an einen neuen Lebensraum erfordert, können alte Strukturmerkmale sinnlos werden. Solange ihr Vorhandensein nicht unmittelbar lebensbedrohend für die betreffende Tierart ist, können sie fast unbegrenzt lange weiter mitgeschleppt werden und dies geschieht selbst dann, wenn ihr Vorhandensein für die Spezies einen nicht allzu großen Verlust von Individuen bedeutet. Vor der Entwicklung moderner Chirurgie gingen z. B. alljährlich viele Tausende von Menschen an Bauchfellentzündung

Abb. 3. Das Mündungsdelta des Colorado-River am Golf von Kalifornien. – Mit freundlicher Genehmigung der Aero Service Corporation, Philadelphia, Pa., USA. (Aus: Eigen, Winkler, Das Spiel)

zugrunde, weil ein funktionslos gewordenes Organ, der Wurmfortsatz (Appendix vernicularis) des Blinddarmes (Coecum), zur Entzündung neigt.

In sehr vielen Fällen werden funktionslose Strukturen „weil sie nun einmal da sind" anderen Funktionen dienstbar gemacht. Aus einer Kiemenspalte, dem Spritzloch (Spiraculum) von Haien und altertümlichen Fischen wird das Ohr höherer Wirbeltiere, aus dem ersten Kiemenbogen das Zungenbein mit seinen beiden Hörnerpaaren, usw., usf.

Die Gesamtkonstruktion eines Organismus gleicht daher niemals einem menschlichen Bauwerk, das von einem weit vorausschauenden Konstrukteur in einem einzigen Vorgang der Planung entworfen wurde, sondern weitaus mehr dem selbstgebauten Haus eines Siedlers, der zunächst eine einfachste Blockhütte zum Schutze gegen Wind und Regen errichtete und sie dann mit Zunahme seines Besitzes und der Kopfzahl seiner Familie vergrößerte. Das ursprüngliche Hüttchen wird nicht abgerissen, sondern zur Rumpelkammer und fast jeder Raum des Gesamtbaues wird im Laufe der Entwicklung seinem ursprünglichen Zwecke entfremdet. Die als solche erkennbaren historischen Reste bleiben schon deshalb erhalten, weil der Bau nie ganz abgerissen und neu geplant werden konnte: Das war gerade deshalb unmöglich, weil er dauernd bewohnt und intensiv benützt wurde.

In analoger Weise findet man in jedem Organismus eine Menge Baumerkmale, die Überbleibsel einer „Anpassung von gestern" sind. Ihre Existenz ist ein großes Glück für den Forscher, der nicht nur die Spielregeln der Evolution kennen lernen, sondern auch ihren speziellen Gang erforschen will.

Alles Vorangehende hat nur den Zweck, dem Nicht-Biologen zu erklären, was gemeint ist, wenn der Biologe die dem Physiker fremde Frage „Wozu?" stellt. Wenn wir fragen „Wozu hat die Katze spitze krumme einziehbare Krallen?" und darauf kurz antworten „Zum Mäusefangen", so bedeutet diese Frage keineswegs ein Bekenntnis zu einer dem Universum und der organischen Evolution innewohnenden Zweckgerichtetheit. Sie ist vielmehr eine Abkürzung der Frage „Welche besondere Leistung ist es, deren Arterhaltungswert den katzenartigen Raubtieren (Felidae) diese Form von Krallen angezüchtet hat?" Colin Pittendrigh hat diese Betrachtungsweise der arterhaltenden Zweckmäßigkeit als *Teleonomie* bezeichnet, um sie von einer mystischen *Teleologie* so scharf zu unterscheiden, wie man heute die Astronomie von der Astrologie trennt.

Im Bauplan eines Tieres – mehr als in dem einer Pflanze – ist kaum ein Merkmal, das nicht in irgendeiner Weise von der Selektion beeinflußt und in diesem Sinne teleonom ist. Wenn ich nach Beispielen für wirklich zufällige Merkmale und Merkmalverschiedenheiten suche, fällt es mir schwer, Beispiele von wildlebenden Tieren beizubringen. Gewiß ist es teleonomisch gleichgültig, wenn ein rasseloses Huhn auf dem Bauernhof weiß und ein anderes braun oder gescheckt ist. Unter wilden Tieren bietet sich hier der Hyänenhund (Lycaon pictus L.), eines der wenigen Beispiele einer Art deren Individuen zwar in annähernd einheitlichen Farben, aber in verschiedenen Mustern gescheckt sind, an. Schon bei diesem wilden Tier, das in grob verschiedenen Färbungsmustern vorkommt, erhebt sich die Frage, ob diese Verschiedenheit nicht doch als solche teleonom und somit ein Ergebnis der Selektion sein könnte: Es ist durchaus denkbar, daß es bei diesen außerordentlich sozialen Raubtieren arterhaltend wertvoll sei, wenn die Individuen einander schon auf größere Entfernungen zu erkennen imstande sind. Die Polymorphie der Männchen beim Kampfläufer (Philomachus pugnax L.) ist sicher so zu erklären.

Ist es schon bei so oberflächlichen Merkmalen schwierig, solche aufzufinden, die nachweislich mit Teleonomie nichts zu tun haben, so gibt es bei komplexeren Konfigurationen von verschiedenen Merkmalen kaum eine, bei der eine geduldige Forschung nicht die Tatsache zutage fördern könnte, daß sie in eben dieser Weise vom Arterhaltungswert einer bestimmten Funktion herausgezüchtet wurde. Je komplexer und generell unwahrscheinlicher eine solche Merkmalkombination ist, mit desto größerer Sicherheit kann man aus diesem Zusammenhang von Funktion und Selektion schließen, desto leichter ist die Frage „Wozu?" zu beantworten.

Paradoxerweise sind also gerade solche Merkmale, die offensichtlich eine bestimmte allgemein lebenswichtige Funktion *stören,* diejenigen, bei denen man am sichersten eine Antwort auf die Frage „Wozu" erhalten kann. Wenn, um nur ein Beispiel anzuführen, der zu den Chaetodontiden gehörige Fisch Heniochus varius über den Augen zwei Hörner, am Vorderrücken ein dickes rundes Horn und dazwischen eine tiefe Einsattelung trägt (Abb. 4), so ist die-

Abb. 4. Heniochus varius Cuvier. Die Hörner über den Augen und der Buckel am Vorderrücken dienen einem Kommentkampf, der sicher aus dem Beschädigungskampf verwandter Chaetodontiden hervorgegangen ist, die den Rivalen mit den vorderen Rückenflossenstacheln stechen

ses Strukturmerkmal ganz offensichtlich hinderlich, das stromlinienwidrig ist und beim Durchschlüpfen enger Spalten, wie das bei diesen Korallenfischen zum täglichen Leben gehört, hochgradig stören muß. Die Schlußfolgerung, daß diese Nachteile sich durch irgendeinen Selektionswert „bezahlt machen" müssen, ist zwingend, ja, ich habe sogar schon, als ich diese Fische zum ersten Male erhielt, die Funktion dieses oben und unten von Hörnern begrenzten Sattels vorausgesagt: Die Art hat einen Kommentkampf, bei dem sich die Gegner gegenüberstellen und schräg legen, entweder beide nach rechts oder beide nach links, sodaß die Sättel aufeinanderpassen, worauf sie mit aller Macht gegeneinander schieben. Unser erstes „Wozu" ist also mit der Antwort „Zum Kommentkampf" befriedigt. Wozu allerdings der Kommentkampf bei einer normalerweise in größeren Scharen schwimmenden Fischart gut sein soll, ist eine weitere Frage, deren Lösung ich durch Beobachtung dieser Fische anstrebe.

Anpassungen, die, wie die eben erwähnte, ausschließlich der Auseinandersetzung mit Artgenossen dienen, sind keineswegs immer der Arterhaltung günstig. Die teleonome Frage „Wozu?“ erhält zwar eine klare Antwort, da der Selektionswert, den die betreffende Verhaltensweise oder Struktur für das Genom *des Individuums* entwickelt, leicht nachzuweisen ist. Ob die betreffende Bindung aber für die Erhaltung der Art als Ganzen günstig ist, steht damit keineswegs fest, im Gegenteil, die „intraspezifische Konkurrenz“ kann leicht dazu führen, daß sich die rivalisierenden Artgenossen in Extreme von Formen und Funktionen hineinsteigern, die für das Fortbestehen der betreffenden Art ungünstig sind. Die im Dienste bestimmter Balzbewegungen spezialisierten Schwingen des Argusfasans (Argusianus argus) sind zum Fliegen kaum mehr tauglich. Je größer sie sind, desto größer ist die Chance des betreffenden Hahnes, eine reichliche Nachkommenschaft zu erzeugen, gleichzeitig aber auch die, von einem Bodenraubtier gefressen zu werden. Wie immer ist die lebende Form und Funktion ein Kompromiß zwischen mehreren Arten des Selektionsdruckes.

Der von einem Individuum der Art auf das andere ausgeübte Selektionsdruck enthält begreiflicherweise keine Information darüber, was für die Auseinandersetzung der Art mit ihrer Umgebung günstig oder ungünstig ist. Wenn die Hirsche (Cervidae) „darauf verfallen“, einen bestimmten Kommentkampf auszuführen, dessen Entscheidung von der Größe der Knochenzapfen abhängt, die aus der Stirn des Männchens hervorwachsen, und wenn dann außerdem noch, wie Bubenik beim Rothirsch (Cervus elaphus) nachgewiesen hat, die Weibchen ihren Partner aktiv nach der Größe des Geweihes wählen, so verhindert nichts, daß die Größe dieser Knochenbäume, die noch dazu jedes Jahr neu gebildet werden müssen, bis an die Grenze des Tragbaren wächst.

Bei manchen sozial lebenden Säugetieren treibt die intraspezifische Selektion zu Erscheinungen, die man beinahe als Mißbildung auffassen könnte, die aber doch dasselbe Prinzip verkörpern wie das Hirschgeweih. Bei manchen asiatischen Schlankaffen (Semnopithecinae), bei denen je ein Männchen ein großes Harem von Weibchen anführt, geht jeder Wechsel eines solchen Regenten mit einem allgemeinen Kindermord einher. Da kinderlos gewordene Weibchen früher wieder brünstig werden als solche, die Junge aufziehen, hat der neue Tyrann so eine bessere Chance sein Genom zu vererben. „Das egoistische Gen“ ist zum Schlagwort für diese merkwürdige Erscheinung geworden. Es ist gar nicht leicht zu entscheiden, bis zu welchem Grade ein solcher „Egoismus“ getrieben werden kann, bis er mit der gesamten Art schließlich auch sich selbst schädigt.

Die schwierige Frage der Gruppenselektion ist damit angeschnitten. Wenn man irgendein ausgesprochen „altruistisches“ Verhalten, wie etwa das Futtervorwürgen beim Hyänenhund (Lycaon pictus L.) oder die Kameradenverteidigung der Dohle (Coloeus monedula) als Beispiel wählt, und sich fragt, warum nicht die Ausfallsmutationen, die ein solches Verhalten zweifellos von Zeit zu Zeit treffen müssen, wegen ihres offensichtlichen Selektionsvorteiles alsbald in Menge herausgezüchtet würden, findet man keine Antwort. Die Frage, welche

Faktoren ein gehäuftes Auftreten sozialer Parasiten verhindern, ist auf der Ebene tierischer Sozietäten noch ziemlich ungelöst. Es ist geradezu verwunderlich, daß von gesellschaftlich lebenden Wirbeltieren sozialer Parasitismus so gut wie unbekannt ist, die Kindermorde sind bisher nur von wenigen Arten bekannt. Auf der Ebene des Zellstaates finden wir bei höheren und langlebigen Metazooen das hochkomplizierte System der Immunreaktionen, das dazu da ist, asoziale Elemente rechtzeitig auszuschalten. Auf der Ebene der menschlichen Kultur kennen wir keine einzige ethnische Gruppe, bei der nicht ein ebenfalls komplexes System von Gesetzen und Tabus jeden sozialen Parasitismus unterdrückt. Auf der gewissermaßen zwischen diesen beiden Integrationsebenen befindlichen Ebene der tierischen Sozietät sind Mechanismen zur Verhinderung des sozialen Parasitismus bisher unbekannt.

Die teleonome Frage ,,Wozu" erhält also oft Antworten, die recht kleinliche, ja der Arterhaltung sogar geradezu schädliche Ziele bezeichnen.

Die Antwort auf die teleonome Frage scheint zunächst dort auszubleiben, wo Strukturen und selbst Verhaltensweisen ihre Funktion *geändert* haben. Die ,,Anpassungen von gestern" sind in der Morphologie und in der Verhaltenslehre allenthalben zu finden. Sinnlos gewordene Strukturen werden nur in seltenen Fällen einfach abgebaut, sondern nahezu immer in zweckentfremdender Weise einer anderen Funktion dienstbar gemacht, aus einem der Wasseratmung dienenden Kiemenloch kann ein Gehörgang werden, aus einem Organ, das dem Sammeln von Nahrung dient, eine Drüse mit innerer Sekretion.

6. Finale und kausale Naturbetrachtung

Unter den verschiedenen Schulen der Verhaltensforschung hat die ausgesprochen teleologisch und keineswegs teleonomisch orientierte Zweckpsychologie (purposive psychology), vertreten durch verdienstvolle Forscher wie William McDougall, Eduard C. Tolman u. a., ihr ganzes Forschungsinteresse auf die Frage ,,Wozu" konzentriert. Mit anderen Worten, sie hat sich so verhalten, als wäre mit der Beantwortung dieser *finalen* Frage jedes Problem gelöst. Wenn wir verstanden haben, daß die Wanderung nach Süden für die Zugvögel arterhaltend sinnvoll ist, so ist z. B. für den teleologischen Tierpsychologen Bierens de Haan das Problem der Vogelwanderung ,,befriedigend und elegant" gelöst. Es gehört eine beträchtliche Einseitigkeit des Denkens dazu, um gegenüber dem Lebensgeschehen die finale Frage allein für wesentlich zu halten und die Frage nach den Ursachen völlig zu vernachlässigen.

Es gibt Fälle, in denen die Funktion einer bestimmten morphologischen Struktur schon bei oberflächlicher Betrachtung in die Augen springt, man denke etwa an die bunten Farbmuster, die bei so vielen Auslösern eine Rolle spielen. Der weiße Halsring des Stockerpels, der bei der Balz nachweislich eine Signalrolle spielt, ist auf eine differenzierte Farbverteilung auf den beteiligten Federn gegründet, die so aussieht, als wäre das Weiß mit einem Pinsel über die bereits fix und fertig ausgebildeten Federn gemalt. Kopfwärts beginnt das Weiß damit, daß die grünen Federn einen weißen Rand haben, etwas weiter kaudal wird der weiße Rand breiter, bis die danach folgenden Federn von der Wurzel bis zur Spitze weiß sind. Am hinteren Rande des Halsringes beginnt das Braun der unteren Halsstelle damit, daß die Spitzen der sonst weißen Federn des Ringes braun sind und so weiter. Es ist sehr leicht einzusehen, daß der weiße Ring, der das Grün des Kopfes vom Braun des Halses trennt, scharf abgesetzt weiß aussehen „soll". Sehr schwer dagegen ist die Reduktion dieser zeichnerischen Strukturierung. Man stelle sich vor, wie komplex die morphogenetischen Vorgänge sein müssen, die sie hervorbringen, und erst recht, wie schwer verständlich die phylogenetischen Vorgänge gewesen sein müssen, die zur Blaupause dieser Morphogenese führten. „Fälle wie dieser", sagt Otto Koehler, „die vorerst nur die finale Betrachtungsweise zuzulassen scheinen, *verleiten* (von mir kursiv) leicht zu voreiligen Lamarckistischen Deutungsversuchen; man wird in ihnen Preisaufgaben ganzheitlich gerichteter Kausalforschung zu erblicken haben".

Für die vitalistisch und teleologisch denkenden Biologen und Verhaltensforscher bestand diese „Preisaufgabe" begreiflicherweise nicht, denn die Annahme außernatürlicher Faktoren machte es ihnen ohne weiteres möglich, jedes „Wozu" mit einem „Weil" zu beantworten. Die böseste Folge dieses Verfahrens war seine Auswirkung auf die gegnerische Schule: Der Mißbrauch der finalen Betrachtungsweise erregte bei dieser einen so affektbetonten Widerstand gegen alle Zweckvorstellungen schlechthin, daß sie auch für den Begriff der arterhaltenden Zweckmäßigkeit einen „blinden Fleck" entwickelte. Es ist eine historische Tatsache, daß die Schulen des Behaviorismus, durch ihren Antagonismus gegen die teleologische Zweckpsychologie motiviert, jegliche Frage nach arterhaltender Teleonomie vermieden hat – ein klassisches Beispiel für einen Wissensverzicht, der durch den Antagonismus zweier Schulen verursacht wurde.

Selbstverständlich müssen bei der Erforschung eines komplexeren lebenden Systems die finale und die kausale Frage gleichzeitig gestellt werden, wie ich am Gleichnis eines menschengemachten Systems illustrieren will: Ein Mensch fährt mit einem Auto über Land, der Zweck seiner Reise ist ein Vortrag, den er in einer fremden Stadt halten soll. Der Mensch ist „zum Vortragen" unterwegs, sein Auto, das mittelbar derselben Finalität dient, ist „zum Fahren" da. Der Mann im Auto schwelgt in der Betrachtung dieser wundervollen ganzheitlichen Staffelung ineinander greifender Finalitäten. Er bewundert vielleicht gerade die „vitale Phantasie", mit der F. J. J. Buytendijk die Zweckmäßigkeit vom Körperbau und Verhalten erklärt und die der Autokonstrukteur offensichtlich bei der Planung des zweckmäßigen Fahrzeuges bewiesen hat. Da ereignet sich etwas durchaus Häufiges, der Motor läuft einige Takte unregelmäßig und bleibt stehen. In diesem Augenblick wird der Insasse aufs eindrücklichste der Tatsache gegenüber gestellt, daß die Finalität seiner Reise den Wagen nicht fahren macht. Die Finalität ist, wie ich zu sagen pflege, „nicht auf Zug beanspruchbar", der Mann im Auto wird gut daran tun, den Zweck seiner Reise für den Augenblick außer acht zu lassen und sich der Kausalität der normalen Funktion seines Motors, wie auch der seines augenblicklichen Versagens zuzuwenden. Vom Erfolg seiner Kausalforschung wird es abhängen, ob es ihm gelingt, das Ziel seiner Reise weiter zu verfolgen.

Die „Finalität" jedes Systemganzen ist von der Kausalität seiner Organe um kein Haar weniger abhängig, als diejenigen des Vortragsreisenden in unserem Gleichnis von der Funktion seines Automotors. Die regulative Leistung des ursächlichen Forschens hat gegenüber organischen Gefügen eine unvergleichlich schwierigere Aufgabe zu bewältigen, nicht nur, weil diese sehr viel verwickelter gebaut sind als die kompliziertesten Maschinen, sondern auch, weil sie im Gegensatz zu diesen nicht vom Menschen geschaffen sind und wir in die Ursachen und die Geschichte ihres Entstehens nur sehr unvollkommene Einblicke getan haben.

Der Arzt, der ein aus dem Geleise geratenes organisches Systemgefüge ganzmachen soll, hat es dementsprechend schwerer als der Automechaniker. Aber auch bei seiner ganzheitsregulierenden Tätigkeit bleibt der Erfolg in grundsätzlich gleicher Weise von dem seiner Ursachenforschung abhängig und wird ebensowenig von dem Grade der „Dringlichkeit" der gefährdeten Finalität beeinflußt.

Die Frage, wie das gestörte Systemganze ursprünglich entstanden sei, ist grundsätzlich ohne Belang für das hier erörterte Verhältnis zwischen seiner Finalität und der Art und Weise seiner kausalen Verstehbarkeit. Ob ein Ingenieur das zweckmäßige System konstruiert, ob ein Gott es geschaffen hat oder ob es einer natürlichen Evolution seine Entstehung verdankt, in dem neben Mutation und Selektion noch viele andere Vorgänge eine Rolle gespielt haben können, alle diese Fragen sind durchaus unerheblich für die Leistung menschlichen Kausalverständnisses, das ein solches System beherrschen und bei Gefährdung unter Umständen buchstäblich wieder ganz machen kann.

Die finale Bedeutung der menschlichen Kausalforschung liegt somit darin, daß sie uns als wichtigster Regulationsfaktor die *Mittel in die Hand gibt, Naturvorgänge zu beherrschen.* Ob diese Vorgänge äußere und anorganische, wie Blitz und Sturm, oder innere und organische, wie Krankheiten des Leibes oder Verfallserscheinungen „rein psychischer" sozialer Verhaltensweisen des Menschen sind, ist dabei gleichgültig. Nie ist die Verfolgung einer aktiven Zielsetzung ohne Kausalverständnis möglich. Auf der anderen Seite wäre die Kausalforschung funktionslos, wenn die forschende Menschheit nicht nach Zielen strebte.

Das Bestreben, „unter den Weltursachen zu suchen, soweit es uns nur möglich ist und ihre Kette soweit sie aneinanderhängt zu verfolgen" (Kant) ist somit nicht „materialistisch" in jenem weltanschaulich moralischen Sinne, wie es die Teleologen gerne hinstellen, sondern bedeutet den intensivsten Dienst an der letzten Finalität alles organischen Geschehens, indem es uns, wo es Erfolg hatte, die *Macht* verleiht, dort helfend und regelnd einzugreifen, wo Werte in Gefahr sind und wo der rein teleologisch Betrachtende nur die Hände in den Schoß legen und der in die Brüche gehenden Ganzheit tatenlos nachtrauern kann.

II. Die Forschungsweise der Biologie, insbesondere der Ethologie

1. Der Begriff von System oder Ganzheit

Das Ziel des Biologen ist, wie gesagt, das Verständlichmachen eines organischen Systems als *Ganzen.* Das bedeutet nicht, daß der Biologe die Ganzheit eines Systems als ein Wunder betrachtet. Dies festzustellen ist notwendig, weil manche atomistische Forschungsrichtungen es als ein Bekenntnis zum Vitalismus betrachten, wenn man das Wort Ganzheit auch nur ausspricht. Der Biologe glaubt nicht an „ganzmachende Faktoren", die einer Erklärung weder bedürftig noch zugänglich sind, aber er bleibt sich bewußt, daß der Systemcharakter des Organismus die Anwendung einiger einfacher Forschungsmethoden ausschließt: Man kann vor allem in einem organischen System keine einfachen und einsinnigen Verkettungen zwischen Ursachen und Wirkungen verfolgen.

Otto Koehler hat im Jahre 1939 in seiner Schrift „Das Ganzheitsproblem in der Biologie" bis in Einzelheiten die Methoden entwickelt, die nötig sind, um ein ganzheitliches System zu analysieren. In dieser Arbeit gibt er den Gestaltpsychologen das Verdienst, das Wesen organischer Ganzheiten durchschaut zu haben, obwohl er sehr wohl die nötige Kritik an ihnen übt, die sich in Worte zusammenfassen läßt: Jede Gestalt ist eine Ganzheit, aber nicht jede Ganzheit ist eine Gestalt, dieser Begriff muß vielmehr den Wahrnehmungsvorgängen vorbehalten bleiben. Koehler betont auch gebührend die Tatsache, daß leidenschaftliche Verfechter des Ganzheitsprinzips, wie z. B. B. H. Driesch, viele Forscher dem Ganzheitsgedanken dadurch entfremdeten, daß sie ihn „ins Gewand des Vitalismus kleideten". Das kann ich durchaus bestätigen, auch ich war als junger Naturforscher davon überzeugt, daß nur atomistische Einzelanalysen den Charakter exakter Wissenschaftlichkeit beanspruchen können. Otto Koehler und neben ihm Ludwig von Bertalanffy haben das große Verdienst, gezeigt zu haben, daß ein organisches System auch dann besondere Methoden der Analyse erfordert, wenn man es einer rein physikalischen Analyse zu unterziehen beabsichtigt. Es gibt, so sagt Koehler, keine „Lebenskraft" und keinen „ganzmachenden Faktor", „sondern harmonische Systeme ambozeptorisch (d. h. in beiden Richtungen wirksam) ineinander verfilzter Kausalketten, in deren harmonischem Ineinandergreifen eben die gestaltete Ganzheit besteht".

Dies besagt keineswegs, daß die Ganzheit der Kausalanalyse grundsätzlich unzugänglich sei. Koehler sagt: „Jeder, der forscht – und alle unsere Forschung ist erstlich Analyse – ist bewußt ‚Simplist' und muß es sein, um sich die eigene Stoßkraft zu erhalten. Insofern ist es verständlich, wenn gerade besonders erfolgreiche Entdecker, wie Loeb einer war, mit grotesk vereinfachten Anfangsvorstellungen an ihre Arbeit gingen. Ihr Arbeitserfolg scheint ihnen recht gegeben zu haben; und doch hat das starre Festhalten nach getaner Arbeit an dem unerträglichen Simplismus der Arbeitshypothese seine Sache bis auf den heutigen Tag in zum Teil durchaus unverdienten Mißkredit gebracht. Wer sich vor dem Beginn der Arbeit alle Schwierigkeiten ausmalt, die ihm bevorstehen, wird vielleicht nie den Anfang wagen. Ist aber der Erfolg da, so will er von weiterem Blickpunkt aus überprüft und in größere Zusammenhänge eingeordnet sein; Simplismus, der anfänglich eine Tugend war, verkehrt sich in ein Laster". Im Besonderen ist ein kritisch gemäßigter Simplismus dann erlaubt, wenn es sich, wie in 1. II/10 (S. 55) zu besprechen, um die Untersuchung eines ,,relativ ganzheitsunabhängigen Bausteins " handelt.

An anderer Stelle sagt Koehler: ,,Es war ein Ziel der vorliegenden Darstellung, an Beispielen aufzuzeigen, welcher Schaden uns Biologen im eigenen Arbeitsgebiet erwachsen kann, wenn wir im alten stückhaften Denken verharren und des Ganzen vergessen; andererseits erneut zu Bewußtsein zu bringen, wie groß heute schon der Kreis der Biologen ist, die brennend die Notwendigkeit empfanden, von rein statischer Betrachtung zu dynamischen Vorgängen überzugehen und sich des *Systemcharakters alles Lebendigen* bewußt zu werden. Wenn manche von ihnen ihr Bekenntnis zur Ganzheit mit einer Entschuldigung einleiten, so liegt dem die klare Erkenntnis zugrunde, daß das Reden vom Ganzen es nicht macht, sondern die geduldige Handarbeit der Woche, geleitet von ständigem Nachdenken, das mit gleicher Energie Spezielles und Speziellstes der gerade behandelten Fragestellung, wie auch ihre Eingliederung in Fragestellungen höherer Ordnung umfaßt". H. J. Jordan hat in seiner allgemeinen vergleichenden Physiologie der Tiere das gleiche Prinzip in die Worte gefaßt ,,viel Analyse, bescheiden in der Synthese und als Ziel das Leben als Ganzes".

2. Die vom Systemcharakter diktierte Reihenfolge der Erkenntnisschritte

Die von Otto Koehler gegebene Definition der organischen Ganzheit sagt klar genug, daß es *einsinnige* Verkettungen zwischen Ursachen und Wirkungen im organischen System nicht gibt, von bestimmten, später zu besprechenden Ausnahmen abgesehen. Man macht sich also grundsätzlich eines methodischen Fehlers schuldig, wenn man eine Kausalverbindung experimentell oder auch nur gedanklich isoliert und nur in einer Richtung untersucht. Selbstverständlich ist dies, wie Koehler im oben Zitierten sagt, immer wieder notwendig, im physiologischen Experiment kann man ja gar nicht anders vorgehen, als irgendeine Ursache zu setzen und ihre Wirkung zu studieren. Nur muß man sich dabei bewußt bleiben, ein Artefakt geschaffen zu haben.

Alle Fragestellungen und alle Methoden sind erlaubt, nur die *Reihenfolge* ihrer Anwendung wird von der Erkenntnis diktiert, daß der Organismus ein System ist, in dem Alles mit Allem in Wechselwirkung steht. Am Beispiel eines menschengemachten technischen Systems sei erläutert, wie unumgänglich die hier zu besprechende Reihenfolge der Erkenntnis-Schritte ist. Nehmen wir an, ein Marsbewohner sei auf der Erde gelandet und habe als erstes Forschungsobjekt ein Automobil gefunden. Sein Verständnis für dieses Gebilde wird ganz bestimmt keine Fortschritte machen, ehe er die teleonomische Frage beantwortet hat, d. h. ehe er herausgefunden hat, daß das Ding ein Lokomotionsorgan von Homo sapiens ist. Der Biologe, der in unbekanntem Land ein ihm völlig neues Lebewesen in die Hand bekommt, wird ganz sicher auch zuerst die arterhaltende Zweckmäßigkeit seiner verschiedenen Organe und damit die ökologischen Beziehungen zwischen Organismus und Umwelt zu verstehen suchen. Mit anderen Worten, er wird seine Untersuchung an einem möglichst weiten Bezugssystem beginnen.

Nachdem er sich über die Teleonomie der allgemeinsten ökologischen Zusammenhänge einigermaßen orientiert hat, wird sich der Forscher der *Inventarisierung der Teile* zuwenden und zu verstehen versuchen, in welcher Art der Wechselwirkung jeder von ihnen zu allen anderen und damit zur Ganzheit steht. Man kann Aufgaben nicht meistern, wenn man einen einzelnen Bestandteil zum Mittelpunkt des Interesses macht, man muß vielmehr in einer Weise, die manchen auf strenge logische Sequenzen Wert legenden Denkern höchst flatterhaft und unwissenschaftlich dünkt, dauernd von einem Teil zum anderen springen und sein Wissen um jeden von ihnen im gleichen Schritt fördern.

Es liegt im Wesen unserer Sprache und unseres logischen Denkens, daß wir Information *nur in linearer zeitlicher Aufeinanderfolge* geben und empfangen können. Goethe, der dies erschaut hat, sagt bekanntlich: „Doch red' ich in die Lüfte, denn das Wort bemüht sich nur umsonst, Gestalten schöpf'risch aufzubau'n". Das Aufnehmen von Information hat in der Lehre mit den gleichen Schwierigkeiten zu kämpfen wie in der Forschung, deshalb kann ein didaktisches Beispiel Beides illustrieren, das ich, um dem Verdacht vitalistischer Ganzheitsmystik zu entgehen, wiederum aus der Technik wähle.

Man stelle sich vor, daß man Jemandem, der von dem Gegenstand überhaupt nichts weiß, die Wirkungsweise einer komplexen Maschine, beispielsweise des üblichen Automotors, des Ottomotors, zu erklären habe. Meist beginnt man, Struktur und Funktion der Kurbelwelle und des Kolbens zu schildern, schon weil diese durch anschauliche Gebärden dargestellt werden können, dann erklärt man, wie der abwärtsgehende Kolben aus dem „Vergaser" ein „Gemisch" saugt, wobei man diese Ausdrücke gebraucht, obwohl der ahnungslose Zuhörer noch keine Vorstellung davon haben kann, was das für Dinge seien. Man hofft bei diesem Vorgehen, der Zuhörer werde sich ein vorstellungsmäßiges Diagramm bilden, in dem er gewissermaßen leere Plätze für „Vergaser" und „Gemisch" freihält, die durch später zu bildende Begriffe auszufüllen sein werden. Dies ist prinzipiell dasselbe, wie das Entwerfen eines sogenannten Fließ-Diagramms (flow diagram), das in seinen sogenannten „black boxes" Funktionen vorsieht, deren Mechanismus vorläufig ungeklärt bleibt.

Die vorläufige Skizzierung des ganzen Systems ist deshalb unumgänglich, weil der Lernende, genauso wie der Forscher, den einzelnen Teil, die „Unterganzheit", erst dann verstehen kann, wenn er alle anderen auch verstanden hat. Woher z. B. der Kolben die Energie hat, die ihn befähigt, eine Saugwirkung zu entfalten, kann der Lernende erst begreifen, wenn er alle anderen Teilfunktionen verstanden hat, die dem Schwungrad kinetische Energie verleihen, er muß wissen, warum und wozu die Nockenwelle halb so schnell läuft wie die Kurbelwelle und wie sie zum Ansaugtakt das Ansaugventil öffnet und das Auspuffventil geschlossen hält, wie sie beim Kompressions- und Explosionstakt beide Ventile schließt und beim Auspufftakt nur das Auspuffventil öffnet, er muß verstehen, wie so im richtigen Augenblick des Kompressionstaktes das Gemisch entzündet wird, usw., usf. Man kann die Systemfunktion geradezu danach definieren, daß ihre Teilfunktionen nur gleichzeitig miteinander oder gar nicht verstanden werden können.

Ehe dieses gleichzeitige Verstehen wenigstens annähernd erreicht ist, ist es sinnlos, sich der genaueren Analyse einer Teilfunktion und der sie leistenden Strukturen zuzuwenden. Auch Messungen sind sinnlos, ehe dieses Stadium unseres Wissens erreicht ist. Quantifikation kann nichts zu seiner Erreichung beitragen, so wichtig sie auch später für die Verifikation, den Nachweis dessen ist, was andere kognitive Leistungen zutage gebracht haben.

Ruprecht Matthaei hat in seinem Buche ,,Das Gestaltproblem" das Vorgehen des Forschers, der eine Ganzheit zu analysieren trachtet, mit dem eines Malers verglichen: ,,Eine flüchtig hingeworfene Skizze des Ganzen wird mehr und mehr ausgearbeitet, wobei der Maler möglichst immer alle Teile gleichzeitig fördert; das Bild sieht auf jeder Stufe seines Werdens fertig aus –, bis das Gemälde sich in seiner ganzen anschaubaren Selbstverständlichkeit bietet". Dann fügt Matthaei noch folgenden bemerkenswerten Satz hinzu: ,,Vielleicht wird man am Ende sagen, es müsse einem derartig schrittweisen Vorgehen doch eine Art Analyse vorausgegangen sein: dann aber ist es eine, die durch Gestalteinsicht geleitet wurde!". Dieses Vorgehen in der Richtung *von der* Ganzheit des Systems *zu seinen* Teilen ist in der Biologie *obligat.*

Selbstverständlich steht es dem Forscher frei, jeden Teil einer organischen Ganzheit zum Gegenstand seiner Untersuchung zu machen, es ist gleich legitim und gleich exakt, das gesamte organische System im Bezugsrahmen seines Lebensraumes zu untersuchen, wie der Ökologe es tut, oder sein Interesse auf molekulare Vorgänge zu konzentrieren, wie der Biogenetiker. Immer aber muß eine Einsicht in das Gefüge des Systems vorhanden sein, die den Spezialforscher darüber orientiert, wo in der Gesamtstruktur des Organischen das von ihm untersuchte Untersystem seinen Platz hat. Vorgeschrieben ist nur die Reihenfolge der Forschungsakte.

3. Die kognitive Leistung der Wahrnehmung

Wolfgang Metzger hat einmal gesagt: ,,Es gibt Menschen, die durch erkenntnistheoretische Erwägungen am Gebrauch ihrer Sinne zum Zweck naturwissenschaftlicher Erkenntnis unheilbar behindert sind", und hat damit bestimmte Geisteswissenschaftler gemeint. Paradoxerweise trifft dieser Satz aber auch auf viele, im übrigen höchst scharfsinnige Naturforscher zu, die besonders ,,objektiv" und ,,exakt" zu verfahren glauben, indem sie ihre eigene Wahrnehmung soweit irgend möglich aus ihrer Methodik verbannen. Die erkenntnistheoretische Inkonsequenz dieses Vorgehens liegt darin, daß der Wahrnehmung wissenschaftliche Legitimität dort zuerkannt wird, wo sie dem Zählen oder der Ablesung eines Meßgerätes dient, dort aber aberkannt, wo sie zur direkten Beobachtung eines Naturvorganges dient.

Schlechterdings all unser Wissen um die uns umgebende Wirklichkeit gründet sich auf die Meldung eines wundervollen, aber heute schon recht gut erforschten sensorischen und neuralen Apparates, der aus Sinnesdaten Wahrnehmungen formt. Ohne ihn, vor allem aber ohne die objektivierende Leistung der Konstanzmechanismen, zu denen auch die Gestaltwahrnehmung gehört, wüßten wir nichts von der Existenz jener natürlichen Einheiten, die wir Gegenstände nennen. Die von jedem normalen Menschen unbesehen als ,,wahr" hingenommenen Mitteilungen dieses Apparates sind auf Vorgänge begründet, die zwar der Selbstbeobachtung und der verstandesmäßigen Kontrolle völlig unzugänglich, in ihren Funktionen aber rationalen Operationen, beispielsweise Schlußfolgerungen und Berechnungen analog sind. Dies hat bekanntlich Helmholtz zur Gleichsetzung beider Arten von Vorgängen veranlaßt. Egon Brunswick, einer der erfolgreichsten Erforscher der Wahrnehmung, hat das was Helmholtz unbewußte Schlüsse nannte, als *ratiomorphe* Leistungen bezeichnet und damit ebensowohl die strenge funktionelle Analogie als auch die physiologische Verschiedenheit der beiden Arten von kognitiven Vorgängen ausgedrückt.

Die Komplikation der Operationen, die von ratiomorphen Leistungen vollbracht werden, ist nahezu unbegrenzt und zwar auch bei Lebewesen, deren verstandesmäßige Leistungen auf allereinfachste Denkprozesse beschränkt sind. Man stelle sich beispielsweise vor, welche Komplikation stereometrische und mathematische ,,Berechnungen" erreichen müssen, um einen unregelmäßig gestalteten Gegenstand, der sich vor unseren Augen dreht, als formkonstant erscheinen zu lassen, d. h. um all die unzähligen Veränderungen, die sein Netzhautbild dabei erfährt, als Bewegungen des festen Gegenstandes im Raume und nicht als Veränderungen seiner Form zu interpretieren. Diese Leistung aber vollbringt die Wahrnehmung jedes höheren Wirbeltieres.

Neben der Komplexität ihrer Leistung steht als hervorstechendste Eigenschaft der Gestaltwahrnehmung ihre Täuschbarkeit. Gerade die vielfachen optischen Täuschungen sind es, die uns einen Einblick in den ,,Gang der Rechnung" gewähren, durch den der Wahrnehmungs-Mechanismus zu dem Ergebnis kommt, das er uns eindeutig und, woferne seinen ,,Schlüssen" falsche Prämissen unterbreitet worden waren, unbelehrbar falsch mitteilt. Der sogenannte Simultankontrast mag als Beispiel für eine solche Falschmeldung dienen.

Die teleonome Leistung unserer Farbwahrnehmung besteht darin, die Gegenstände an den ihnen anhaftenden Reflexionseigenschaften erkennbar zu machen. Die Biene hat, wie Karl von Frisch nachgewiesen hat, einen völlig analogen Apparat evoluiert. Die Biene wie der Mensch sind nicht daran interessiert, die absoluten Wellenlängen des Lichtes festzustellen. Was sie können müssen, ist, einen biologisch relevanten Gegenstand an seinen Reflexionseigenschaften wiedererkennen. Diese Eigenschaften sind es ja, die wir schlicht ,,seine" Farbe nennen. Diese Erkenntnisleistung besorgt ein Apparat, der das Kontinuum der Wellenlängen völlig willkürlich in ein Diskontinuum der sogenannten Spektralfarben einteilt, nur um ihre Meldungen dann so zu schalten, daß die Farben sich als sogenannte Komplementärfarben paarweise aufheben und in dem betreffenden Mischungsverhältnis die extra zu diesem Zwecke ,,erfundene" Farbe weiß melden. Die Farbe ,,weiß" ist eine qualitativ einheitliche Erlebnisform, der in der außersubjektiven Wirklichkeit durchaus nichts Einfaches entspricht. Da für die Mitte des Spektrums kein Gegenüber in Form wirklicher Wellenlängen existiert, die zu ihrer kompensierenden Auslöschung, d. h. zur Bildung von „weiß" verwendet werden könnten, wird eine Komplementärfarbe, das sogenannte Purpur, ebenso „erfunden", wie das Weiß, womit die Farbenreihe zu einem Farbenring geschlossen wird.

Die arterhaltende Leistung dieses ganzen Apparates liegt ausschließlich darin, zufällige Verschiedenheiten in der Farbe der *Beleuchtung* zu kompensieren und so die den Gegenständen anhaftenden Reflexionseigenschaften als Konstante zu abstrahieren. Dies geschieht in folgender Weise: Das Auftreffen von Licht einer bestimmten Wellenlänge auf einen Teil der Retina veranlaßt den gesamten übrigen Bereich der Netzhaut dazu, nicht nur die Bereitschaft zum Empfang der Komplementärfarbe zu steigern, sondern diese aktiv zu bilden. Erich von Holst hat dies nachgewiesen, indem er einen Teil des Gesichtsfeldes eine Spektralfarbe, z. B. blau, wahrnehmen ließ, die andere Hälfte aber mit einem „Weiß" bestrahlte, das die für die Komplementärfarbe gelb bezeichnenden Wellenlängen gar nicht enthielt, sondern durch eine Mischung von rot und grün erzeugt war. Nichtsdestoweniger sieht die Versuchsperson die an die blaue Fläche angrenzende Region gelb und nicht weiß.

Wenn nun in der Beleuchtung eine bestimmte Wellenlänge vorherrscht, so wird dies durch den beschriebenen Mechanismus völlig kompensiert und daher kommt es, daß wir ein „weißes" Papier sowohl im gelben elektrischen Licht, im rötlichen des Sonnenunterganges oder im bläulichen eines Nebeltages gleicherweise als weiß empfinden. Dieser Kompensationsapparat kann nun leicht „hinters Licht" geführt werden, wenn das Überwiegen einer Farbe im Gesichtsfeld nicht durch ihr Vorherrschen in der Beleuchtung, sondern einfach dadurch bedingt ist, daß unter den gesehenen Gegenständen eine Mehrzahl die Eigenschaft hat, die betreffende Farbe bevorzugt zu reflektieren. In diesem Falle sehen wir alle Objekte, die das nicht tun, eindeutig in der Komplementärfarbe. Diese Erscheinung nennt man den Simultankontrast.

Man kann sein Zustandekommen auch durch eine Übersetzung des ratiomorphen Vorganges ins Rationale verständlich machen. Der Mechanismus der Farbkonstanz geht von einer festgelegten Prämisse aus, die „annimmt", daß die im Gesichtsfeld gleichzeitig vorhandenen Dinge im Mittel alle Spektralfarben gleichmäßig reflektieren. Mit der wenig wahrscheinlichen Möglichkeit, daß zufällig das Gesichtsfeld mit lauter Gegenständen erfüllt ist, die „rot sind", d. h. Rot weit mehr reflektieren als andere Farben, „rechnet" der Apparat nicht und „schließt" daher folgerichtig aber falsch, daß es an der Beleuchtung liegen müsse, wenn Rot im Gesichtsfeld vorherrscht. In roter Beleuchtung aber müssen alle Dinge, die ein „farbloses" Licht reflektieren, logischerweise grün stärker reflektieren, sonst müßten sie ja zumindest leicht rosa getönt erscheinen. So sieht man denn auch alles Graue im „Kontrast" grün getönt.

Wie schon dieses absichtlich möglichst einfach gewählte Beispiel zeigt, ist die Wahrnehmung imstande, eine Vielzahl von eingehenden Daten zu verwerten und aus ihnen ein durchaus einheitliches Ergebnis zu gewinnen. *Nur dieses wird dem Bewußtsein gemeldet!* Die Wahrnehmung gleicht darin einer Rechenmaschine. Erich von Holst hat gezeigt, daß so ziemlich alle sogenannten

„optischen Täuschungen“ auf demselben Prinzip beruhen, wie der Simultankontrast: Die Prämisse, von der die ratiomorphe Operation ausgeht, wird durch eine außerordentlich unwahrscheinliche Reizkonfiguration gefälscht, sodaß die an sich folgerichtige „Berechnung“ zu einem irrigen Ergebnis führt.

Die Wahrnehmung erfaßt immer nur Relationen, Konfigurationen, niemals absolute Daten. Auch der Unmusikalische erkennt eine Quint oder einen Dreiklang unverwechselbar wieder, kann aber über die absolute Tonhöhe keine Aussagen machen. Es ist in hohem Maße für die Wahrnehmung kennzeichnend, daß sie von der absoluten Größe der Daten unabhängig ist. Wir erkennen eine Melodie ohne weiteres wieder, ob sie nun im Baß oder im Falsett gespielt wird. Diese *Transponierbarkeit* hat schon Christian von Ehrenfels, einer der Pioniere der Gestaltspsychologie, zu einem wesentlichen Kriterium der Gestaltwahrnehmung erhoben.

Wenn irgendwo in der Physiologie des Zentralnervensystems die Kenntnis moderner Rechenmaschinen mehr als ein bloßes Denkmodell vermittelt, so ist es auf Gebiet jener Mechanismen, die aus der Vielfalt der Sinnesdaten die biologisch relevanten, teleonomischen Wahrnehmungen entnehmen. Weit davon entfernt, den Eindruck des prinzipiellen Unerforschlichen zu machen und zu mystisch-vitalitischen Deutungen zu verleiten, tragen ihre Leistungen – und noch mehr ihre höchst aufschlußreichen Fehlleistungen – so sehr den Charakter des Mechanischen, oder besser gesagt, des Physikalischen, daß sie mehr als andere komplexe Lebenserscheinungen unseren Forschungsoptimismus bestärken.

Dennoch wollen viele moderne Forscher, besonders jene, die ein Monopol der Quantifikation als der einzig legitimen kognitiven Leistung beanspruchen, die Wahrnehmung nicht als Wissensquelle anerkennen. Zum Teil liegt das daran, daß die Meldungen komplexer Gestaltwahrnehmung offensichtlich anderswoher kommen, als die Ergebnisse der Ratio und daher dem Wissenschaftler als „Intuition“, „Eingebung“, „Offenbarung“ und dergl. verdächtig sind. Dazu trägt wohl auch der Umstand bei, daß Menschen, die hochbegabt zur Wahrnehmung komplexer Gestalten sind, meist der Schärfe des analytischen Denkens ermangeln. Nur wenige ganz große Genies können Beides, doch nicht alle. Selbst Goethe hält die Offenbarung der Wahrnehmung für die einzig wesentliche Wissensquelle: „Geheimnisvoll am lichten Tag läßt die Natur sich des Schleiers nicht berauben, und was sie deinem Geist nicht offenbaren mag, das zwingst du ihr nicht ab mit Hebeln und mit Schrauben“. Die selbstverständliche Tatsache, daß Gestaltwahrnehmung und rationales Denken gleicherweise zum kognitiven Apparat des Menschen gehören, und nur *zusammen* voll funktionsfähig sind, ist manchen Menschen ebenso schwer verständlich, wie die Zusammengehörigkeit von finaler, bzw. teleonomischer und kausaler Betrachtung des lebenden Systems.

Die Gestaltwahrnehmung ist ein Verrechnungsapparat, der an Komplexität und Leistung jede vom Menschen gemachte Rechenmaschine bei weitem übertrifft. Seine große Stärke liegt darin, daß er eine geradezu ungeheure Zahl von Einzeldaten aufzunehmen, die unzähligen Wechselbeziehungen zwischen ihnen zu registrieren und die diesen Beziehungen innewohnenden Gesetzlichkeiten zu abstrahieren vermag. Er übertrifft darin selbst jene hochmodernen Rechenmaschinen, die imstande sind, aus der Superposition sehr vieler Kurven eine in ihnen allen obwaltende Gesetzlichkeit zu entnehmen.

Die zweite und vielleicht noch wesentlichere Fähigkeit, in dem die Wahrnehmung alle Rechenmaschinen übertrifft, liegt darin, daß sie *unvermutete* Gesetzlichkeiten zu entdecken vermag. Die verstandesmäßige Forschung, und erst recht sämtliche Rechenmaschinen, können nur Fragen beantworten, die bereits von der menschlichen Ratio klar formuliert sind; zumindest die Vermutung einer Gesetzmäßigkeit ist immer nötig, ehe es möglich wird, den experimentellen oder quantifizierenden Nachweis zu erbringen. Diese Vermutung aber wird auch jenen Forschern von ihrer Gestaltwahrnehmung eingeflüstert, die dies nicht wahrhaben wollen.

Die dritte große Stärke der Gestaltwahrnehmung, die sie erst so recht zur Basis alles Wissens um komplexe Systeme macht, liegt in ihrem außerordentlich langzeitigen *Gedächtnis.* Die von Goethe so klar erkannte Tatsache (S. 33), daß die lineare Aufeinanderfolge von Worten nicht imstande ist, komplexe Systemganze verständlich darzustellen, beruht ganz einfach darauf, daß unser rationales Gedächtnis die im Anfang eingespeisten Daten längst vergessen hat, wenn es die späteren Informationen über dasselbe System empfängt. Vor allem gelingt es ihm nie, die kreuz und quer bestehenden Beziehungen zwischen den Einzeldaten zu erfassen. Man lese z. B. in einem ornithologischen Lehrbuch die Beschreibung eines kryptisch gesprenkelten Vogels, etwa einer Lerche, und man wird finden, daß man sich aus ihr deshalb kein „Bild“ machen kann, weil man längst vergessen hat, wo etwa die braune Fleckung beschrieben wurde, wenn man die Schilderung einer benachbarten Körperregion liest. Daß diese Schwierigkeit tatsächlich am Gedächtnis liegt, und daß es prinzipiell durchaus möglich ist, aus zeitlichem Nacheinander von Einzeldaten eine Gestalt aufzubauen, beweist das Fernsehen, bei dem die Datenübermittlung so schnell erfolgt, daß das positive Nachbild auf der Retina jene Aufgabe übernimmt, an der bei der sprachlichen Übermittlung unser Gedächtnis scheitert.

Es grenzt ans Wunderbare, wie die Gestaltwahrnehmung Konfigurationen von Merkmalen von einem chaotischen Hintergrund zufälliger Reizdaten zu abstrahieren und über Jahre festzuhalten vermag. Hierfür sei ein Beispiel angeführt, das jedem älteren Arzt geläufig sein wird. Man hat einen bestimmten Symptomenkomplex vor Jahren einige wenige Male, vielleicht nur ein einziges Mal gesehen, ohne daß man dabei bewußt eine bestimmte Gestaltqualität wahrgenommen hat. Sieht man nun aber denselben Symptomenkomplex sehr viel später wieder, so kann es vorkommen, daß urplötzlich aus der Tiefe des Unbewußten die Gestaltwahrnehmung mit der unbezweifelbar richtigen Meldung hervortritt: „Genau dieses Krankheitsbild hast du schon einmal gesehen“.

Aus der Fähigkeit der Wahrnehmung Konfigurationen von Daten nahezu unbegrenzt lange zu speichern, entspringt ihre für die Wissenschaft und ganz speziell für die Verhaltensforschung wichtigste Eigenschaft. Bei allen Leistungen des Informations-Empfanges, bei denen es nötig ist, die relevante Information von einem „Hintergrund“ zufällig mit empfangener und bedeutungsloser Daten abzuheben, ist eine Wiederholung des Vorganges nötig. Je größer der „Lärm“ des Empfangskanals ist, desto häufiger muß die Sendung wiederholt werden. „Redundancy of information compensates for the noisyness of channel" – in diesem Satz faßte mein Freund Edward Grey Walter den Inhalt eines Vortrages zusammen, den ich über die Notwendigkeit wiederholter Beobachtungen gehalten hatte.

Nach langer unbewußter Anhäufung der Daten tritt eines Tages, oft völlig unerwartet und einer Offenbarung gleich, die gesuchte Gestalt mit voller Überzeugungskraft zutage. Der ungeheure Schatz an Tatsachen, den die Wahrnehmung anhäufen muß, ehe sie instand gesetzt wird uns ein solches Ergebnis zu melden, spielt in der ratiomorphen Abstraktionsleistung eine analoge Rolle, wie die Induktionsbasis in der rationalen Forschung. Ihr Zustandekommen braucht auch ebenso lange oder noch längere Zeit. Hierin liegt die Erklärung dafür, daß die Entdeckungen, die ein großer Biologe am gleichen Forschungsobjekt gemacht hat, manchmal Jahrzehnte auseinanderliegen: Karl von Frisch veröffentlichte 1913 seine erste Arbeit über Bienen, 1920 schrieb er zum ersten Mal über ihr Mitteilungsvermögen durch Tänze, 1940 entdeckte er den Mechanismus der Orientierung nach dem Sonnenstand, der einen „inneren Chronometer" zur Voraussestzung hat, sowie die Richtungsweisung zum Stock, die mit einer Transposition der Sonnenrichtung operiert, die in diesen Tänzen durch die Lotrechte symbolisiert wird. 1949 fand er den erstaunlichen „Verrechnungsapparat", der aus der Polarisationsebene des Lichtes vom blauen Himmel den Stand der Sonne zu ermitteln vermag.

So viel wahrhaftig „bienenfleißiges" Experimentieren und gewissenhaftes Verifizieren auch in all die großen Entdeckungen dieses großen Naturforschers eingegangen sind, ist es doch sicher kein Zufall, daß sie im Wesentlichen während der Ferien Karl von Frischs an seinen eigenen Bienenstöcken in seinem Sommerheim gemacht wurden. Es liegt eine sehr erfreuliche Eigenschaft der Gestaltwahrnehmung darin, daß sie gerade dann am eifrigsten Information sammelt und speichert, wenn der Wahrnehmende, in die Schönheit seines Objektes versunken, tiefster geistiger Ruhe zu pflegen vermeint.

4. Die sogenannte Liebhaberei

Aus den beschriebenen Eigenschaften der Gestaltwahrnehmung geht genugsam hervor, daß eine sehr große Zahl von Daten in ihren Verrechnungsapparat eingegeben werden muß, wenn dieser seine wesentliche Leistung vollbringen soll. Die Zahl der nötigen Daten ist umso größer, je komplexer die gesuchte Gesetzlichkeit und je größer in der Gesamtheit der eingehenden Daten der Anteil des Akzidentellen, Irrelevanten ist. Zu den komplexesten Gesetzlichkeiten, die wir überhaupt kennen, gehören jene, von denen die Leistungen der Sinnesorgane und des Nervensystems höherer Tiere beherrscht werden, deren Funktion ihr Verhalten ist. Sehr viele von den Verhaltensmustern, die der Forscher unbedingt kennen muß, wofern seine Untersuchung des Gesamtverhaltens einer Tierart Erfolg haben soll, stellen ungemein komplexe zeitliche Gestalten dar – Erich von Holst spricht von „Impulsmelodien" – und sind in den meisten Fällen noch von andersartigen Bewegungsvorgängen, vor allem von Orientierungsmechanismen überlagert, die geeignet sind, ihre Gestalt zu verschleiern. Man muß diese Vorgänge ungemein oft gesehen haben, ehe sich in einem plötzlichen Erkenntnisakt ihre Gestalt von dem Hintergrund des Akzidentellen abhebt und sich dem Bewußtsein des Forschers als unverwechselbare Einheit darbietet.

Dieses plötzliche Hervortreten, man möchte sagen „Herausspringen" der Gestalt ist für den Beobachter ein qualitativ unverwechselbares Erlebnis, das stets mit einer gewissen Verwunderung darüber verbunden ist, daß man etwas so Offensichtliches nicht schon viel früher gesehen hat. Hierfür ein Beispiel: Als ich Anfang der vierziger Jahre die Balzbewegungen von Anatiden untersuchte, bemerkte ich plötzlich an der männlichen Knäckente (Querquedula querquedula) eine Bewegungsweise, die darin besteht, daß der Vogel den Flügel im Schultergelenk nach hinten anhebt, mit dem Schnabel dahinterlangt und damit an der Innenseite über die Kiele seiner Armschwingen fährt, wie ein kleiner Junge mit einem Stöckchen über einen Lattenzaun, wobei auch ein entsprechendes, gut hörbares Geräusch entsteht. Als ich diese sicher erbkoordinierte Bewegungsweise an der Knäckente wahrgenommen hatte, schwante mir dunkel, daß ich ihresgleichen schon bei irgendeiner anderen Entenart gesehen hatte, konnte mir aber nicht darüber klar werden, bei welcher. Dann glaubte ich, dies sei die Madagaskarente (Anas melleri), weil das die nächste Art war, bei der ich die Bewegung entdeckte. Bald danach mußte ich feststellen, daß die Erpel *aller* mir damals zugänglichen Schwimmentenarten über dieselbe Bewegungsweise verfügen.

Wie wir in einem späteren Abschnitt sehen werden, bilden die Instinktbewegungen oder Erbkoordinationen als relativ Ganzheits-unabhängige Bausteine in gewissem Sinne ein Skelett der Verhaltensweisen einer Tierart. Das schon besprochene Inventarisieren der zu einer Ganzheit integrierten Teile oder Unterganzen ist, wie in 1.II/3 ausgeführt wurde, der erste und unentbehrliche Schritt der Analyse eines komplexen organischen Systems. Die Gestaltwahrnehmung ist *die einzige kognitive Leistung,* mittels derer wir diesen Schritt zu tun vermögen.

Eine geradezu gewaltige, mit voraussetzungsloser Beobachtung verbrachte *Zeit* ist vonnöten, um das Datenmaterial zu sammeln und zu speichern, das der große Verrechnungsapparat benötigt, um die Gestalt vom Hintergrund abheben zu können. Selbst ein in Geduldsübungen geschulter tibetanischer Heiliger wäre nicht imstande, ohne Nachlassen seiner Aufmerksamkeit vor einem Aquarium oder Ententeich, oder aber in einem zur Freilandbeobachtung errichteten Versteck so lange sitzen zu bleiben, wie nötig ist, um die Datenbasis für den Wahrnehmungsapparat zu schaffen. Diese Dauerleistung bringen nur jene Menschen zustande, deren Blick durch eine völlig irrationale Freude an der Schönheit des Objektes an dieses gefesselt bleibt. Hier tritt das große wissenschaftliche Verdienst der sogenannten *Liebhaberei* zutage: Die großen Pioniere der Ethologie, Charles Otis Whitman und Oskar Heinroth waren „Liebhaber" ihres Objektes und es ist durchaus kein Zufall, daß so wesentliche Entdeckungen der Ethologie gerade an der Klasse der Vögel gemacht wurden. Es ist einer der größten Denkfehler, in dem Ausdruck scientia amabilis ein absprechendes Urteil über den betreffenden Wissenszweig zu sehen.

5. Die Beobachtung freilebender und gefangener Tiere

Die Tierliebhaberei, die Voraussetzung für genügend langdauernde Beobachtung bildet, läßt sich auf zwei möglicherweise instinktmäßige Antriebsquellen des Menschen zurückführen, auf die des Jägers und die des Bauern. Bei sehr vielen erfolgreichen Ethologen sind Objektwahl und Methode weitgehend durch die Freude am Beschleichen und Belauern des Tieres, kurz an seiner „Überlistung" bestimmt. Ein gefangenes Tier zu untersuchen, macht ihnen wenig Spaß, ja, es dünkt manchen von ihnen geradezu „unsportlich", wobei sich diese rein gefühlsmäßige Abneigung leicht durch das Argument rationalisieren läßt, daß man bei gefangen gehaltenen Tieren nie genau wissen könne, wie sehr ihr Verhalten durch unnormale Bedingungen verändert sei. Tatsächlich wird zur Ausschaltung dieser Fehlerquelle die Freilandbeobachtung immer wieder unumgänglich nötig. Der Hauptvorteil der Freilandbeobachtung aber liegt darin, daß sie die ökologische Einpassung der untersuchten Tierart unmittelbar erfaßt.

Dem „Jägertypus" des Verhaltensforschers, der von meinem Freund Nikolaas Tinbergen verkörpert ist, steht der „Bauerntypus" gegenüber, der Tiere *besitzen* und vor allem auch züchten, vermehren will. Diese Leute beschleichen Tiere nur, um sie zu fangen und anschließend zu *halten*. Solche Tierhälter waren C. O. Whitman und Oskar Heinroth, ich selbst bin auch einer. Der eine große Nachteil der Gefangenschaftsbeobachtung wurde soeben erwähnt. Ihm stehen indessen mehrere Vorteile gegenüber.

Der wichtigste dieser Vorteile liegt darin, daß der tierhaltende Forscher das Verhalten mehrerer Arten gleichzeitig und nebeneinander zu sehen bekommt. Dies wird noch dadurch gefördert, daß die Liebhaberei sich oft auf bestimmte Tierklassen beschränkt, ja, daß sie in vielen Fällen mit einer kleinen Gruppe, einem Genus, oder einer Familie beginnt und sich nur allmählich auf größere taxonomische Einheiten ausdehnt. Bei mir selbst war das erste Objekt die Stockente, mein Interesse griff langsam auf die ganze Gruppe der Anatidae über. Heinroth und Whitman waren ebenfalls Gruppen-Liebhaber: Von früher Jugend auf hielt und studierte Whitman Tauben, Heinroth Anatiden. Die für alle vergleichende Verhaltensforschung grundlegende Entdeckung der *Homologisierbarkeit* von Verhaltensmustern und mit ihr diejenige der erbkoordinierten Bewegungsweisen hätte kaum auf andere Weise zustandekommen können.

Ein anderer großer Vorteil der Gefangenschaftsbeobachtung liegt paradoxerweise gerade in den *Störungen* des Verhaltens, die durch die unnatürlichen Umgebungsbedingungen hervorgerufen sind. Wenn beispielsweise der Freilandbeobachter zu sehen bekommt, wie ein Wolf einen Beuterest an eine verborgene Stelle trägt, dort ein Loch in die Erde gräbt, das Stück mit der Nase hineinstößt, die herausgegrabene Erde, ebenfalls mit der Nase, darüberschaufelt und die Stelle durch Nasenstöße einebnet, so ist zwar die teleonome Frage leicht zu beantworten, die nach dem kausalen Zustandekommen des Verhaltensmusters aber bleibt völlig unbeantwortet. Wenn dagegen der Beobachter des gefangenen Tieres sieht, wie der junge Hund oder Wolf einen Knochen hinter den Vorhang des Speisezimmers trägt, hinlegt, dicht daneben eine Weile heftig scharrt, den Knochen mit der Nase an die Stelle des Scharrens schiebt und nun, mit der Nase auf dem Parkettboden quietschend, nicht vorhandene Erde auf das nicht gegrabene Loch schiebt, um dann befriedigt wegzugehen, weiß der Beobachter ganz erheblich viel über das phylogenetische Programm der Verhaltensweise. Sieht er dann, was jeder Hundebesitzer erleben wird, daß der Welpe, nachdem er die beschriebene Verhaltensfolge einmal im Freien durchgeführt hat, nie wieder den vergeblichen Versuch macht, ein Beutestück auf festem Boden zu vergraben, so wird ihm klar werden, daß gewisse, der normalen Situation anhaftende Reizkonfigurationen andressierend wirken, ihr Fehlen dagegen abdressierend, d. h. bestrafend. So liefert die Beobachtung Gefangenschafts-bedingter Fehlleistungen oft unerwartet viel Information über Art und Zusammensetzung der beobachteten Verhaltensketten.

Eine zweite Wissensquelle sind *pathologische* Verhaltensstörungen. Wie die Pathologie überhaupt eine der wichtigsten Wissensquellen der Physiologie ist, und wie der pathologische Ausfall einer bestimmten Funktion den Forscher auf einen bestimmte Mechanismus aufmerksam macht, so lernt auch der Verhaltensforscher sehr oft Wichtigstes aus pathologischen Störungen des Verhaltens.

Eine der bei gefangenen Tieren häufigsten dieser Störungen ist die Abnahme der *Intensität,* mit der bestimmte Instinktbewegungen und aus ihnen zusammengesetzte komplexe Verhaltensmuster durchgeführt werden. Ein typisches Beispiel hierfür ist der Nestbau gefangener Vögel. Wie oft kommt es bei Liebhabern und in zoologischen Gärten bei den verschiedensten Vögeln zu Ansätzen zum Nestbau und wie selten wird ein vollkommen artgemäßes Nest fertig gebaut.

Dieser pathologischen Störung phylogenetisch programmierter Verhaltensmuster ist die normale Unvollständigkeit sehr ähnlich, die wir in der Ontogenese des Jungtieres beobachten. Ich schrieb darüber im Jahre 1932: „Bei Jungen (es handelt sich um Jungvögel) entwickeln sich auf ein Objekt gerichtete Triebe zunächst ohne dieses und werden erst sekundär auf ein passendes Objekt übertragen. Bei geistig auf hoher Stufe stehenden Tieren, in deren Triebhandlungsketten häufiger solche durch persönliche Erfahrung veränderliche Stellen eingeschaltet sind, dürfte dieses den eigentlichen Zweck der Handlung nicht erreichende Ablaufen für die Jungtiere als Vorübung von biologischer Bedeutung sein". Die aus Intensitätsmangel unvollständig bleibenden Handlungsabläufe verebben häufig ganz knapp bevor ihre arterhaltende Leistung vollbracht ist. Dieser Umstand war es, der mich zuerst davon überzeugte, daß das Tier keine Ahnung von der Teleonomie seines eigenen Verhaltens hat und daß die Annahme der Zweckpsychologie (purposive psychology) falsch sei, die den vom Tier als Subjekt angestrebten Zweck mit dem teleonomen Arterhaltungswert jeder Verhaltensweise gleichsetzt. Ich schrieb in der schon erwähnten Arbeit, daß instinktmäßige Programmierung angenommen werden muß, „wenn bei einer Handlungsweise, deren Zweck für uns erkennbar ist, ein augenfälliges Mißverhältnis der Denkfähigkeit, die wir im allgemeinen an einem Tier beobachten, mit derjenigen besteht, die zur einsichtigen Vollendung des Ablaufs notwendig wäre . . ." und zweitens: „wenn in einem Handlungsablauf Unvollständigkeiten auftreten, die deutlich zeigen, daß dem Tiere selbst der Zweck seiner Handlung nicht bewußt ist".

Die unmittelbare Abhängigkeit der Intensität so vieler instinktmäßiger Verhaltensweisen vom Körperzustande des Tieres macht größte Vorsicht nötig, wenn aus dem *Fehlen* einer bestimmten Verhaltensweise beim Gefangenschaftstier auf ihr Vorhanden- oder Nichtvorhandensein bei der betreffenden Art geschlossen werden soll. Der Schluß, daß ein bestimmtes Verhaltensmuster bei einer bestimmten Tierart *nicht* vorhanden sei, ist aufgrund von Gefangenschafts-Beobachtungen grundsätzlich unzulässig. Als Gustav Kramer an Lacerta melisselensis, einer Eidechse aus der Muralisgruppe, eine extreme Aggressivität nachgewiesen hatte, wurde sein Ergebnis von manchen Herpetologen angezweifelt, die dieselbe Art jahrelang im Terrarium gehalten und sogar gezüchtet, ernstliche Kämpfe aber nie gesehen hatten. Man kann von dieser Art, dem Hauptobjekt der Beobachtung Kramers, unter gewöhnlichen Terrarienbedingungen, unter denen die Tiere jahrelang ausdauern, ruhig mehrere Männchen zusammenhalten. Im Freiland gehört die Art zu den wenigen Tieren, bei denen ein sofortiger tödlicher Ausgang bei Rivalenkämpfen beobachtet wurde. Kramer wies nach, daß die Verminderung der Aggressivität bei Gefangenschaftstieren durch klimatische Bedingungen verursacht ist. Die Tiere brauchen zu ihrem völligen Wohlbefinden kühle Atemluft, während die zum Normalverhalten nötige Blutwärme durch Strahlung erzeugt werden muß. Aussagen über das Nicht-Vorhandensein eines bestimmten Verhaltens bei Gefangenschaftstieren entbehren jeder Tragfähigkeit.

Umgekehrt berechtigt die positive Beobachtung eines einigermaßen komplexen Verhaltensmusters bei einem gefangenen Tier zu der sicheren Aussage, daß die betreffende Verhaltensweise der Art zu eigen sei. Mit anderen Worten, Gefangenschaftseinflüsse können grundsätzlich nur zum *Schwinden* von Verhaltensmustern führen, niemals aber ein komplexes, vor allem nie ein offensichtlich teleonomisches Verhaltensmuster *erzeugen*. Als Janet Kear-Matthews auf dem Ethologen-Kongreß in Haag über ihre gelungene Zucht der Spaltfußgans (Anseranas semipalmatus) berichtete und erzählte, daß diese Vögel als einzige unter allen Anatiden ihre Jungen regelrecht füttern und daß die Jungen über entsprechende Bettelbewegungen verfügen, behauptete in der Diskussion ein bekannter australischer Feldbeobachter, das von Kear-Matthews beobachtete und auch im Film gezeigte Verhalten von Anseranas sei ein durch Gefangenschaftsbedingungen erzeugtes Artefakt. Er begründete dies damit, daß er dergleichen in Freilandbeobachtungen niemals gesehen hatte. Diese Aussage und ihre Begründung zeugt von tiefster ethologischer Kenntnislosigkeit.

6. Die Beobachtung freilebender zahmer Tiere

Ein bei manchen hochorganisierten Wirbeltieren möglicher Kompromiß zwischen Freilandbeobachtung und Gefangenhaltung kann dadurch erzielt werden, daß man in einem geeigneten Biotop Jungtiere sozialer Arten großzieht und diese zahmen Individuen in Freiheit beobachtet. Die Vorteile dieser Untersuchungsmethoden liegen auf der Hand, ihre Grenzen sind durch die Eigenschaften des sogenannten Prägungsvorganges gezogen, der vor allem bei Vögeln eine wichtige Rolle spielt (S. 222ff.). Bei Rabenvögeln, Papageien, Reihern und anderen ist es schwierig, die Vögel so aufzuziehen, daß sie zwar in ihren Kindestriebhandlungen und ihrer sozialen Anhänglichkeit auf den Menschen fixiert werden, nicht aber in bezug auf die Verhaltensweisen der Sexualität und des Rivalenkampfes. Ein großer Gelbhaubenkakadu oder ein männlicher Kolkrabe kann alle weiteren Beobachtungen vereiteln, wenn er den Pfleger als Rivalen behandelt. Gänse (Anserini) der verschiedensten Arten sind deshalb für die in Rede stehende Untersuchungsweise so gut geeignet, weil die auf das Elterntier und den sozialen Kumpan gerichteten Verhaltensweisen leicht und nachhaltig auf den menschlichen Pfleger fixiert werden können, eine sexuelle Prägung auf den Menschen aber bei diesen Vögeln nahezu unmöglich ist.

Versucht man, zu Beobachtungszwecken eine Population zahmer und freilebender Tiere anzusiedeln, oder aber einer natürlichen Population zahm aufgezogene Individuen einzugliedern, so stößt man manchmal, besonders bei den höchstentwickelten Säugetieren, auf eine unerwartete Schwierigkeit. Auch wenn sie mit Erfolg in einen Lebensraum eingewöhnt werden, der dem natürlichen weitgehend entspricht, bilden die vom Menschen aufgezogenen Tiere nicht die für ihre Art typische Form der Sozietät. Amerikanische Versuche, in weiten Gehegen Schimpansen anzusiedeln, die als ausgediente Versuchstiere das Gnadenbrot verdient hatten, scheiterten völlig. Katharina Heinroth berichtet anschaulich ihre vergeblichen Versuche, handaufgezogene junge Paviane in die Horde gleichartiger Tiere einzugliedern, die den großen Affenfelsen des Berliner Zoologischen Gartens bewohnten. Die vom Menschen aufgezogenen Individuen erregten immer wieder den höchsten Zorn ihrer Artgenossen durch Verhaltensweisen, die nicht „sozietätsgemäß" waren, „sie benahmen sich daneben", wie Frau Dr. Heinroth sich ausdrückte. Diese Unstimmigkeiten sind deshalb bedeutsam, weil sie auf das Vorhandensein *traditioneller* Verkehrsnormen schließen lassen.

Bei handaufgezogenen Wildschweinen besteht die eben beschriebene Schwierigkeit nicht, offenbar ist hier das ganze Inventar sozialer Interaktionen genetisch festgelegt und bedarf keiner Ergänzung durch soziale Tradition. Gerade diese Schwierigkeit in der Haltung und Beobachtung zahmer, freilebender Tiere weist auf ein Problem hin, das nur durch den Vergleich zwischen menschenaufgezogenen und natürlichen Populationen untersucht werden kann.

Das methodische Ideal der Beodachtung hochorganisierter Lebewesen ist dann erreicht, wenn es gelingt, freilebende Tiere so an den Beobachter zu gewöhnen, daß ihr Verhalten durch seine Gegenwart nicht verändert wird, ja, daß er sogar mit ihnen in natürlicher Umgebung Experimente anstellen kann. Vor allem in der Erforschung von Primaten ist diese Methode von Wichtigkeit, da bei ihnen soziale Tradition eine sehr große Rolle spielt, sodaß bei freigelassenen, aus der Gefangenschaft stammenden zahmen Tieren ein artgemäßes Sozialverhalten nicht zu erwarten ist. Die Schimpansenbeobachtungen Jane Goodalls haben denn auch die gebührende Beachtung gefunden. Die Pavian-Beobachtungen von Washburn, de Vore und vor allem die Studien von Hans Kummer zeigen, wie sehr diese äußerst zeitraubende und so manche Opfer fordernde Methode durch ihre Ergebnisse lohnt.

7. Tierkenntnis als Forschungsmethode

Als Erich von Holst seine klassischen Versuche mit elektrischer Reizung des Hypothalamus an Hühnern vornahm, betonte er immer wieder, daß diese Untersuchung ohne genaueste Kenntnis des gesamten Verhaltensinventars der untersuchten Art jeder Grundlage entbehre. Er gewann daher Erich Baeumer zum Mitarbeiter, der, von Beruf Landarzt, aus „Liebhaberei" eine profunde Kenntnis des Verhaltens aller Haushuhnrassen gewonnen hatte und daher die für Holsts Versuche unentbehrliche Fähigkeit besaß, auch bei geringsten Andeutungen und Bruchstücken bestimmter Verhaltensmuster eine exakte Diagnose stellen zu können. Aus gleichen Gründen hat seinerzeit W. R. Hess zur Auswertung seiner Filme von den Versuchen der Stammhirn-Reizung an Katzen die Mitarbeit Paul Leyhausens beansprucht, der das gesamte Verhaltensinventar dieser Tiere, das noch wesentlich komplexer ist als das des Haushuhns, „am Schnürchen" hat. Ohne diese Voraussetzung sind Stammhirn-Reizversuche meines Erachtens sinnlos.

Ich möchte die Frage aufwerfen, ob dies nicht für alle Untersuchungen tierischen Verhaltens schlechthin gilt. Selbst wenn man bewußt das Forschungsinteresse auf ein sehr kleines Untersystem der Ganzheit beschränkt, ist, so will mir scheinen, die Kenntnis des ganzen Verhaltensinventars der untersuchten Tierart unumgänglich nötig. Ohne sie weiß der Untersucher ja gar nicht, was nun eigentlich die Antwort sei, mit der das System auf seine Maßnahmen, welche immer das sein mögen, reagiert.

Schon um zu wissen, ob eine beobachtete Verhaltensweise dem artgemäßen Verhalten in freier Natur entspricht, oder ob sie pathologisch sei, muß der Untersucher seine Tierart sehr genau kennen. Unzählige Irrtümer beruhen darauf, daß der pathologische Intensitäts-Verlust (S. 43) oder das völlige Schwinden zentralkoordinierter Bewegungsweisen für „normal" angesehen wurde. Zur Tierkenntnis als Forschungsmethode gehört auch ein gewisses Maß an „klinischem Blick", den man nur in langer Erfahrung (S. 39) zu erwerben vermag. Ich werfe einem sehr großen Teil der jüngeren Forscher, die sich selbst für Ethologen halten, einen bedauerlichen Mangel an Tierkenntnis und klinischem Blick vor.

8. Das Ganzheits-gerechte Experiment

Aus Allem, was in diesem Kapitel über die Reihenfolge der Operationen gesagt wurde, die dem Forscher durch den Systemcharakter des Organismus vorgeschrieben wird, müssen eine Reihe wichtiger Folgerungen gezogen werden, die das Experiment betreffen.

Selbstverständlich werden experimentelle Eingriffe erst dann sinnvoll, wenn Beschreibung des Systems und Inventarisierung seiner Untersysteme zu einigermaßen klaren Vorstellungen von deren Wechselwirkung geführt haben. Diese müssen genügende Wahrscheinlichkeit besitzen, um ihre experimentelle Prüfung der Mühe wert erscheinen zu lassen. Auf gut Glück irgendeinen Eingriff zu wagen, hat minimale Aussichten auf irgend einen Wissensgewinn.

Werden experimentelle Fragen allzu früh gestellt, so führt dies leicht zu einer *Unterschätzung der Komplikation* des untersuchten Systems. Das Betrachten der Ganzheit und die Frage nach der Teleonomie ihrer einzelnen Glieder sind *unerläßlich*, nur dürfen sie nicht zum Selbstzweck erhoben werden. Auch während dieser Vorarbeit muß das Ziel der Forschung im Auge behalten werden, und dieses ist immer die kausale Analyse des Systems. Die notwendige Zusammenarbeit der Ganzheits-erfassenden Gestaltwahrnehmung auf der einen, und der Analyse und des Experiments auf der anderen Seite, hat Otto Koehler in einem schönen Gleichnis dargestellt. Er sagt:

„Läßt sich unsere Unwissenheit um das Wesen des Lebens und seiner Erscheinungen einem großen Berge vergleichen, so sind die Einzelzweige der Biologie und ihrer Hilfswissenschaften Tunnel, die in sein Inneres vordringen, von den verschiedensten Ausgangspunkten und in verschiedener Richtung streichend, manche in die Tiefe, andere mehr der Oberfläche genähert. Die nach naturwissenschaftlichen Methoden arbeitenden Forscher sind die Tunnelbemannung; der eine kratzt an der Wand, der andere legt mit seinen Sprengkapseln im Tunnelkopfe Bresche um Bresche, der dritte räumt den Schutt aus. Wenn aber Ereignisse sich begeben, wie *Boveris* und *Suttons* Hypothese, die das Chromosomen- und Erbgeschehen zu neuer Einheit verklammerte, sodaß dort wie hier Voraussagen von einem Forschungsgebiet auf das andere gewagt werden können und sich erfüllen, so vergleichen wir solche Geistestaten dem letzten Spatenstich, der die Trennungswand zwischen zwei Tunneln öffnet, die sich im Bergesinneren begegnen.

„Ein Bemühen, wie das hier vorgelegte, erinnert solcher Tunnelarbeit gegenüber eher an einen Spaziergang über die Oberfläche des Berges. Man wird den Männern nach ihrer Wochenarbeit unter Tage den freien Rundblick am Sonntag wohl vergönnen. Den dunkelgewohnten Augen tut das Licht des Tages wohl; und neben der Erholung, die der Wochenarbeit zugute kommt, kann ein Rundgang auch unmittelbaren Nutzen bringen, wenn er dazu dient, die Richtung der Tunnel nachzuprüfen, den Fortschritt des Nachbarn zu sehen und gemeinsam neue Tunnelung zu planen. Bedenklich wird der Müßiggang nur dann, wenn er zur Regel wird oder gar zur Geringschätzung des Mannes in der Tiefe führt. Noch so viele Spaziergänger werden mit ihren Fußstapfen den Berg nicht niederlegen, eher noch schiene es denkbar, er stürzte einmal ein, wenn immer neue Tunnel ihn durchfurchen und immer stärkere Sprengladungen in seinem Inneren entzündet werden. Auch dieses Ziel aber liegt in unabsehbarer Ferne, denn der Berg ist sehr groß."

Selbstverständlich ist es dem Forscher völlig freigestellt, an welcher Stelle des Systems er seine Tiefbohrung ansetzt, woferne er nur weiß, wo sie in bezug auf das ganze System gelegen ist. Es ist gleicherweise legitim, die Forschung auf dem höchsten Integrationsniveau des organischen Systems, d. h. an seinen Wechselwirkungen mit seinem Lebensraum, auf ökologischer Ebene zu beginnen, oder sich ein kleines Untersystem zum Gegenstand zu wählen, woferne nur die obige Voraussetzung erfüllt bleibt. Wissenschaftstheoretisch festgelegt ist, wie schon dargelegt, nur die Reihenfolge, in der Ganzheitsbetrachtung und analytisches Experiment aufeinanderfolgen müssen.

Immer muß im Auge behalten werden, welche Nebenwirkung auf das gesamte System, und damit welche Rückwirkung auf das zu untersuchende Untersystem, ein experimenteller Eingriff haben kann. Dieses Problem ist umso leichter zu lösen, je mehr der untersuchte Teil den Charakter eines relativ Ganzheits-unabhängigen Bausteines trägt (S. 55). Andernfalls und im allgemeinen muß man in Betracht ziehen, daß eine experimentell gesetzte Zustandsänderung nur dann eine gleiche und voraussagbare Wirkung ein zweites Mal haben kann, wenn das Gesamtsystem sich in den Zeitpunkten beider Einwirkungen in genau dem gleichen Zustande befindet. H. J. Jordan hat dies in einem hübschen mechanischen Gleichnis anschaulich gemacht: Wenn man in einer großen Bahnhofsanlage die Weiche X von krumm auf gerade stellt, so stößt der D-Zug Y mit dem Güterzug Z zusammen. Selbstverständlich hängt die Reproduzierbarkeit dieses Erfolges davon ab, daß alle Weichen im System gleich gestellt sind wie beim ersten Experiment, und daß außerdem die Züge Y und Z sich im Augenblick der Einwirkung am gleichen Ort befinden und in gleicher Richtung und Geschwindigkeit bewegen. Das Umstellen der Weiche X wird zu einem anderen Zeitpunkt eine völlig andere Wirkung entfalten.

Wenn das zu untersuchende System ein verhältnismäßig kleines Untersystem der organischen Ganzheit ist, so kann es gelingen, auf künstlichem Wege die Gleichheit aller obwaltenden Umstände zu erreichen und die Forderung nach dem „ceteris paribus" zu erfüllen, die in Jordans Gleichnis durch die Notwendigkeit der Gleichheit aller möglichen anderen Weichenstellungen und Zugbewegungen dargestellt ist. In der speziellen Physiologie ist daher diese Methode üblich und erfolgreich. Das System von Sinnesleistungen und zentralnervösen Funktionen, dessen Funktion das Verhalten höherer Tiere ist, ist aber so ziemlich das komplexeste, das wir überhaupt kennen. Es ist eine geradezu naive Vorstellung, daß man am intakten Organismus völlig gleiche Zustände und Vorgänge dadurch erzeugen könne, daß man ihn unter konstante und kontrollierbare Außenbedingungen (strictly controlled laboratory conditions) bringt.

Wie im Abschnitt über aufladende und auslösende Reize zu besprechen sein wird, bedarf ein höheres Tier einer Unzahl dauernd einwirkender, oft recht komplexer Reizeinwirkungen, um seine Gesundheit zu bewahren und ein nichtpathologisches Verhalten zeigen zu können. Die „controlled laboratory conditions", die hergestellt wurden, um eine Übersicht über die möglichen Reizeinwirkungen zu gewinnen, schalten unvermeidlicherweise eine nicht voraussagbare Zahl für das Tier unentbehrlicher Reizbedingungen aus und setzen gleichzeitig ebenso eine Unzahl chaotischer abnormer Reize. Anne Rasa hat in ihrer klassischen Arbeit über die Spontaneität aggressiven Verhaltens bei dem Korallenfisch Microspathodon chrysurus (Pomacentridae) experimentell gezeigt, wie selbst bei einem solchen „niedrigen" Wirbeltier ein absolutes Gleichbleiben der Umgebung ein pathologisches Absinken der Allgemeinerregbarkeit bewirkt.

Wer je den Versuch unternommen hat, höhere Tiere in Gefangenschaft so zu halten, daß die Eintönigkeit der Gefangenschafts-Bedingungen nicht ein solches Absinken der Allgemeinerregbarkeit bewirkt, bekommt eine Vorstellung davon, welche unentbehrliche Rolle dem ständigen Wechsel unspezifischer Umgebungsreize zukommt. So hat sich erwiesen, daß selbst bei freifliegenden Graugänsen eine mäßige Herabsetzung der Allgemeinerregung bewirkt wird, wenn die Vögel dauernd an ein und demselben Teich wohnen: Im Vergleich mit den gegenwärtig im Almtal lebenden (man darf kaum sagen „gehaltenen") Wildgänsen, die täglich 16 km weit, vom Schlaf- zum Futterplatz und zurück fliegen müssen und an wieder anderen Lokalitäten brüten, wirkten unsere Seewiesener Gänse geradezu schläfrig. Rivalisierende Ganter zeigten dort so gut wie nie die Bewegungsweisen des Luftkampfes, die in den Vorfrühlingsmonaten in Grünau alltäglich sind.

Angesichts der unvoraussagbaren Veränderungen, die im Verhalten höherer Tiere selbst durch die mildeste Halb-Gefangenschaft hervorgerufen werden, erscheinen alle Versuche, Umgebungsbedingungen zu „kontrollieren", hoffnungslos. Dies führt dazu, daß viele Untersucher, die sich zutiefst des Systemcharakters ihres Objektes bewußt sind, vor Experimenten überhaupt zurückschrecken.

Wenn man sich heute in der modernsten Literatur der Verhaltensforschung umsieht, könnte man beinahe den Eindruck bekommen, daß die Attribute „systemgerecht" und „experimentell" einander widersprechen und kaum je gleichzeitig auf eine Untersuchung angewandt werden können. Allzu viele experimentelle Verhaltensforscher, die ausschließlich im Labor arbeiten, wie ein großer Teil der amerikanischen Psychologen es tut, sind zwar experimentell hochbegabt, oft aber mit biologischer und ökologischer Ahnungslosigkeit geschlagen, während umgekehrt manche gut biologisch und ökologisch denkende Verhaltensforscher sich nur der Freilandbeobachtung widmen und vom Experiment, vor allem unter Laborbedingungen, nicht viel wissen wollen.

Angesichts dieses bedauerlichen, aber unbezweifelbaren Tatbestandes möchte ich wünschen, daß sich die Gesamtheit der modernen Verhaltensforscher folgende Sätze zu Herzen nehmen möge, die der Botaniker Fritz Knoll vor 52 Jahren geschrieben hat: „Um den Tierversuch in den Dienst der Blütenökologie stellen zu können, muß sich der Experimentator zuerst gründliche Kenntnisse der allgemeinen Lebensgewohnheiten der zu prüfenden Tiere aneignen. Dies kann nur durch langandauernde scharfe Beobachtung in der natürlichen Umwelt der Blüten und der dazugehörigen Tiere erzielt werden. Erst nach einer solchen Schulung soll man an die Ausführung eines Versuches schreiten. Zunächst wird man gut tun, die geplanten Versuche so weit wie möglich am natürlichen Standorte der studierten Blumen und der dazugehörigen Insekten anzustellen. Bestimmte Versuche, zu denen sich die ursprüngliche Umwelt nicht eignet, wird man an anderen, der Absicht besser entsprechenden Plätzen im Freien durchführen. Schließlich wird man für solche Versuche, die unter ganz besonders geeigneten Bedingungen gemacht werden sollen, das Laboratorium und seine Behelfe heranziehen. Sinngemäße und mit aller notwendigen Kritik angestellte Laboratoriumsversuche gestatten uns oft, noch die letzten Feinheiten einer Erscheinung zu ermitteln, die in der allzu reich gegliederten natürlichen Umwelt sich der klaren Erfassung entzogen haben".

Diese Sätze gelten keineswegs nur für die Verhaltensweisen, mittels derer Insekten mit den von ihnen besuchten Blüten in Wechselwirkung treten. Sie gelten uneingeschränkt für die Erforschung des Verhaltens schlechthin. Es gibt keine wie immer geartete Verhaltensweise eines, wie immer gearteten tierischen Lebewesens, die *anders* als im Zusammenhang mit der Ökologie der betreffenden Tierart verstanden werden könnte. Diese Sätze gelten sogar für die *Pathologie* des Verhaltens, denn es kann bekanntlich das Pathologische nur unter Heranziehung ökologischer Begriffe definiert werden.

Die von Fritz Knoll so klar vorgezeichnete Strategie des Experimentes entspricht genau dem, was Eckhard Hess das „unobtrusive experiment" genannt hat, ein Ausdruck, den ich mit „das nicht-disruptive" Experiment übersetzen möchte. Das Wesentliche, das auch aus den Worten Knolls klar hervorgeht, liegt darin, daß die experimentelle Einwirkung an den Bedingungen des natürlichen Lebens so wenig wie irgend möglich ändern soll. Je kleiner die Einwirkung, desto größer ist die Wahrscheinlichkeit, daß sie nur an einer einzigen Stelle des Systemganzen angreift und damit auch, daß die Wirkung auf verhältnismäßig kurzem Wege durch die experimentell gesetzte Veränderung verursacht ist. Der große Meister des nicht-disruptiven Experimentes ist Nikolaas Tinbergen, dessen Schriften jeder angehende Ethologe schon um dieser Methodik halber gründlich studieren sollte. Seine Arbeit über die Balz des Samtfalters (Eumenis semele L.) beweist, daß auch das ganzheitsgerechte Experiment letzten Endes zur quantifizierenden Verifikation leitet.

9. Das Experiment mit Erfahrungsentzug

Das Experiment des *Vorenthaltens* spezifischer Erfahrung spielt eine entscheidende Rolle in der leider ideologisch so schwer belasteten Diskussion der Frage, ob angeborene, d. h. phylogenetisch programmierte Verhaltenselemente von erlernten unterschieden werden können. Es kann seine Aufgabe nur erfüllen, wenn der Experimentator gelernt hat, biologisch zu denken, und wenn er die in diesem Kapitel dargelegten methodischen Regeln befolgt.

Welche groben Verstöße gegen die Forderung des nichtdisruptiven Experimentes begangen wurden, mag ein Beispiel anschaulich machen: Man zog junge Schimpansen in völliger Dunkelheit auf und als diese, ans Licht gebracht, nicht über die Fähigkeit des Bild-Sehens verfügten, schloß man, daß die Fähigkeit zur Punktunterscheidung und des Sehens von Bildern *erlernt* werden müsse. Genauere Untersuchungen ergaben später, daß die Dunkelhaft bei den unglücklichen Affenkindern eine totale Atrophie der Netzhaut verursacht hatte.

Was kann aus dem Experiment mit Erfahrungsentzug überhaupt geschlossen werden? Wirklich zwingende, eindeutige Schlüsse sind nur dann zu ziehen, wenn *trotz* des Entzuges einer ganz bestimmten Information, das Versuchstier eben diese Information eindeutig besitzt. Die Prämissen für diese Schlußfolgerung sind einfach: Angepaßtes Verhalten bedeutet immer, daß Information über die Umweltgegebenheiten, auf die sich die Anpassung bezieht, in den Organismus gelangt ist. Es gibt nur zwei Wege, auf denen dies geschehen sein kann, nämlich entweder in der Stammesgeschichte, während der sich *die Art* mit eben dieser Umweltgegebenheit auseinandergesetzt hat, oder aber im individuellen Leben, während dessen das Individuum Erfahrungen machte, die es informierten. Phylogenetische Anpassung und individuelle adaptive Modifikation des Verhaltens sind die einzigen Möglichkeiten des Erwerbens und Speicherns von Information. Was das Experiment des Erfahrungsentzuges uns geben kann, ist in günstigsten Fällen eine Antwort auf die Frage, aus welcher dieser beiden Quellen die einer Anpassung zugrunde liegende Information stammt. Wenn es gelingt, einen dieser Wege mit Sicherheit auszuschließen, wissen wir, daß der andere die Information geliefert hat. Aus den auf S. 50 dargelegten Gründen ist es leichter, individuell erworbene Information mit Sicherheit auszuschließen, als stammesgeschichtlich erworbene.

Wenn wir einen männlichen Stichling vom Ei ab in Isolierung von Artgenossen aufziehen, und es sich im nächsten Frühjahr herausstellt, daß der Fisch in selektiver und spezifischer Weise auf eine unterseits rote Attrappe mit den Bewegungsweisen des Rivalenkampfes anspricht, oder wenn ein junger Hund, der niemals in der Erde gegraben hat, ohne jede vorhergehende Erfahrung die auf S. 41 beschriebene Folge von Bewegungsweisen des Knochen-Eingrabens in der richtigen Reihenfolge durchführt, so wissen wir mit Sicherheit, daß die anpassende Information dieser teleonomischen Verhaltensweisen im Erbgut enthalten ist. Dies wird merkwürdigerweise von mancher Seite geleugnet, es wird immer wieder gesagt, daß der Organismus schon im Ei oder im Uterus durch Lernen Information erworben haben könnte. Man muß dann fragen: ,,Woher denn?" Wie schon in der Einleitung gesagt, enthält die Annahme Kuos und anderer Behavioristen, daß die Mechanismen des Lernens ohne Informations-Empfang ,,wissen", was dem Organismus dienlich sei, und was nicht, das verborgene Postulat einer prästabilierten Harmonie, zu dem sich der große Vitalist Jakob von Uexküll offen bekennt. Wenn man nicht an Wunder glaubt – wie prästabilierte Harmonie eines wäre – bleibt es schlechterdings unverständlich, wie z. B. in dem Aquarium, in dem der junge Stichling aufgezogen wurde, bei aller Vielfalt seiner Tier- und Pflanzenwelt, die Information enthalten sein soll, daß der zu bekämpfende Rivale auf der Unterseite rot sei. Das in Rede stehende Experiment gibt uns also ein ganz sicheres Wissen darüber, daß eine bestimmte Information angeboren ist.

Diese Sicherheit besteht aber nur im Falle, daß Information trotz Erfahrungsentzug ungemindert in Erscheinung tritt. Im umgekehrten Fall ist die Aussage, daß die nach dem Experiment fehlende Information gelernt werden müsse, weit weniger sicher. Wenn etwa unser Stichling die spezifische Reaktion auf das Hochzeitskleid des Rivalen *nicht* gebracht hätte, wären wir keineswegs imstande, mit Sicherheit auszusagen, daß sie individuell erlernt werden müsse.

Es gibt in solchen Fällen immer eine andere mögliche Erklärung, nämlich, daß wir durch die Maßnahmen, die nötig waren um unserem Versuchstier bestimmte spezifische Informationen vorzuenthalten, ihm gleichzeitig, ohne es zu wollen, irgendwelche anderen ,,Bausteine" vorenthalten haben, die zur Verwirklichung der in der Blaupause des Genoms festgelegten Maschinerie des Verhaltens unentbehrlich sind. Außerdem besteht noch die andere Möglichkeit, daß in der Anordnung unseres Experimentes, in unserem Beispiel also beim erstmaligen Hinzusetzen des Rivalen zu unserem Versuchstier, irgendeine unspezifische Reizkombination fehlt, die zur Auslösung des untersuchten Verhaltens notwendig ist. So kämpfen nicht nur männliche Stichlinge, sondern sehr viele territoriale Tiere nur in dem gründlich explorierten und als Heim empfundenen Raum, setzt man sie mit dem erwartetermaßen kampfauslösenden Objekt in eine ihnen unbekannte Umgebung, so reagieren sie ganz sicher nicht.

Ein zweites Beispiel liefern die Experimente von Riess (1954). Er zog Ratten unter Bedingungen auf, unter denen sie keine Gelegenheit hatten, irgendwelche festen Objekte aufzuheben oder zu tragen. Als er sie dann unter streng kontrollierten und standardisierten Bedingungen mit Nestmaterial versah, bauten die Ratten nicht. Daraus schloß er, daß Nestbau unmöglich sei, wenn nicht vorher das Umgehen mit festen Objekten erlernt worden sei. Was er übersah, war, daß seine Testsituation und die viel zu kurze Versuchszeit es mit sich brachten, daß keine Ratte mit oder ohne normale Erfahrung in der ihr zugemessenen Zeit zu bauen anfangen konnte. Als Eibl, wie wir noch hören werden, diese Ergebnisse von Riess widerlegte, hatte ich die größte Schwierigkeit, ihn dazu zu veranlassen, daß er eine erfahrene alte Ratte in die von Riess gebrauchte Testsituation brachte. Er betrachtete dies für lächerlich, da er bei seiner guten Tierkenntnis ganz genau wußte, daß eine Ratte, die man in eine ihr unbekannte Umgebung setzt, lange Zeit mit explorativem Verhalten verbringt, ehe sie eingewöhnt ist und zu bauen beginnt. Dies wußte Riess aber nicht!

Angeborene Information tritt sehr häufig auch dann nicht zutage, wenn das Versuchstier sich nicht in einem erstklassigen Gesundheitszustand befindet und den nötigen Grad von Allgemeinerregung nicht erreicht. Ein Beispiel eines Irrtums, den ich diesbezüglich vor mehr als 40 Jahren beging, möge das illustrieren. Ich hatte junge Neuntöter (Lanius collurio L.) aufgezogen und die Ontogenese jener interessanten Verhaltensweise beobachtet, mittels derer diese Vögel Beute auf Dornen aufspießen und so horten. Meine Vögel zeigten zwar uneingeschränkt die Instinktbewegungen des Entlangwischens mit der Beute an Zweigen und des Niederdrückens, wenn sich dabei ein Widerstand ergab, doch zeigten sie keinerlei Neigung, diese Bewegungsweisen räumlich auf Dornen zu orientieren, an denen Beutestücke festgespießt werden konnten. Dies lernten sie indessen, nachdem ihnen der volle Ablauf der Bewegung mehrere Male zufällig gelungen war. Nichts lag damals näher als anzunehmen, daß eben dieses Gelingen, d. h. die Rückmeldung des Erfolges eine andressierende Wirkung entfaltet und daß die Kenntnis des Dornes auf diese Weise erlernt wird. Ich sprach damals von einer Instinkt-Dressur-Verschränkung und war mir keineswegs bewußt, daß allem Lernen in gleicher Weise ein „instinktives", d. h. phylogenetisch entstandenes Programm zugrunde liegt.

Spätere Versuche, die U. v. St. Paul und ich angestellt haben, zeigten, daß die „Kenntnis" des Dornes sowohl beim Neuntöter (Lanius collurio L.), als auch beim Raubwürger (Lanius excubitor L.) völlig angeboren ist. Erfahrungslose Jungvögel dieser Arten kamen sofort heran, wenn ihnen ein dornähnliches Objekt, etwa ein durch die Sitzstange geschlagener, oben herausragender Nagel geboten wurde, beknabberten ihn explorierend und wandten sich unmittelbar darauf einem Ersatzobjekt (Papierstückchen, vertrockneter Schmetterlingsflügel) zu, um es alsbald kunstgerecht aufzuspießen. Umgekehrt aktivierte die Gabe eines saftigen, gut aufspießbaren Objektes, wie ein totes Eintagsküken oder Stücke eines solchen, sofort die Appetenz nach einem Dorn. St. Paul und ich versuchten nun, Neuntöter so schlecht aufzuziehen, wie ich es offenbar 40 Jahre früher getan hatte. Dies mißlang völlig, U. v. St. Paul ist eine so gute Vogelpflegerin, daß sie es einfach nicht fertigbrachte, die Nestlinge so schlecht zu versorgen, wie nötig gewesen wäre, um den Ausfall hervorzurufen.

Die Tatsache, daß sich durch das Experiment des Erfahrungs-Entzugs also nur das Vorhandensein, nicht aber das Fehlen phyletischer Information unmittelbar nachweisen läßt, hat behavioristische Meinungsgegner zu dem Irrglauben verführt, daß Ethologen das Vorhandensein von Lernvorgängen überhaupt leugnen wollten, sie nannten die obige, durchaus unwiderlegbare Feststellung „a highly protective theory", als ob durch sie die Feststellbarkeit von Lernen geleugnet würde.

Es gibt Fälle, in denen gewissermaßen reziproke Schlußfolgerungen es erlauben, das Vorhandensein angeborener Information ohne besondere Versuche auszuschließen, und die Behauptung aufzustellen, daß die Teleonomie einer bestimmten Verhaltensweise durch individuell erworbene Information erreicht sei. Dies ist dann möglich, wenn ein Organismus in eindeutig teleonomer Weise eine Umweltsituation meistert, mit der sich seine Art nachweislich nie vorher auseinandergesetzt haben kann.

Curt Richter hat mit verschiedenen Tieren Versuche über die Auswahl von Nahrungsstoffen angestellt, u. a. mit Faultieren (Bradypodidae). Im Freileben fressen diese fast nur Baumblätter und sind wie viele Laubfresser in Gefangenschaft nicht leicht durch Ersatzfutter zufriedenzustellen, wiewohl sie oft jahrelang aushalten. Richter setzte seinen Gefangenen so ziemlich alle handelsüblichen frischen Pflanzenstoffe zur Auswahl vor und fütterte sie anschließend mit sehr gutem Erfolg mit dem „Menü", das sich die Tiere selbst gewählt hatten. Mit Ratten stellte er folgenden bedeutsamen Versuch an. Er setzte ihnen die verschiedensten Nahrungsstoffe soweit wie irgend möglich in ihre chemischen Komponenten zerlegt vor, Eiweiß z. B. in Form von Aminosäuren. Jeder Stoff wurde in einem besonderen Gefäß und in abgewogener Menge geboten und der Verbrauch gemessen. Die Ratten nahmen aus jedem der Schüsselchen so viel, daß die verbrauchten Stoffe eine wohlausgewogene Diät ergaben. Die verbrauchten Mengen einzelner Aminosäuren entsprachen den Verhältniszahlen in denen sie zur Synthese von Eiweißstoffen benötigt wurden.

Da nun seitens der Entstehung des Lebens auf der Erde kein Tier in die Lage gekommen sein kann, Eiweiße aus Aminosäuren zusammenzusetzen, kann die Ratte unmöglich angeborenermaßen Information darüber besitzen, in welcher Proportion diese Komponenten ihrer Nahrung zusammengehören, um eine gesunde Kost zu ergeben. Dieses Wissen *muß* also im individuellen Leben erworben worden sein, und in welcher Weise das geschieht, haben John Garcia und seine Mitarbeiter herausgefunden. Es war ihnen unmöglich, einer Ratte das Aufnehmen eines bestimmten Nahrungsstoffes dadurch abzudressieren, daß sie es mit Schmerz, elektrischen Schlägen, Schwimmenlassen in kaltem Wasser und sonstigen recht grausamen Einwirkungen bestraften; eine Assoziation zwischen diesen Reizen und dem Fressen eines bestimmten Stoffes war schlechterdings nicht herzustellen. Verwendete man dagegen als Strafreiz eine kleine Dosis Röntgenstrahlen oder die Injektion einer geringen Menge Apomorphin, beides Einwirkungen, die intestinale *Übelkeit* erzeugen, so bezogen die Ratten dieses unangenehme Erlebnis sofort auf jene Nahrung, die sie *zuletzt* gefressen hatten, genau nach dem alten Gesetz der Succedaneität und Kontiguität von Wilhelm Wundt. Nur in einem Fall folgte ihre Reaktion nicht diesem Gesetz: Bot man den Ratten, neben einem langen Menü bekannter Speisen eine ihnen neue Nahrung, so bezogen sie das nachfolgende Übelsein auf diese, auch wenn sie durchaus nicht die zuletzt gefressene war. Die großartige Teleonomie dieser angeborenen Lerndisposition springt in die Augen. Wie das Beispiel zeigt, kann man selbst dann, wenn man mit Sicherheit weiß, daß die Teleonomie des

Verhaltens auf Lernen beruht, den Lernvorgang selbst erst dann erfassen, wenn man das phylogenetisch entstandene System kennt, in das er eingebaut ist.

Abgesehen von seltenen Fällen dieser Art, ist die Behauptung, daß die Teleonomie eines Verhaltens auf Lernen, und nicht auf angeborener Information beruhe, schwerer zu beweisen, als ihr Gegenteil. Zwar wird ein Untersucher, der seine Tiere gründlich kennt und den unerläßlichen ,,klinischen Blick" für ihren Gesundheitszustand besitzt, meist mit ziemlicher Sicherheit beurteilen können, ob ein bestimmter Ausfall auf dem Mangel an Lerngelegenheit oder ungenügender ,,Kondition" der Versuchstiere beruht.

Das einzige Verfahren, das berechtigt, auf das Fehlen von Lernmöglichkeit zu schließen, besteht darin, diese zuerst vorzuenthalten und dann die entstandene Störung durch nachträgliches Bieten der Lerngelegenheit zu beseitigen. I. Eibl-Eibesfeldt untersuchte das Nestbauverhalten erfahrungsloser weiblicher Ratten, die er in Behältern aufzog, in denen keine Objekte vorhanden waren, mit denen sie die Bewegungsweisen des ,,Zu-Neste-Tragens" ausführen konnten. Das Futter wurde in winzigen Partikeln geboten. Der erste Satz von Versuchstieren mußte ausgeschaltet werden, da sie den eigenen Schwanz wie Nestbaumaterial behandelten. Sie gingen von ihrem Schlafplatz aus suchend umher, ,,fanden" dann ihren Schwanz, trugen ihn an den gewählten Nestplatz und legten ihn dort sorgfältig nieder. Ein zweiter Satz von Versuchstieren wurde aufgezogen, nachdem ihnen schon als Nestlinge die Schwänze amputiert worden waren. Den noch nicht geschlechtsreifen Tieren wurden dann Löschpapierstreifchen als Nestmaterial geboten. Die Reaktion der Versuchstiere unterschied sich von der normaler Kontrolltiere nur durch ihre Intensität, die Versuchstiere stürzten sich geradezu auf das Nestmaterial und begannen mit abnorm hoher Intensität zu bauen, d. h. sie verhielten sich genau so, wie sich normale Tiere nach einem entsprechend langen Entzug von Nest und Nistmaterialien verhalten hätten; es lag eine deutliche ,,Stauung" (siehe S. 100) der bisher nie durchgeführten Bewegungsweisen vor. Die einzelnen Verhaltensmuster, das Suchen, Aufnehmen, Zurücktragen und Niederlegen des Nestmaterials, sowie die Bewegungen des Aufhäufens eines kreisförmigen Nestwalles und des Glättens seiner inneren Oberfläche, unterschieden sich nicht von denen normaler Tiere, auch nicht beim Vergleich zeitgedehnter Filmaufnahmen.

Das einzige, worin sich das Verhalten der erfahrungslosen Ratten von dem normaler Tiere unterschied, war die Reihenfolge, in der sie die erwähnten Bewegungsweisen ausführten. Eine normale Ratte macht niemals die scharrenden Bewegungen des Nestwall-Aufhäufens, ehe genügend Material dazu vorhanden ist, noch weniger zeigt sie die ,,Tapezierbewegungen" mit den Vorderfüßen, mit denen die innere Oberfläche glatt geklopft wird. Die Versuchstiere zeigten die Bewegungen des Nestwall-Aufhäufens und des Tapezierens oft schon, nachdem sie ein oder zwei Papierstreifchen eingebracht hatten, die, flach am Boden liegend, bei den Bewegungsweisen überhaupt nicht berührt wurden. Man hatte den Eindruck, daß die hohe Intensität der Nestbauaktivität mit daran Schuld trug, daß die Bewegungen so überstürzt und ungeordnet hervorsprudelten, doch stellte sich allmählich die obligate Reihenfolge der Einzelbewegungen bei den Versuchstieren in völlig normaler Weise her; als sie längere Zeit mit Nestmaterial versorgt worden waren.

Durch diese allen Anforderungen der Tierkenntnis und des nicht-disruptiven Experimentes entsprechende Untersuchung Eibl-Eibesfeldts erfahren wir Vieles, das keineswegs nur für die Frage nach dem Angeborenen, sondern vielmehr noch für das Verständnis des Lernvorganges selbst relevant ist. Daß die Ratte nach kurzer Zeit aufhört, die Bewegungen des Nestwall-Aufhäufens oder des Tapezierens in der leeren Luft auszuführen, kann nur an einem Dressurvorgang liegen, in dem die *Reafferenz*, d. h. die Rückmeldung von Reizen die durch die Bewegungsweise selbst erzeugt werden, eine andressierende oder abdressierende Wirkung entfaltet. Es ist offenbar eine ,,Belohnung", wenn die Ratte bei der Aufhäuf-, wie bei der Tapezierbewegung die teleonomisch adäquaten Reizkombinationen rezipiert und sehr wahrscheinlich wirkt es unbefriedigend, wenn beim Ausführen der Bewegungen die phylogenetisch eingeplante Reiz-,,Erwartung" unerfüllt bleibt.

Es läßt sich keine generalisierende Voraussage machen, an welcher Stelle eines solchen Systems von Verhaltensweisen die Lernvorgänge eingebaut sind, noch auch, in welcher Weise sie ordnend in das Material angeborener Bewegungs- und Reaktionsweisen eingreifen. Bei dem Knochen-Eingraben des jungen Hundes z. B. ist die Reihenfolge der Aktionen offensichtlich phylogenetisch festgelegt, was andressierend wirkt, sind offenbar die Reafferenzen beim Graben in der Erde, vielleicht auch im späteren Verlauf des Lernvorganges das Wiederauffinden der Beute.

Wir können fünf Regeln formulieren, die bei der Ausführung von Experimenten mit Erfahrungsentzug unbedingt beachtet werden müssen.

1. Was das Experiment auf sich gestellt uns unmittelbar sagen kann, ist nur, daß ein bestimmtes Verhaltenselement nicht gelernt werden braucht.

2. Der Experimentator muß eine genaueste Kenntnis des Aktionssystems der betreffenden Tierart besitzen, um unvollständige Fragmente von Verhaltensweisen wiederzuerkennen, die durch Ausfall von Lernvorgängen ihres normalen Zusammenhanges mit anderen beraubt sind. Nur so kann die Rolle des Lernvorganges herausgefunden werden und seine Ontogenese studiert werden.

3. Der Experimentator muß genau die Reizsituation kennen, die beim normalen Tier die zu untersuchende Verhaltensweise auslöst, andernfalls kann er Ausfälle, die durch Mangel gegenwärtiger Reize verursacht sind, für Folgen des vorangegangenen Erfahrungsentzugs halten (Riess 1954).

4. Der Experimentator muß reichlichste Erfahrung in der Tierhaltung und einen guten ,,klinischen Blick" für die pathologischen Folgen ungenügender Haltung besitzen, insbesonders für den pathologischen Intensitätsverlust bestimmter Instinktbewegungen.

5. Beim Experimentieren mit dem unter Erfahrungsentzug aufgezogenen Tier muß stets mit einfachsten Reizsituationen begonnen werden, da Lernvorgänge beim unter Erfahrungsentzug aufgezogenen Tier oft blitzrasch beim ersten Darbieten einer Attrappe vor sich gehen, sodaß man nachträglich nicht weiß, welches von den gebotenen Merkmalen angeborenermaßen beantwortet wurde.

10. Der relativ Ganzheits-unabhängige Baustein

Zum Glück für unsere analytischen Bestrebungen trifft die Koehlersche Definition der Ganzheit als eines Systems von universellen Wechselwirkungen auf manche Systeme und Systemteile nicht vollkommen zu. Es gibt nämlich im Gefüge jedes Organismus Stücke, die verhältnismäßig starre unveränderliche Einschlüsse in dem ambozeptorischen Kausalfilz des übrigen Systems sind. So wird beispielsweise die fertige Feder eines Vogels von dem Wirkungsgefüge der Ganzheit nicht mehr beeinflußt, sie ist ein totes „Element" im atomistischen Sinne. In einem eingeschränkten Sinn gilt Ähnliches für viele Skelett-Elemente, zumindest in ihrem fertigen Zustand. Diese Teilstücke werden weder in Form noch in Funktion wesentlich von der Ganzheit beeinflußt, beeinflussen aber ihrerseits Form und Funktion des Gesamtsystems in ausschlaggebender Weise. Sie stehen also zur Ganzheit in einem *einsinnigen* Verhältnis der Verursachung. Wir bezeichnen sie als *relativ Ganzheits-unabhängige Bausteine.*

Das Eigenschaftswort „relativ" in die Definition solcher Komponenten einzubeziehen ist nötig, weil es alle nur denkbaren Übergänge zwischen solchen Bausteinen gibt, die in absoluter Unabhängigkeit in einer rein einsinnigen Kausalverbindung zum System stehen und solchen, die während der Ontogenese plastisch von der Ganzheit beeinflußbar und erst im ausgebildeten Zustande weitgehend unabhängig von der Ganzheit werden, wie etwa die Knochen eines Wirbeltieres. Beispiele für den Grenzfall eines wirklich absolut Ganzheits-unabhängigen Bausteins sind schwer zu finden, auch die berühmte halbe Aszidie, die bekanntlich aus der einen Hälfte des im Zweizellenstadium gespaltenen Keimes erwächst, ist immerhin auf der Seite, auf der die andere Hälfte fehlt, mit Epidermis überkleidet, was sie im Normalfall nicht wäre.

Das Auffinden eines relativ Ganzheits-unabhängigen Bausteines bietet im unermeßlich komplexen Wirkungsgefüge des organischen Systems begreiflicherweise einen hochwillkommenen Ansatzpunkt für die kausale Analyse: Eine solche Komponente kann ohne allzu großen methodischen Fehler *isoliert* betrachtet werden. Auch ist bei relativ Ganzheits-unabhängigen Bausteinen voraussagbar, daß sie im Laufe der Analyse, wenn nicht ausschließlich, so doch sehr viel öfter als Ursache und seltener als Wirkung in Erscheinung treten werden. Deshalb bildet die starre Struktur in Forschung und Lehre stets den archimedischen Punkt, von dem die Betrachtung ausgeht.

Jedes Anatomiebuch beginnt mit der Beschreibung des Skeletts und auch in der Erforschung des Verhaltens waren es legitimerweise bestimmte, *nicht modifizierbare* Leistungen des Zentralnervensystems, an denen die Analyse der Verhaltensforschung ansetzte. Die Entdeckung des Reflexvorganges wurde zu einem Kristallisationszentrum in der Entwicklung der Physiologie des Zentralnervensystems, die Entdeckung der bedingten Reaktion gab zur Entstehung der Pawlowschen Reflexologenschule und des Behaviorismus Anlaß. Allerdings verfielen beide in den Irrtum des Erklärungsmonismus. Schließlich hat, wie in der Einleitung erwähnt wurde, und noch genau zu besprechen sein wird, die Entdeckung der Erbkoordination oder Instinktbewegung durch C. O. Whitman und O. Heinroth den archimedischen Punkt geliefert, auf dem sich die vergleichende Verhaltensforschung aufgebaut hat.

Die analytischen Möglichkeiten, die von der Entdeckung eines relativ Ganzheits-unabhängigen Bausteines erschlossen werden, lassen allzu leicht vergessen, daß die Methode der isolierenden Betrachtung nur gegenüber der betreffenden Komponente allein legitim ist und daß die Forschung jederzeit bereit bleiben muß, zur sonst obligaten Methode der Analyse in breiter Front zurückzukehren, sowie sie über die Grenzen des eingeschlossenen starren Elementes hinausgerät und es nun wiederum mit dem Gefüge ambozeptorischer Kausalverbindungen zu tun bekommt.

III. Die Leistungsbeschränkung nicht-systemgerechter Methoden in der Verhaltensforschung

1. Atomismus

Die eben besprochene Reihenfolge unserer Forschungsschritte wird uns durch das komplexe Wirkungsgefüge aller lebenden Systeme vorgeschrieben. Sie muß umso strenger eingehalten werden, je komplexer das System ist. Bei einfacheren, vor allem bei unbelebten Objekten ist sie weniger obligat. Nehmen wir an, unser so oft zum Denkmodell herangezogener Marsbewohner habe eine Pendeluhr zu analysieren. Man kann sich vorstellen, daß er, nachdem er die Teleonomie des Gegenstandes eingesehen und etwa noch die Geschwindigkeitsrelationen von 1 zu 12 zwischen den Zeigern, sowie das Schwingen des Pendels beobachtet hat, imstande sei, *die Uhr frei zu erfinden*. Woferne er die Gesetze des Hebels, des Pendels, usw. kennt, gehört dazu nicht einmal allzu viel Erfindungsgabe, und wenn er einigermaßen Glück hat, wird unser Marsbewohner sogar auf dieselben Mechanismen verfallen, die der irdische Uhrmacher in Anwendung gebracht hat.

Das Verfahren, ein komplexes System auf Grund beobachteter Leistungen *ohne Untersuchung seiner Struktur* aus bekannten allgemeineren Gesetzlichkeiten zu konstruieren, nennt man *atomistisch*.

Wie unser Beispiel zeigt, ist Atomismus keineswegs von vornherein zum Versagen verdammt. Er bedeutet nur eine Strategie der Forschung, die umso weniger Erfolg verspricht, je komplizierter das zu analysierende System ist; ein organisches System samt seiner Leistung ist begreiflicherweise schwerer zu erfinden als eine Pendeluhr. Dennoch gibt es einzelne organische Funktionen, die von Technikern erfunden worden sind, ehe Biologen sie durchschauten. So ist es z. B. ein wenig beschämend für uns Biologen, daß die große Bedeutung des selbstregulierenden Kreisprozesses der Homöostase erst voll gewürdigt wurde, nachdem er von Regeltechnikern erfunden worden war.

Selbst dort, wo die Komplikation des Systems das freie Erfinden all seiner Strukturen und inneren Zusammenhänge aussichtslos erscheinen läßt, kann das atomistische Vorgehen Wertvolles leisten, indem es *Modellvorstellungen* liefert, die uns zumindest die Zahl der zu fordernden Einzelfunktionen einigermaßen einschätzen läßt.

2. Der Erklärungsmonismus

Während der Atomismus somit keineswegs immer eine falsche Strategie der Forschung bedeutet, ist der *Erklärungsmonismus* unter allen Umständen ein

Irrweg. Erklärungsmonismus und Atomismus finden sich zwar häufig bei technomorph denkenden Forschern vereint vor, sind jedoch grundsätzlich voneinander zu unterscheiden. Während der atomistische Forscher keineswegs für die Tatsache blind ist, daß in dem untersuchten System sehr verschiedene Untersysteme am Werk sein können, deren jedes seinen eigenen Gesetzlichkeiten gehorcht, greift der Erklärungsmonist aus der Ganzheit des lebenden Systems willkürlich ein einzelnes Teilstück heraus, für dessen Gesetzlichkeiten sich eine einfache Untersuchungsmethode anbietet, und versucht, ohne sich um andere, an dem System beteiligten Strukturen zu kümmern, die Gesamtfunktion aus der Gesetzlichkeit des einen von ihm willkürlich gewählten Teilstückes zu erklären. Um die Fehlerhaftigkeit dieses Tuns zu illustrieren, sei wiederum auf den Marsbewohner und das Automobil zurückgegriffen. Dieser Forscher würde sich des Erklärungsmonismus schuldig machen, wenn er nach Isolierung eines bestimmten Bestandteiles, beispielsweise des Bolzens mit der dazugehörigen Mutter, dem übrigen System den Rücken kehren und den Versuch unternehmen würde, die Ganzheit aus diesen beiden, leicht isolierbaren Bestandteilen zu resynthetisieren. Es gibt große Psychologenschulen, die hartnäckig einen derartigen methodischen Irrweg beschreiten, indem sie nämlich jenen Mechanismus, der höhere Lebewesen zum Lernen aus Erfahrung befähigt, zum einzigen Erklärungsprinzip erhoben haben, auf dessen Basis alles tierische und menschliche Verhalten verstanden werden soll.

Die beachtlichen Teilerfolge, die durch dieses, im buchstäblichen Sinne des Wortes beschränkte Vorgehen erzielt worden sind, erklären sich daraus, daß gerade diese Art des „Lernapparates" sich bei sehr verschiedenen Lebewesen in analoger Weise ausgebildet findet und ein gutes Beispiel jener Art von Teilsystemen darstellt, die als relativ Ganzheits-unabhängiger Baustein bezeichnet wird.

3. Operationalismus und Erklärungsmonismus der Behavioristen

Die meisten heutigen Menschen haben in ihrer Tagesarbeit nur mit menschengemachten, d. h. *machbaren* Dingen zu tun; sie haben es verlernt, mit Lebendigem umzugehen und den Respekt vor dem Nicht-Machbaren verloren. Dazu kommt eine maßlose Hochachtung für Physik und Chemie, die wohl von dem imponierenden *Machtgewinn* inspiriert ist, den die Menschheit den analytischen Naturwissenschaften dankt – obwohl diese Gabe durchaus kein reiner Segen ist.

Weil die „big science" sich auf analytische Mathematik gründet, neigen viele Menschen dazu, die „Exaktheit" und damit den Wert jeglichen wissenschaftlichen Ergebnisses nach dem Anteil zu beurteilen, den mathematische Operationen an seiner Gewinnung gehabt haben. Wer der Meinung huldigt, daß die Mathematik allein der legitime Urquell alles Wissens sei, muß konsequenterweise versuchen, seine Welterkenntnis auf ihr allein aufzubauen, d. h. seine Forschung zu betreiben, *ohne sich der sonstigen kognitiven Leistungen zu bedienen,* die der Mensch im Laufe seiner Stammesgeschichte und in Anpassung an seine Umwelt entwickelt hat.

Dem Physiker selbst liegt eine derartige Beschränkung des eigenen Erkenntnisstrebens durchaus ferne. Kein Geringerer als Werner Heisenberg hat darauf hingewiesen, daß die Gesetze der Logik und der Mathematik keine die außersubjektive Umwelt des Menschen beherrschenden Naturgesetze seien, sondern solche, die in einer bestimmten kognitiven Leistung des Menschen obwalten, wenn auch in einer solchen, die zum Verständnis vieler Naturvorgänge wesentlich ist. Werner Heisenberg schätzt auch die kognitive Leistung der Gestaltwahrnehmung – die er Intuition nennt – völlig richtig ein.

In der atomaren Physik und in der Teilchenlehre begibt sich der Physiker auf Gebiete, auf denen die meisten kognitiven Leistungen des Menschen versagen und auf denen nicht einmal mehr die nach Immanuel Kant denknotwendigen Kategorien der Kausalität und Substantialität anwendbar sind, noch weniger die Anschauungsformen vom Raum und Zeit. Der Physiker bekommt es hier mit Erscheinungen zu tun, die weder zu beschreiben, noch anschaulich zu machen sind und die ausschließlich nach den Operationen definiert werden können, durch die sie hervorgebracht werden und dem Forscher zur Kenntnis gelangen. P. W. Bridgeman nennt daher solche Begriffsbestimmungen *operationell.* Fast alle Begriffe und Termini der atomaren Physik sind durch solche Definitionen bestimmt.

Der Physiker wendet operationelle Methoden und Begriffsbestimmungen nicht deshalb an, weil er sie für besonders „exakt“ und „wissenschaftlich“ hält, sondern weil ihm auf den erwähnten Gebieten keine anderen zur Verfügung stehen. Wenn ein Physiker im Alltagsleben mit einem Gegenstand zu tun hat, auf den die üblichen kognitiven Leistungen anwendbar sind, greift er alsbald auf diese zurück. Wenn man ihn in die Lage brächte, einen von jemanden Anderen konstruierten elektronischen Apparat reparieren zu müssen, würde er ganz sicher nicht operationelle Methoden anwenden, er würde vielmehr den Apparat auseinander nehmen und nachsehen, welche Elemente er enthält und wie sie verdrahtet sind, mit anderen Worten, er würde seine Forschungen mit der Beschreibung von Strukturen beginnen.

Wie schon gesagt, ist das deskriptive Erfassen der Strukturen eines organischen Systems umso weniger entbehrlich, je vielfältiger sie selbst und damit auch die Wechselwirkungen zwischen ihnen sind. Die kompliziertesten Systeme, die es überhaupt gibt, sind die Zentralnervensysteme höherer Lebewesen und die zwischen ihnen sich abspielenden Wechselwirkungen, auf denen das System einer Sozietät sich aufbaut. Dennoch herrscht in den Verhaltenswissenschaften, in der Psychologie, und unbegreiflicherweise am meisten in der Soziologie die modische Tendenz, die Methoden des Physikers nachzuahmen, und zwar in mißverstandener Weise. Bei seiner generalisierenden Reduktion untersucht der Physiker Strukturen nicht um ihrer selbst willen, sondern weil er sie verstehen muß, um die in ihnen obwaltenden Gesetze auf allgemeinere zurückzuführen (S. 13, 14), er wendet operationelle Methoden nur dort an, wo es keine Strukturen im eigentlichen Sinne gibt und wo alle anderen kognitiven Leistungen des Menschen versagen. Er glaubt weder, daß Strukturen vernachlässigt und ihr Studium umgangen werden können, noch verachtet er die Vielheit menschlicher Erkenntnisleistungen.

Beides aber tun die hier kritisierten Psychologen und Soziologen. Sie hegen offenbar die Hoffnung, man könne sich das Studium der Strukturen und Funktionen des lebenden Organismus, und vor allem das seines Zentralnervensystems *ersparen,* woferne es mittels operationeller und statistischer Methoden gelänge, allgemeine und von den speziellen Strukturen unabhängige Gesetzlichkeiten aufzufinden. Mit anderen Worten, sie halten es für unnötig, tierisches und menschliches Verhalten aus der physiologischen Maschinerie zu erklären, deren Funktion es ist.

Der zur Zeit konsequenteste Vertreter dieser Forschungsweise ist B. F. Skinner, dessen Doktrin vom „leeren Organismus" (empty organism doctrine) einen großen Einfluß auf die amerikanische, wie auf die europäische Psychologie ausgeübt hat. Seine operationelle Methode beschränkt sich darauf, die wahrscheinlichen Folgen andressierender Reizeinwirkungen (contingencies of reinforcement) zu erfassen und mittels statistischer Methoden die durch Andressur bewirkten Veränderungen des Verhaltens zu studieren, ohne dem, was dabei verändert wird, auch nur einen Gedanken zu widmen. Von sehr vielen Fachleuten wird dieses Verfahren nicht nur für wissenschaftlich legitim, sondern für die einzig legitime Methode der Verhaltensforschung gehalten.

Die Erwartung, mit dieser Methode Gesetze des Verhaltens aufzufinden, die gleicherweise für Tauben, Meerschweinchen und Menschen gelten, konnte sich nur deshalb erfüllen, weil bei allen diesen Wesen sensorische und neurale Mechanismen vorhanden sind, die in gleicher Weise auf die vom Experimentator gewählte Operation reagieren. Wie im 3. Teil über Lernen noch genauer besprochen werden wird, haben sämtliche Stämme (phyla) von Tieren, die es überhaupt zu einem zentralisierten Nervensystem gebracht haben, unabhängig voneinander eine neurale Organisation entwickelt, die es erlaubt, die Folgen eines Verhaltens in seine einleitenden Phasen rückzuspeisen und diese im Falle eines biologischen Erfolges zu verstärken. Die parallele Anpassung dieses Apparates an dieselbe, eminent teleonomische Funktion macht es verständlich, daß bei Kopffüßern (Cephalopoda), Gliederfüßlern (Arthropoda) und Wirbeltieren (Vertebrata) beinahe dieselben Gesetzlichkeiten des Lernens durch Erfolg obwalten.

Der große Erfolg der Behavioristenschule beruht also nicht darauf, daß ihre empty-organism-doctrine richtig ist, sondern paradoxerweise auf der Existenz dessen, was sie leugnet, nämlich auf dem Vorhandensein von höchst spezifischen, analog funktionierenden Strukturen bei nahezu allen höheren Lebewesen. Ohne von Analogien und konvergierender Anpassung eine Ahnung zu haben, stießen die Behavioristen bei allen von ihnen untersuchten Lebewesen auf streng analoge Mechanismen. Dazu hatten sie noch das Glück – oder wahrscheinlich die unbewußte, auf Gestaltwahrnehmung beruhende Intuition – einen solchen Mechanismus herauszugreifen, der in dem schon besprochenen Sinne ein relativ Ganzheits-unabhängiger Baustein ist und sich daher ohne allzu große Fehler gedanklich und experimentell isolieren läßt.

Da nun das Lernen am Erfolg bei höheren Tieren und beim Menschen eine große Rolle spielt, hat die behavioristische Forschung Großes geleistet. Dies hier zu betonen, ist deshalb nötig, weil wir Ethologen zu Unrecht in dem Rufe stehen, der behavioristischen Forschung allen Wert abzusprechen. Was wir, sowohl methodologisch als sachlich, den Behavioristen vorzuwerfen haben, betrifft nicht das, was sie tun – sie tun es in beispielgebender Weise – sondern das, was sie *nicht* tun.

Sie schließen aus dem Kreis ihres Interesses radikal Alles aus, was nicht ganz unmittelbar mit dem einen, speziellen Mechanismus des Lernens durch Erfolg zu tun hat. Nicht einmal die Erforschung der vielen, anders funktionierenden Lernvorgänge steht auf ihrem Programm. Wir werden im dritten Teil dieses Buches zu besprechen haben, wie verschiedenartige Lernmechanismen es gibt.

Die Behavioristen schließen aber nicht nur die andersartigen Lernvorgänge aus ihrem Forschungsprogramm aus, sondern schlechterdings Alles, was nicht Lernen am Erfolg ist, und das ist *nicht mehr und nicht weniger, als der ganze restliche Organismus.* Der Lernapparat der Andressur ist bei allen früher angeführten Tieren so ziemlich derselbe – so sehr, daß sich häufig dieselben Apparaturen anwenden lassen! Was ununtersucht bleibt, ist Alles, was einen Octopus zum Octopus, eine Taube zur Taube, eine Ratte zur Ratte oder einen Menschen zum Menschen macht, leider aber auch, was einen gesunden Menschen zum Gesunden und einen kranken zum Kranken macht.

Wenn I. P. Pawlow bei seinen klassischen Versuchen über den bedingten Speichelreflex seine Versuchstiere so anfesselte, daß sie nichts anderes tun konnten, als die erwartete Reaktion zu zeigen, so war dies so lange legitim, als der Experimentator sich bewußt blieb, ein künstlich isoliertes Bruchstück eines Systems zu untersuchen, nicht anders als etwa ein Physiologe, der an einem herausgeschnittenen Stück eines Frosch-Ischiadicus Reizleitungsversuche anstellt. Wenn die Behavioristen dagegen das Versuchstier in eine undurchsichtige Kiste sperren, aus der keine Information herauskommen kann als die, wann und wie oft das Versuchstier auf einen bestimmten Knopf drückt, so kann ich mich des Verdachtes nicht erwehren, daß sie nicht sehen *wollen,* was das Tier sonst noch alles tut, weil sie befürchten, in ihrem Erklärungsmonismus wankend zu werden. Die ideologischen Gründe für diesen Wissensverzicht gehören nicht in ein Lehrbuch der vergleichenden Verhaltensforschung.

IV. Die vergleichende Methode der Stammesgeschichtsforschung

1. Die Rekonstruktion von Stammbäumen

Wenn wir von „vergleichender" Anatomie oder Morphologie sprechen, so bedeutet das Zeitwort „vergleichen" die Anwendung einer ganz bestimmten Methode, mittels derer es möglich wird, aus Ähnlichkeit und Unähnlichkeit der Merkmale heute lebender Tier- und Pflanzenformen den Weg ihres stammesgeschichtlichen Gewordenseins zu rekonstruieren. Diese Methode hier genau zu besprechen, ist nicht nur deshalb nötig, weil ihr die Entdeckung zu verdanken ist, die den archimedischen Punkt für die Entstehung der Ethologie dargestellt hat, nämlich die Entdeckung von Bewegungsweisen, die ebenso verläßliche Merkmale von Arten, Gattungs- und höheren Gruppenkategorien sind wie morphologische Merkmale und auf die der Begriff der Homologie deshalb ebensogut anwendbar ist wie auf diese. Es liegt vielmehr ein zweiter Grund vor, den angehenden Ethologen mit den Prinzipien der vergleichenden Stammesgeschichtsforschung gründlich vertraut zu machen. Die Tatsachen-Basis, die uns die Evolution zur Gewißheit werden läßt, beweist mit ihrer ganzen Wucht, daß der Mechanismus sehr vieler Verhaltensmuster bis in kleinste Einzelheiten in der Phylogenese entstanden und somit im *Genom programmiert* ist, um kein Haar anders als morphologische Charaktere. Diese Banalität hier festzustellen, ist deshalb nötig, weil von manchen Autoren immer noch geglaubt wird, die Begriffe des phylogenetisch Entstandenen und des individuell Erlernten seien nicht nur entbehrlich, sondern irreführend, was sie selbstverständlich ebensowenig sind, wie die verwandten Begriffe des Genotypus und des Phänotypus.

Woher weiß man, daß die heute lebenden Wesen ihr Dasein und ihre so mannigfaltigen Formen einem Vorgang des geschichtlichen Werdens verdanken? Gebildete Nicht-Biologen meinen meist, es seien die in aufeinanderfolgenden Schichten der Erdkruste eingeschlossenen Versteinerungen, denen wir dieses Wissen verdanken. Wenn diese Dokumente auch eine wertvolle Bestätigung dessen liefern, was die vergleichende Methode zu erarbeiten vermag, wäre diese doch auch auf sich selbst gestellt sehr wohl imstande, die Tatsache des stammesgeschichtlichen Gewordenseins der Organismenwelt unter Beweis zu stellen.

Wohl unter dem Einfluß des deutschen Idealismus entstanden zu Ende des 18. und in der ersten Hälfte des 19. Jahrhunderts ganz unglaublich spitzfindige Systeme, unter denen das „natürliche System" von Johann Jakob Kaup Erwähnung verdient, der den Versuch machte, die Verwandtschaft lebender Vogelarten in Fünfecken und Pentagrammen darzustellen, wobei er ,,die heilige Fünfzahl" aus der Zahl der fünf Sinne erklärte (Abb. 5). Den Umstand, daß manche Spitzen der Pentagramme leer bleiben mußten, erklärte er noch 1844 großzügig daraus, daß die betreffenden Vogelarten und Gruppen in unzulänglichen Regionen der Erde unentdeckt lebten.

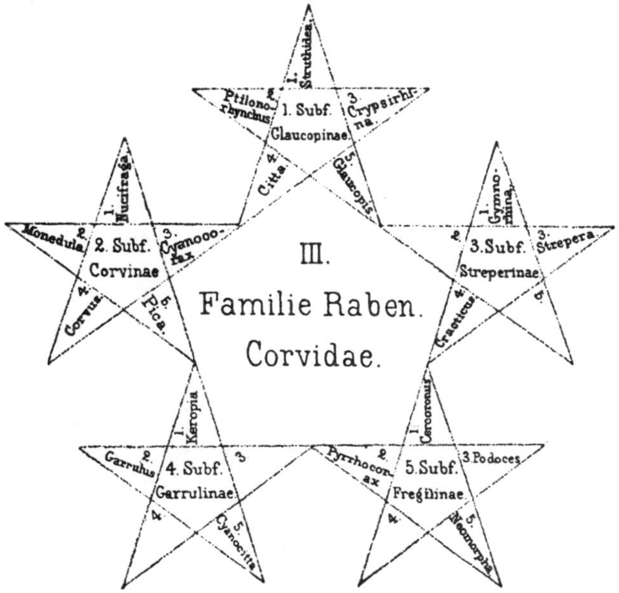

Abb. 5. Ein ,,Hexenfuß", der die vorgebliche Verwandtschaft der Corviden-Genera veranschaulicht. Leergelassen sind die Dreiecke der ,,noch zu entdeckenden" Genera. Nach Kaup 1854. (Aus: Stresemann, Die Entwicklung der Ornithologie)

Man ist immer wieder erstaunt darüber, wie solche abstruse Hypothesen geäußert werden können und Anerkennung finden, lang nachdem eine richtige Lösung desselben Problems veröffentlicht worden war: Der deutsche Naturforscher Simon Peter Pallas hatte schon 1766 die Sätze geschrieben ,,Unter allen übrigen bildlichen Vorstellungen des Systems der Körper würde es aber wohl die beste seyn, wenn man an einen Baum gedächte, welcher gleich von der Wurzel an einen doppelten, aus den allereinfachsten Thieren und Pflanzen bestehenden, also einen thierischen und vegetabilischen, aber doch verschiedentlichen aneinanderkommenden Stamm hätte. Der erste, welcher von den schallosen Thieren anfinge, und sich bis zu den Fischen erhöbe, würde, nachdem er einen großen Seitenast bis zu den Insekten getrieben hätte, alsdann zu den beidlebigen Thieren übergehen. Und gleich wie dieser Stamm auch seinen äußersten Gipfel, die vierfüßigen Thiere, zu tragen hätte, so würde er unterhalb derselben für die Vögel einen gleichfalls großen Seitenast herausgehen lassen."

Erwin Stresemann, aus dessen Buch „Die Entwicklung der Ornithologie" dieses Zitat entnommen ist, sagt darüber: „Mit diesen Sätzen hatte der junge Pallas einer Ahnung vom natürlichen Zusammenhang der Lebewesen Ausdruck gegeben und als Erster dafür das Bild des Stammbaumes gewählt. Obwohl er auch fernerhin dem Studium der Variabilität sehr zugetan blieb, hat er doch den folgenträchtigen Gedanken der Evolution später nicht weiter ausgeführt".

2. Stamm-bezeichnende Merkmale

Was Pallas mit genialer Intuition erschaute, kann man, wie ich nun zeigen werde, in einfacher und hypothesefreier Weise konstruieren. Ich wähle zu dieser Demonstration die Chordatiere (Chordata), weil jedermann die Wirbeltiere einigermaßen kennt, die den wichtigsten Bestandteil dieses Phylums darstellen.

Wir repräsentieren die Reihe der Tierformen durch vertikale Striche und verbinden diese durch horizontale Linien, die gemeinsame Merkmale darstellen. Ich beschränke mich auf eine äußerst geringe Zahl von Merkmalen, und wähle solche, die entweder leicht beschreibbar, oder aber auch dem Nicht-Zoologen bekannt sind. Am anschaulichsten wird unsere Konstruktion, wenn wir sie in einem dreidimensionalen Modell vollziehen, indem wir etwa eine Anzahl vertikal stehender dicker Drähte dadurch bündeln, daß wir sie mit den die Merkmale repräsentierenden Bändern zusammenbinden. Der einzige Vorgriff auf bereits Bekanntes besteht darin, daß wir diese Bänder umso weiter basalwärts anbringen, je größer die Zahl der Tierformen ist, denen die entsprechenden Merkmale zueigen sind. Wir könnten es auch umgekehrt machen, nur wüchse dann der von Pallas erschaute Baum von oben nach unten.

Wir beginnen also damit, daß wir um unser Bündel der Tierformen ganz unten ein Band legen, das sie alle umfaßt und somit einem Merkmal entspricht, das ihnen allen gemeinsam ist. An diesem Band bringen wir die Etikette „Chorda dorsalis" an. Hier geraten wir in eine scheinbare Schwierigkeit, denn es gibt eine ganze Reihe von Tieren, die nur in ihrem Larvenstadium eine Chorda besitzen, im erwachsenen Zustand sitzen sie fest und niemand würde bei oberflächlicher Betrachtung auf den Gedanken kommen, daß sie nahe Verwandte der Wirbeltiere seien. Es sind dies die Manteltiere oder Tunikaten. Alle diese Wesen besitzen indessen ein Organsystem, das in gleicher Ausbildung einer ganzen Reihe niedriger Chordaten, und allen Vertebraten als embryonales Merkmal zukommt, nämlich einen von vielen Kiemenspalten durchbrochenen Vorderdarm. In seiner Urform dient er gleichzeitig der Atmung und der Ernährung, das Flimmerepithel, das ihn auskleidet, sorgt für einen ständigen Wasserstrom, der nicht nur Sauerstoff, sondern auch feinverteilte Nahrungskörperchen heranträgt, die in einer an der Bauchseite liegenden, Schleimproduzierenden Rinne, dem Endostyl, gesammelt und von hier dem Verdauungstrakt zugeflimmert werden. In einem merkwürdigen Funktionswechsel wurde das Endostyl zu einer Drüse mit innerer Sekretion, zur Schildrüse (Thyreoidea). Das besprochene Organsystem ist allen Chordaten zu eigen und wir können es getrost als gemeinsames Merkmal um den Stamm gelegt symbolisieren.

Ein weiteres allen Chordaten gemeinsames Merkmal ist das aus dem Ekto-

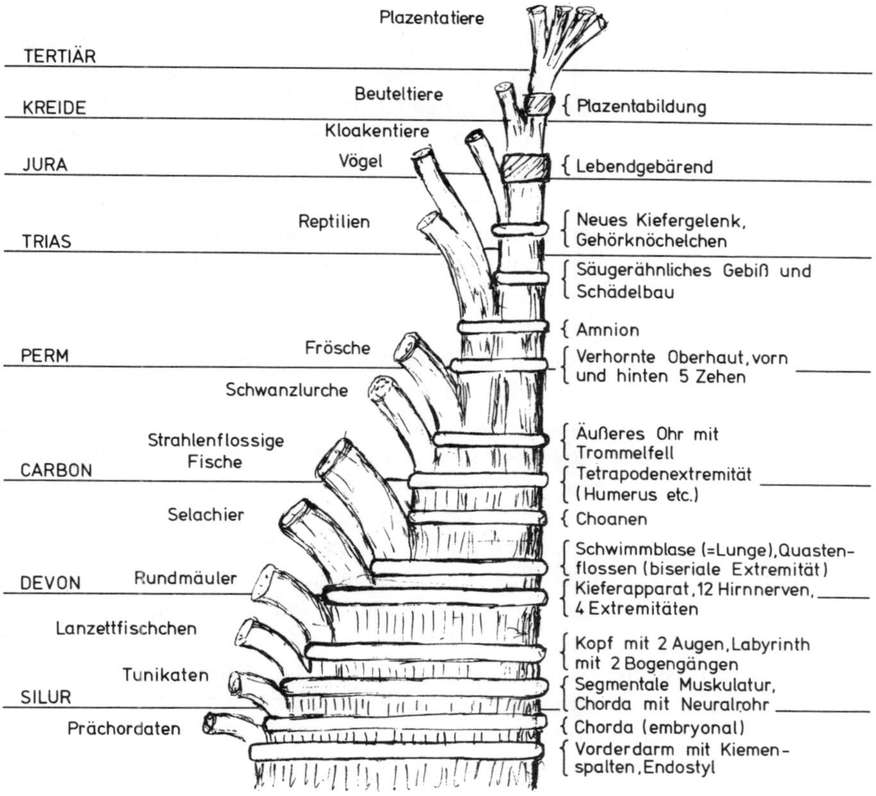

Abb. 6. Stammbaumschema. Erklärung im Text

derm sich bildende Neuralrohr, sowie viele Eigenheiten der Embryonalentwicklung, u. a. m.

Auf der Suche nach weiteren verbindenden Merkmalen kommt es uns in den Sinn, den Kopf mit zwei Augen und vielen anderen Organen, als selbstverständliches Merkmal aller Wirbeltiere in unser Diagramm einzufügen. Da stellt sich heraus, daß es Chordatiere gibt, die zwar ein Vorn und Hinten, aber keinen Kopf haben, die sogenannten Lanzettfischchen (Acrania). Bei ihnen besitzt das vordere Ende der Chorda keinerlei Verbindung zu anderen Skelett-Elementen und auch das Rückenmarksrohr endet mit einer Spitze ohne jede Gehirn-artige Differenzierung. Wenn wir den Rest der Chordatiere durch das Merkmal ,,Kopf mit zwei Augen" zusammenfassen, so müssen wir also nicht nur die Tunikaten, sondern auch das Lanzettfischchen außerhalb des dicken Bündels lassen und von ihm abzweigen.

Ebenso selbstverständlich wie es dem Fernerstehenden erscheint, daß alle Wirbeltierverwandten einen Kopf und zwei Augen haben, scheint ihm auch daß sie einen Unterkiefer sowie ein vorderes und ein hinteres Extremitätenpaar besitzen. Es gibt aber eine kleine Gruppe von Wirbeltieren, die mit ihrem zweiäugigen Kopf, ihren Kiemenspalten und Flossensäumen durchaus Fischähnlich wirken, aber weder Extremitäten, noch einen Kiefer-Gaumen-Apparat besitzen. Es sind dies die Rundmäuler (Cyclostomata), zu denen die Neunaugen oder Lampreten gehören, die zum größten Teil Parasiten höherer Fische sind. Im Gegensatz zu den anderen Wirbeltieren haben sie nur zehn Hirn-Nerven, nur zwei anstatt dreier Bogengänge im Labyrinth und viele andere, nur ihnen eigene anatomische Merkmale. Wir müssen sie also in einem besonderen Seitenast abzweigen, wenn wir die anderen Vertebraten durch die Merkmale „zwei Paare von Extremitäten, Kiefer-Gaumen-Apparat, zwölf Hirn-Nerven und drei Bogengänge im Labyrinth" zusammenfassen.

Der so vereinigte Hauptstamm der Chordaten, die Kiefermäuler oder Gnathostomen, umfassen alle dem Laien als solche bekannten Wirbeltiere.

Bei grober Betrachtung scheinen diese aus zwei Hauptabteilungen, nämlich den Fischen und den Vierfüßern zu bestehen. Bei Anwendung unserer Methode des Bündelns von Verwandtschaftsgruppen durch gemeinsame Merkmale stellt sich indessen heraus, daß die Zweiteilung an einer anderen Stelle gelegen ist. Während man früher glaubte, daß das Vorhandensein eines knöchernen Skelettes eine Neuerwerbung, ein knorpeliges Skelett dagegen den primitiven Zustand darstelle, weiß man heute, daß echte Knochen schon bei niedrigsten Fischformen vorhanden waren und daß die wegen ihrer Knochenlosigkeit in eine Gruppe vereinigten Haiartigen (Elasmobranchii) durchaus nicht die Ahnen aller höheren Wirbeltiere sind, sondern diesen als ein unabhängiger Zweig gegenübergestellt werden müssen.

Die strahlenflossigen Fische (Actinopterygii), die sich sämtlich durch das Vorhandensein einer Schwimmblase auszeichnen, sind ebenso alt wie die Haie und nicht aus diesen hervorgegangen. Neben dem Besitz einer Schwimmblase, die der Lunge der Tetrapoden entspricht, haben die Actinopterygii auch in ihrem Extremitätenbau Merkmale, die sie von den Haifischen scharf absetzen und mit jenen merkwürdigen Fischen, den Crossopterygiern, in eine Gruppe vereinigen, die durch Übergangsformen mit den Vierfüßern (Tetrapoda) verbunden sind: der Schädelbau dieser Fische weist eindeutige Übereinstimmung mit dem der ältesten Tetrapoden-Formen, der Stegocephalen, auf. Der auch in den Zeitungen berühmt gewordene Coelacanthide, Latimeria chalumnae, steht in allen diesen Merkmalen den Vierfüßern näher als den Fischen. Im üblichen zoologischen System wird aus dieser stammesgeschichtlichen Tatsache keine Konsequenz gezogen, die Quastenflosser werden vielmehr nach wie vor zu den Fischen gerechnet. Daher ist nicht allgemein bekannt, daß die Ahnen der strahlenflossigen Fische, die ältesten sogenannten Knochenfische, dem Tetrapodenstamm weit näher standen als ihre modernen Nachfahren. Nach O. Abel ist auch die „biseriale Flosse" von der Quastenflosse abzuleiten, wie Abb. 7 zeigt. In unserem Diagramm vereinige ich daher die durch monoseriale Flossen zusammengefaßten Knochenfische zu einer Gruppe, der die Coelacanthiden samt den Tetrapoden als eine andere gegenüberstehen.

Der berühmt gewordenen Latimeria fehlt jedoch ein Merkmal das für alle Tetrapoden kennzeichnend ist: die inneren Nasenlöcher oder Choanen. Diese finden wir erstmalig bei der Fischfamilie der Eusthenopteridae, echten Coelacanthiden, die außer den inneren Nasenlöchern noch ein zweites vielsagendes Tetrapoden-Merkmal besitzen, nämlich Zähne mit Labyrinth-ähnlichen Schmelzfalten, die sich in gleicher Weise bei den ältesten Lurchen finden.

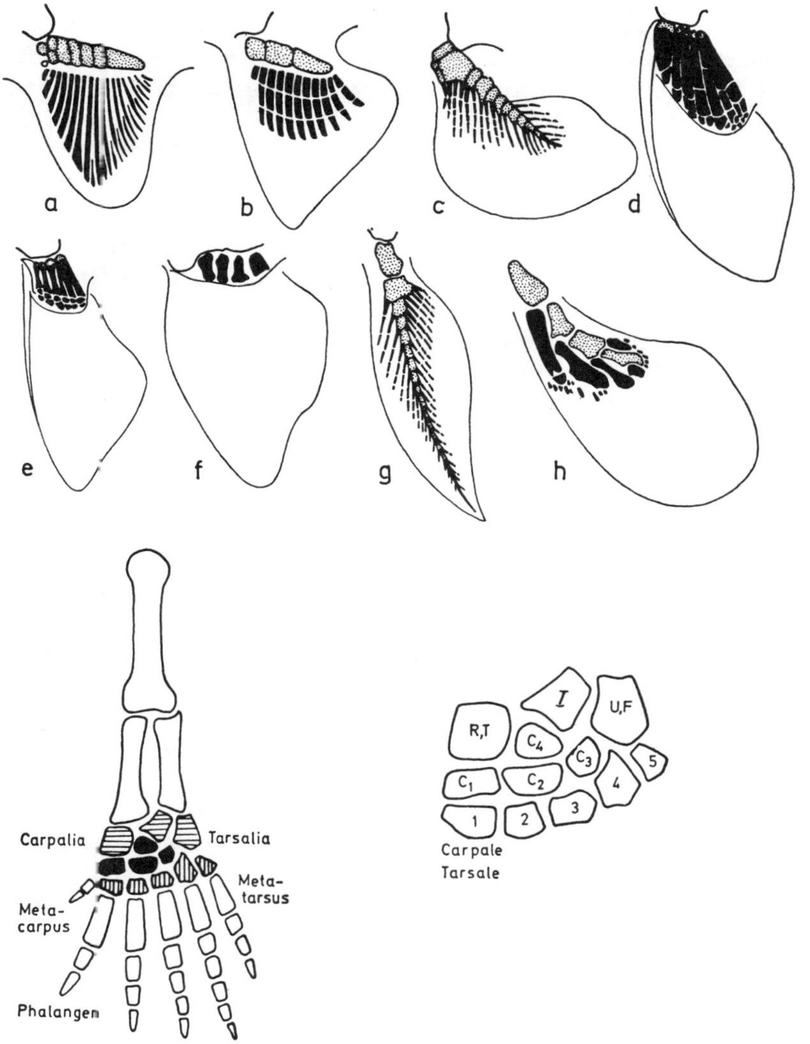

Abb. 7. Oben: Brustflossen verschiedener Fische. *a* Cladoselache, primitiver Hai mit paralleler Anordnung der Radien; *b* Isurus, höher entwickelter Hai mit schmaler Flossenbasis; die Basalia (punktiert) sind zu drei größeren Knorpelstücken vereinigt: Pro-, Meso- und Metapterygium; *c* Xenacanthus, paläozoischer Hai, mit achsenförmig ausgerichteten Basalia; *d* Cornubiscus (Actinopterygii, Palaeoniscoidea); *e* Amia (Holosteer), die Radien sind parallel angeordnet; *f* Serranus (Teleosteer) mit reduziertem Flossenskelett; *g* Neoceratodus (Lungenfisch), biseriales Archipterygium; *h* Eusthenopteron, fossiler Crossopterygier, Anordnung der Flossenskelettanteile ähnelt schon deutlich der der Tetrapoden. Unten: Tetrapodenextremität und Hand- bzw. Fußwurzelknochen. Bei der Extremität befindet sich die Beschriftung für die Vorderextremität links, für die hintere rechts. Wurzelknochen: *R* Radiale, *U* Ulnare, die proximalen Handwurzelknochen; *T* Tibiale, *F* Fibulare, die proximalen Fußwurzelknochen; *I* Intermedium; C_1–C_4 Centralia; *1–5* Carpalia (Hand) bzw. Tarsalia (Fuß). (Aus: Remane, Storch, Welsch, Kurzes Lehrbuch der Zoologie)

Diese selbst, und mit ihnen alle übrigen Tetrapoden, werden durch Merkmale ihrer Extremitäten zusammengefaßt, die aus den Skelett-Elementen Scapula, Humerus, Radius und Ulna, Handwurzel- und Mittelhandknochen, bzw. an der hinteren Extremität Beckenknochen, Femur, Tibia und Fibula, Fußwurzel- und Mittelfußknochen und schließlich den Phalangen von Fingern und Zehen aufgebaut sind.

Der Hauptstamm der Tetrapoden wird durch ein weiteres Merkmal zusammengehalten, durch die Bildung eines äußeren Ohres. Es fehlt nur bei den Schwanzlurchen (Urodela) und man weiß nicht, ob dies als ein ursprüngliches Merkmal zu betrachten, oder als Rückbildung zu erklären sei. Frösche besitzen ein wohlausgebildetes Ohr mit großem, meist von außen sichtbarem Trommelfell. So sehr sie in vielen Merkmalen, wie in der Art der Fortpflanzung durch Gallert-umhüllte Eier, der feuchten Haut, dem Fehlen von Krallen und anderen Merkmalen den Schwanzlurchen ähneln, werden sie doch durch das Ohr und gewisse anatomische Merkmale der Wirbelsäule, d. h. durch ihre sichere Ableitung aus dem schon im Karbon entstehenden Stamm der Embolomera, die in jedem Körpersegment zwei fast gleich entwickelte Wirbelkörper besaßen, mit den höheren Vierfüßern verbunden. So wie manche Coelacanthiden stammesgeschichtlich mit den Tetrapoden enger verbunden sind, als mit den meisten Fischen, so sind die Frösche durch die genannten Merkmale mit Reptilien, Vögeln und Säugetieren enger verbunden, als mit den Schwanzlurchen. Man spricht in solchen Fällen von ,,paraphyletischen" Gruppen.

Reptilien, Vögel und Säugetiere setzen sich von den Lurchen durch eine große Zahl von Merkmalen ab, unter denen hier zunächst die äußerlich sichtbaren erwähnt seien: An allen Extremitäten fünf Zehen (recente Lurchen vorne nur vier!), trockene verhornte Epidermis, meist mit hornigen Deckorganen, Schuppen, Federn, Haaren, bedeckt, Klauen an den Zehen, große dotterreiche Eier, die sich unabhängig vom Wasser entwickeln können, oder aber Lebendgebären von luftatmenden Jungen. Ein weiteres gemeinsames Merkmal ist die Ausbildung eines Amnion. Der Keimling bildet zwei Embryonalhüllen aus, Amnion und Serosa, sowie vom Urdarm aus einen embryonalen Blindsack, der sich von innen her an das Amnion anlegt (Allantamnion) und diesem die Blutgefäße zuführt. Bei allen diesen Tieren, die man als Amnioten zusammenfaßt, ist das frisch geschlüpfte oder neugeborene Junge sofort ein luftatmendes Landtier, nie eine Larve.

Es erübrigt sich beinahe, die weiteren Merkmale aufzuzählen, die den Stamm der Amnioten in drei leicht voneinander zu unterscheidende Zweige bündelt, den Vogel erkennt man, wie das Sprichwort sagt, an den Federn, und wenn auch nicht alle Reptilien Schuppen und alle Säugetiere Haare haben, wird kaum jemand je zweifeln, welcher Gruppe er ein bestimmtes Lebewesen zuzuordnen hat. Nur über die weitere Aufspaltung der Säugetiere sei einiges Wenige gesagt.

Alle Säugetiere haben Haare, die mit Talgdrüsen verbunden sind, sowie wahrscheinlich von Schweißdrüsen ableitbare Milchdrüsen, alle säugen ihre Jungen und alle sind durch eine merkwürdige Umkonstruktion des Kiefergelenks gekennzeichnet. Sie haben ein neues Kiefergelenk zwischen dem Os dentale und dem Os squamosum entwickelt, während jene Knochen, die bei den

Reptilien das Gelenk bilden, nämlich das articulare und das quadratum, in einem rätselhaften Funktionswechsel zu Gehörknöchelchen geworden sind, nämlich zu Hammer und Amboß.

Wenn wir versuchen, die Säugetiere durch das Merkmal des Gebärens lebender Junge zusammenzufassen, müssen wir einige wenige Arten und Gattungen beiseitelassen, die Eier legen und sich auch durch eine gemeinsame Ausfuhröffnung für Exkremente und Geschlechtsprodukte, durch eine Kloake, auszeichnen: die sogenannten Kloakentiere. Diese merkwürdigen Lebewesen legen Eier, brüten sie aus und ernähren die daraus schlüpfenden Jungen mit Milch. „Säugen" kann man nicht sagen, da sie keine Zitzen besitzen, sondern nur flache Drüsenfelder, von denen das Junge die Milch aufnimmt. Da alle Kloakentiere einen „Schnabel" besitzen, wurden sie oft als Zwischenglied zwischen Vögeln und Säugetieren hingestellt. Doch sind diese Merkmale sicher unabhängig entstanden.

Die lebendgebärenden Säugetiere müssen wir nach der Abzweigung der Kloakentiere wiederum in zwei große Stämme zerteilen, die Beuteltiere und die Placentatiere. Lebende Zwischenformen gibt es nicht, auch über die ausgestorbenen gemeinsamen Ahnen, die Panthoteria, was soviel wie All-Säuger heißt, weiß man nur sehr wenig. Es müssen kleine, den heutigen Insektenfressern nicht unähnliche Formen gewesen sein. Fest steht nur, daß die Beuteltiere keineswegs die Ahnen der Placentatiere sind, sondern ihnen als ein gleichwertiger Ast gegenüberstehen. Sie haben eine Reihe von offenbar sehr alten Merkmalen mit vielen fossilen Säugern gemeinsam, wie vor allem die große Zahl der Schneidezähne. Alle Beuteltiere gebären ihre Jungen auf einem sehr wenig fortgeschrittenen Entwicklungsstadium und bringen sie in einem Beutel unter, wo sie aktiv die Zitze aufsuchen und sie ins Maul nehmen, danach verwächst das Epithel ihrer Lippe mit dem der Zitze. Sie hängen also gewissermaßen an einer sekundären Nabelschnur. Die Placentatiere werden durch viele Merkmale zu einer fest geschlossenen Gruppe zusammengefaßt. Vor allem durch den Bau der Fortpflanzungsorgane und die Embryonalentwicklung, die durch eine echte, aus der Allantois entstehenden Placenta gekennzeichnet ist. Zu den verbindenden Merkmalen gehört auch die verringerte Zahl der Zähne und deren weitere Differenzierung.

Ich verzichte auf eine weitere Beschreibung des sehr wohl erforschten Stammbaums des zweiten großen Astes der Amnioten, der Reptilien und Vögel, die unter dem Begriff der Sauropsida zusammengefaßt werden und wende mich der Frage zu, welche Schlußfolgerungen wir aus der Tatsache ziehen dürfen, daß man die heute lebenden Tiere in der beschriebenen Weise in ein Schema einordnen kann, das bei einem grundsätzlich hypothesefreien Verfahren die Form eines Baumes annimmt. Man könnte in das hier entworfene Schema unzählige weitere Merkmale einfügen, deren Widerspruchslosigkeit die Wahrscheinlichkeit der Evolutions-„Theorie" zur Sicherheit erhärten würde, selbst ohne die nun zu besprechende Dokumentation durch Fossilien.

3. Die Hypothese des Wachstums

Wo immer wir in der belebten Natur ein baumartig verzweigtes Gebilde vorfinden, sei es eine Pflanze, ein Korallenstock oder ein Hirschgeweih, ist die

Annahme berechtigt, daß das Ding in der Richtung vom dicken Stamm zu den verzweigten Enden hin *gewachsen* sei. Selbst für manche anorganischen Gebilde trifft dieser Schluß zu, so für viele Kristalle, wie die Eisblumen am winterlichen Fenster. Wir bilden also nun eine Hypothese, die unseren Befund erklären soll. Wir nehmen nämlich an, daß die Merkmale, die einer größeren Zahl heute lebender Formen gemeinsam sind, *von deren gemeinsamem Ahnen ererbt wurden*. Solche Merkmale bezeichnen wir als *homolog*.

Wir interpretieren den vorgefundenen Baum dahin, daß alle Chordaten von Wesen abstammen, in denen sich die Merkmale des untersten Querbandes in unserem Diagramm vereinigten. Weiters nehmen wir an, daß Merkmale, die einen etwas engeren Kreis von Formen umfassen, *neue* Errungenschaften jenes fortschreitenden Prozesses seien, den wir durch das Wachstum unseres Baumes symbolisieren. Diese Annahme ist dann sicher, wenn die neuen Merkmale nicht etwa durch das Verschwinden oder die Vereinfachung vorher vorhandener Strukturen entstanden sind, sondern durch weitere Komplikation und Differenzierung des schon Vorhandenen zustande kommen und ganz besonders dann, wenn sie im Hinzukommen von vorher nicht vorhandenen Strukturen bestehen. Diese Annahme hätte eine erdrückende Wahrscheinlichkeit, selbst wenn die Ergebnisse unseres Vergleiches nicht durch andere Wisensquellen zur Gewißheit erhoben würden.

4. Die Dokumentation durch Fossilien

Wenn die obige Interpretation richtig ist, müssen die nach „oben" zu immer spezieller werdenden Merkmale auch in der Erdgeschichte in derselben Reihenfolge aufgetreten sein, in der sie sich unserem, bis dahin hypothesefreien Diagramm „von selbst" eingeordnet haben. Dies ist nun tatsächlich der Fall.

Zwar besitzen wir von den Vorläufern der Chordatiere keine fossilen Dokumente, da ihr Körper keine harten versteinerungsfähigen Bauelemente enthielt. Im Silur jedoch finden wir eine ganze Reihe versteinerter Fische, die nach den gründlichen Untersuchungen von Stensiö sämtlich zu den Rundmäulern zu rechnen sind. Keineswegs alle gleichen den heutigen Rundmäulern, deren aalförmige Gestalt als eine Spezialanpassung zu betrachten ist, viele sind spindelförmig und scheinen freischwimmend gelebt zu haben, sehr viele aber, die Cephalaspida, waren flache schwer gepanzerte Formen, die sicher an den Meeresboden gebunden waren. Alle diese Fische ermangelten der Extremitäten und des Kiefer-Gaumen-Apparates und besaßen, wie Stensiö mit großer Mühewaltung durch Dünnschliffe der Versteinerungen nachwies, dieselbe Anordnung von Hirn und Hirnnerven wie die heutigen Cyclostomen. Sehr wahrscheinlich lebten sie alle vom Filtern des Meerwassers, ganz sicher aber waren alle damaligen Wirbeltiere Cyclostomen.

Kiefermäuler (Gnathostomata) mag es im oberen Silur schon gegeben haben, sichere Versteinerungen kennt man erst aus dem Devon. In diesem treten ziemlich gleichzeitig die ersten echten Haifische und die ersten strahlenflossigen Fische auf. Unter ihnen zeigen die ersten Strahlenflosser große Ähnlichkeiten zu den im gleichen Erdzeitalter auftretenden Quastenflossern, zu denen auch die Coelacanthiden gehören. Schon im Devon vollzog sich die große Verzweigung des Wirbeltierstammes in Haifische, „echte" Fische und Ahnen der Vierfüßer. Schon im Devon findet sich auch das erste Wirbeltier mit inneren Nasenlöchern (Choanen), der Rhipidistier Osteolepis, der auch durch die Ausbildung der Zähne den Lurchen ähnelt. Die entscheidenden Schritte der Verzweigung unseres Stammbaumes folgen oft zu mehrt rasch hintereinander!

Bei Betrachtung unseres hypothesefreien Abstammungs-Diagramms wird es dem Leser aufgefallen sein, daß die Besitzer einer neu entstandenen Struktur regelmäßig zu den Ahnen fast aller später lebenden Wirbeltiere werden, während die „überholten" Typen nur in wenigen Gattungen und Arten ihr Leben weiterfristen. Es ist ohne weiteres begreiflich, daß ein Maul mit dem das Tier zupacken und größere Beute verschlingen kann, einen erheblichen Vorteil bedeutet und dies erklärt, weshalb die Cyclostomata nur in einer sehr besonderen ökologischen Nische, in der ihnen kein Gnathostom Konkurrenz macht, weiter existieren konnten.

Eine weitere außerordentlich vorteilhafte Erfindung war die Schwimmblase. Es besteht eine große Ähnlichkeit im allgemeinen Habitus zwischen den ältesten Actinopterygiern, wie etwa Cheirolepis und den gleichzeitig lebenden Quastenflossern, wie Osteolepis, wie auch andererseits unverkennbare Anklänge zwischen diesen und den heutigen Lungenfischen (Dipnoi) bestehen. Die heute lebenden Fische dieser Gruppen sind sämtlich Bewohner des sumpfigen und manchmal sauerstoffarmen Süßwassers und bedürfen eben deshalb der Lunge als eines die Kiemenatmung ergänzenden und ersetzenden Organs. Außerdem sind die in den späteren Epochen, im Carbon und im Perm auftretenden Strahlenflosser, die Palaeonisciden, sicher Süßwasserbewohner gewesen. Die Schwimmblase wurde als Atemorgan im Süßwasser „erfunden" und erst durch einen Funktionswechsel zum hydrostatischen Organ.

Während die Haie und Rochen immer Meeresbewohner waren, haben die im Süßwasser entstandenen Actinopterygier die See zurückerobert. Ihr Lebensvorteil liegt darin, daß die hydrostatische Wirkung der Schwimmblase es ihnen erlaubt, ein sehr viel schwereres Skelett und eine sehr viel kräftigere Muskulatur auszubilden, als ohne diesen Ausgleich des spezifischen Gewichtes möglich wäre. Auch ermöglichte ihnen dieser höher differenzierte Bewegungsapparat eine Wendigkeit und eine Körperkraft, die weit über die von gleich großen Haifischen hinausgeht. Einen armlangen Haifisch kann ein kräftiger Mann ohne weiteres beim Schwanz packen und aus dem Wasser ziehen, man versuche dies einmal bei einem gleich großen Zackenbarsch! Es ist verständlich, daß die späteren Rückeinwanderer aus dem Süßwasser mit den Haien so erfolgreich konkurrieren konnten.

Schon im oberen Devon haben die Wirbeltiere das Land erobert. Man kennt aus dieser Epoche das merkwürdige Übergangswesen Ichthyostega, das neben richtigen Landgliedmaßen vom S. 68 besprochenen Typus noch einen echten Fischschwanz besaß. Unter den Crossopterygiern treten bei Osteolepis echte Choanen, Schmelzfalten an den Zähnen und bestimmte Merkmale des Schädeldaches auf, die denen der ältesten, ebenfalls schon im Devon auftretenden Lurchen, der Labyrithodonten, homolog sind.

Im Carbon vollzieht sich die Scheidung zwischen den Lurchen und den Kriechtieren, indessen ist die Diagnose dieser Klassen bei ihren modernen Vertretern einfacher als bei ihren Ahnen, da bei diesen die S. 68 erwähnten Merkmale nicht leicht feststellbar sind und sich außerdem nicht so eindeutig auf verschiedene Formen verteilen. So gibt es beispielsweise unter den Stegocephalen des Carbons und des Perms Formen, bei denen die Erwachsenen in den anatomischen Merkmalen ihres Kopfes den Cotylosauriern, den ersten echten Reptilien durchaus ähnlich waren, deren Jungtiere aber, nach der Kopfform zu schließen, höchstwahrscheinlich durch Kiemen atmeten, wie die heutigen Salamanderlarven. Dennoch ist das gleichzeitige Auftreten der Merkmale von trockener, verhornter Epidermis, Krallen und großen, dotterreichen Eiern mit Amnionbildung mit ziemlicher Sicherheit an die Grenze zwischen Carbon und Perm einzutragen.

Die Trennung des Reptilienstammes in die zu den heutigen Reptilien wie zu den Vögeln weiterleitenden Eosuchia und die zu den Säugetieren führenden Pelycosaurier fand unmittelbar nach Entstehung der gemeinsamen Ahnengruppe, der schon erwähnten Cotylosaurier statt. Die Pelycosaurier lebten vom Obercarbon bis zur Trias und schon im Perm entstanden aus ihnen die in Schädelbau und Bezahnung überraschend Säugetier-ähnlichen Therapsiden, von denen es in der Zeit vom Perm bis zur Trias ungefähr 300 Gattungen gab.

In der oberen Trias finden sich die ersten Versteinerungen von echten Säugetieren. Man kennt von ihnen fast nur Unterkiefer und Zähne, die am besten versteinerungsfähigen Skelett-Elemente, doch kann man mit Sicherheit sagen, daß sie weder Beuteltiere noch Placentalier waren, sondern sehr wahrscheinlich die Ahnen beider. Bemerkenswerterweise sind diese ältesten sicheren Säugetierreste am gleichen Ort und in der gleichen Periode gefunden worden, wie die allermeisten Versteinerungen der Säuger-ähnlichen Reptilien, nämlich in der Trias des Kaplandes.

Von dieser Zeit bis zum Beginn des Teritärs haben die Säuger als kleine insektenfressende und äußerlich Spitzmausähnliche Wesen ein unauffälliges Dasein geführt und die Blütezeit der Dinosaurier überdauert. Dann wurden sie plötzlich zur erfolgreichsten Gruppe der landbewohnenden Tiere, was sehr wahrscheinlich damit zusammenhängt, daß in der Kreidezeit die Blütenpflanzen das feste Land eroberten. Die neue und reichliche Nahrungsquelle, die sie mit ihren Blättern und Früchten den Tieren boten, gab den Säugetieren die Möglichkeit zur Anpassung an unzählige verschiedene ökologische Nischen.

Schon die hier gebotene, aufs äußerste beschränkte Auswahl von vergleichbaren Merkmalen und fossilen Dokumenten sollte ausreichen, um auch den ferner Stehenden davon zu überzeugen, daß die Evolutionslehre keine „Theorie", sondern eine echte Geschichte ist, die unvergleichlich viel besser gesichert ist, als alle durch Kulturgüter und durch das geschriebene Wort überlieferte menschliche Historie.

5. Die Homologie und ihre Kriterien

Die für die vergleichende Verhaltensforschung ausreichende Definition der Homologie ist einfach: Homolog sind Merkmale, deren Ähnlichkeit aus der gemeinsamen Abstammung von einer Ahnenform zu erklären ist. Adolf Remane hat eine Reihe von Kriterien erarbeitet, die es gestatten, die Homologie zweier Merkmale bei zwei verschiedenen Tierformen festzustellen. Diese Kriterien sind auf die Diagnose der Homologie von Merkmalen der *Struktur* zugeschnitten, wir werden sehen, wie weit sie auf die des *Verhaltens* anwendbar sind.

Das erste der Remaneschen Homologiekriterien und für uns das wichtigste, ist das der „speziellen Qualität". Das besagt, daß Merkmale um so sicherer als homolog zu betrachten sind, in je mehr Sondermerkmalen sie übereinstimmen, je komplizierter diese Sondermerkmale sind und je genauer ihre Übereinstimmung ist.

Das zweite der Homologiekriterien Remanes ist das der *Lage* eines Strukturelementes im Gefüge der umgebenden. Man erkennt z. B. einen in Rückbildung begriffenen und winzig gewordenen Knochen daran, daß er an dieselben Nachbarknochen angrenzt, von denen er in seinem ursprünglichen, nicht reduziertem Zustande umgeben war.

Das dritte von Remane aufgestellte Homologiekriterium ist das des Verbundenseins der homologen Merkmale bei verschiedenen Tieren durch *Übergangsformen.* Wie Wolfgang Wickler richtig betont hat, bedeutet die Verwendung dieses Kriteriums eine Aussage, die sich aus der richtigen Verwendung der beiden ersten ergibt, d. h. es ist diesen beiden in gewissem Sinne übergeordnet. Auf der anderen Seite ist es recht unabhängig von ihnen, denn das Vorhandensein einer überzeugenden Reihe von Übergängen ermöglicht es, Homologie auch von solchen Merkmalen zu behaupten, die einander weder ähnlich noch im System des Organismus gleich gelagert sind. Das Übergangskriterium wird deshalb umso wertvoller, je sicherer man aus anderen Wissensquellen auf die Verwandtschaft der betreffenden Merkmalsträger schließen kann.

6. Das Homologiekriterium der Zahl von Merkmalen

Remanes Homologiekriterium der „speziellen Qualität" läßt sich auch quantitativ betrachten. „In je mehr Sondermerkmalen" die Merkmale zweier Tierformen übereinstimmen und „je komplizierter die Formenmerkmale sind" heißt ja in den allermeisten Fällen nichts anderes als „in je mehr Merkmalen die beiden Tierformen übereinstimmen" d. h. je näher verwandt sie miteinander sind. So gefaßt kann man das Kriterium auch gewissermaßen auf den Kopf stellen und sagen: Wenn zwei oder mehrere Formen nur ganz wenige Merkmale miteinander gemeinsam haben, während jede von ihnen durch sehr viele Merkmale mit einer anderen Stammesgruppe verbunden ist, kann man mit Sicherheit schließen, daß diese wenigen Merkmale *nicht homolog,* d. h. bei beiden Formen durch konvergente Anpassung entstanden sind.

Ich habe in meinem Stammbaum-Diagramm das Vorhandensein von vier Extremitäten als gemeinsames Band um Haie, Fische, Lurche, Kriechtiere und Vögel geschlungen und dabei zunächst verschwiegen, daß es in vielen dieser Gruppen Tiere gibt, die der Extremitäten völlig entbehren. Es sind dies die Muränen und manche andere aalartige unter den Fischen, die Blindwühlen (Gymnophionen) unter den Lurchen, die Flossenfüße (Pygopodidae) und die Schleichen (Anguinidae) unter den Eidechsen und schließlich die Schlangen, die zwar unter den Schuppenreptilien ziemlich isoliert dastehen, aber doch zu den Varanen (Varanidae) Beziehungen haben. Mit welchem Recht rechnen wir diese beinlosen Wesen zu den Vierfüßern?

Wir tun dies auf Grund einer einfachen Wahrscheinlichkeitsrechnung. Wenn wir die Beinlosigkeit aller dieser Wesen mit derjenigen der einzigen anderen extremitätenlosen Wirbeltiere, der Rundmäuler (Cyclostomata) homolog setzen wollten, müßten wir annehmen, daß all die vielen hunderte von Merkmalen, durch die sich eine Muräne als Knochenfisch, eine Blindwühle als Lurch oder eine Schleiche als Reptil und speziell als Eidechse ausweist, durch konvergente Anpassung entstanden seien, was angesichts der Verschiedenartigkeit der Lebensweisen dieser Tiere abstrus wäre.

Je mehr Merkmale man kennt, desto tragfähiger ist diese Wahrscheinlichkeitsbetrachtung. Man irrt sich umso leichter, je weniger Merkmale in die Rechnung eingehen. Bei Fossilien, an denen meist nur Merkmale des Skeletts erkennbar sind, kann man sich in der Zuordnung zu einer bestimmten Verwandtschaftsgruppe leichter irren, als wenn man rezente und vor allem lebende Tiere in der Fülle ihrer Merkmale untersuchen kann. So hat z. B. ein anerkannter Paläontologe, Schindewolf, die Ichthyosaurier der Jurazeit für die Ahnenform der Delphine und Wale gehalten. Das ist sicher ein Irrtum, die Fischsaurier sind in sehr vielen Merkmalen echte Reptilien und ihre äußerliche Ähnlichkeit mit Delphinen beruht nur auf ganz wenigen voneinander unabhängigen Merkmalen, wie Stromlinienform, Flossenbildung und bezahnter Schnabel. Dennoch wurde dieser Irrtum von einem Fachmann begangen.

7. Verschiedenheit der Funktion und konvergente Anpassung

Dem Stammesgeschichtsforscher liegt deshalb soviel am Erfassen von Homologien, weil es auch eine andere Art der Übereinstimmung von Merkmalen gibt, die ihn zu falschen Schlüssen betreffs der Verwandtschaft der Merkmalsträger verleiten könnte. Diese zweite Art der Übereinstimmung beruht darauf, daß zwei Tierstämme unabhängig voneinander den gleichen Weg zur Lösung eines Anpassungsproblems gefunden haben. So haben alle schnell beweglichen Tiere die Stromlinienform erfunden, oder besser gesagt, nur solche, die diesen Weg beschritten, konnten Spezialisten für schnelle Fortbewegung werden, wie viele die Hochsee bewohnenden Haie und Fische, die Ichthyosaurier und die Delphine, sowie sehr viele rasch fliegende Vögel. Ein anderes klassisches Beispiel für konvergente Anpassung ist die Ähnlichkeit in Form und Bewegung zwischen gewissen Schwärmern unter den Nachtschmetterlingen und den Kolibirs unter den Vögeln, die sich beide auf dieselbe unwahrscheinliche Ernährungsweise spezialisiert haben: im Rüttelfluge frei in der Luft schwebend saugen sie Honig aus Blüten. Das Bild, das diese so verschiedenen Lebewesen dabei bieten ist tatsächlich erstaunlich ähnlich, die Proportionen der Flügel und des Körpers sind es ebenso.

Konvergente Anpassung kann in einzelnen Fällen soweit gehen, und so viele Einzelmerkmale betreffen, daß man versucht sein könnte, das Remanesche Kriterium der speziellen Qualität in Anwendung zu bringen. Abb. 8 zeigt das Auge eines Tintenfisches im Vergleiche zu dem eines Wirbeltieres. Die

Bildunterschrift genügt um zu zeigen, wie weit die Ähnlichkeit geht, die, wie sich aus anderen Kriterien mit Sicherheit ergibt, auf konvergenter Anpassung beruht.

Findet man eine Merkmalsgleichheit, die sicher nicht aus Abstammung von einem gemeinsamen Ahnen zu erklären ist, so weiß man mit Sicherheit, daß sie auf konvergenter Anpassung beruht, denn die Wahrscheinlichkeit einer rein zufälligen Übereinstimmung von $\frac{1}{2^{n-1}}$ Merkmalen beträgt. Die Wahrscheinlichkeit der zufälligen Übereinstimmung von nur zehn Merkmalen beträgt also 1 zu 512.

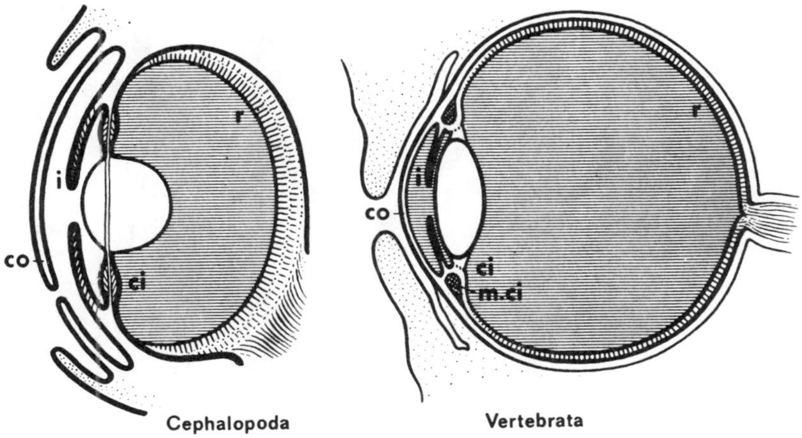

Abb. 8. Bis in Einzelheiten gehende Analogie zweiter unabhängig evoluierter Lichtsinnesorgane, links das Auge vom Oktopus, rechts vom Menschen. *co* Cornea, *ci* Corpus ciliare, *m.ci* musculus ciliaris, *i* iris, *r* retina. (Aus: Lorenz, Analogy as a Source of Knowledge)

Umgekehrt wird die Annahme der Homologie umso sicherer, je verschiedener die Funktion der Organe ist, an denen sich homologe Merkmale finden. Wenn wir, wie Abb. 9 zeigt, an dem Flügel der Fledermaus, den Greifarm des Menschen, und all den anderen verschieden funktionierenden Vorderextremitäten der Wirbeltiere, die dort dargestellt sind, die gleichen Skelettelemente finden, so macht die Verschiedenheit der Funktion die Annahme der Homologie völlig sicher.

8. Die Homoiologie

Es gibt zwar keine dritte Möglichkeit als Homologie und konvergente Anpassung, um die Ähnlichkeiten verschiedener Lebewesen zu erklären, wohl aber kann eine und dieselbe Strukturähnlichkeit auf *beiden* beruhen. Die in Abb. 9 dargestellten Flügel von Flugsaurier und Fledermaus sind, was ihre Skelettelemente anlangt sicher homolog, die Ausbildung der Flughaut dagegen ist vom Reptilien- und vom Säugerstamm sicher unabhängig evoluiert worden. Ein anderes Beispiel: Ichthyosaurier und Wale haben Vorderextremitäten, die aus den gleichen Knochen aufgebaut sind. Diese Ähnlichkeiten sind sicher ho-

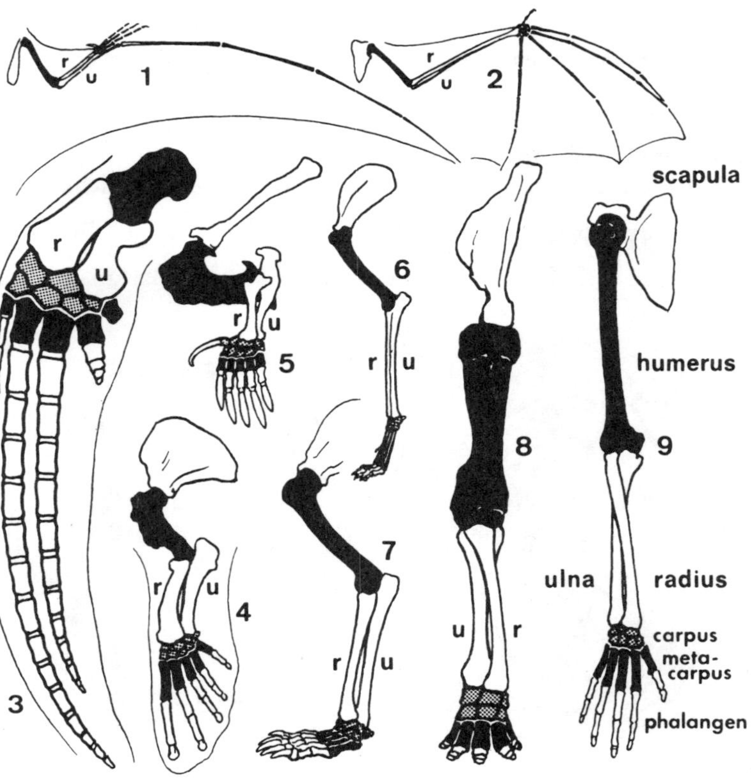

Abb. 9. Vordere Extremitäten von Wirbeltieren. *1* Fliegendes Reptil aus der Jurazeit, *2* Fledermaus, *3* Wal, *4* Seelöwe, *5* Maulwurf, *6* Hund, *7* Bär, *8* Elefant, *9* Mensch. Humerus und Mittelhandknochen schwarz, Handwurzelknochen grau schattiert. (Aus: Lorenz, Analogy as a Source of Knowledge)

molog. Bei beiden Stämmen aber haben sich nicht nur alle Knochen verbreitert und abgeflacht, sondern es haben sich auch bei beiden an den langen Mittelhandknochen und Phalangen die Epiphysen (Endverknöcherungen) von den Diaphysen (dem langen Mittelteil des Röhrenknochens) gelöst, sodaß aus einem Knochenelement jeweils drei geworden sind. All dies dient dazu, die Extremitäten zu verbreitern und biegsam zu machen, wie das für die Wirkungsweise einer Flosse günstig ist. Diese Ähnlichkeit beruht deutlich auf konvergenter Anpassung. Solche, an homologen Organen auftretenden Konvergenzen werden in der Taxonomie als *Homoiologie* bezeichnet.

9. Das Bedürfnis des Feinsystematikers nach großer Zahl von Merkmalen

Die Homoiologien häufen sich begreiflicherweise, wenn zwei Tierformen, die sich stammesgeschichtlich sowieso nahestehen, einander durch konvergente Anpassung noch ähnlicher werden. Der Effekt dieses Zusammentreffens hat viele gute Systematiker zu Irrtümern verleitet. Ein gutes Beispiel bildet die Gattung der Adler (Aquila). Die älteren Ornithologen betrachteten ganz selbstverständlich alle Raubvogelarten (Raptores), die eine bestimmte Mindestgröße überschritten, als „Adler", weil diese Großraubvögel in paralleler Anpassung an das Schlagen verhältnismäßig großer Beutetiere eine Reihe gemeinsamer Merkmale entwickelt haben. Alle haben einen großen Kopf mit groben Schnabel, große durch Knochenleisten überdachte und so geschützte Augen, was einen entschlossenen und finsteren Blick vortäuscht, sie haben verhältnismäßig dicke, kurzläufige Beine mit starken Zehen und Krallen, alle haben einen verhältnismäßig kurzen Schwanz und breite Flügel, was mit den flugtechnischen Erfordernissen des Stoßens und des Wegtragens schwerer Beute zusammenhängt. Selbst in der neuen „Tierenzyclopädie" der Urania werden die Adler als eine Verwandtschaftsgruppe behandelt. In Wirklichkeit sind es mindestens drei Familien von Raubvögeln, aus denen „Adler" hervorgegangen sind, erstens die Bussarde (Buteonini), zu denen Steinadler, Kaiseradler, Zwergadler und andere gehören, zweitens die Milane (Milvini), zu denen alle Formen der Seeadler (Haliaeetus) u. a. gehören, und drittens die Habichte (Accipitrini) zu denen Habichtsadler, Kampfadler, Affenadler und andere zu zählen sind. Wenn man alle erreichbaren „kleineren Merkmale", vor allem auch solche des Verhaltens, mit verwertet, kann man an dieser Zugehörigkeit der Adler zu drei verschiedenen Gruppen kaum zweifeln. Alle Tiergärtner und Falkner, die ich befragte, weil sie Kenner der in Rede stehenden Vögel waren, betrachteten die hier skizzierte Zuordnung als eine Selbstverständlichkeit. Die Museums-Taxonomen, die „Balgforscher", die der alte Alfred Edmund Brehm so sehr verachtete, neigen dazu, Knochenstrukturen, vor allem solche, die man messen kann, für die wichtigsten aller Merkmale zu halten. Mein Lehrer Erwin Stresemann pflegte in seiner sarkastischen Art zu sagen, daß diese Leute meinten, jene Merkmale, die im Museum den Angriffen der Motten und des Kabinettkäfers (Anthrenus) am längsten Widerstand leisteten, seien auch in der Stammesgeschichte am schwersten veränderlich. Die Schädel von Adlern der verschiedensten Gruppenzugehörigkeit sind einander in der Tat zum Verwechseln ähnlich, aber gerade „die Schädelknochen sind Wachs in den Händen der Evolution" – wiederum ein Zitat von Stresemann.

A. E. Brehm, der sonst nicht als Taxonom glänzte, aber sehr viele Vögel lebend gehalten hatte, verließ sich in naiver, aber durchaus berechtigter Weise auf seine Gestaltwahrnehmung und *sah* ganz einfach daß die Harpyie „der gewaltigste aller Habichte" ist und daß die Haubenadler „schlank gebaute Habichte mit verhältnismäßig kurzen Flügeln sind". Die Richtigkeit dieses Urteils des alten Brehms, sowie der Irrtum der in der Urania-Enzyclopädie getroffenen Einteilung beruhen beide darauf, daß, wie schon in 1.II/3 über Gestaltwahrnehmung gesagt wurde, diese um sehr viel mehr Merkmale in ihre Kalkulation einzubeziehen mag, als die menschliche Ratio. Sehr vieles Wahre wird verfälscht, sehr vieles Offensichtliche wird unsichtbar, wenn man sich auf das Quantifizierbare beschränkt.

Will man das, was die Gestaltwahrnehmung erkennt, rational nachweisen, so hat man keinen anderen Weg, als zu versuchen, alle jene vielen Merkmale herauszufinden und zu beschreiben, die in die Verrechnung der Gestaltwahrnehmung eingegangen sind – eingegangen sein *müssen*, denn ein Wunder ist die großartige Leistung der Wahrnehmung sicher nicht. Wir müssen also herausfinden, welche Merkmale der Steinadler mit den Bussarden, der Seeadler mit den Milanen und die Harpyie mit den Habichten gemeinsam hat. Dies müssen Merkmale sein, die jeder der betreffenden Gruppen ***ausschließlich*** zu eigen sind, nicht etwa allgemeine Merkmale einer weiteren taxonomischen Einheit, anderenfalls würden sie ja nicht für die spezielle Verwandtschaft sprechen. Man muß imstande sein zu zeigen, daß nicht etwa schon eine Stammgruppe, von der alle „Adler" herstammen, diese Merkmale besaß. Nur diese dürfen mit jenen quantitativ verglichen werden, die bei diesen Großraubvögeln sicher durch konvergente Anpassung entstanden sind. Bei dieser quantitativen Einschätzung der analogen Merkmale erhebt sich noch die schwierige Frage, was denn eigentlich als „ein" Merkmal gezählt werden darf. Es gibt scheinbar voneinander unabhängige Merkmale, ja oft solche verschiedener Organe, die immer nur zusammen auftreten und daher eigentlich als nur ein einziges Merkmal gezählt werden dürfen. Extreme Stromlinienform und sichelförmige Flügel oder Flossen, bei Vögeln, Walen und Haien sind z. B. genau genommen nur ein Merkmal.

Je näher die Ausgangspunkte der Konvergenz, desto weniger an der Zahl sind naturgemäß die gruppenspezifischen und sicher homologisierbaren Merkmale. Während bei den erwähnten Raubvögeln der Nachweis der Gruppenzugehörigkeit immerhin noch möglich ist, erweist er sich in anderen Fällen unmöglich. Es gibt in Abessinien einen zu den Brandentenartigen (Tadornini) gehörigen Schwimmvogel, die Blauflügelgans (Cyanochen cynaopterus). Sie ist einer der vielen Anatiden, die in Anpassung an das Grasfressen einen gänseähnlichen Schnabel evoluiert haben. Nun gibt es in Südamerika die sehr artenreiche Gattung Chloephaga, die auch zu den Tadornini gehört und einen Gänseschnabel besitzt. Man weiß nicht, ob Cyanochen von einer zufällig einmal von Südamerika nach Afrika verschlagenen Chloephaga abstammt, oder ob sie ihre Gänsemerkmale konvergent und unabhängig in ihrer jetzigen Heimat entwickelt hat. Bisher hat sich noch niemand die Mühe gemacht, in Anatomie und Verhalten von Cyanochen gezielt nach Gruppen-spezifischen Chloephaga-Merkmalen zu suchen, vielleicht könnte eine solche Suche die obige Frage entscheiden.

10. Die wechselnde Wertigkeit der Einzelmerkmale

Es ist nicht nur die Verhältniszahl homologer und analoger Merkmale für die Beurteilung von Verwandtschaftsverhältnissen maßgebend, sondern außerdem noch ein Wissen um die Geschwindigkeit mit der sich einzelne Merkmale bei einzelnen taxonomischen Gruppen *verändern.* Dasselbe Merkmal kann bei einer Tiergruppe ungemein konservativ, d. h. bei allen Mitgliedern ähnlich ausgebildet sein, während es bei einer anderen Gruppe von Art zu Art sehr verschieden ist, d. h. also phylogenetisch sehr rasch veränderlich. Bei den allermeisten Tetrapoden ist Vierbeinigkeit ein recht konservatives Merkmal, aber in einigen Teilgruppen, beispielsweise bei den Skinken (Scincidae) gibt es nahe Verwandte, von denen die einen vierbeinig, die anderen zweibeinig und die dritten beinlos sind. Bei den Papageien (Psittaci) ist die Gefiederfärbung häufig auch bei ganz nahe verwandten Formen völlig verschieden, während die

Schnabelform und -funktion bei allen Mitgliedern der Ordnung nahezu dieselbe bleibt. Bei den Galapagos-Finken (Geospizidae), sowie bei den hawaiianischen Kleidervögeln (Drepanidae) ist das genau umgekehrt, die Gefiederfärbung jeder dieser Gruppen ist sehr einheitlich, während die Schnabelform außerordentlich veränderlich ist. Es gibt kein einziges Merkmal, dem man vorwegnehmend eine konstante Bedeutung zumessen kann, die in verschiedenen Tiergruppen gleich bewertet werden darf.

Hans Gadow hat in seiner Bearbeitung der Vögel in „Bronns Klassen und Ordnungen des Tierreiches" ein interessantes Gedankenexperiment gemacht, indem er nach 30 anerkanntermaßen gewichtigen Merkmalen eine taxonomische Einteilung der Klasse vornahm, dabei aber jedem der Merkmale die gleiche „taxonomische Dignität" zuerkannte. Die so entstehende Taxonomie der Vögel zeigte neben manchen klaren Übereinstimmungen mit der Anordnung, die jedem Taxonomen selbstverständlich ist, auch eine Reihe völlig abstruser Abweichungen. Gadow selbst erkannte richtig, daß die Intuition des begabten Zoologen eine sehr viel größere Anzahl von Merkmalen verwertet, als nur 30.

Dazu kommt aber ganz sicher auch noch der Umstand, daß der Verrechnungsapparat unserer Gestaltswahrnehmung auch in Anschlag bringt, wie schnell der Fluß eines Einzelmerkmales bei der einen und bei einer anderen Gruppe ist und welche verschiedene Bewertung ihm daher in jedem Fall zuteil werden muß. Selbstverständlich bedarf diese Verrechnung einer Datenbasis, in die sehr viele Merkmale von sehr vielen verwandten Tierformen eingegangen sind. Nur aus einer Unzahl von Einzelmerkmalen sehr vieler Gruppenangehöriger kann die Verschiedenheit in der Geschwindigkeit des Merkmalflusses und daraus die jeweilige Wertigkeit jedes Merkmales errechnet werden. Mit Sicherheit richtig könnte das Resultat nur dann sein, wenn der Beurteiler *alle* im Artenwandel veränderlichen Merkmale *aller* Mitglieder der untersuchten Gruppe kennen würde, was utopisch ist. Immerhin aber steigt die Wahrscheinlichkeit des Ergebnisses mit jedem neu hinzukommenden Merkmal und mit jeder in ihren Merkmalen bekannt werdenden zur Gruppe gehörigen Art.

Die vergleichende Auswertung der relativen Veränderlichkeit vieler Merkmale ergibt ein Kriterium für Homologie, das zwar ganz sicher mitbestimmend in die Berechnungen des „systematischen Taktgefühls" eingeht, von dem aber bisher bewußt und rational nur wenig Gebrauch gemacht wurde. Es ist allen Taxonomen selbstverständlich, daß man, wie wir es auch bei der Konstruktion unseres Stammbaum-Diagramms getan haben, aus dem Vorhandensein homologer Merkmale auf Verwandtschaft der Merkmalträger schließen kann.

Es ist aber auch der umgekehrte Schluß möglich: je mehr und je verschiedenere Merkmale eine taxonomische Gruppe verbinden und damit als stammesgeschichtlich zusammengehörig ausweisen, desto sicherer wird auch die Homologie jedes einzelnen von ihnen. Diese Aussage erscheint zunächst banal, gewinnt aber an Bedeutung, je mehr die Forschung in die Feinsystematik einer Gruppe eindringt, wobei sie, wie dargetan, immer mehr mit Homoiologien zu tun bekommt. Besonders wichtig aber wird sie bei der Homologisierung von Verhaltensweisen, bei der uns sehr viele der auf strukturelle Merkmale zugeschnittenen Homologiekriterien im Stiche lassen. Dagmar Kaltenhäuser kommt bei ihrem Versuch, komplexe Bewegungsweisen von Entenvögeln (Anatinae) zu homologisieren, zu dem Schluß, daß der Nachweis der Verwandtschaft manchmal weniger vom Aufzeigen von Homologien abhängig ist, als umgekehrt das Homologisieren von zwei komplexen Bewegungsweisen den Nachweis der Verwandtschaft der betreffenden Art voraussetzt. In Wirklichkeit sind beide Nachweise voneinander abhängig, es besteht zwischen ihnen ein Verhältnis gegenseitiger Erhellung.

11. Schwierigkeit und Wert der Feinsystematik

Wie aus dem Gesagten hervorgeht, beruhen alle unsere Aussagen über Stammesverwandtschaft verschiedener Lebewesen auf Wahrscheinlichkeitsbetrachtungen und die Wahrscheinlichkeit ihrer Richtigkeit ist proportional der Zahl der verwerteten Merkmale und der verwerteten Merkmalsträger. Aus dieser Tatsache ist ersichtlich, daß unsere Rekonstruktion der großen Äste des Tierstammbaums, wie wir sie in unserem Diagramm des Chordatenstammes vorgenommen haben, eine sehr große, an Sicherheit grenzende Wahrscheinlichkeit besitzt und daß unsere Aussagen umso weniger sicher werden, je mehr unsere Untersuchung sich mit den feineren, *jüngeren* Verästelungen dieses wunderbaren Gewächses beschäftigt. Dazu kommt, daß bei der sogenannten Feinsystematik die Hilfe der Paläontologie fortfällt.

Diese Unsicherheit ist ein Hindernis für einen der wichtigsten Durchbrüche der modernen Naturforschung, nämlich für die Synthese zwischen Phylogenetik und Genetik. Nur subtilste Kenntnisse der Feinsystematik können die Grundlage für den Brückenschlag zwischen Stammesgeschichts- und Erbforschung abgeben. Es ist ein bedauerliches Fehlurteil, den Forscher, der in eine bestimmte, oft eng begrenzte Verwandtschaftsgruppe von Tieren vernarrt zu sein scheint, weil er an Kleinkrebsen, z. B. an Cladoceren, die einzelnen Borsten an den Beinchen abzählt oder die Äderchen an den Flügeln winziger Fliegen, ob seiner Tätigkeit zu verlachen, und mit dem kauzigen Professor der alten Witzblätter zu identifizieren. Selbst in der Vogelkunde erregte, wie Erwin Stresemann erzählt, ein Mann wie Ernst Hartert das Mißfallen der Fachgenossen dadurch, daß er „auf die allersubtilste Unterscheidung lokaler Formen" drang und dies 1899 mit der Behauptung begründete: „Schwer unterscheidbare Formen müssen beobachtet werden, da sie in der Natur vorkommen (und wir keine Erscheinungen beim Studium der Natur unberücksichtigt lassen dürfen)". Fast möchte sich der Verdacht regen, daß dieser große Systematiker intuitiv geahnt hat, daß das Studium gerade dieser und ähnlicher schwer unterscheidbarer Tierformen für wichtigste Probleme der Evolution aufschlußreich sein würde.

Meines Wissens war Erwin Stresemann der Erste, der dies sah und der die ersten Schritte tat, um das ungeheure Material, sowohl an Präparaten, wie an Kenntnissen, das von den Museums-Ornithologen gesammelt worden war, der Evolutionsforschung zugänglich zu machen. Keine Tierklasse war in ihren Verwandtschaftsverhältnissen, in der geographischen Verbreitung einzelner Formen, in der Ökologie und in der Veränderlichkeitsbreite der einzelnen Arten so genau durchgearbeitet wie die der Vögel. Stresemann widersprach der damals in der Ornithologie herrschenden Meinung, daß eine Kontinuität der

Übergänge zwischen benachbarten, einander sehr ähnlichen Formen nur auf einer Vererbung von Eigenschaften beruhe, die durch klimatische Einwirkungen verursacht seien. Diese Anschauung wurde von bedeutenden Männern, wie Charles Otis Whitman und Bernhard Rensch vertreten. Stresemann zeigte in seiner klassischen Untersuchung der diskontinuierlichen Variation, daß ein gleitender Übergang zwischen zwei als solche klar bestimmten geographischen Rassen nur dort vorkommt, wo solche *sekundär* miteinander in Kontakt kommen und sich vermischen. Durch Stresemann wurde das ungeheuer große Material, das in den Schränken der Museen ruhte, einer Bearbeitung zugänglich gemacht, die ein wissenschaftshistorisch wichtiges Ergebnis zeitigte: Sie erwies endgültig die Mutationstheorie als richtig und die Annahme einer Vererbung erworbener Eigenschaften als falsch.

Diese Arbeiten waren bahnbrechend für die neue Wissenschaft der Populations-Genetik, die durch Sewall Wright in Amerika und durch Ronald A. Fisher in England zu einem selbständigen Wissenszweig gemacht wurde. Von der Seite der Genetiker war es Theodosius Dobzhansky der die Fragestellungen der Erblehre mit denen der Stammesgeschichtsforschung verband. Ein wahrhaft bahnbrechendes Buch über die Fragen der Artbildung stammt von einem Ornithologen und Schüler Erwin Stresemanns, von Ernst Mayr, ,,Systematics and the Origin of Species“ 1942. Es sei dem Ethologiestudenten als ein Werk empfohlen, das, wie Stresemann sagt, ,,dem Systematiker noch lange als sicherer Leitfaden durch das verschlungene Labyrinth der Erscheinungen dienen wird, dessen Ausgang ihre Vorgänger vor 150 Jahren vergebens gesucht haben“.

12. Die Entstehung der vergleichenden Verhaltensforschung oder Ethologie

Nicht nur der große Brückenschlag von der Stammesgeschichtsforschung zur Erbforschung ist der geduldigen Merkmals-Suche der Feinsystematiker zu danken: Als einen Seitensproß, der in einer ganz unerwarteten Richtung zu wachsen bestimmt war, hat die Feinsystematik auch jenen Wissenszweig hervorgebracht, von dem dieses Buch handelt.

Was ich im II. Kapitel über die kognitiven Leistungen der Gestaltwahrnehmung gesagt habe, sowie darüber, in welcher Weise die sogenannte Liebhaberei die Voraussetzungen für die optimale Entfaltung der Gestaltwahrnehmung schafft, hat hoffentlich verständlich gemacht, welche wichtige Rolle dieser in der Stammesgeschichtsforschung im allgemeinen und in der Feinsystematik im besonderen zukommt. Es ist durchaus kein Zufall, daß die Ornithologie, die so oft halb verächtlich als scientia amabilis bezeichnet wird, zur Mutter der Populations-Dynamik, der Populations-Genetik und der vergleichenden Verhaltensforschung geworden ist. Die Freude an der Schönheit organischer Gestalten ist es, die das Sammeln motiviert, sei es das Sammeln von Tieren oder von Kenntnissen.

Die Entdeckung, die man mit der Entstehung der vergleichenden Verhaltensforschung gleichsetzen darf, wurde von Feinsystematikern gemacht, die unersättlich nach neuen und immer neuen Merkmalen suchten. Es war kein Zufall, daß es Ornithologen und Vogelliebhaber waren, die diese Entdeckung machten. Der Insektenliebhaber freut sich nicht nur am lebenden, sondern auch am wohlpräparierten toten Objekt. Zum Vogelliebhaber gehört es unbedingt, daß er lebende Vögel beobachtet, seien es frei lebende oder gefangen gehaltene. Die Sammel-Leidenschaft spielt dabei auch ihre Rolle, die beiden großen Pioniere der vergleichenden Verhaltensforschung haben beide an Sammlungen lebender Vögel gearbeitet. Charles Otis Whitman hielt selbst Taubenarten in vielen Flugkäfigen, Oskar Heinroth hatte die reiche Anatidensammlung des Berliner Zoologischen Gartens zu seiner Verfügung. Wie schon in 1.II/5 über die Beobachtung freilebender und gefangener Tiere gesagt wurde, hat die letztere den entscheidenden Vorteil, das Verhalten vieler Arten aus aller Herren Länder gleichzeitig dem Blicke des Beobachters zu bieten. Ein auf der Merkmalsuche befindlicher und mit guter Gestaltwahrnehmung begabter Feinsystematiker kann unter diesen Umständen gar nicht umhin, zu bemerken, daß es Verhaltensweisen gibt, die verläßliche, oft sogar höchst konservative Merkmale von Arten, Gattungen, und Ordnungen sind, so gut wie nur irgendwelche morphologischen Charaktere. Wie Heinroth in seiner kurzen Schrift „Über bestimmte Bewegungsweisen bei Wirbeltieren" klar dargestellt hat, ist der Begriff der Homologie auf solche Verhaltensweisen voll anwendbar.

Wie die Geschichte der Naturwissenschaften zeigt, bedarf es häufig eines besonders einfach gelagerten Spezialfalles, um den Forscher auf das Obwalten einer bestimmten Naturgesetzlichkeit aufmerksam zu machen. Gregor Mendel fand die nach ihm benannten Gesetze, als er das Glück hatte, sie in der einfachsten denkbaren Form an monohybriden Mischlingen verwirklicht zu finden. Whitman und Heinroth entdeckten unabhängig voneinander die Homologisierbarkeit von Verhaltensweisen als sie auf ihrer unermüdlichen Merkmalsuche die in ihrer Form konstantesten Bewegungsfolgen beobachteten, die es überhaupt gibt, nämlich erbkoordinierte Bewegungsweisen in ihrer speziellen Form der ritualisierten Signalbewegung von konstanter Intensität. Hier genügt es zu sagen, daß es sich um Bewegungsweisen handelt, die im Dienste ihrer Signalfunktion eine noch größere Konstanz der Form entwickelt haben, als sie erbkoordinierten Bewegungen an sich schon zu eigen ist.

13. Zusammenfassung des Kapitels

Vergleichende Verhaltensforschung oder Ethologie wird dadurch möglich, daß es Bewegungsweisen gibt, deren stammesgeschichtliche Veränderlichkeit genau derjenigen von Organen entspricht und auf die damit der Begriff der Homologie anwendbar ist. Da alles Verhalten auf Funktionen stammesgeschichtlich gewordener körperlicher Strukturen beruht, ist dies eigentlich selbstverständlich. Dennoch blieb die Entdeckung bestimmter, sehr formkonstanter Verhaltensmuster Zoologen vorbehalten, die bestimmte, ziemlich eng umgrenzte Tiergruppen mit vergleichender Methode untersuchten.

Vergleichen heißt hier, den Stammbaum aus Ähnlichkeit und Unähnlichkeit von Merkmalen zu rekonstruieren. Stellt man in einem einfachen Diagramm die lebenden Tierformen als vertikale Striche dar, verbindet sie dann durch horizontale Linien, die gemeinsame Merkmale darstellen, und ordnet man diese Merkmale in der Reihenfolge ihrer Verbreitung innerhalb der dargestellten Tiergruppe an, die weiter verbreiteten weiter unten, die weniger weit verbreiteten oben, so ergibt sich aus dieser völlig hypothesefreien Darstellung das Schema eines *Baumes* (Abb. 6, S. 65).

Nahezu überall, wo man in der Natur ein solches baumartig verzweigtes Gebilde antrifft, beruht diese Form darauf, daß es *gewachsen* ist. Die Teile, die gegenwärtig die Basis des Stammes darstellen, waren früher einmal das ganze Bäumchen samt seiner damaligen Spitze. Selbst ohne Heranziehung weiterer Wissensquellen würde die „baumartige" Anordnung der heutigen Lebensformen ihre Abstammung aus einer gemeinsamen Wurzel ungeheuer wahrscheinlich machen.

Diese Wahrscheinlichkeit wird dadurch zur Gewißheit, daß die in den Erdschichten gefundenen fossilen Lebensformen in ihrer Reihenfolge in allen Einzelheiten den Verzweigungen des auf vergleichendem Wege gefundenen Baum-Diagramms entsprechen.

Als *homolog* bezeichnen wir Merkmale, deren Ähnlichkeit auf gemeinsamer Abstammung von einer Ahnenform beruht, die entsprechende Merkmale besaß. Ähnlichkeiten können auch auf eine andere Weise entstehen: Organe zweier nicht näher miteinander verwandter Tierformen können durch Anpassung an die gleiche Funktion eine Ähnlichkeit erlangen, die erstaunlich viele Einzelmerkmale betrifft. Das klassische Beispiel hierfür bilden die Kamera-Augen, die Wirbeltiere und Cephalopoden unabhäng voneinander hervorgebracht haben. Solche durch konvergente Anpassung entstandene Ähnlichkeiten bezeichnet man als *Analogien.*

Für die Beurteilung verwandtschaftlicher Zusammenhänge ist es notwendig, Homologien und Analogien streng zu unterscheiden. Das sicherste Mittel hierzu ist eine Wahrscheinlichkeitsbetrachtung. Ein Delphin und ein Ichthyosaurus sind einander in der Körperform und in der Ausbildung der Bewegungsorgane und in wenigen weiteren Merkmalen ähnlich, in tausenden von Merkmalen aber ist der erste ein Säugetier, der zweite ein Reptil. Wollte man die Ähnlichkeiten beider Tierformen aus ihrer Abstammung von einem gemeinsamen Ahnen erklären, müßte man die vielen, vielen Merkmale, die der Ichthyosaurier mit Reptilien und der Delphin mit den Säugern gemein hat, ihrerseits auf konvergente Anpassung zurückführen können, was offensichtlich unmöglich ist.

Je näher zwei Tierformen verwandt sind, die einander durch konvergente Anpassung noch ähnlicher wurden, desto mehr verliert diese Wahrscheinlichkeitsrechnung an Sicherheit. Die Merkmale, die eine so kleine Gruppe, wie etwa die Bussard-ähnlichen und die Habichts-ähnlichen Raubvögel voneinander unterscheiden, sind nur um wenig zahlreicher als diejenigen, die durch konvergente Anpassung entstanden, als aus beiden Gruppen Großraubvögel, sogenannte Adler, sich entwickelten. Um mit einiger Sicherheit behaupten zu können, daß der Steinadler mit dem Bussard und der Schopfadler mit dem Habicht näher verwandt sei, als beide „Adler" es untereinander sind, bedarf man der genauen Kenntnis einer Zahl von Merkmalen, die jeder der beiden Gruppen *ausschließlich* zueigen sind, um sie mit der Anzahl der konvergent entstandenen „Adler"-Merkmale vergleichen zu können. Je kleiner die taxonomische Gruppe, desto geringer ist die Zahl der ihr allein eigenen Merkmale, und desto schwieriger wird es, Homologie und Analogie zu unterscheiden. Deshalb können wir über die alten, großen Verästelungen des Lebens-Stammbaums weit sicherere Aussagen machen, als über die jüngsten und feinsten, die den Populationsdynamiker und Genetiker am meisten interessieren.

Um über diese jüngsten Ereignisse der Phylogenese Aussagen machen zu können, ist der Feinsystematiker dauernd auf der Jagd nach neuen, unabhängigen Merkmalen. Seiner geduldigen Merkmalsuche ist nicht nur der große Brückenschlag zwischen Phylogenetik und Genetik zu danken, sondern auch die Entdeckung, auf die sich die vergleichende Verhaltensforschung aufbaut: Auf der Suche nach mehr und immer mehr Merkmalen entdeckten Whitman und Heinroth, daß es Verhaltensweisen gibt, die ebenso verläßliche, ja oft besonders konservative Merkmale von Arten, Gattungen und selbst größten taxonomischen Gruppen sind.

Die Wichtigkeit der im vierten Kapitel wiedergegebenen Entdeckungsgeschichte taxonomisch verwendbarer Bewegungsweisen liegt darin, daß die gesamte Tatsachenmasse vergleichender Stammesgeschichtsforschung *den Beweis dafür erbringt, daß diese in unzähligen feinen Merkmalen miteinander vergleichbaren Bewegungsweisen ihre Ähnlichkeit einem genetischen Programm verdanken, das im Laufe der Stammesgeschichte in genau gleicher Weise entstanden ist, wie das aller körperlichen Organe.*

Zweiter Teil

Phylogenetisch programmierte physiologische Mechanismen des Verhaltens

I. Die erbkoordinierte Bewegung oder Instinktbewegung

1. Die Entstehung des Begriffs

Die Bewegungsweisen, deren taxonomische Vergleichbarkeit C. O. Whitman und Oskar Heinroth auffiel, waren „ritualisierte“ Instinktbewegungen der Balz von Tauben (Whitman) und Entenvögeln (Heinroth). Es ist typisch für bahnbrechende Entdeckungen, daß der Entdecker auf besonders einfache Auswirkungen einer Naturgesetzlichkeit stoßen muß, um ihrer inne zu werden; das klassische Beispiel hierfür ist das Auffinden der Mendel'schen Gesetze. Manche als Signale wirksamen Bewegungsweisen haben im Dienste ihrer Eindeutigkeit eine starre, von der Erregungs-Instensität unabhängige Form erlangt, sie sind, wie D. Morris, der Entdecker dieses Effektes es nennt, von „typischer Intensität“ (typical intensity). Die zunächst an ritualisierten Bewegungsweisen gemachte Entdeckung führte die beiden Pioniere der vergleichenden Verhaltensforschung alsbald dazu, die *Art-Spezifität* auch anderer angeborener Bewegungsmuster zu erkennen. Sie kümmerten sich indessen zunächst mehr um die Funktion als um das physiologische Zustandekommen dieser Verhaltensweisen. Wie erwähnt, äußerte keiner von ihnen je eine bestimmte Ansicht über die physiologische Natur der Instinktbewegungen. Sie sahen Verhaltensweisen als funktionelle Ganzheiten und beschrieben sie als solche. Heinroth prägte den Begriff der *arteigenen Triebhandlung,* der sowohl die Reaktion auf spezifisch auslösende Reizkonfigurationen, als auch die ausgelöste Bewegungsweise einschloß. Es ist nicht zu verwundern, daß in einer Zeit, in der der Reflex ganz selbstverständlich als das einzig wesentliche Element alles Verhaltens angesehen wurde, die erste ausgelöste Re-Aktion nicht begrifflich von den auf sie folgenden getrennt wurde.

Auch die Erforscher der Orientierungsreaktionen verhielten sich in der ersten Zeit ähnlich. Alfred Kühn verstand unter positiver und negativer Phototaxis und anderen Taxien anfänglich nicht nur die Wendung des Organismus hin zum oder weg vom auslösenden Reiz, sondern auch die darauf folgende Ortsbewegung in der so eingeschlagenen Richtung.

Der Ausdruck „arteigene Triebhandlung“ bezeichnet bei Oskar Heinroth eine Funktionsganzheit ähnlicher Art. Sie besteht aus dem aktiven Streben des Tieres nach einer bestimmten Reizsituation – daher die Bezeichnung „Trieb“ – sodann aus dem reaktiven Ansprechen des auslösenden Mechanismus auf diese Reizkonfiguration und schließlich aus dem nun folgenden Ablauf einer, oder mehrerer Instinktbewegungen. Als eine arteigene Triebhandlung galt es z. B. wenn, wie Heinroth schildert, ein erfahrungsloser, jung aufgezogener Habicht einen durchs Zimmer fliegenden Fasan ergreift und, ehe der Pfleger einschreiten kann, mit der bereits sachgemäß getöteten Beute auf die nächste Schrank-Ecke fliegt. „Diese erste ‚Amtshandlung' als Habicht", schrieb Heinroth, „hat uns einen unauslöschlichen Eindruck gemacht".

Spuren der begrifflichen Zusammenfassung von Heinroth haben sich bis in die neueste Zeit erhalten. In dem neuen Lehrbuch von Theodore Holms Bullock „Introduction to Nervous Systems" wird als konstitutives Merkmal der Instinktbewegung (englisch fixed action pattern) neben genetischer Bedingtheit, Unbeeinflußbarkeit durch Außenreize und der Tatsache, daß sie für jede Art kennzeichnend sind, auch der Umstand angeführt, daß sie nur durch ganz spezifische Kombinationen von Außenreizen ausgelöst werden können. Letzteres trifft für viele, aber nicht für alle Instinktbewegungen zu: Der „Suchautomatismus" (Prechtl und Schleidt) vieler junger Säugetiere ist durchaus nicht von einem Reize selektierenden Auslösemechanismus abhängig, sondern läuft, solange das Tier wach ist und nicht an einer Zitze hängt, ununterbrochen ab, wie im 2. Abschnitt des IV. Kapitels näher zu besprechen sein wird.

Auf der einen Seite das angeborene „Erkennen" einer arterhaltend relevanten Umweltsituation und, auf der anderen, das angeborene „Können" der in eben dieser Situation teleonomen Verhaltensweise, sind zwei physiologisch völlig verschiedene Leistungen. Wie schon in der historischen Einleitung erwähnt, war Charlotte Kogon die erste, die eine begriffliche Trennung des auslösenden Mechanismus und der ausgelösten Bewegungsweise gefordert hat. Sie schreibt 1941: „In einer konsequenten Verfolgung der Lorenz'schen Terminologie kann gar nicht mehr von einer Instinkthandlung, sondern nur mehr von einer Instinktbewegung gesprochen werden, welche Konsequenzen aber, wie schon erwähnt, von ihm nicht gezogen wurden". Dies geschah allerdings, wie ebenfalls berichtet, unmittelbar darauf. Die dynamischen Wechselbeziehungen zwischen Instinktbewegung und angeborenem Auslösemechanismus wurden erst durch die experimentellen Untersuchungen von Alfred Seitz geklärt, von denen im übernächsten Abschnitt die Rede sein wird.

Voraussetzung für das Verständnis seiner Arbeit ist die Kenntnis der verschiedenen Formen, die eine Instinktbewegung bei verschiedenen Erregungs-Intensitäten annehmen kann.

2. Intensitäts-Verschiedenheiten

Für die allermeisten Instinktbewegungen gilt das aus der Physiologie des Zentralnervensystems bekannte Alles-oder-Nichts Gesetz in keiner Weise. Wenn die für eine bestimmte Bewegungsweise spezifische Erregungsart anzusteigen beginnt, so fängt das Tier meist an, leise Andeutungen der Bewegung zu vollführen. Ein Raubvogel oder ein Reiher, in dem die Motivation des Fortfliegens aufzuquellen beginnt, macht zielende Kopfbewegungen, tritt auf seiner Unterlage hin und her, duckt sich ein wenig wie zum Absprung und lüftet die Flügel. Solche Bewegungsweisen sagen dem Kenner der betreffenden Tierart, welche Verhaltensweisen in der nächsten Zukunft zu erwarten sind, sie verraten ihm gewissermaßen die Intention des Tieres. Heinroth hat sie als Intentionsbewegungen bezeichnet.

Das Ansteigen Aktivitäts-spezifischer Erregung, das sich in Intentionsbewegungen kundtut, kann auf jedem beliebigen Punkte aufhören und in Absteigen übergehen. Eine Graugans z. B. kann die Intentionsbewegung des Abfliegens so weit treiben, daß sie in tiefer Kniebeuge, zum Ansprung geduckt, mit erhobenen und gebreiteten Flügeln zum Stillstand kommt – wobei sie wie ein schlecht gestopfter Vogel aussieht – sich dann aber wieder aufrichtet, die Flügel faltet und zu anderen Tätigkeiten übergeht.

Dennoch kann man, wenn man die Intentionsbewegungen zum Abflug bei einer Graugans verfolgt, mit ziemlicher Sicherheit voraussagen, ob sie abfliegen wird oder nicht. Es bedurfte langer Selbstbeobachtung, ehe ich dahinterkam, woraus ich diese Information entnahm: Sie stammt aus der Geschwindigkeit, mit der der Vogel die verschiedenen Intensitätsgrade spezifischer Erregung durchläuft. Es ist, als ob das Anschwellen der Erregung einem eigenen Trägheitsgesetz gehorche: Wenn es die Stufen eins, zwei, drei sehr schnell durchläuft, kann man mit Sicherheit extrapolieren, daß es nicht ruckartig auf der vierten Stufe zum Stillstand kommen, sondern, auch wenn der Anstieg abflauen sollte, noch mindestens die nächste Erregungsstufe erreichen wird. Umgekehrt kann einem eine analoge Extrapolation mit Sicherheit sagen, daß, wenn der Anstieg sich auf einer bestimmten Stufe verlangsamt, sodaß längere Zeit hindurch Bewegungen eines Erregungsgrades zu beobachten sind und erst nach längerer Zeit einige des nächst-höheren auftreten, die weitere Fortsetzung der Anstiegskurve nicht zu noch höher intensiven Bewegungsweisen führen wird.

Eine andere Frage ist es, woran der Beobachter in der Intentionsbewegung die voll ausgebildete Instinktbewegung erkennt, deren abgeschwächte Andeutung sie bildet. Die Antwort darauf hat, wie Seite 118 erwähnt, Wolfgang Schleidt in seiner Arbeit „How fixed are fixed motor patterns?“ (Wie „starr“ sind erbkoordinierte Bewegungsweisen?) gegeben. Was von der kaum angedeuteten Intentionsbewegung bis zum voll intensiven Ablauf konstant bleibt und die Bewegung nicht nur für gute menschliche Beobachter, sondern nachweislich auch für Artgenossen erkennbar macht, sind die *konstanten Phasenabstände* und die *konstanten Relationen zwischen den Amplituden.* Die Gestaltwahrnehmung spielt beim Erkennen des Bewegungsmusters eine ähnliche Rolle, wie beim Wiedererkennen einer Melodie.

3. Verschiedene, derselben Erregungsart zugeordnete Instinktbewegungen

In vielen Fällen ist es indessen nicht nur *eine* erbkoordinierte Bewegungsweise, die von einer bestimmten Erregungsqualität aktiviert wird, sondern es ist eine ganze Reihe scharf voneinander abgetrennter Instinktbewegungen, die in gesetzmäßiger Reihenfolge den verschiedenen Intensitäten derselben Erregungsqualität zugeordnet sind. Wenn ein Männchen des maulbrütenden Cichliden Astatotilapia strigigena, des wichtigsten Untersuchungsobjekts Alfred

Seitzs*, durch Hinzusetzen eines artgleichen Rivalen oder durch Bieten einer entsprechenden Attrappe in Kampfstimmung versetzt wird, so beginnt sich dies dadurch zu zeigen, daß der Fisch die vertikalen Flossen aufrichtet, das Prachtkleid annimmt und sich dem Kampfobjekt nähert. Dann stellt er sich breitseits zu diesem, sodaß der größte Umriß seines Körpers senkrecht zur Blicklinie des Gegners steht, was man als ,,Breitseitsimponieren" bezeichnet. In dieser Stellung zieht er die tiefschwarze Kiemenhaut (Branchiostegalmembran) abwärts, sodaß sie einen lotrechten Kamm unterhalb des Kopfes bildet und seine Konturen in Profilansicht erheblich vergrößert. Aus dem Breitseitsimponieren heraus erfolgt nun der sogenannte Schwanzschlag, bei dem sich alle Muskelsegmente einer Körperseite synchron – nicht wie bei der schlängelnden Schwimmbewegung metachron – zusammenziehen, sodaß der ganze Körper des Fisches sich seitlich krümmt und sein Kopf und mehr noch die weit entfaltete Schwanzflosse eine Druckwelle in Richtung des Gegners werfen. Steigt die Erregung noch weiter, so ändert der Fisch plötzlich seine Orientierung und stellt sich frontal zum Gegner, wobei er die Kiemendeckel aufrichtet und die Kiemenhaut nunmehr so spreizt, daß sie einen frontalen Schild bildet, der die Umrisse des Kopfes von vorn gesehen vergrößert. Dann kämpfen beide Rivalen kurz Maul gegen Maul – bei anderen Cichliden bildet Maulzerren oder Maulstoßen den wichtigsten Teil des ritualisierten Kampfes. Bei Astatotilapia wird diese Phase des Kämpfens sehr schnell durchlaufen und im nächsten Augenblick versucht jeder der Gegner den anderen in die Flanke zu rammen, woraus sich ein sehr rasches Umeinanderkreisen der Fische ergibt, das sogenannte Karussell. Dabei gibt es die ersten Wunden und bald sieht man die Schuppen fliegen.

Die Bewegungsweisen folgen streng in der angegebenen Reihenfolge aufeinander, der Fisch kann gar nicht Breitseitsimponieren, ehe er das Prachtkleid angenommen und die Flossen aufgerichtet hat, er kann gar nicht schwanzschlagen, ehe er die Branchiostegalhaut herabgezogen hat, usw. Bei der Aufeinanderfolge der erstgenannten vier Bewegungsweisen kommen mit Ansteigen der Erregung zu den bereits betätigten elementaren Bewegungen weitere neue, ohne daß die zuerst aktivierten ausgeschaltet werden. Der Unterschied zwischen den niedrigen und den höheren Intensitätsstufen der Kampfbewegungen kann also nicht aus demselben Prinzip erklärt werden, aus dem Erich von Holst in seiner Analyse des Dualismus der automatischen und motorischen Funktionen angegeben hat. Der Automatismus bestimmt die ,,Impulsmelodie", die wiedererkennbare Form der Bewegung, die Anzahl der jeweils durch ihn erregten motorischen Zellen bestimmt die ,,Intensität" der Bewegung, beim einfachen Schwingen einer Fischflosse die Amplitude der Schwingung. Die motorischen Zellen sprechen, wie Holst zeigte, mit etwas verschiedenen Schwellen auf die steigende Erregung an, sie werden in der Reihenfolge ihrer Schwellenwerte ,,rekrutiert", wie der Fachausdruck lautet.

* Die Artbezeichnung ist falsch, es handelt sich sicher um eine Spezies des Genus Haplochromis, die mit Haplochromis multicolor nahe verwandt, aber sicher nicht identisch ist, wie Wickler irrtümlich angibt. Da der Fisch während des zweiten Weltkrieges in Liebhaberbecken ausgestorben ist, kann man ihn vorläufig nicht bestimmen.

Zur physiologischen Erklärung der aufeinanderfolgenden Intensitäts-Stufen der Kampfbewegungen unseres Fisches reicht dieses Prinzip indessen nicht aus. Bei Übergang von Schwanzschlagen zum Frontaldrohen, und weiter von diesem zum Karussell werden offensichtlich nicht nur neue motorische Elemente rekrutiert, es *verschwinden* auch Bewegungselemente, die auf niedrigeren Intensitäts-Stufen aktiviert waren.

Wie Martin Moynihan in seinen Motivationsanalysen des Drohverhaltens verschiedener Möwen gezeigt hat, können bei höheren Tieren sehr verschieden aussehende Bewegungskoordinationen den aufeinanderfolgenden Intensitäts-Stufen derselben Qualität endogener Erregung zugeordnet sein. Wenn nur zwei voneinander unabhängige Motivationsquellen verschiedener Qualität miteinander in Konflikt geraten, so kann sich aus den rein quantitativen Verschiedenheiten beider eine schwer übersehbare Fülle verschiedener Bewegungsformen ergeben, die doch nur auf zwei Erregungsqualitäten zurückzuführen sind. Wir werden (2. VII/5, S. 195ff.) auf die Analyse solcher Verhaltensweisen zurückkommen.

4. Die qualitative Einheitlichkeit der Motivation

Die Intensitäts-Verschiedenheiten im Ablauf von Instinktbewegungen bestehen also nicht nur in Schwankungen von Amplitude und Kraft der Bewegungs-Ausschläge, sondern häufig in grundlegenden Veränderungen der Bewegungs-Gestalt, die nicht aus dem Erklärungsprinzip der Rekrutierung zusätzlicher motorischer Elemente erklärt werden können. Welche physiologischen Vorgänge sich abspielen, wenn ein Astatotilapia-Männchen von Breitseitsimponieren zu Frontaldrohen übergeht, oder eine Graugans von Schnabelschütteln zu Absprung-Bewegungen, wissen wir nicht.

Daher müssen wir die Frage stellen, woher wir überhaupt wissen, daß es nur eine und dieselbe Motivations-Quelle ist, die alle diese verschiedenen Bewegungsweisen verursacht. Die von der Gestaltwahrnehmung des Beobachters gesammelte Information, die diese Interpretation als selbstverständlich erscheinen läßt, ist gar nicht so leicht bewußt zu machen. In erster Linie wird uns diese Annahme wohl durch die sichere Voraussagbarkeit nahegelegt, mit der die nächst höhere Intensitäts-Stufe eintritt, nachdem die niedrigere durchlaufen ist. Wenn Alfred Seitz unseren Studenten in Königsberg Fischkämpfe vorführte, so pflegte er in seinem gesprochenen Kommentar, ganz wie er es beim Vorführen von Filmen zu tun gewohnt war, der Reaktionszeit seiner Hörer dadurch Rechnung zu tragen, daß er auf die einzelnen Bewegungsweisen, die er vorher genau beschrieben hatte, immer eine gute Sekunde *früher* aufmerksam machte, als der Fisch sie ausführte.

Neben der sicheren Voraussagbarkeit der höheren Intensitäts-Stufe der Instinktbewegung ist es das Vorhandensein von Übergängen, die von der niedrigeren zu ihr überleiten, das uns zur Annahme einer qualitativ einheitlichen Motivation veranlaßt. So wie das Tier aus voller Ruhe heraus Intentionsbewegungen zu einer bestimmten Instinktbewegung zeigen kann, so kann es auch während es noch mit den Bewegungsweisen der niedrigeren Intensitäts-Stufe beschäftigt ist, Intentionen zu solchen der nächst höheren erkennen lassen. Aus dem Breitseitsimponieren heraus kann ein Fisch die Andeutung einer Körperwendung machen, die zum Frontaldrohen überleitet, usw.

Ein drittes Argument für die Annahme, daß rein quantitative Verschiedenheiten desselben zentralnervösen Erregungszustandes für die Skala der verschiedenen Bewegungsweisen verantwortlich sind, liegt in der Trägheitslosigkeit des Überganges von einer Bewegungsweise in die andere. Bei Instinktbewegungen, die von verschiedenen Motivationen hervorgerufen werden, braucht das Wechseln von einer in die andere „Stimmung" immer geraume Zeit, umso mehr, je größer die aktivierten und miteinander im Verhältnis gegenseitiger Hemmung stehenden Systeme sind. In dem seltenen und sehr speziellen Fall, in dem ein Tier im Konflikt zwischen zwei widerstreitenden Motivationen in rascher Folge alterniert, sieht sein Verhalten ganz anders aus, wie im Abschnitt über Konfliktverhalten (2. VII/2, S. 194ff.) näher zu besprechen sein wird.

Ein vierter Grund, eine einheitliche physiologische Verursachung für die Intensitäts-Stufen einer zentral koordinierten Verhaltensweise anzunehmen, liegt in der Identität des Auslösemechanismus, der sie alle in Gang bringt. Dem entspricht auch die Tatsache, daß man, wie von Holst gezeigt hat, bei elektrischer Reizung des Hypothalamus vom gleichen Reizort aus Serien zusammengehöriger Verhaltens-Stufen auslösen kann, deren Intensität genau der jeweiligen Reizstärke entspricht.

Das stärkste Argument für die Annahme einer gemeinsamen physiologischen Verursachung eines „Satzes" erbkoordinierter Bewegungsweisen liegt wohl darin, daß die Bereitschaften zu allen von ihnen parallel miteinander ansteigen und abfallen. Wenn sich im Versuch eine niedriger Intensität zugeordnete Bewegungsform mit schwachen Reizen auslösen läßt, so ist mit absoluter Sicherheit vorauszusagen, daß die Auslösbarkeit aller anderen in entsprechender Weise erleichtert ist. Ist eine solche „schwache" Bewegungsform nur mit starken Reizen auslösbar, so weiß man ebenso sicher, daß die hoher Intensität aktions-spezifischer Erregung zugeordneten Bewegungsweisen zur Zeit bei diesem Versuchstier überhaupt nicht hervorgerufen werden können.

5. Die Methode der doppelten Quantifikation

Ich habe im Vorangehenden eine Reihe von Tatsachen als selbstverständlich bekannt behandelt, die Alfred Seitz und mir erst im Zug der nun zu besprechenden Untersuchungen klar geworden sind. Aus gleichen Gründen muß ich bei ihrer Besprechung Einiges vorwegnehmen, was erst im nächsten Kapitel genau behandelt werden wird. Eine gleiche Schwierigkeit besteht bei der Darstellung ganzheitlicher Systeme, in denen Alles mit Allem zusammenhängt, prinzipiell immer. Ehe man die Gesetzmäßigkeit der verschiedenen Bewegungsformen durchschaut hatte, die verschiedenen Intensitäten derselben aktions-spezifischen Erregung zugeordnet sind, konnte man auch nicht erkennen, daß verschiedene summierbare Reizkonfigurationen eine qualitativ gleiche und dabei quantitativ verschieden starke auslösende Wirkung entfalten – und umgekehrt. Beides konnte, wie dies bei Teilen ganzheitlicher Systeme immer so ist, nur entweder gleichzeitig oder gar nicht verstanden werden. Gerade in dieser Hinsicht stellen die Arbeiten von Seitz, denen die Klärung dieser Zusammenhänge zu danken ist, ein Musterbeispiel ganzheitsbezogener Analyse dar (1.II/1). Was Seitz ursprünglich vorhatte, war das ehrgeizige Unternehmen, eine konstante Beziehung zwischen Reizstärke und Reaktionsstärke aufzufinden. Was er fand, waren die im vorangehenden Abschnitt besprochenen Intensitätsverschiedenheiten der Instinktbewegung und die sogenannte Reiz-Summen-Regel, von der die Leistungen des angeborenen Auslösemechanismus (AAM) beherrscht werden. Auf dem Weg des Verständnisses beider Effekte hat Alfred Seitz als erster Physiologe ein konstantes Verhältnis von Reizstärke und Reaktions-Intensität nachgewiesen.

Seitz bot normal aufgewachsenen Astatotilapia-Männchen vereinfachte ,,Attrappen" mit Merkmalen des Rivalen. Dabei stellte sich alsbald – uns damals unerwartet – heraus, daß die Ähnlichkeit, die eine Attrappe vom Standpunkt menschlicher Gestaltwahrnehmung mit dem natürlichen Objekt des Kampfverhaltens hatte, ohne Belang für ihre auslösende Wirksamkeit war. Der angeborene Auslösemechanismus ist nicht, wie der Ausdruck ,,angeborenes Schema" nahelegt, ein vereinfachtes *Bild* des Objekts. Ein einfacher farbloser Quader aus Plastilin, an einem Glasstäbchen vor den Augen des Fisches bewegt, entfaltete eine starke auslösende Wirkung, wenn man mit ihm die Bewegungen des Schwanzschlagens nachahmte, was durch einfaches Drehen des Hälterstäbchens zwiwchen den Fingern leicht zu bewerkstelligen war. Indem er diesen einfachsten Attrappen in ,,aufbauenden" Versuchen weitere Merkmale hinzufügte und beobachtete, welche von diesen ihre auslösende Wirksamkeit erhöhten, stellte Seitz fest, daß die allgemeine ,,Gestalt", vor allem der Umriss des Rivalen, kaum eine Rolle spielte. Wesentlich waren dagegen das Vorhandensein eines Auges mit dem typischen schwarzen Querstrich, gespreizte vertikale Flossen mit roter oberer und schwarzer unterer Umrandung, blauer Glanz der Körperseiten, das Darbieten einer hohen, flachen Körperseite, der Schwanzschlag und schließlich der Rammstoß, der durch eine Berührung des Fisches mit einem dünnen Glasstab nachgeahmt werden konnte.

Alle diese Merkmale entfalteten eine qualitativ gleiche, quantitativ aber sehr verschiedene Wirkung. Daß die verschiedenen Verhaltensweisen, mit denen der Fisch ansprach, zu demselben ,,Satz" von Intensitäts-Stufen einer erbkoordinierten Verhaltensweise gehörten, fiel zunächst nicht auf, weil unsere Vorstellung von ,,einer" Instinktbewegung noch nach dem Modell jener Instinktbewegungen mit fixierter Intensität gebildet waren, an denen Whitman und Heinroth die Homologisierbarkeit der Bewegungen entdeckt hatten (1. I/1, S. 82). So erschienen uns zunächst das Parallelimponieren, der Schwanzschlag, usw. als völlig selbständige Verhaltensweisen.

Wie Seitz – zunächst zu seiner Enttäuschung – fand, hatte das Darbieten einer bestimmten Attrappe nur ein einziges Mal eine bestimmte Wirkung, bei der zweiten Darbietung war diese bereits schwächer. Ganz unwillkürlich versucht der Experimentator in einem solchen Fall, den Fisch stärker zu reizen, indem er beispielsweise die Attrappe sich bewegen läßt – und siehe da, das Versuchstier zeigt die vorherige, ,,stärkere" Reaktionsweise noch ein zweites Mal!

Um seine Befunde richtig zu interpretieren, mußte sich Seitz klar darüber werden, daß er mit seinen Attrappenversuchen *zwei* verschiedene Effekte gleichzeitig untersuchte, nämlich die Wirksamkeit der Reiz-Konfigurationen, die er an seinen Attrappen bot, und zweitens die höchst variable und nach jedem Versuch abnehmende innere Bereitschaft des Tieres zu der betreffenden Aktivität. Seitz stellte früh fest, daß genau dieselbe Bewegungsweise das eine Mal bei starker innerer Bereitschaft und schwacher Reizwirkung, und das andere Mal bei schwacher innerer Bereitschaft durch starke Außenreize hervorgerufen werden kann. Seine erste Erkenntnis war wohl die, daß beim Absinken der inneren Bereitschaft durch aktions-spezifische Ermüdung das Erregungs-Niveau noch kurzfristig durch Verstärkung des Außenreizes aufrechterhalten werden kann.

Die Einsicht, daß jeder einzelne Attrappenversuch eine Gleichung mit zwei Unbekannten ergibt, führte Seitz zu einer eleganten und einfachen Methode: Er zeigte dem Fisch zunächst die zu untersuchende Attrappe, registrierte die erreichte Erregungs-Intensität und bot unmittelbar danach die stärkste zur Verfügung stehende auslösende Reizsituation, nämlich ein anderes, kampfbereites Astatotilapia-Männchen. Er stellte dadurch fest, wieviel Erregungsbereitschaft nach dem ersten Versuch noch vorhanden war. Auf diese Weise konnte er eine konstante Beziehung zwischen der „Stärke" der dargebotenen Reizsituation und der Intensität der ausgelösten Bewegung nachweisen.

Im Kapitel über den angeborenen Auslösemechanismus (AAM) werde ich genauer auf die wichtige Gesetzlichkeit zu sprechen kommen, die Seitz dabei entdeckte: Die Wirksamkeit jeder Attrappe erwies sich als gleich der Summe der Wirkungen, die von den in ihr verwirklichten Merkmalen ausgingen. Die Einzelwirkung jeder der weiter oben erwähnten Reizkonfigurationen blieb die gleiche, in welcher Kombination mit anderen auch immer sie geboten wurde. Diese Reiz-Summen-Regel wurde später durch völlig andersartige Versuche von W. Heiligenberg und D. Leong voll bestätigt (2. VI/4, S. 128).

Was hier über das Reiz-Summen-Gesetz und die konstante auslösende Wirkung der einzelnen Reizkonfigurationen gesagt wurde, genügt, um zu verstehen, mit welcher verhältnismäßig hohen Genauigkeit man aus der Intensität, mit der ein Tier auf eine Reizsituation von bekannter Wirksamkeit antwortet, auf seinen gegenwärtigen Zustand aktivitäts-spezifischer Bereitschaft schließen kann.

6. Die aktivitäts-spezifische Ermüdbarkeit

Die Intensität der ausgelösten Bewegungsweise nahm in den Seitzschen Versuchen von Mal zu Mal deutlich ab, wenn dieselbe Attrappe mehrere Male hintereinander geboten wurde. Dieselbe Intensität der Bewegung konnte längere Zeit aufrecht erhalten werden, wenn von Versuch zu Versuch stärkere Reize geboten wurden. Ein Fisch, der etwa im ersten Versuch mit Parallelstellen und Schwanzschlag auf einen grauen Plastilin-Quader reagiert hatte, brachte es bei einer zweiten Darbietung dieses Objekts nur mehr bis zum Parallelstehen, konnte aber noch einmal bis zum Schwanzschlag gebracht werden, wenn man ihm statt des mattgrauen einen blauglänzenden Quader bot. Mit weiterer Addition der summierbaren Reizkonfigurationen ließ sich die aktivitäts-spezifische Erregtheit durch mehrere Versuche auf gleicher Höhe halten.

Dem durch das Ausführen der Bewegungsweise verursachten Abfall aktivitäts-spezifischer Bereitschaft entspricht also auf der rezeptorischen Seite ein *Ansteigen des Schwellenwertes* der auslösenden Reize. Beides zusammen bezeichnen wir als aktivitäts-spezifische Ermüdung. Die dabei ermüdete „Aktivität" ist genau das, was Oskar Heinroth als „arteigene Triebhandlung" bezeichnet hat, nämlich die Einheit von angeborenem Auslösemechanismus und ausgelöster Instinktbewegung. Da wir bereits wissen, daß beide auf sehr verschiedenen physiologischen Prozessen beruhen, erhebt sich die Frage, in welchem der beiden sich ein Vorgang der Ermüdung abspielt.

Aktivitäts-spezifische Ermüdung hat, neben anderen, eine wichtige Eigenschaft gemeinsam mit dem Phänomen der Reiz-Gewöhnung oder Habituation, oft auch Sinnesadaptation genannt, darin nämlich, daß sie sich ausschließlich auf eine ganz bestimmte instinktive Aktivität und die sie auslösenden Reiz-Konfigurationen bezieht. Dies könnte dazu verführen, sie für einen Vorgang zu halten, der sich ganz auf der rezeptorischen Seite des Verhaltens abspielt. Seitz und ich nahmen zur Zeit seiner klassischen Versuche das Gegenteil an. Die Vorstellung, daß eine endogen produzierte aktions-spezifische Erregung durch den Ablauf der Bewegung *aufgebraucht* werde, der Vorgang sich also im motorischen Schenkel des Verhaltens-Systems abspiele, wurde durch den Nachweis eines reziproken Vorganges nahegelegt: Läßt man ein Astatotilapia-Männchen, das nach wiederholtem Darbieten stärkster Attrappen völlig „ausgekämpft" ist, einen oder zwei Tage ruhen, so findet man seine Handlungsbereitschaft bis auf das vorherige Maß wiederhergestellt. Wenn man dem Versuchstier kampfauslösende Reize durch mehrere Tage vorenthält, so steigt seine Erregbarkeit nicht nur auf das vorherige, „normale" Maß an, sondern noch weit darüber hinaus. Das Tier spricht nun auf völlig inadäquate, die biologisch „richtige" Umweltsituation durchaus nicht kennzeichnende Reizkonfiguration mit Kampfbewegungen an. H. Lissmann hat schon vor langem dieses Phänomen am Kampffisch (Betta splendens) untersucht und den Effekt der *Schwellenerniedrigung* auslösender Reize in seiner Bedeutung richtig erkannt. Auf sie wird im nächsten Abschnitt eingegangen.

Die Annahme, daß die gesetzmäßigen Schwankungen der inneren Bereitschaft auf Vorgängen einer „Stauung" und eines „Verbrauchs" einer dauernd endogen produzierten und durch den Bewegungsablauf abgebauten aktionsspezifischen Erregung zu erklären seien, wurde durch analoge Befunde wahrscheinlich gemacht, die Erich von Holst an spinalen Fischen, vor allem an Seepferdchen (Hippocampus) erhoben hatte. Sie werden in Abschnitt 13 und 14 dieses Kapitels näher besprochen.

Neben diesen, im motorischen Sektor vor sich gehenden Bereitschafts-Veränderungen gibt es auch solche, die sich im rezeptorischen Sektor abspielen, die aber von Alfred Seitz, als er die Methodik der doppelten Quantifikation entwickelte, noch nicht mit in Rechnung gestellt wurden. Man ist versucht zu sagen „Gott sei Dank", daß wir damals von dieser Komplikation noch nichts wußten. Diese Vorgänge spielen bei den von Seitz untersuchten Bereitschafts-Änderungen eine so geringe Rolle, daß sie keine wesentliche Fehlerquelle bedeuten. Heinz Prechtl untersuchte 1949 den angeborenen Auslösemechanismus des Sperrens junger Buchfinken. Wie er zeigen konnte, gilt auch hier die Reiz-summen-Regel. Als auslösende Reizkonfigurationen wirken Erschütterung des Nestrandes, ein hoher Fiepton, die optische Wahrnehmung des von oben her anfliegenden Altvogels – oder der sich nähernden Hand des fütternden Pflegers. Außerdem kann das Sperren auch durch leichtes Betippen von Oberkopf und Rücken des Nestlings ausgelöst werden. Wenn Prechtl mit einer dieser Reizarten das Sperren bis zum Erlöschen auslöste, so erwies sich danach eine andere Reizart noch als wirksam. Die längsten Serien von Sperrbewegungen konnten erzielt werden, wenn von einer Reizart, noch ehe sie ihre Wirksamkeit verloren hatte, auf eine andere übergegangen wurde. Der Gesamteffekt des Reizwechsels war durchaus analog jenem, den eine vom Kochkünstler entworfene Speisefolge auf das Essen eines Menschen ausübt. Der Reiz-Summen-Regel entsprechend wirkten die einzelnen Reizkonfigurationen auf den Jungvogel weniger als gleichzeitige Darbietung mehrerer. Diese Versuche brachten die Erkenntnis, daß auf der afferenten Seite ebenso spezifische Ermüdungsvorgänge eine Rolle spielen, wie auf der motorischen. Sie muß beim Studium der aktions-spezifischen Ermüdbarkeit der Instinktbewegung stets im Auge behalten werden.

Eine klare experimentelle und quantifizierende Trennung afferenter und motorischer Ermüdbarkeit erreichte Ludwig Franzisket in seiner Untersuchung der Wischbewegungen des Rückenmarkfrosches. Er durchschnitt das verlängerte Mark des Versuchstieres so, daß die Atmung erhalten blieb, während die spontanen Bewegungen der Extremitäten gelähmt waren. Die „reflektorischen" Wischbewegungen, mittels derer ein Frosch störende Reizobjekte von seinem Rücken entfernt, waren noch auslösbar, doch bedurfte es einigen „Trainings", bis eine Dauerbahnung dieser Instinktbewegungen eingetreten war, was Franzisket als „Gewohnheitsbildung" bezeichnete. An dem so vorbereiteten Objekt untersuchte er die Frage, wie weit der „Aktualspiegel" nervöser Erregbarkeit für eine bestimmte Instinktbewegung spezifisch ist, mit anderen Worten, wie weit die Erschöpfung einer Bewegungsweise die Auslösbarkeit einer anderen, funktionell ähnlichen, beeinflußt. Es wurden zwei Bewegungsweisen untersucht, erstens der gewöhnliche bekannte Wischreflex, bei dem der Frosch mit den Zehen des Hinterfußes von hinten nach vorn über Rücken und Kopf streift und zweitens die sogenannte Fersen-Wischbewegung, bei der mit der Ferse von vorn nach hinten über die kaudalen Teile des Rückens gewischt wird. Wie Abb. 10 zeigt, hat die Ermüdung der einen Instinktbewegung keinerlei Einfluß auf die Auslösbarkeit der anderen.

Die zweite wichtige Frage, die Franzisket stellte, war, „ob das Quantum an Erregungsfähigkeit einem Bewegungstyp allgemein zugeordnet ist, oder eine Erscheinung ist, die in der Funktion eines jeweiligen Reaktions-*weges* begründet liegt". Jeder der untersuchten Wischbewegungen kann von zwei topographisch und neurologisch klar getrennten Hautregionen aus ausgelöst werden. Diese sind durch den Hautwulst, der sich von den Augen über den Rücken des Frosches bis zum Oberschenkel hin zieht, äußerlich topographisch unterscheidbar und jede von ihnen wird durch einen anderen Hautnerven versorgt, der Rücken von den Rami cutanei dorsi medialis, die Flanke von den Rami cutanei dorsi lateralis (Eckers Wiedersheim Gaupp 1899).

Wurde nun vom Rücken her eine erste Serie von Zehenwischbewegungen

Abb. 10. 200 Kratzreize auf den gleichen Reizort des Rückens appliziert, zeigen im ersten Hundert viele, im zweiten Hundert wenig Zehenwischbewegungen (obere 2 Reihen). Wird das zweite Hundert dagegen auf das kaudale Rumpfende zur Auslösung des Fersenwischreflexes appliziert, so zeigt die große Zahl von Fersenwischbewegungen (untere Reihe), daß die vorangegangenen Zehenwischbewegungen das Quantum an Erregungsfähigkeit für den Fersenwisch nicht beeinflußt haben. (Aus: Franzisket, Untersuchungen zur Spezifität und Kumulierung der Erregungsfähigkeit und zur Wirkung einer Ermüdung in der Afferenz bei Wischbewegungen des Rückenmarksfrosches)

ausgelöst und die normale Antwortrate erhalten, so brachte eine gleiche Reizserie, auf den Reizort der Flanke gesetzt, eine sehr viel niedrigere Zahl von Reaktionen – immerhin aber etwas mehr als bei Fortsetzung der Reizung am gleichen Orte. Die umgekehrte Reihenfolge, Reizung zuerst an der Flanke, dann am Rücken, erbrachte ein gleiches Ergebnis. Franzisket schließt, daß „die Zehenwischbewegung als Bewegungstyp ein spezifisches Quantum an Erregungsfähigkeit besitzt. Es ist für diese beiden Reizorte gleichgültig gewesen, von welchem Reizort aus, also über welchen Reaktionsweg diese Erregbarkeit verbraucht wurde".

In einer weiteren Versuchsserie zeigte Franzisket die Kumulierung aktionsspezifischer Erregbarkeit im motorischen Sektor. Nach einer zehntägigen Ruhepause war nach der in den übrigen Experimenten standardisierten Zahl von hundert Reizen die Auslösbarkeit der Zehenwischbewegung durchaus nicht erschöpft; statt nach einer einzigen Reizserie zu schwinden, zeigte sich noch nach zwei weiteren der gleiche Aktualspiegel der Erregbarkeit, wie sie nach ein bis zweitägiger Ruhepause nur die erste gezeigt hatte. Auch die dritte Serie zeigte eine nur wenig abgesunkene Erregbarkeit, erst bei der vierten wurde die aktions-spezifische Ermüdung deutlich.

Dieser Effekt war indessen nur zu erzielen, wenn, wie Abb. 11 darstellt,

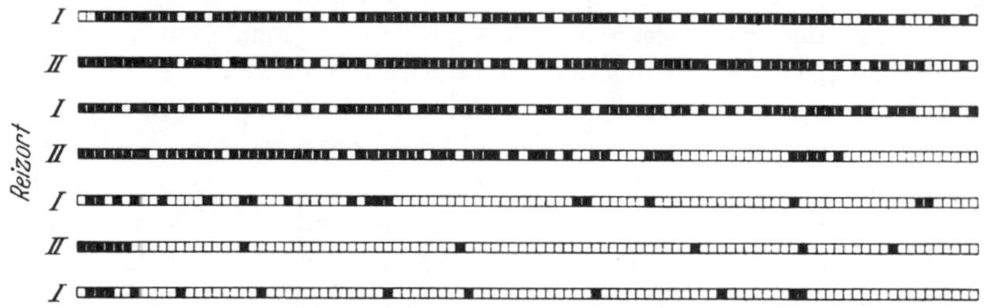

Abb. 11. Sieben aufeinanderfolgende Reizserien, die abwechselnd auf Rücken (Reizort I) und Flanke (Reizort II) zur Auslösung des Zehenwischreflexes appliziert wurden. Da vor diesem Versuch 10 Tage Ruhepause eingeschaltet waren, zeigen die bis etwa zur Mitte der vierten Reizserie zahlreich auftretenden Wischreflexe die Kumulierung der Erregungsfähigkeit an. (Aus: Franzisket, Untersuchungen zur Spezifität und Kumulierung der Erregungsfähigkeit und zur Wirkung einer Ermüdung in der Afferenz bei Wischbewegungen des Rückenmarksfrosches)

nach jeder Reizserie der *Reizort* gewechselt wurde. Andernfalls wurde die Ermüdung der Afferenz wirksam. Wird der gleiche Reaktionsweg eingehalten, so tritt nach 50 bis 80 Wischbewegungen, die in Reizintervallen von zehn Sekunden hervorgerufen werden, eine Ermüdung auf, die unabhängig von dem noch vorhandenen Quantum aktions-spezifischer motorischer Erregungsfähigkeit ist. Wenn man, statt den Reizweg zu ändern, zwischen zwei Serien eine Pause von auch nur dreißig Minuten einlegt, so erhält man gleiche Effekte, wie beim Wechsel des Reizortes.

Im rezeptorischen Sektor stellt sich die Erregbarkeit nach totaler Ermüdung um sehr viel schneller wieder her, als im motorischen. Andererseits tritt auch die Ermüdung im rezeptorischen Bereich schneller als im motorischen ein. Diese verschiedenen „Geschwindigkeiten" des zeitlichen Ablaufs gaben Franzisket die Möglichkeit, die Vorgänge der Ermüdung und Wiederherstellung in beiden Bereichen gegeneinander abzugrenzen. Er kommt zu dem Ergebnis „daß das Quantum an Erregungsfähigkeit eine Funktion zentralnervöser Strukturen ist (angenommen als tropischer Zustand der Zwischenneuronen, die die Bewegung koordinieren), daß die Ermüdung dagegen an den afferenten Weg gebunden sein muß (angenommen als Funktion der Synapsen zwischen afferenter Bahn und speziellen Gruppen von Zwischenneuronen, die die Wischbewegung koordinieren)". Für die Annahme, daß die Erregungsfähigkeit der Wischbewegung einem trophischen Zustand der sie koordinierenden Zwischenneurone entspricht, führt Franzisket auch die Tatsache an, daß der Wiederaufbau der spezifischen Erregungsfähigkeit nach Erschöpfung temperaturabhängig ist (1952). Als wichtigstes Ergebnis der hier referierten Untersuchungen Franziskets möchte ich seine Aussage werten, „daß der Vorstellung von einem spezifischen Quantum an Erregungsfähigkeit eine physiologische Realität entsprechen muß".

Dieses dem Organismus „zur Verfügung stehende" Quantum ist von Instinktbewegung zu Instinktbewegung, ebenso aber auch von Art zu Art sehr verschieden. Das metachrone Schlängeln, mit dem eine Makrele (Scomber) oder einer der pelagischen Haie schwimmt, ist so wenig ermüdbar wie der Herzschlag oder die Atembewegung. Das rhythmische Schlagen der Brustflossen zeigt sich beim Seepferdchen nach wenigen Sekunden bis Minuten erschöpft, bei Lippfischen geht die sicherlich homologe Bewegung pausenlos weiter, solange der Fisch wach ist. Dies entspricht genau dem durchschnittlichen täglichen „Bedarf" an der betreffenden Bewegungsweise bei jeder einzelnen Art. Es ist kein Zufall, daß gerade Lokomotionsbewegungen in vielen Fällen so schwer ermüdbar sind. Bei vielen der schon erwähnten hochseebewohnenden Haie ist das Vorwärts-Schwimmen einer Atembewegung gleichzusetzen, diese Dauerschwimmer konnten es sich leisten, die Organe abzubauen, die bei den meisten Fischen Wasser über die Kiemen streichen lassen, da dies durch die Vorwärtsbewegung sowieso bewirkt wird. Diese Tiere ersticken, sowie sie an der Lokomotion verhindert werden.

Ein anderer Grund, der es phylogenetisch bewirkt hat, die Lokomotion möglichst unermüdbar werden zu lassen, liegt in ihrer Wichtigkeit für die Flucht. Bei den allermeisten Instinktbewegungen erlischt die Auslösbarkeit lange, ehe das Tier als Ganzes erschöpft ist. Wir kennen nur wenige Bewegungsweisen, deren aktions-spezifische Ermüdung später eintritt als die des Gesamtorganismus, vor allem die seiner Atmung und seiner Muskulatur. Ja, die neurale Bereitschaft zur Flucht bleibt auch dann erhalten, wenn diese basalen Funktionen völlig erschöpft sind. Es ist teleonomisch selbstverständlich, daß die Flucht vor dem Freßfeind einen absoluten Vorrang vor allen anderen Interessen hat.

Wie in Abschnitt 12 dieses Kapitels noch zu besprechen sein wird, untersteht die Lokomotion sehr vielen „Kommandostellen", deren jede sie einer anderen Funktion dienstbar macht. Ein Rehbock muß laufen, um dem Wolf zu entgehen, um einen besiegten Rivalen aus seinem Revier zu jagen, um eine Geiß zu treiben, um bessere Weidegründe aufzusuchen, usw., usf. Ähnliches gilt aber auch für andere Instinktbewegungen mit vielfacher Anwendbarkeit. Eine Maus muß nagen, um eine harte Nuß zu öffnen, um sich aus einer beengten Lage zu befreien, um eine Nisthöhle anzulegen, usw. Ich habe solche mehrfach verwendbaren Bewegungsweisen als „Werkzeugbewegungen" bezeichnet, der Ausdruck „Mehrzweckbewegungen" ist vielleicht besser.

Daß derartige Bewegungsweisen einem Antrieb seitens höherer Instanzen des Zentralnervensystems unterstehen, besagt keineswegs, daß sie der Spontaneität entbehren. Ihre ständige Verfügbarkeit beruht ganz im Gegenteil auf einem ganz besonders hohem Maß von endogener Produktion aktivitätsspezifischer Erregung, was sich durch besonders rasche Schwellenerniedrigung bei Nichtgebrauch, sowie durch besonders starke Neigung zu Leerlauf-Aktivitäten kundtut.

7. Die Schwellenerniedrigung auslösender Reize

Bei Besprechung der Seitzschen Versuche im Abschnitt 2.I/5 ist deren wichtigstes Ergebnis nur wenig betont worden. Ich wiederhole deshalb: Wenn man die Kampfreaktion des Fisches unter sonst günstigen Haltungsbedingungen durch eine Zeit hindurch nicht auslöst, die das Intervall der sonstigen Versuche um sehr viel übertrifft, so stellt sich heraus, daß sie nicht nur wie die Wischbewegungen des Franzisketschen Frosches viel öfter hintereinander ausgelöst werden kann, sondern auch durch sehr viel schwächere Reizkombinationen. Franzisket hat immer nur mit demselben Standardreiz gearbeitet. Wenn er mit Reizen abgestufter und quantifizierbarer Stärke gearbeitet hätte, hätte wahrscheinlich auch er eine Erniedrigung der Reizschwelle gefunden. Während der langen Ruhe findet nicht nur eine Wiederherstellung der Aktionsbereitschaft (im Sinne einer Erholung von Ermüdung) statt, vielmehr steigert sich die Reaktionsbereitschaft weit über das im Wildleben des betreffenden Tieres durchschnittliche Maß hinaus, wenn wir unter den Bedingungen des Experimentes auslösende Reize fernhalten. Als Erster hat Wallace Craig diesen Effekt an den Balzbewegungen der Lachtaube (Streptopelia risoria L.) studiert. Ein Lachtauber, den man von Artgenossen isoliert, bringt nach einiger Zeit Balzbewegungen auch einer Haustaube gegenüber, die er vorher nicht beachtet hatte, nach noch längerem Alleinsein balzt er eine hingehaltene Faust oder ein zusammengeknülltes Tuch an, noch später richtet er seine Balz-Verbeugungen in eine Ecke des leeren Kistenkäfigs, in der wenigstens das Zusammenlaufen dreier Kanten einen Fixierpunkt ergibt. Fast alle vom Züchter beabsichtigten Kreuzungen zwischen verschiedenen Tierarten werden dadurch bewirkt, daß durch längere Isolierung von Artgenossen, d. h. Fernhalten adäquater Reizsituationen, die Begattungsbereitschaft der Tiere erhöht wird. Lissmann hat mit systematischen Attrappenversuchen an dem Rivalenkampf von Kampffischen (Betta splendens) analoge Ergebnisse erzielt, wie Craig an der Lachtaube.

Die Schwellenerniedrigung auslösender Reize ist ganz sicher eine Folge desselben physiologischen Zustandes, der ebensowohl die vermehrte Zahl auslösbarer Bewegungseinheiten, wie auch die Appetenz des Tieres nach der auslösenden Reizsituation verursacht. Im „Institutsjargon" hat es sich eingebürgert, den Komplex von Schwellenerniedrigung und vermehrter Appetenz als den „Stau" der Instinktbewegung zu bezeichnen. Wie weit dieser Effekt von Vorgängen im motorischen Sektor, von einer Kumulation aktions-spezifischer Erregung hervorgebracht ist und wie weit Prozesse im rezeptorischen Sektor für ihn verantwortlich sind, müßte in jedem Einzelfall untersucht werden. Wir wissen, daß auch im Rezeptor automatische Reizerzeugung im Gange ist, aber wir wissen nicht, wie spezifisch ihre Auswirkung sein kann.

Phänomenologisch ist es eine sehr banale Tatsache, daß sich jeglicher Stau zunächst auf der rezeptorischen Seite bemerkbar macht. Gehen wir vor dem Mittagessen stark hungrig an einem südeuropäischen Fleischerladen vorüber, so riechen wir den angenehmen Duft von rohem Beefsteak, kommen wir nach dem Essen an derselben Stelle vorüber, so riechen wir ganz eindeutig Aasgeruch. Ein mit ihm befreundeter Kapitän eines Trampdampfers fragte Oskar Heinroth beunruhigt, woher wohl folgende Erscheinung käme: Wenn er nach langer Fahrt wieder in Hamburg ankäme, schienen ihm alle Frauen wunderschön, nach längerem Landaufenthalt aber kämen sie ihm meist ganz häßlich vor. Goethe sagte zum gleichen Thema: „Du siehst mit diesem Trank im Leibe bald Helenen in jedem Weibe" – eine wahrhaft zynische Äußerung Mephistos.

Meines Wissens hat noch niemand untersucht, ob man durch spezifische Ermüdung eines AAM durch wiederholte Darbietung auslösender Reize einen aktions-spezifischen Stau mildern kann, ohne daß auf der motorischen Seite aktions-spezifische Erregung verbraucht wird. Ich glaube das nicht.

8. Effekte, die den Stau einer Instinktbewegung verschleiern

Wenn man zwecks Untersuchung von Schwellenerniedrigung und Steigerung der Appetenz ein Tier unter Bedingungen hält, die das Eintreffen auslösender Reize verhindern, kann es leicht geschehen, daß zwei Effekte eintreten, die das Sichtbarwerden von Schwellenerniedrigung und Appetenz verhindern.

Der erste dieser Effekte ist eine echte Inaktivitäts-Atrophie der nicht gebrauchten Bewegungsweisen. Als W. Heiligenberg einen männlichen Buntbarsch der Art Pelmatochromis cribensis sehr lange Zeit isoliert hielt, zeigte sich der Fisch zwar, mit einem artgleichen Gegner zusammengebracht, zunächst sehr kampfbereit, doch ermüdete sein agonistisches Verhalten nicht, wie bei „Stauung" erwartet, langsamer, sondern weit schneller als normal. Diese Ermüdbarkeit konnte indessen durch Training binnen ziemlich kurzer Zeit behoben werden.

Ein zweiter Fall von einer langdauernden Atrophie einer Bewegungsweise wird von Zoologischen Gärten und Liebhabern ausgenützt, um freifliegende Entenvögel möglichst ortsbeständig zu machen. Wenn man ihnen vor Erreichen der Flugfähigkeit die Handschwingen stutzt und sie so bis zur nächsten Mauser flugunfähig macht, so fliegen sie nach Wiedererlangen der Flugfähigkeit lebenslänglich viel weniger als Artgenossen, die niemals gestutzt worden waren. Noch nachhaltiger scheint die Wirkung zu sein, wenn man die Flugunfähigkeit durch regelmäßiges Beschneiden der Flugfedern noch länger als ein Jahr aufrecht erhält. Eine Graugans, die von ihrem vorherigen Besitzer bis zu ihrem dritten Jahre gestutzt gehalten worden war, flog während der vielen Jahre, die ich sie späterhin hielt, niemals, wie es Gänse normalerweise tun, nur um der Bewegung selbst willen, niemals kreiste sie in hoher Luft, sondern flog immer nur zielgerichtet von einem Orte zum anderen. Dabei bewies sie aber durch ganz besonders gute Fähigkeit zum steilen Aufsteigen, wie zum Bergabfliegen und Landen an schwierigen Stellen, daß sie sowohl an Körperkraft, wie auch an Flugtechnik ausgezeichnet instand war.

Ein zweiter Effekt, der die Stauung aktions-spezifischer Erregbarkeit überlagernd maskieren kann, ist das *Absinken der Allgemeinerregbarkeit,* von dem fast alle höheren Organismen befallen werden, wenn sie längere Zeit unter den konstanten Bedingungen einer „streng kontrollierten“ Versuchsanordnung zu leiden haben. Diese ungemein wichtige und selten erkannte Fehlerquelle wurde von O. A. Rasa in ihrer Arbeit über das Kampfverhalten von Microspathodon chrysurus, eines Pomacentriden, mit größter Genauigkeit untersucht. Wenn ihr Versuchstier längere Zeit in dem kleinen, strukturlosen Aquarium verbracht hatte, sank seine Erregbarkeit in jeder Hinsicht in einer Weise ab, die an die allgemeine Erhöhung sämtlicher Reizschwellen im Schlafzustande erinnerte. Die Häufigkeit von Schwimmbewegungen nahm ab, diese selbst erschienen träge. Hand in Hand damit ging ein Verblassen aller Farben des Fisches, das so gesetzmäßig mit den anderen Erscheinungen korreliert war, daß es als Index der augenblicklichen Allgemeinerregbarkeit verwendet werden konnte.

Die Annahme eines variablen Zustandes allgemeiner Erregung, der den Schwellenwert aller Reaktionen des Organismus in gleichem Sinne beeinflußt und reguliert, ist in der Physiologie nichts Neues. Stellar (1954) hat vermutet, daß diese Allgemeinerregung von einer bestimmten Region im Hypothalamus bestimmt werde, auch die Formatio reticularis wurde mit dem Zustand allgemeiner Erregbarkeit in Zusammenhang gebracht. R. Jung zeigte, daß deren elektrische Reizung bei der Katze eine wesentliche Erhöhung der Allgemeinerregbarkeit bewirkte.

Das Absinken der Allgemeinerregbarkeit unter konstant gehaltenen und daher reizarmen Bedingungen läßt an sich schon darauf schließen, daß unspezifische Reize und deren Wechsel nötig sind, um das normale Maß von Erregbarkeit aufrechtzuerhalten. Rasa konnte zeigen, daß Wasserbewegung, stärkere Beleuchtung und jede größere Veränderung in der Umgebung des Fisches eine solche Wirkung entfalteten. Das Absinken der Allgemeinerregbarkeit ist ein Effekt, der sich bei der Gefangenhaltung höherer Lebewesen kaum vermeiden läßt. Da es nicht nur nervliche Funktionen, sondern auch den Stoffwechsel stärkstens beeinflußt, stellt es eine der wichtigsten Krankheitsursachen gefangener Tiere dar.

Die Schwankungen der Allgemeinerregbarkeit, auf die O. A. Rasa aufmerksam gemacht hat, sind von großer theoretischer Bedeutung, weil sie wesentlich dazu beitragen, die funktionelle Verwandtschaft von aufladenden und auslösenden Reizen erkennen zu lassen, von der in einem späteren Abschnitt 2.IV/4 die Rede sein wird. Dort soll auch gezeigt werden, daß die Begriffe von Erregung und Erregbarkeit wahrscheinlich nicht getrennt werden können.

9. Die sogenannte Leerlauf-Aktivität

Hält man ein Versuchstier unter annähernd normalen Umgebungsbedingungen, unter denen ein Absinken der Allgemeinerregbarkeit nicht eintritt, unter denen aber die adäquat auslösenden Reize für eine bestimmte Triebhandlung fehlen, so kann es dazu kommen, daß die betreffende Bewegungsweise ohne diese spezifischen Reize, wie wir zu sagen pflegen „auf Leerlauf" ausgeführt wird.

Besonders eindrucksvoll ist das in solchen Fällen, in denen die Bewegungsweise sich auf ein bestimmtes Objekt bezieht und ohne dieses ausgeführt wird. Blutschnabelweber (Quelea) vollführen im Käfig auch in Abwesenheit von Nestmaterial die komplizierte Bewegungsfolge, die normalerweise zum Festknüpfen eines Halmes an einem Baumzweig dient. Mein altes Vorlesungsbeispiel des „Leerlaufs" ist das Verhalten eines Stares, an dem ich als Gymnasiast das Phänomen entdeckte. Von einer hohen Warte aus blickte der Vogel gespannt nach der weißen Decke des Zimmers empor, als ob dort Insekten flögen, flog dann ab, schnappte in der Luft zu, kehrte auf seine Warte zurück, vollführte die Bewegung des Totschlagens von Beute, schluckte und verfiel danach in Ruhe. Es dauerte lange, ehe ich mich endgültig davon überzeugt hatte, daß in jenem Zimmer keinerlei winzige, meinem Auge unsichtbare Kerbtiere herumflogen.

Beim Leerlauf-Nestbauen des Webers, wie beim Fliegenfangen dieses Stares war der Eindruck zwingend, daß der Vogel das Objekt seiner Aktivität halluziniere. Diese Deutung ist nicht so absurd, wie sie scheint. Was sich im Zentralnervensystem vollzieht, ist beim Leerlauf wie bei der normalen Aktivität sicherlich dasselbe und so kann das Tier wohl kaum einen Unterschied zwischen „Traum und Wirklichkeit" empfinden.

Für viele Instinktbewegungen ist es geradezu unmöglich, eine völlige Abwesenheit auslösender Reize herzustellen, da die Tiere im Notfalle die betreffende Bewegungsweise an Teilen ihres eigenen Körpers abreagieren. Ein von mir zum Zwecke anderer Versuche möglichst reizisoliertes Kanarienweibchen richtete die Bewegungsweisen des Eintragens von Nistmaterial auf ihre eigenen Federn, d. h. sie packte ihr eigenes Brustgefieder fest in den Schnabel, trug es in eine Ecke des Käfigs und versuchte dann, damit Einbaubewegungen zu vollführen. Die jungen Ratten, an denen Eibl-Eibesfeldt die angeborenen Bewegungsweisen des Nestbaus studieren wollte, taten dasselbe mit ihrem eigenen Schwanz. Ich kenne drei verschiedene Fälle, in denen isoliert gehaltene Tiere aggressive Bewegungsweisen auf ihren eigenen Körper richten. Bankivahähne, die Kruijt in völliger Isolierung aufzog, versuchten dauernd mit den Sporen nach dem eigenen Schwanz zu schlagen, sie schielten nach hinten nach ihren Steuerfedern, sprangen dann plötzlich um hundertachtzig Grad herum und schlugen mit den Sporen nach der betreffenden, begreiflicherweise nunmehr leeren Stelle des Raumes. Von F. Schutz isoliert gehaltene Stockerpel bissen dauernd nach ihrem eigenen Schwanz, wobei sie sich wie irre im Kreise drehten, und behielten dieses Bewegungsmuster als festgefahrene Stereotypie auch bei, als sie längst aus der Isolierung befreit unter anderen Stockenten auf dem Ess-See lebten. Es war eine beliebte Testfrage an uns besuchende Verhaltensforscher, wie wohl das verrückte Kreiseln dieser Erpel zu erklären sei. Zur Zeit der Niederschrift besitze ich einen seit langem isoliert gehaltenen Zanclus canescens, der, wenn er bei einer plötzlichen Wendung seine eigene Schwanzflosse ins Gesichtsfeld bekommt, in analoger Weise zu tanzen beginnt. Die normale Kampfbewegung der Art besteht bei höchster Intensität im sogenannten Karussel, d. h. in einem sehr schnellen Umeinanderkreisen der Gegner, das sich von der Leerlaufbewegung meines Fisches nur durch den etwas größeren Radius unterscheidet.

Die Häufigkeit, mit der eine Instinktbewegung im Leerlauf auftritt, steht in einem deutlichen Verhältnis zu der Häufigkeit, mit der sie normalerweise gebraucht wird. Hühnervögel verschiedener Familien haben eine bestimmte, zum Auflockern des Bodengrundes bei der Nahrungssuche dienende Schnabelbewegung, die sie in Gefangenschaft dauernd im Leerlauf ausführen, Rebhühner sind darin besonders groß, während Kammhühner in gleicher Weise mit den Füßen scharren. Nagetiere, wie z. B. Mäuse, müssen ununterbrochen nagen, usw.

Die häufigsten aller Leerlaufbewegungen sind die der Lokomotion. Merkwürdigerweise sind bei sehr vielen Vögeln und Säugetieren die Bewegungsweisen der Flucht von derselben Motivation aktiviert wie die der Fortbewegung, die Flucht ist in dieser Hinsicht nichts anderes als höchstgradige Intensität der Lokomotion. Jeder Reiter weiß, wie leicht bei einem „stallmutigen" Pferd, d. h. bei einem solchen, dessen Lokomotionsbewegungen durch längeres Stillstehen aufgestaut sind, Lokomotion von hoher Intensität in Fluchtbewegungen ausartet; zum „Durchgehen" des Pferdes gehören ja interessanterweise auch die Bewegungen, die zum Abwerfen eines Raubtieres dienen, nämlich das Bokken und Querspringen. Dem Stallmut des Pferdes aufs nächste verwandt ist der „Übermut" vieler spielender Jungtiere: Junge Kaninchen und Hasen sausen spielend mit heftigem Hakenschlagen umher, Zicklein vollführen wilde Zick-Zack- und Quersprünge, usw., usf. Kolkraben und Schwalben, also ökologisch recht verschiedene Vögel, fliegen, wenn sie längere Zeit eingesperrt waren und nun freigelassen werden, nicht nur mit höchster Geschwindigkeit davon, sondern vollführen dann regelmäßig, sowie sie eine gewisse Höhe gewonnen haben, die Bewegungsweisen des Rückenflugs, d. h. des Ausweichens vor einem sie von oben her angreifenden Raubvogels. Wie schon erwähnt, entbehren die Bewegungen der Lokomotion, die gewöhnlich mehr als andere Instinktbewegungen von „zentral" her angetrieben werden, nicht nur nicht der endogenen Produktion aktions-spezifischer Erregung, sondern besitzen im Gegenteil ein besonders hohes Maß davon.

10. Das Appetenzverhalten

Ich hatte die Gesetzmäßigkeiten der Schwellenerniedrigung und der Leerlaufreaktion bereits mit einiger Klarheit durchschaut, als mich mein Lehrer Wallace Craig auf eine ebenso wichtige andere Folge der längeren „Stauung" einer Instinktbewegung aufmerksam machte. Wie er in seiner klassischen Arbeit „Appetites and Aversions as Constituents of Instincts" ausgeführt hat, senkt sich nach längerem Nichtgebrauch nicht nur die Schwelle der Reize, die eine bestimmte Bewegungsweise auslösen, vielmehr versetzt die ungebrauchte Verhaltensweise den Organismus als Ganzes in Unruhe und veranlaßt ihn, aktiv nach den sie auslösenden Reizkombinationen zu suchen. Dieses Suchen, von Wallace Craig als „appetitive behaviour" (Appetenzverhalten) bezeichnet, besteht im einfachsten Falle in einer ungerichteten Lokomotion, in einer Bewegungsunruhe, durch welche die Wahrscheinlichkeit des Auffindens der gesuchten Reize nur um ein Geringes erhöht wird. Bei höheren, lernfähigeren Organismen enthält das Appetenzverhalten so gut wie immer eine Reihe von bedingten Reaktionen, d. h. von andressierten Verhaltensweisen. Umgekehrt kennen wir keine durch Belohnung andressierte Reaktion – response conditioned by reinforcement – die nicht im Zuge eines Appetenzverhaltens entstünde. Die gewissermaßen reziproke Form der bedingten Reaktion, nämlich die Dressur durch Strafe, ist stets in analoger Weise in jene Verhaltensprogramme eingebaut, die Wallace Craig als „aversion", Monika Meyer-Holzapfel aber als „Appetenz nach Ruhezuständen" bezeichnet (3. IV/4, S. 243).

Wir kennen vorläufig nur sehr wenige Erbkoordinationen, bei denen nach längerem Entzug spezifisch auslösender Reizsituationen kein nach diesen suchendes Appetenzverhalten nachzuweisen wäre. Eine solche Ausnahme bildet nach M. Schleidt das Kollern des Truthahnes. Auch bei starker Schwellenerniedrigung der auslösenden Reize zeigt der Vogel keinerlei Appetenzverhalten, das aktiv nach dem Empfang solcher Reize strebt. Eine Instinktbewegung, bei der der Schwellenwert auslösender Reize nicht absinkt, scheint es nicht zu geben.

11. Schwellenerniedrigung und Appetenzverhalten bei Vermeidungsreaktionen

Bei Aktivitäten, die ein Hinwenden des Tieres zum Objekt seiner Instinktbewegung bedeuten, sieht man ohne weiteres ein, weshalb ein Zunehmen der Appetenz und ein Absinken der Schwellenwerte bei längerem Mangel des adäquaten Objektes arterhaltend zweckmäßig sein muß. Die Appetenzverstärkung macht das Erlangen des Objektes wahrscheinlicher, die Schwellenerniedrigung bringt es mit sich, daß sich der Organismus mit einem weniger befriedigenden Objekt begnügt, in der Not frißt der Teufel bekanntlich Fliegen.

Dagegen scheint bei Vermeidungsreaktionen das in den letzten Abschnitten besprochene Fluktuieren der Schwelle oft ausgesprochen unzweckmäßig, dysteleonom. Wenn man mit freifliegenden Wildgänsen in freier Wildbahn arbeitet, wird einem aufs Eindringlichste zum Bewußtsein gebracht, daß der Schwellenwert des Fluchtverhaltens, mit dem diese Vögel auf einen fliegenden Freßfeind reagieren, außerordentlich stark schwankt. Das eine Mal kann eine im Winde dahertreibende Flaumfeder bei einer ganzen Gänseschar überstürzte Flucht auslösen, das andere Mal ruft selbst eine „überoptimale" Raubvogelattrappe, wie sie ein über die Gänseschar dahinbrausender Drachenflieger darstellt, nur ein paar aufwärts gerichtete Blicke, aber weder Warnen, noch Flucht hervor. Wenn man bedenkt, wieviel Energie die wiederholte intensive Flucht vor minimalen Reizen vergeudet, und wie gefährlich auf der anderen Seite die gelegentliche Schwäche der Reaktion sein kann, wundert man sich darüber, daß es der Evolution augenscheinlich unmöglich ist, einen Auslösemechanismus hervorzubringen, der mit konstanter Schwelle auf die Reizkonfiguration antwortet, die den einzigen fliegenden Freßfeind der Gänse, den Seeadler, kennzeichnet.

Zu den Vermeidungsreaktionen rechnet man in funktioneller Hinsicht auch das intra-spezifische Kampfverhalten, weil es im wesentlichen der „Dispersion", dem Auseinanderhalten gleichartiger Tiere dient. In dem Bestreben, die Reiz-Reflextheorie zu retten, und wohl auch aus ideologischen Gründen, wird immer wieder der Versuch unternommen, die Kumulation der Bereitschaft zu agonistischen Instinktbewegungen zu leugnen und erst recht das Vorhandensein echten Appetenzverhaltens.

Schwellenerniedrigung auslösender Reize von Kampfhandlungen hat H. Lissmann vor vielen Jahren am Kampffisch (siehe S. 95) nachgewiesen. Aktives Appetenzverhalten nach Kampf mit Artgenossen fiel mir zuerst an dem Fisch Zanclus cancescens auf. Mehrere dominante Individuen beherrschten ein ganzes Becken, ein weiterer, etwas schwächerer Fisch war vom stärksten bekämpft und geschlagen worden und mußte sich dauernd hinter einer soliden Felswand versteckt halten, wo er für die anderen Fische unsichtbar war. Der dominante Zanclus nahm nun von Zeit zu Zeit plötzlich die Haltung intensivsten Angriffs an, die durch stärkstes Zurücklegen von Rücken- und Afterflosse gekennzeichnet ist, und schoß in hohem Bogen über die obere Umrandung des Felsens auf den versteckten Artgenossen zu, um ihm noch weiter die Flossen zu zerfetzen und die Oberhaut abzuraspeln. Ich konnte aus der Flossenstellung mit Sicherheit voraussagen, daß und wann dieser Zanclus auf einem steilen Umwege zu dem ihm völlig unsichtbaren Artgenossen schwimmen würde. Dasselbe Verhaltensmuster habe ich inzwischen an derselben Art und unter viel günstigeren Beobachtungsbedingungen in meinem großen Korallenfischbecken hier in Altenberg an Zanclus canescens unzählige Male zu sehen bekommen.

Auf diesen Beobachtungen baute die Untersuchung des Appetenzverhaltens nach Kampf aus, die Anne Rasa an dem Pomacentriden Microspathodon chrysurus anstellte. Sie konnte zeigen, daß die Appetenz nach agonistischem Verhalten dem Fisch das Durchschwimmen eines Labyrinthes mindestens ebenso wirksam anzudressieren vermag, wie die Appetenz nach Nahrung. Die Fische mußten ein einfaches L-Labyrinth lernen, an dessen Ende die Belohnung darin bestand, daß sie aus einem ziemlich engen Plastik-Dom heraus einen artgleichen Gegner zu sehen bekamen. Die Plastik-Kugel mit „Sicht auf den Feind" war absichtlich eng bemessen, um dem Fisch den Aufenthalt darin so unangenehm zu machen, daß er nicht etwa ununterbrochen darin blieb. Es erwies sich, daß die in der Kugel verbrachten Zeiten tatsächlich mit der Dauer der Isolation proportional waren, wobei allerdings, wie schon gesagt, der Effekt der herabgesetzten Allgemeinerregbarkeit ausgeschaltet werden mußte, was noch (2. I/8, S. 100) besprochen werden soll.

Jerry Hogan hat am Kampffisch (Betta) nachgewiesen, daß in Labyrinthversuchen das Bieten eines bekämpfbaren Artgenossen auf einen Aggressionsgestauten Fisch ganz ebenso andressierend wirkt, wie Futter auf einen hungrigen. Jeder Tierkenner weiß, auch ohne daß er gezielte Experimente angestellt hat, wie stark bei vielen Arten die Appetenz nach dem Rivalenkampf ist.

Am Schwertträger (Xiphophorus helleri) hat D. Franck Staubarkeit agonistischen Verhaltens in Form von Schwellenerniedrigung und gesteigerter Appetenz nachgewiesen, mit anderen Worten den Beweis erbracht, daß agonistische Bewegungsweisen genau dieselbe Art von Spontaneität besitzen, wie andere Instinktbewegungen auch. Es wäre erstaunlich, wenn dem nicht so wäre*.

12. Treiben und Getrieben-Werden

Prinzipiell können nahezu alle Instinktbewegungen einen autonomen Antrieb des Verhaltens liefern und ebenso können fast alle durch Einflüsse, die aus anderen Motivationsquellen stammen, angetrieben werden. In quantitativer Hinsicht aber sind die Fähigkeiten zum Antreiben und zum Sich-Antreiben-Lassen bei den einzelnen Arten erbkoordinierter Bewegungsweisen sehr verschieden. Solche, die auf sehr spezielle und nicht allzu häufig ausgeführte Funktionen spezialisiert sind, wie etwa jene der Begattung, und die man daher nur in einer einzigen, ebenso spezifischen Außensituation zu sehen bekommt, können nur wenig von einem anderen System, etwa von einer übergeordneten Instanz her, angetrieben werden, es sei denn, daß man Hormone als solche bezeichnet. Auf der anderen Seite werden die schon erwähnten Mehrzweckbewegungen im Dienste sehr verschiedener übergeordneter Systeme ausgeführt und von andersartigen Appetenzen angetrieben.

Grundsätzlich aber sind alle Instinktbewegungen in gleicher Weise so, wie A. F. J. Portielje in seinem schönen Buch „Dieren zien en leeren kennen“ mit Recht und mit großer Emphase sagt, „Aktion-und-Reaktion-in-Einem“, ein etwas länglicher Ausdruck. Der schon erwähnte Satz, daß die Produktion von Instinktbewegungen stets auf den Verbrauch zugeschnitten ist, gilt keineswegs nur auf der niedrigen Ebene der Flossenbewegungen von Fischen (2. I/6, S. 98). Eine Meise, die, solange sie wach ist, alle paar Sekunden ihre Flügel gebraucht, hat eine nahezu unbegrenzte Produktion von Flugbewegungen zur Verfügung, diese erscheinen daher durchaus „willkürlich“. Eine Graugans, die normalerweise nur wenige Male täglich abfliegt, kann sehr wohl in eine Situation kommen, in der sie abfliegen „möchte und nicht kann“. Ist sie z. B. von längerem Fluge heimkehrend, versehentlich in einem Gehege gelandet, aus dem sie nur fliegend wieder fort kann, so hat sie zwar volle Einsicht in die Situation und

* Bezeichnenderweise hat die Redaktion der populärwissenschaftlichen Zeitschrift, in der Franck diese Ergebnisse veröffentlichte, es für nötig befunden, ohne den Autor zu befragen, vor seine Arbeit den Titel zu setzen: „Spontaneität der Aggression – Nein!“. Wie ideologisch unerwünscht die hier in Rede stehenden Tatsachen sind, geht unter anderem auch daraus hervor, daß Arbeiten, die jeder Beweiskraft entbehren, öffentlich als Beweis für die Nicht-Existenz spontaner Aggressivität akklamiert werden.

versucht mit Schnabelschütteln und anderen Abflugbewegungen genügend endogenen Stau zum Abfliegen hervorzubringen, braucht aber oft lange Zeit, bis ihr dies gelingt. Ein zusätzlicher Außenreiz kann dann den nötigen Antrieb liefern, doch hat der Vogel trotz Situationseinsicht nicht die Möglichkeit von zentral her jenen Impuls aufzubringen, den wir Menschen bei uns selbst als einen „Entschluß" bezeichnen würden.

Paul Leyhausen hat an Katzen die endogene Produktion der verschiedenen, zum Beute-Erwerb gehörigen Bewegungsweisen untersucht, indem er hungrige Katzen in einem deckungslosen Raum mit sehr vielen Mäusen zusammenbrachte. Zunächst erjagten, töteten und fraßen die Versuchstiere eine kleine Anzahl davon. Danach töteten sie noch einige weitere, ohne sie zu fressen, noch später betätigten sie „spielerisch" noch einige Beutesprünge und sonstige Fangbewegungen, zuletzt aber saßen die Tiere ruhig zusammengekauert da und belauerten mit tiefgehaltenem Kopfe Mäuse, die an der fernen Zimmerseite entlangliefen, während andere der lauernden Katze unbeachtet über die Pfoten krochen. Die Erschöpfbarkeit der einzelnen Verhaltensmuster steht in einer deutlichen Korrelation zu ihrem durchschnittlichen Verbrauch: Eine Katze muß oft sehr lange lauern, ehe die Situation zum Beutesprung und zu Fanghandlungen eintritt, diese Bewegungsweisen haben keineswegs immer den Erfolg, der die Voraussetzung für das Anbringen des Tötungsbisses ist. Und auch dieser sitzt nicht immer richtig, sodaß mehrere Tötungsbisse für je eine gefangene Beute „vorgesehen" sein müssen.

In komplexen hierarchischen Instinkt-Systemen, die dem Nahrungserwerb dienen, ist durchaus nicht immer die Appetenz nach dem Fressen selbst der stärkste Antrieb. Man kann Hunden, die passionierte Jäger sind, bekanntlich ihre Jagdleidenschaft nicht durch reichliche Fütterung austreiben, ihre Haupt-Appetenz richtet sich auf das Ergreifen und Totschütteln der Beute, die in vielen Fällen anschließend gar nicht gefressen wird.

Waltraud Neweklovsky hat an der Zirkelbewegung des Stares untersucht, wie weit diese der Nahrungssuche dienende und ungemein häufige Instinktbewegung einerseits durch den Hunger und andererseits durch äußere Reizsituationen beeinflußt wird. Bei dieser Bewegungsweise steckt der Vogel den Schnabel in eine Ritze oder in den weichen Boden und öffnet ihn dann mit erstaunlicher Muskelkraft so weit, daß er Einblick in den so eröffneten Raum gewinnt. Alle zirkelnden Vögel besitzen eine besondere, an die Bewegungsweise angepaßte Konfiguration von Kopf und Schnabel: Die Mundspalte bildet stets eine Linie, deren Verlängerung genau durch die Pupille des Auges geht, sodaß der Vogel in die Spalte hineinsehen kann, auch wenn es ihm nur gelingt, sie um wenige Millimeter zu erweitern.

Es gibt optimale Zirkelsituationen in Gestalt von engen Spalten, deren relativ weiche Wände bei der Zirkelbewegung mit bestimmtem Widerstand elastisch nachgeben, man kann zahmen Staren ein großes Vergnügen bereiten, indem man leicht widerstrebend nachgibt, wenn sie den Schnabel zwischen zwei Finger stecken und zirkeln. Auch in einer Umgebung, die überhaupt keine Spalten bietet, zirkelt der Star ungemein häufig, auch wenn er mit offen daliegendem Futter versorgt wird. In dieser Situation zeigt er eine starke Appetenz nach bezirkelbaren Spalten, gleichzeitig aber auch nach neuen, ihm unbekannten Objekten überhaupt. Bietet man solche, so werden sie sofort mit hoher Intensität bezirkelt. Die Zirkelbewegung hat offensichtlich auch eine starke Motivation von seiten des explorativen Verhaltens (3. V/2, S. 257ff.).

Die Zahl der in der Zeiteinheit ausgeführten Zirkelbewegungen wird durch die Außensituation nur in sehr beschränktem Ausmaße beeinflußt. In Zirkelritzen-losen Behältern mit offen gebotener Nahrung zirkelt ein Star kaum weniger als einer, der sich seine gesamte Nahrung durch schwer zu öffnende Spalten zirkelnd erwerben muß. Bei offen daliegender Nahrung und Darbietung vieler explorierbarer Zirkelspalten wird die Zahl der ausgeführten Bewegungen nicht signifikant kleiner, als bei der vorher besprochenen Versuchsanordnung. Wenn eine Art, wie der Star es tut, nahezu ihre gesamte Nahrung mit Hilfe einer einzigen Instinktbewegung erwirbt, so genügt offenbar die endogene Motivation der Bewegungsweise, um eine genügende Intensität des Nahrungserwerbes zu sichern und es bedarf nur wenig eines Antriebes durch die Gewebebedürfnisse des Hungerzustandes.

Der Spechtfink (Cactospiza pallida) erwirbt einen Großteil seiner Nahrung durch ein hochdifferenziertes Bewegungsmuster: Er verwendet einen Kaktusstachel, um damit Insekten aus Spalten herauszustochern. Auch wenn er sein gesamtes Nahrungsbedürfnis ohne diese Bewegungsweise befriedigen kann, stochert der Vogel ungefähr ebenso viel, wie ein Star zirkelt. Das aufs Stochern zielende Appetenzverhalten richtet sich auf das Zwischenziel eines geeigneten Stachels, dessen optimal auslösende Eigenschaften Eibl-Eibesfeldt untersucht hat. Reicht man einem zahmen Spechtfinken einen geeigneten Stachel, so beginnt er alsbald, damit in allen geeigneten Höhlungen herumzustochern, auch dann, wenn beste Nahrung, etwa eine Wachsmottenlarve, frei daliegt. Gelingt es ihm, eine gleiche Larve aus einer Spalte herauszuangeln, so frißt er sie auch. Man könnte sagen, daß hier das Fressen vom Stochertrieb angetrieben werde und nicht umgekehrt. Auch ein recht hungriger Spechtfink greift, wenn man ihm einen schönen Stachel und eine dicke Wachsmottenlarve nebeneinander bietet, häufig zunächst nach dem Stachel.

13. Neurophysiologie der Spontaneität

Alle in den vorangehenden Abschnitten besprochenen Tatsachen, wenn auch nicht die hier schon mehrfach erwähnte quantifizierende Untermauerung, die sie inzwischen erfahren haben, waren mir im Jahre 1935 wohlbekannt, als ich in Berlin im Harnack-Haus einen Vortrag mit dem Titel „Der Begriff des Instinktes einst und jetzt“ zu halten hatte. Ich diskutierte darin alle Effekte der Schwellenerniedrigung, der Leerlaufaktivität und des Appetenzverhaltens und zitierte sogar aus einem Brief von Wallace Craig eine Stelle, wo er in Kritik der Reflextheorie schreibt, es sei doch offensichtlich Unsinn, von einer *Re*-aktion auf Reize zu sprechen, die das Tier noch gar nicht empfangen hat. Trotz alledem hielt ich an der Theorie fest, daß die physiologische Grundlage von Instinktbewegungen Verkettungen von Reflexen seien, wenn auch vielleicht nicht rein lineare, sondern polysynaptische und komplizierte. Ich nahm an, daß alle Effekte der Spontaneität durch Zusatzhypothesen erklärbar seien. Zu diesem doktrinären Verhalten veranlaßte mich erstens die Reflex-Ähnlichkeit und

Starrheit, mit der speziell angepaßte und durch ebenso spezielle Reizsituationen ausgelöste „arteigene Triebhandlungen" ablaufen, zweitens aber das Vorurteil, daß es ein Zugeständnis an die Lehrmeinungen der Vitalisten sei – vertreten durch damals allgemein anerkannte Männer, wie William McDougall und Bierens de Haan – wenn man von der Ketten-Reflextheorie der Mechanisten abweiche.

Es hätte damals sicher nahegelegen, zu fragen, ob wir nicht vielleicht irgendwelche physiologische Prozesse kennen, die ähnlich mechanisch-zwangsläufig ablaufen wie Instinktbewegungen, die in ähnlicher Weise von äußeren und inneren Rezeptoren unabhängig sind und die Neigung zu einer mehr oder weniger regelmäßigen rhythmischen Wiederkehr zeigen. Die selbstverständliche Antwort hätte gelautet, daß solche Prozesse seit langem bekannt sind, und zwar von den Reizerzeugungszentren des Wirbeltierherzens, das sich in seiner Aktivität prinzipiell ähnlich verhält, wie das ganze Tier beim Ausführen einer Instinktbewegung. Die irreführend als „Ganglien" bezeichneten Knoten reizerzeugenden Gewebes sind in völlig analoger Weise gleichzeitig aktiv und reaktiv. Der Atrioventrikularknoten hat seine eigene, rhythmische Reizerzeugung, die aber normalerweise verborgen bleibt, weil der führende Rhythmus des Sinusknotens eine etwas schnellere Frequenz hat und die Entladung des von ihm abhängigen Atrioventrikularknotens immer um einen Bruchteil einer Sekunde früher veranlaßt, als sie erfolgt wäre, wenn dieser unbeeinflußt geblieben wäre. Schaltet man den Einfluß des Sinusknotens durch Abbinden des reizleitenden Bündels aus, so bleibt der Herzvorhof, sowie die Herzkammer auf kurze Zeit stehen – die sogenannte prä-automatische Pause – wonach das Herz in jenem etwas langsameren Rhythmus weiterschlägt, der der Eigenfrequenz des Atrioventrikularknotens entspricht.

Außer den Reizerzeugungsvorgängen im Herzen waren damals auch in der Neurophysiologie bereits Vorgänge rhythmisch-automatischer und endogener Reizerzeugung bekannt, vor allem die Ergebnisse Erich von Holsts, der eine zwingende Analogie zwischen neuro-physiologischen Vorgängen und den in den vorangehenden Abschnitten besprochenen Phänomenen nachgewiesen hatte. Unbegreiflicherweise finden sie in vielen, als modern anerkannten Lehrbüchern der Ethologie kaum Erwähnung.

Die ersten Arbeiten Erich von Holsts, dem es bestimmt war, das Erklärungsmonopol des Reflexes zu durchbrechen, galten paradoxerweise dem „Kettenreflex". Ein damals oft zitierter klassischer Beweis für die Existenz dieses Vorganges, den sogar Jakob von Uexküll trotz seiner intuitiven Feindschaft gegen den Reflexbegriff mehrfach zitiert hat, ist folgender: Man schneidet einen Regenwurm in zwei Stücke, bindet oder näht diese mit einem Seidenfaden zusammen, und siehe da, die beiden Hälften kriechen in wohlkoordinierter Weise miteinander davon, die Welle der segmentalen Kontraktionen, die den Wurm entlangläuft, erfährt durch den Querschnitt keinerlei Unterbrechung. Welch schöner Beweis für die Theorie, daß die Dehnung eines Segmentes durch den Zug des vorangehenden seine nachfolgende Zusammenziehung bewirke! Ebenso soll nach der klassischen Theorie bei der schlängelnden Schwimmbewegung eines Aales die Zusammenziehung oder Erschlaffung eines Muskelsegments den Spannungszustand des darauffolgenden verändern, dadurch seine Propriozeptoren reizen und es so seinerseits über einen Reflexbogen zur entsprechenden Zusammenziehung oder Erschlaffung veranlassen. Erich von Holst hat mit dem Blick genialer Gestaltwahrnehmung erfaßt, daß diese Erklärungsversuche falsch sind, denn in den nun zu beschreibenden Versuchen hat er offensichtlich schon bei ihrer Anordnung geahnt, was dabei herauskommen würde.

Seine ersten Versuche beruhten auf folgenden Erwägungen: Wenn die Erregungsfortleitung über den Wurmkörper tatsächlich eine Kette von reihenweise ausgelösten Reflexen sein soll, muß sie mehrere Bedingungen erfüllen. Die Erregung muß stets ein Segment *nach* dem anderen ergreifen, so wie bei einer Reihe von Flaschen nach dem Anstoßen der ersten eine nach der anderen umfällt. Dies trifft aber nicht immer zu, nach Einwirkung von Äther z. B. strekken sich alle Segmente des Wurmkörpers gleichzeitig. Weiters dürfte die Erregung durch eine längere Strecke des Bauchmarks, an der man beiderseits alle abzweigenden Nerven durchtrennt hat, nicht passieren können, denn die Kette der Reflexvorgänge ist ja hier unterbrochen. In Wirklichkeit aber durchläuft die Erregung solche Stücke isolierten Bauchmarks sogar mit etwas vergrößerter Geschwindigkeit. Nach diesen einleitenden Versuchen präparierte Holst das Bauchmark eines Regenwurms völlig vom Körper frei, entfernte auch das Oberschlundganglion, hing das Präparat in Ringerlösung auf und verband jedes einzelne der Bauchganglien mit einem sehr empfindlichen Voltmeter. Diese Meßinstrumente zuckten nun etwa nicht nur regellos – was an sich schon ein wichtiges Ergebnis gewesen wäre – sondern sie schlugen in gesetzmäßiger Weise hintereinander aus, wobei die Welle der Aktionspotentiale am Vorderende beginnend über das ganze Präparat zum Hinterende lief, in ungefähr gleichem Rhythmus und gleicher Geschwindigkeit, wie die Kontraktionswelle der Segmente über den Körper des kriechenden Regenwurms dahinläuft. Die sichtbar gemachten elektrischen Impulse sind tatsächlich mit jenen identisch, die geordnete Kriechbewegungen hervorrufen: Holst wies dies dadurch nach, daß er an einem Präparat ungefähr in der Mitte des Wurms zwei Segmente intakt ließ, die sich daraufhin in richtigen Kriechbewegungen und genau in Phase mit den Ausschlägen der Instrumente zusammenzogen, die mit den übrigen Ganglien verbunden waren.

Entsprechende Versuche an Fischen brachten analoge Ergebnisse. Durchtrennt man an einer Schleie (Tinca tinca) unter Schonung der ventralen, motorischen Rückenmarkswurzeln, sämtliche dorsalen, sensiblen Wurzeln, so zeigt der Fisch auf Rumpfhaut- und Muskelreize keine Reaktionen mehr, auf optische und statische Reize hingegen antwortet er mit normalen wohlkoordinierten Schwimmbewegungen.

Auch ein Aal, mit dem man in gleicher Weise verfährt, schlängelt sich in normaler Weise. Legt man nun das Mittelstück des langen Körpers dadurch still, daß man in dieser Region auch die ventralen Wurzeln durchschneidet, so verschwindet die am Vorderende beginnende Schlängelbewegung „wie ein Zug in einem Tunnel" in das gelähmte Körperstück und tritt an dessen hinterem Ende in fast normaler Phasenbeziehung wieder zutage – nicht ganz genau, denn merkwürdigerweise verläuft die Fortpflanzung der Erregungswelle im stillgelegten Teil des Fischkörpers etwas *schneller* als normal. Genau derselbe

Effekt tritt auf, wenn man das Mittelstück des Aales nicht durch Lähmung stillegt, sondern dadurch, daß man den Fisch in ein entsprechend langes, eng anliegendes Stück Rohr praktiziert.

Alle diese Beobachtungen beweisen, daß keine der untersuchten Bewegungsweisen auf Kettenreflexen beruht, sondern daß sie alle durch zentrale, im Nervensystem selbst sowohl erzeugte, als auch koordinierte Impulse zustande kommen, und daß extero- und propriozeptorische Vorgänge sowie segmentale Reflexbögen dazu nicht nötig sind.

Was die Schlängelbewegungen der Fische betrifft, würde die einfache Beobachtung intakter Tiere dasselbe vermuten lassen: Die Bewegung beginnt nämlich, wenn der Fisch losschwimmt, an allen Segmenten gleichzeitig und hört ebenso auf, die Wellen laufen also nicht etwa allmählich nach hinten aus.

Von Holst wandte sich nun der Frage zu, welche Faktoren für die *Koordination* der Bewegungsweisen verantwortlich sei, deren Unabhängigkeit von afferenten Reizwirkungen er nachgewiesen hatte. Ihrer Lösung standen Schwierigkeiten im Wege. Die erste lag darin, daß der offensichtlich geordnete Ablauf der motorischen Vorgänge uns als ein fertiges motorisches Geschehen entgegentritt. Im Augenblick, da das Tier aus der Ruhe in Bewegung übergeht, ist die Ordnung auch schon da und es ist daher, wie Holst sagt, ,,ebenso unmöglich aus ihrer Ausbildung Rückschlüsse zu ziehen, wie etwa für den Entwicklungsphysiologen, aus dem fertigen Organismus auf die Triebfedern seiner Entwicklung zu schließen. Diese Schwierigkeit zwingt uns, nach Objekten zu suchen, bei denen die feste, absolute Koordination zwischen einzelnen Bewegungsorganen nicht die einzig mögliche Beziehung, sondern nur einen Extremfall darstellt – das andere Extrem wäre dann das Fehlen jeder gegenseitigen Bewegungsbeziehung. Solche Objekte können uns vielleicht alle Übergangsstufen, alle Grade einer gegenseitigen Beeinflussung von Beginn einer inneren Fühlungnahme bis zur stärksten gegenseitigen Bindung in extenso vorführen".

Ein solches Objekt fand von Holst in den Schwimmbewegungen jener Fischarten, die sich nicht wie die meisten anderen durch Schlängelbewegungen fortbewegen, sondern bei mittleren Geschwindigkeiten den Rumpf stillhalten und sich nur durch rhythmische Schwingungen der weichen Flossen vorwärtstreiben. Wie schon die Analyse an intakten Tieren aufgenommener Filmstreifen zeigte, schwingen solche Flossen entweder dauernd im gleichen Takt – in ,,absoluter Koordination" – oder, manchmal schon im nächsten Augenblick, völlig unabhängig voneinander, also überhaupt ohne jede Koordination. Im häufigsten und für die Analyse interessantesten Fall aber laufen die einzelnen Rhythmen zwar mit verschiedenen unabhängigen Frequenzen ab, üben aber dabei einer auf den anderen einen ganz bestimmten quantitativen Einfluß aus, sowohl was ihre Frequenz, als was ihre Amplitude betrifft. Diesen physiologischen Mechanismus stellte Erich von Holst dem schon bekannten der absoluten Koordination als ein neues Ordnungsprinzip gegenüber, das er die *relative Koordination* nannte.

Holst entwickelte eine einfache Methode genauer Registrierung der relativ koordinierten Flossenbewegung. Er durchtrennte dem Fisch in Narkose das verlängerte Mark an bestimmter Stelle und sorgte, da ein solcher Schnitt das Atemzentrum zerstört, für eine künstliche Beatmung des Präparates. Diese

Operation macht, wie Holst sagt, „aus einem unberechenbaren Wesen mit einem Schlage einen Präzisionsapparat, dessen Bewegungen völlig ebenmäßig ablaufen, solange man die äußeren und inneren Bedingungen konstant hält, der aber jede Einwirkung mit einer ganz bestimmten Tätigkeitsänderung beantwortet". Die Bewegungen des Präparates übertrug Holst mit einem leichten und nahezu trägheitslosen, aus dünnsten Strohspänen gefertigten Hebelsystem direkt auf den Schreiber von berußten Trommeln. Der Eingangshebel dieses Apparates war an wenigen Strahlen jeder Flosse befestigt, deren Rest zwecks Verminderung des Wasserwiderstandes fortgeschnitten worden war.

Um die Kurven auszuwerten, bediente sich Holst eines in der Technik üblichen, auf dem Prinzip von Fourier-Reihen beruhenden Verfahrens, dessen Darstellung hier zu weit führen würde. Jeder überhaupt an der Physiologie des Zentralnervensystems interessierte Verhaltensforscher und Biologe sei dringend ermahnt, die in Paperback vorliegenden Arbeiten von Holsts selbst zu lesen. Hier sei nur eine einfachste Darstellung unternommen.

Im allgemeinen beeinflussen sich zwei schwingende Flossen gegenseitig, doch kann der Einfluß ungleichgewichtig verteilt sein, man spricht dann von einem dominierenden und einem abhängigen Rhythmus, im Extremfall, d. h. bei minimaler Beeinflußung des dominierenden durch den abhängigen, von einem unabhängigen Rhythmus. In den meisten Fällen erweist sich der Rhythmus der Brustflossen als der unabhängigste, wobei die beiden Brustflossen fast immer in absoluter Koordination zusammenarbeiten, und zwar auf zweierlei Weise. Entweder sie schlagen gleichzeitig, wobei sie einen Vortrieb erzeugen, oder sie schlagen abwechselnd in etwas undulierender Weise (wellenförmige Aufeinanderfolge des Schlags ihrer einzelnen Strahlen) und erzeugen dabei einen nach unten gerichteten Wasserstrom. Der Einfluß des Brustflossenrhythmus auf den der weichen Teile von Rücken- und Afterflosse, sowie auf die Schwanzflosse läßt sich besonders gut zeigen, indem man ihn zunächst durch äußere Einwirkungen, z. B. durch Druck auf die Körperseiten ausschaltet, anschließend aber ihn sich frei auswirken läßt. Solange der Brustflossenrhythmus ausgeschaltet bleibt, schlagen die abhängigen Rhythmen in regelmäßiger Sinus-Schwingung und zeigen so, welche Form die von ihnen verursachte Bewegung ohne den Einfluß des dominanten Brustflossenrhythmus haben würde. Abb. 12 zeigt sowohl dies, wie auch den Einfluß, den der dominante Brustflossenrhythmus nach seiner Wieder-Einschaltung ausübt.

Die Auswirkung eines absolut dominanten Rhythmus auf einen völlig abhängigen, d. h. nicht auf ihn zurückwirkenden, ist der einfachste Fall einer relativen Koordination und sei hier näher geschildert.

Jede Flosse hat an sich das Bestreben, ihren eigenen Bewegungsrhythmus beizubehalten – Beharrungstendenz im Sinne von Holst. Die Wirkung des dominanten Rhythmus besteht darin, daß er dem abhängigen seine eigene Frequenz aufzuzwingen „trachtet". Die Stärke dieses Einflusses aber – und das ist wichtig – wechselt periodisch mit den Phasenabständen, die beide Rhythmen jeweils voreinander haben. Ist der abhängige Rhythmus dem unabhängigen in der Phase voraus, so wird er durch ihn verlangsamt, hinkt er dem unabhängigen nach, so wird er beschleunigt. Bei verschiedenen Frequenzen der beiden Rhythmen wechseln ihre Phasenbeziehungen begreiflicherweise periodisch und deshalb zeigt die Frequenz des abhängigen Rhythmus eine periodische Schwankung nach oben und nach unten um den Mittelwert seiner eigenen Frequenz. Je näher die Culmina des dominanten und des abhängigen Rhythmus einander sind, desto stärker wird der letztere vom ersteren beschleunigt, wofern der Gipfel des dominanten Rhythmus vor ihm liegt, oder gebremst, woferne er selbst dem dominanten Rhythmus ein Stückchen voraus ist. Dieses Phänomen, das Erich von Holst als den Magneteffekt bezeichnet hat, ist allgemein verbreitet und beeinflußt nahezu alle Bewegungsvorgänge höherer Tiere. Da die Quantität des Einflusses mit der Häufigkeit der Fälle ansteigt, in denen das Culmen des einen Rhythmus dicht bei dem des anderen liegt, erreicht sie ihr Maximum, wenn die Frequenzen beiden Rhythmen *fast* koinzidieren, oder

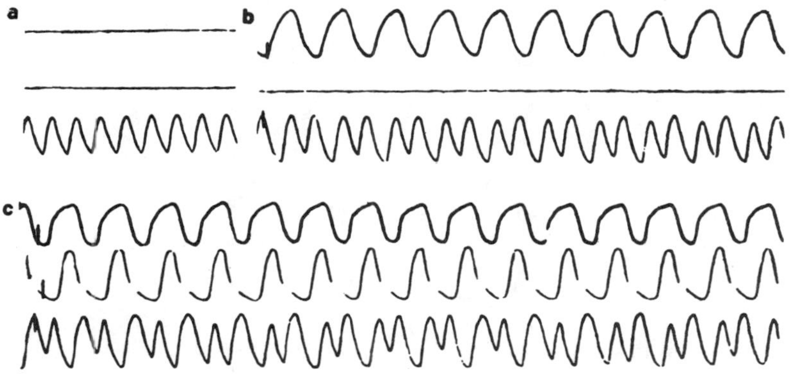

Abb. 12. Bewegung der einen Brustflosse (obere Kurve), der anderen (mittlere Kurve) und der Schwanzflosse (untere Kurve). In *a* sind beide Brustrhythmen durch Druck auf die Körperseiten gehemmt; in *b* ist nur ein Brustrhythmus gehemmt, in *c* schwingen beide Brustflossen alternierend. (Aus: von Holst, Zur Verhaltensphysiologie bei Tieren und Menschen, Band I)

aber wenn sie in einem nahezu ganzzahligen Verhältnis zueinander stehen, sodaß z. B. jeder zweite Ausschlag des abhängigen Rhythmus in den Takt des dominanten hineingezogen wird. Die äußere Ähnlichkeit mit dem Angezogenwerden eines Eisenkörpers durch einen Magneten entsteht vor allem dadurch, daß bei größerem Abstand der Gipfel zweier Rhythmen der Einfluß zunächst gering ist und allmählich in dem Maße ansteigt, in dem die Periodizität beider Sinuslinien eine Annäherung der Culmina bewirkt. Ist eine gewisse Nähe erreicht, so pflegt der unabhängige Rhythmus mit einem Sprung an den dominanten heranzukommen, was eben wirklich genau wie der Effekt eines Magneten aussieht.

Außer dem Magneteffekt gibt es eine zweite und einfacher zu verstehende Form der gegenseitigen Beeinflussung, die Superposition (Abb. 13). Sie sei wiederum der Einfachheit halber an dem seltenen Fall eines völlig dominanten und völlig abhängigen Rhythmus erläutert. Immer wenn der Ausschlag des abhängigen Rhythmus in Richtung des unabhängigen geht, wird er verstärkt und zwar genau in dem Maße, die dem augenblicklichen Ausschlag des dominanten entspricht. Daher liefert der abhängige Rhythmus Kurvenbilder, die einer

Überlagerung der beiden Grundrhythmen entsprechen und aus der Superposition zweier einfacher Sinusschwingungen abgeleitet werden können.

Reine Magnetwirkung ist ebenso selten wie reine Superpositionswirkung und den Fall eines von untergeordneten Rhythmen völlig unabhängigen dominanten Rhythmus kennt man eigentlich nur vom Einfluß der Brustflossen auf den der kaudal gelegenen Flossenteile.

Eine interessante Einzelheit: Die Brustflossen schlagen bei den meisten percomorphen Fischen – wie S. 112 erwähnt –, alternierend, solange der Fisch am Platze steht, und synchron, wenn er vorwärts schwimmt. Die Wirkung, die der Brustflossenrhythmus auf den der anderen Flossen ausübt, entfaltet sich nur beim alternierenden Schlage der Brustflossen und verschwindet, wenn sie synchron schlagen. Der abhängige Rhythmus wird dann regelmäßig, aber nicht

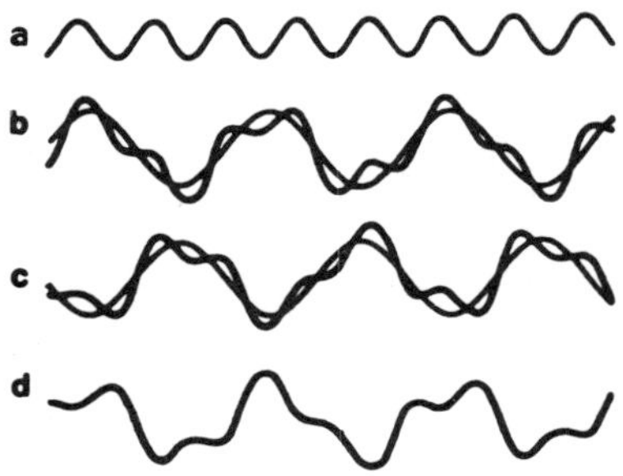

Abb. 13. Schema zur Erläuterung von Abb. 12. Näheres siehe Text. (Aus: von Holst, Zur Verhaltensphysiologie bei Tieren und Menschen, Band I)

etwa weil die Brustflossen auf ihn nicht mehr einwirken, sondern weil ihre beiden Wirkungen sich gegenseitig aufheben.

Holst diskutiert meines Wissens nirgends, wie eigentlich das Verhältnis zwischen den beiden Brustflossenrhythmen zu denken sei, sie schlagen ja immer mit gleicher Frequenz, was wechselt, das sind nur die Vorzeichen ihrer Ausschläge.

Zwischen relativer und absoluter Koordination bestehen alle denkbaren Übergänge. Die Wirkung von Magneteffekt und Superposition reichen aus, um alle möglichen Zwischenformen zu erklären. Für Wassertiere, wie die Fische, reicht begreiflicherweise die relative Koordination aus, die wir zwischen verschiedenen Flossen und Flossenteilen finden, um geordnete Fortbewegung zu erzielen. Selbst beim ungeübten menschlichen Schwimmen sind Arm- und Beinbewegungen relativ koordiniert. Für die Bewegungen auf dem Land dagegen, sind festere Phasenbeziehungen wünschenswert. Demgemäß überwiegt bei Landtieren die absolute Koordination über die relative, die aber immerhin häufiger ist, als gemeinhin angenommen wird. Bei Hunden z. B. tritt neben dem bekannten, absolut koordinierten Bewegungsweisen von Schritt, Trab und Galopp häufig in fließendem Übergang relative Koordination auf, wenn das Tier von einer Gangart in die andere übergeht. Es kommt vor, daß ein Hund, der vom Schritt zum Traben übergeht, den normalen Schränktrab zeigt, den seltenen Paßtrab jedoch, wenn er vom Galopp in Trab fällt. Dann trabt er geraume Zeit im Paß (d. h. beide Beine einer Körperseite gleichzeitig vorwärts setzend) bis die Rhythmen der Vorder- und der Hinterbeine ihre Phasenbeziehungen nicht mehr aufrechterhalten können und nach einer kurzen Periode relativer Koordination wieder der gewöhnliche Schränktrab zur Herrschaft gelangt.

Diese und andere Phänomene entsprechen bis ins Einzelne denen der gegenseitigen oder einseitigen Beeinflussung der Flossenbewegung bei Fischen und rechtfertigen die Annahme, daß gleiche physiologische Faktoren bei allen diesen Bewegungsweisen im Spiele sind. Im übrigen ist der Magneteffekt noch viel weiter verbreitet und wurde ebensowohl bei den Bewegungen des Schütteltremors, der bei der Parkinsonschen Erkrankung auftritt, als auch bei Willkürbewegungen nachgewiesen. Letzteres ist banal, da jeder weiß, wie schwer es ist, Triolen mit der einen und Vierviertelakt mit der anderen Hand zu taktieren.

Auf dem Wege, dessen Besprechung uns hier zu weit führen würde, hat Holst nachgewiesen, daß es zwei getrennte zentralnervöse Funktionen sind, die den eben besprochenen Erscheinungen zugrunde liegen. Die rhythmische Erzeugung von Reizen obliegt einer bestimmten Art von Zellen. In seinen Untersuchungen des Dualismus der automatischen und der motorischen Funktionen im Rückenmark hat Holst nachgewiesen, daß die Frequenz von einer anderen Instanz bestimmt wird, als die Amplitude. Die Deutung der hier kurz beschriebenen Phänomene wäre schwierig, wollte man annehmen, daß die motorischen Elemente, die ihre Impulse zu den Muskeln senden, selbst die Erzeuger des automatischen Rhythmus seien. „Dagegen klärt die Sachlage sich sofort auf, wenn man die naheliegende Annahme macht, daß im Rückenmark zweierlei Elemente vorhanden sind: erstens solche, die den zentralen rhythmischen Prozeß erzeugen, und zweitens die eigentlichen motorischen Zellen, welche durch erstere abwechselnd erregt und gehemmt werden und welche ihrerseits die Muskelimpulse aussenden". Bei relativer Koordination zweier Rhythmen geht die Amplitude der Flossenschwingung des dominierenden Rhythmus parallel mit der Stärke seiner Einwirkungen auf den abhängigen Rhythmus, d. h. mit dem Ausmaß von dessen Periodizität. Der Einfluß des dominanten Rhythmus macht sich auf den abhängigen auch dann bemerkbar, wenn z. B. die Brustflosse mit ganz geringer Amplitude, aber schon mit der später eingehaltenen Frequenz zu schlagen beginnt. Die allmähliche Zunahme der Amplitude des Flossenschlages erklärt sich, wie schon erwähnt, aus einer „Rekrutierung" einer zunehmenden Zahl von motorischen Zellen, die mit etwas verschiedenen Schwellenwerten ansprechen. Bei einer gegenseitigen Beeinflussung mehrerer Rhythmen kann deshalb eine Konstanz der Phasenbeziehungen zustandekommen, die von der Amplitude der Ausschläge unabhängig ist. So entsteht, wie schon erwähnt (S. 89), eine Bewegungs-„Gestalt", die als solche wiedererkennbar ist, auch wenn die Intensität, d. h. die Amplitude der beteiligten Bewegungselemente wechselt. Alle diese komplexen und harmonischen Bewegungsvorgänge kommen nachweislich ohne Mitwirkung von Propriozeptoren, ja überhaupt von afferenten Vorgängen zustande.

Endogene Reizerzeugung ist inzwischen bei sehr vielen Tieren und bei sehr verschiedenen Teilen des Zentralnervensystems nachgewiesen worden. So in den Muskelfasern des Wirbeltierherzens, auch in Gewebekulturen, in der Körperwand von Coelenteraten (Pantin 1950), in den Muskeln von Polychaeten (Wells 1950), im Zentralnervensystem des Flußkrebses (Prosser 1943), in dem der Gottesanbeterin, verschiedener Schaben und Heuschrecken (Roeder 1960), in isolierten Stücken der Gehirnrinde der Katze (Christiansen und Courtoir 1949), in allen bisher untersuchten Sinnesepithelien und neuerdings in Zellkulturen von Ganglienzellen des Seehasen (Aplysia).

14. Analoge Funktionen von neuralen Elementen und integrierten Systemen

Das Zentralnervensystem vollbringt häufig analoge Leistungen auf verschiedenen Integrationsebenen in einer wahrhaft täuschend ähnlichen Weise, die auch den Erfahrenen dazu verführen kann, sie für ,,Dasselbe" zu halten. Das klassische Beispiel für einen hieraus entstehenden Irrtum ist die Meinung Helmholtz', daß die abstrahierenden Leistungen der Wahrnehmung auf unbewußten Schlußfolgerungen beruhten. Es ist große Vorsicht am Platze, wenn man Eigenschaften von Elementen mit denjenigen der aus ihnen integrierten ganzheitlichen Systeme in Beziehung setzen will. Bei aller Vorsicht darf man aber der Tatsache eine hohe Bedeutung zumessen, daß auch die kleinsten neuralen Elemente, ja selbst isolierte Neuriten, eine ähnliche Spontaneität besitzen, wie ganze Tiere. Die alte Reflexlehre nimmt an, daß Sinneszellen und Neurone nicht sprechen, wenn sie nicht angesprochen werden und in ein passives Schweigen verfallen, bis sie wieder mit genügender Intensität angesprochen werden. Sie hatten nach dieser Meinung so wenig eigenes Verhalten, wie ein elektrischer Schalter. Die Frage, ob es solche Elemente überhaupt gibt, ist unentschieden. In allen untersuchten Fällen hat sich die Nervenzelle, wie Roeder sagt, im Besitze ,,eines hochdifferenzierten eigenen Verhaltens gezeigt, das durch Eigenschaften der Zellmembranen, durch die räumliche Form der Zelle, Ionenkonzentration, neurohumorale Vorgänge und außerdem durch die zeitliche und räumliche Konfiguration extrazellulärer Einflüsse auf den Zellkörper und die Dendriten erwiesen ist. (The neuron has been shown to have an elaborate intrinsic behavior determined by membrane properties, cell geometry, ion concentrations, neurohumoral processes and the temporal and spatial configuration of extracellular impacts.)"

Selbst am isolierten Neuriten läßt sich zeigen, daß dasselbe Element sowohl aktiv, wie reaktiv sein kann. Abb. 14 zeigt das Verhältnis zwischen den Schwankungen der Erregbarkeit bei einem reaktiven und bei einem spontan aktiven Element. Auf der Ordinate ist die im Augenblick vorhandene Erregbarkeit aufgetragen, die praktisch nur an der Reizstärke gemessen werden kann, die das Element zum Aussenden eines Impulses veranlaßt. Die obere Horizontale stellt die Schwelle dar, bei der dies erfolgt, die darunter liegende Waagrechte stellt die Ruhe-Erregbarkeit dar, etwa bei einem in Ringerlösung aufgehängten Neuriten aus dem Nervus ischiadicus eines Säugers. Die ausgezogene Kurve zeigt die Veränderungen der Erregbarkeit des Neuriten, die auf das Eintreffen des Reizes S folgen. Nach raschem Ansteigen der Erregung feuert der Neurit, wonach seine Erregbarkeit für kurze Zeit auf Null absinkt – die sogenannte refraktäre Periode. Anschließend steigt die Erregbarkeit in einer ungedämpften Kurve bis weit über das Maß der Ruhe-Erregbarkeit, das sie, wie das Diagramm zeigt, erst in einer länger dauernden gedämpften Schwingung wieder erreicht.

Es genügt nun, die Erregbarkeit ein wenig zu erhöhen, etwa indem man den Calciumgehalt der Ringerlösung herabsetzt, um zu erreichen, daß der auf die Refraktärperiode folgende Erregungsanstieg den Wert der Ruhe-Erregbarkeit so weit übersteigt, daß er den Schwellenwert erreicht, zum erneuten Entladen des Impulses führt und so den Vorgang zu einer Folge rhythmisch ausgesendeter Impulse macht.

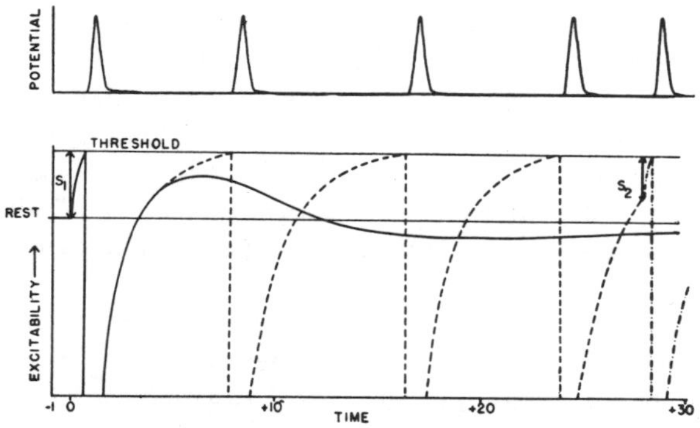

Abb. 14. Erklärung im Text. (Aus: Roeder, Spontaneous Activity and Behavior)

Wie später (2. III/2) besprochen werden wird, ist es für die Sinneszellen, die früher als typische Beispiele von passiv auf Reize wartende Elemente galten, mit Sicherheit nachgewiesen, daß sie samt und sonders ununterbrochen Impulse erzeugen. Pumphrey hat hiefür eine naheligende Erklärung gegeben: Das daueraktive Element hat keine Reizschwelle im eigentlichen Sinne des Wortes! Wann immer ein Reiz eintreffen mag, und wie klein er auch sei, auf alle Fälle hat er eine Modulation der ausgesandten Frequenzen zur Folge. Alle Signale sämtlicher daraufhin untersuchten Sinneszellen sind Frequenzmodulationen. Schon für das Neuron, ja sogar für den vom Zellkörper getrennten Neuriten gilt der Satz, daß seine Leistung Aktion-und-Reaktion-in-Einem ist.

Bei vielzelligen Tieren unterliegen alle spontanen Aktivitäten, auch die der kleinsten Elemente, in gleicher Weise dem Einfluß höherer Kommandostellen oder, bei Organismen ohne zentralisiertes Nervensystem, unmittelbar äußeren Reizeinflüssen. Wenn ein Reiz-Reaktions-Vorgang im Sinne der alten Reflexlehre das wesentliche Element des Verhaltens wäre, so müßte man erwarten, daß, wie Roeder sagt, ein Organismus auch einmal im reizarmen Raume völlig zum Stillstand kommt und an einem toten Punkt so lange stecken bleiben müßte, bis ein Wechsel äußerer Bedingungen einen Reiz auf ihn ausübt. Es gibt nur sehr wenige Tiere, die gelegentlich in eine solche natürliche „Akinese“ verfallen, nämlich hochspezialisierte kryptisch gefärbte Raubtiere, die still auf

Beute lauern, wie etwa die Larve eines Ameisenlöwen (Myrmeleo) oder bestimmte räuberische Grundfische. Für die meisten frei beweglichen Tiere gilt William McDougalls alter Satz, „the healthy animal is up and doing", frei übersetzt: Das gesunde Tier ist voll Unternehmungslust.

Pantin kommt auf Grund seiner Untersuchung der spontanen Bewegungen von Seeanemonen, also von festsitzenden und durchaus nicht „unternehmungslustigen" Wesen zu dem Schluß: „Was immer der Ursprung dieser Aktivität sein mag, scheint er im Tiere selbst zu liegen und nicht durch äußere Reize verursacht und in Gang gebracht zu werden". (Übersetzung.) Eigentlich ist es ein Zeichen von hochgradiger Voreingenommenheit, wenn Forscher, die sich mit dem Verhalten höherer Tiere beschäftigen, ernstlich glauben, daß der Reflex die Grundlage alles tierischen und menschlichen Verhaltens sei. Wie Theodore H. Bullock sagt: „Aus irgendwelchen Gründen hat es keinen Eindruck auf die Behavioristen gemacht, daß die Fliege auf dem Tisch manchmal ohne merklichen Außenreiz wegfliegt". (Übersetzung.) Die Hartnäckigkeit, mit der viele Psychologen an der Reflextheorie festhalten, erklärt sich nur aus der verführerischen Einfachheit des Reflexbegriffes. Wirklich *nachgewiesen* ist die Existenz eines völlig passiv auf Reize wartenden Elementes nämlich nicht, während die Aktivität-und-Reaktivität-in-Einem überall gefunden wurde, wo man nach ihr suchte.

Was für Eigenschaften der neuralen Elemente und für die weitgehende Analogie ihrer Leistungen zu denen der Instinktbewegungen gilt, trifft in noch höherem Maße für die harmonisch integrierten Vorgänge im Rückenmark zu, deren Kenntnis wir Erich von Holst verdanken. Alle Versuche, die Eigenschaften der Instinktbewegung aus Reflexvorgängen abzuleiten, wirken so gezwungen, daß die ideologische Motivation deutlich durchschimmert. Nimmt man dagegen an, daß endogene Reizerzeugung den meisten tierischen Verhaltensweisen zugrundeliege und daß die zentrale Koordination für die Harmonie und Teleonomie angeborener Bewegungsweisen verantwortlich sei, so finden gerade jene Eigenschaften der Instinktbewegung, die sich der Reflexhypothese nicht einordnen lassen, nicht nur eine zwanglose Erklärung, sondern sie werden zu Phänomenen, deren Auftreten theoretisch gefordert werden muß. Wie Wolfgang Schleidt in seiner Arbeit „How fixed is a fixed motor pattern?" angedeutet hat, finden auch die Formveränderungen, die eine Instinktbewegung bei Schwankungen der Intensität erleidet, eine sehr zwanglose Erklärung aus Erich von Holsts Annahme von der Dualität automatischer und motorischer Funktionen: Was konstant bleibt, ist die Phasenbeziehung zwischen den Bewegungselementen, die selbst dann die gleiche bleibt, wenn die Amplitude, die Größe der Ausschläge, fast auf Null absinkt.

15. Zusammenfassung des Kapitels

1. Es gibt in ihrer Koordination unveränderliche, leicht wiedererkennbare Bewegungsfolgen, die ebenso verläßliche Merkmale von Arten, Gattungen und selbst größten taxonomischen Kategorien sind, wie nur irgendwelche morphologischen Charaktere oder Kombinationen von solchen. Daher ist der Begriff der Homologie auf sie ebenso anwendbar, wie auf diese. Es bedarf keines wei-

teren Beweises, daß diese Bewegungskoordinationen genau so im Genom verankert sind, wie die Form des Körpers. Man nennt sie Instinktbewegungen oder erbkoordinierte Bewegungen. Sie bilden häufig, aber nicht immer, mit einem angeborenen Auslösemechanismus eine funktionelle Einheit, die Heinroth als arteigene Triebhandlung bezeichnet hat. Angeborener Auslösemechanismus (AAM) und Instinktbewegung (IB) sind indessen verschiedenartige physiologische Vorgänge, die auch unabhängig voneinander in das Verhalten eingebaut sein können.

2. Instinktbewegungen können bei verschiedenen Graden spezifischer Erregung in allen Übergängen zwischen leisen Andeutungen, sogenannten Intentionsbewegungen, und dem voll intensiven teleonomen Ablauf auftreten. Konstant bleibt dabei die Phasenbeziehung und die Größenrelation der Bewegungsausschläge.

3. In manchen Fällen ruft dieselbe Erregungsqualität verschiedene, verschiedenen Intensitäten gesetzmäßig zugeordnete Instinktbewegungen hervor.

4. Für die Annahme, daß die aufeinanderfolgenden Intensitäts-Stufen zugeordneten Instinktbewegungen von derselben Art der Erregung aktiviert werden, sprechen folgende Umstände: Sie alle sind durch den gleichen AAM und bei elektrischer Reizung im Zwischenhirn am selben Reizpunkt auslösbar, ihre Stufenfolge entspricht streng derjenigen der Reizstärke, ihre Schwellenwerte fluktuieren stets parallel zueinander und ihr zeitliches Aufeinanderfolgen ist nicht durch Pausen verlangsamt, wie sie das Umschlagen einer Erregungsqualität in eine andere kennzeichnen.

5. Die Intensität, mit der eine Instinktbewegung abläuft, ist von zwei Faktoren abhängig, von der inneren Bereitschaft des Tieres und der Wirksamkeit des auslösenden Reizes. Die Beobachtung einer bestimmten Instinktbewegung in einer bestimmten Reizsituation liefert daher eine Gleichung mit zwei Unbekannten. A. Seitz bot nach jedem Attrappenversuch eine konstante, maximal wirkende Reizkonfiguration und konnte so feststellen, wieviel innere Bereitschaft nach dem ersten Versuch noch vorhanden war. (Methode der doppelten Quantifikation). Die Gesetzmäßigkeiten, die in dem Bereitschaftsschwund nach jeder Auslösung und in der Wirksamkeit verschiedener Reizkonfigurationen obwalten, konnten nur durch die gleichzeitige Untersuchung beider gefunden werden. Durch sie ist auch erstmalig eine konstante Beziehung zwischen Reizstärke und Reaktionsintensität festgestellt werden.

6. Die Bereitschaft zur Ausführung einer bestimmten Instinktbewegung sinkt nach jedem Ablauf ab, *ohne* daß dabei der Organismus als Ganzes ermüdet wird oder die Bereitschaft zu anderen Instinktbewegungen abnimmt. Einzig die Lokomotionsbewegungen der Flucht sind noch auslösbar, wenn der Gesamtorganismus, Atmung und Kreislauf erschöpft sind.

7. Die aktionsspezifische Ermüdbarkeit der Instinktbewegungen unterscheidet sich von gewöhnlicher Ermüdung darin, daß bei längerem, experimentell erzwungenem Nicht-Gebrauch der Schwellenwert auslösender Reize bis tief unter das beim freilebenden Organismus durchschnittliche Maß absinkt. Die Reaktion kann dann durch inadäquate Ersatzobjekte ausgelöst werden.

8. Hält man ein Tier zwecks Untersuchung der „Stauung“ einer Instinktbewegung unter konstanten, das Eintreffen auslösender Reize verhindernden

Bedingungen, so treten häufig zwei Effekte ein, die das Phänomen der Schwellenerniedrigung verschleiern, erstens eine Inaktivitäts-Atrophie der nicht gebrauchten Bewegungsweise, zweitens ein Absinken der Allgemeinerregbarkeit, das auch die Reizschwellen anderer Bewegungsweisen anhebt. Das Studium des Schwundes der Allgemeinerregbarkeit hat dazu beigetragen, die funktionellen Ähnlichkeiten von aufladenden und auslösenden Reizen verständlich zu machen.

9. Hält man ein Versuchstier in einer Umgebung, in der Absinken der Allgemeinerregbarkeit nicht eintritt und in der ihm nur die adäquat auslösenden Reize für eine bestimmte Instinktbewegung vorenthalten werden, so kann die Schwellenerniedrigung einen Extremwert erreichen, sodaß die Bewegungsweise ohne spezifische Reize im Leeren losgeht. Dies nennt man Leerlauf-Aktivität.

10. Längerer Nicht-Gebrauch einer Instinktbewegung führt nicht nur zur Veränderung von Schwellenwerten, sondern setzt den Organismus als Ganzes in Unruhe und veranlaßt ihn, aktiv nach der auslösenden Reizsituation zu suchen. Dieses Verhalten, das im einfachsten Falle aus motorischer Unruhe besteht, im komplexesten aber die höchsten Leistungen von Lernen und Einsicht in sich schließt, nennt man mit Wallace Craig Appetenzverhalten. Lernen durch Belohnung (reinforcement) kommt nur im Rahmen von Appetenzverhalten vor.

11. Schwellenerniedrigung tritt auch bei Verhaltensweisen der Feindvermeidung und der innerartlichen Aggression auf, obwohl sinnlose Flucht vor höchst inadäquaten Objekten im höchsten Grade dysteleonom erscheint. Offenbar ist es der Evolution nicht möglich, einen Empfangsapparat mit absolut konstanter Schwelle auszubilden. Bei Instinktbewegungen des Kampfes findet sich nicht nur Schwellenerniedrigung, sondern auch ein ausgesprochenes und sicher nachweisbares Appetenzverhalten.

12. Jede Erbkoordination, die zu Appetenzverhalten Anlaß gibt, wird zu einem selbständigen Antrieb tierischen Verhaltens, was jedoch nicht besagt, daß sie nicht ihrerseits von anderen Faktoren angetrieben werden kann. Vom niedrigsten Integrationsniveau, wie dem der Reizerzeugungs-Zentren des Wirbeltierherzens, bis zu den komplexesten Instinktbewegungen, sind alle spontanen Aktivitäten „Aktion-und-Reaktion-in-Einem“ (A. F. J. Portielje). Das Maß ihrer Antreibbarkeit ist von der Quantität der in der Zeiteinheit produzierten aktions-spezifischen Erregungs-Bereitschaft abhängig.

13. Die in den vorhergehenden Abschnitten besprochene Tatsachen finden eine zwanglose Erklärung in den Ergebnissen Erich von Holsts, der zuerst im Bauchmark des Regenwurms und später im Rückenmark der verschiedensten Wirbeltiere sowohl die endogene Erzeugung, als auch die zentrale Koordination von Reizen nachwies, die bestimmte harmonische und teleonome Bewegungen zustandebringen. Diese kommen nachweislich ohne Mitwirkung irgendwelcher Rezeptoren zustande. Damit fällt die Kettenreflex-Theorie der Instinktbewegung.

Die Effekte der gegenseitigen Beeinflussung zweier reizerzeugender Rhythmen führen dazu, daß sich beide im Phasenverhältnis einer möglichst ganzzahligen Harmonie festzuhalten trachten (Magneteffekt). Dieser Einfluß ist umso stärker, je näher die Culmina beider Rhythmen beieinanderliegen. Wenn dies, wie bei annähernd ganzzahligem Verhältnis der Frequenzen, oft vorkommt, so kann der Magneteffekt ein dauerndes Im-Takt-Bleiben beider Rhythmen bewirken und so aus der relativen Koordination absolute machen. Endogene Reizerzeugung und zentrale Koordination sind im Zentralnervensystem allgegenwärtig, relative Koordination ist bei Fischen, absolute bei Landtieren häufiger.

14. Bei aller Vorsicht, die beim Schließen von Eigenschaften neuraler Elemente auf das integrierte Verhalten intakter Tiere geboten ist, zeigt doch das Verhalten von kleinsten Elementen, wie selbst von Neuriten (K. Roeder) und mehr noch das des Rückenmarks und seiner Leistungen (Erich von Holst) eine bedeutsame Analogie zu dem des intakten Tieres. Alle jene Erscheinungen, die von der Reflextheorie nicht eingeordnet werden konnten, werden nicht nur erklärbar, sondern theoretisch zu fordern, wenn man unterstellt, daß die von K. Roeder, E. von Holst und anderen gefundenen neuralen Leistungen spontaner Reizproduktion auch der Instinktbewegung des intakten Tieres zugrundeliegen. Den Reflexvorgang im alten Sinne, der darin besteht, daß ein „schweigendes Element nur spricht, wenn es angesprochen wird“ (Roeder), gibt es wahrscheinlich überhaupt nicht.

Die Essenz dessen, was in diesem Kapitel gesagt wurde, kann in die Worte Erich von Holsts zusammengefaßt werden: „Das Nervensystem gleicht also nicht so sehr einem faulen Esel, dem man einen Schlag geben muß oder, um den Vergleich genauer zu machen, der sich selbst jedes Mal in den Schwanz beißen muß, ehe er einen Schritt tun kann, sondern eher einem temperamentvollen Pferde, das ebenso der Zügel, als der Peitsche bedarf“.

II. Afferente Vorgänge

1. Der angeborene Auslösemechanismus (AAM)

Wie wir schon wissen, sind zwei grundverschiedene, physiologische Mechanismen an jener funktionellen Einheit des Verhaltens beteiligt, die Oskar Heinroth eine arteigene Triebhandlung nannte. Erstens der angeborene Auslösemechanismus (AAM), der dem Tier das „angeborene Erkennen" einer biologisch relevanten Umweltsituation vermittelt, und zweitens die phylogenetisch programmierte, erbkoordinierte Bewegung, die, durch den AAM in Gang gebracht, diese Situation mit „angeborenem Können" meistert. Wie schon in der historischen Einleitung erwähnt, fiel die grundsätzliche physiologische Verschiedenheit dieser beiden Funktionen wenig auf, solange man das ganze Verhaltensmuster für eine Kette von gleichartigen Vorgängen, nämlich von Reflexen hielt. Mit zunehmender Kenntnis der physiologischen Natur der erbkoordinierten Bewegungen trat die Notwendigkeit zutage, den Apparat, der ihre Auslösung, genauer gesagt ihre Enthemmung, bewirkt, als einen Mechanismus eigener Art zu betrachten.

In den letzten Abschnitten des vorangehenden Kapitels war ich gezwungen, vorwegnehmend Einiges über den Mechanismus zu sagen, der auf bestimmte Reizkonfigurationen selektiv anspricht und eine Instinktbewegung – oder eine sonstige Verhaltensweise – auslöst. N. Tinbergen und ich nannten diesen Mechanismus zuerst das angeborene auslösende Schema, weil, wie schon bei Besprechung der Methode der doppelten Quantifikation vorweggenommen wurde, der Organismus nicht etwa auf ein gestaltetes Gesamtbild der adäquaten Umweltsituation anspricht, sondern auf eine Summe von ganz bestimmten, diese Situation skizzenhaft, „schematisch" kennzeichnenden Reizkombinationen. Man hat den Ausdruck angeborenes Schema deshalb verlassen, weil er immer noch die Vorstellung von einem, wenn auch vereinfachten, Bild der Gesamtsituation oder des Gegenstandes einer Verhaltensweise nahelegt. Man spricht jetzt vom angeborenen Auslösemechanismus (AAM).

Dieser Begriff ist rein funktionell bestimmt und es ist von vornherein klar, daß bei verschiedenen Lebewesen und auf verschiedener Integrationshöhe ihrer kognitiven Leistungen und Verhaltensweisen sehr verschieden hohe Ansprüche an die Selektivität ihrer Reizbeantwortung gestellt werden und daß es sehr verschiedene physiologische Mechanismen sind, die diesen Anforderungen gerecht werden.

Schon bei den niedrigsten Organismen stellt sich die Frage, woher der Organismus „weiß", welche von seinen Verhaltensweisen auf einen bestimmten

Außenreiz zu antworten hat, um ihre arterhaltende Leistung zu vollbringen. Wie kommt es z. B., daß eine Amöbe sich nicht alle kleineren Körperchen einverleibt, sondern, wenn auch mit häufigen „Irrtümern" nur solche, die ihr als Nahrung dienen können? Woher „weiß" ein Geißeltierchen (Flagellat), das sich mit Hilfe einer Kinesis (2. IV/5, S. 180) durchs Leben schlägt, wo es schnell und wo es langsam zu schwimmen hat?

Bei Einzellern und niedrigsten Vielzellern, die nur über ein wenig reichhaltiges Inventar von Bewegungsweisen verfügen und deren gesamtes Verhalten sich im Wesentlichen auf das Vermeiden von Gefahren, sowie das Aufsuchen von Beute oder Geschlechtspartnern beschränkt, werden an die Selektivität des Auslösemechanismus keine allzu hohen Ansprüche gestellt. Immerhin vermag eine Amöbe selektiv und teleonomisch sinnvoll auf eine ganze Anzahl von verschiedenen Reizkombinationen zu antworten, wenn auch nur mit Verhaltensweisen, die sich nur quantitativ und in Vorzeichen voneinander unterscheiden (2. VI/4, S. 179). Sie kann nur mit größerer und geringerer Intensität auf einen Reiz zu oder von ihm wegfließen, in Extremfällen kann sie das Reizobjekt umfließen oder aber sich unter Verdickung des Ektoplasmas einkapseln. Meist sind es chemische Reize, die in teleonomer Weise beantwortet werden, seltener taktile oder thermische.

Einfacher und besser bekannt sind die Reizsituationen, auf die Wimperinfusorien (Ciliata), zu denen auch das bekannte Pantoffeltierchen (Paramaecium caudatum) gehört, reagieren. Mittels der im VI. Kapitel näher zu besprechenden phobischen (S. 181) und topischen (S. 182) Reaktionen vermag das Tierchen eine Umweltsituation aufzusuchen und in ihr zu verharren, die durch eine bestimmte Wasserstoffionen-Konzentration als günstig gekennzeichnet ist. Die in natürlich belassenen Gewässern am häufigsten vorkommende Säure ist CO_2, das sich vor allem in näherer Umgebung faulender Pflanzenstoffe in hoher Konzentration findet, da die Bakterienschwärme, die sich von diesen ernähren, Kohlensäure ausscheiden. Bei einer bestimmten, optimalen Säurekonzentration neigt das Pantoffeltierchen dazu, „vor Anker zu gehen": Wenn es mit dem vorderen Ende an weiche Substanzen stößt und vor allem, wenn es sich in diese etwas einbohren kann, stellt es den vortreibenden Wimperschlag beider Körperseiten ein und strudelt nur mit den Wimpern des Mundfeldes die reichlich vorhandenen Bakterien in seinen Schlund. „Zoogloeen" von Bakterien bieten beide Reize. Diese Zusammenhänge sind statistisch so häufig, andere und giftige Säuren sind so selten, daß ihre Existenz in dem Verhaltensprogramm des Tieres nicht berücksichtigt zu werden braucht. Der Experimentator, der einen Tropfen Oxalsäure in den Lebensraum vom Paramaecium fallen läßt, ist „nicht vorgesehen".

Es gibt auch natürliche Feinde, die sich den Mangel an Selektivität zunutze machen: Große Amöben stellen dem Pantoffeltierchen eine geradezu raffinierte Falle. Sie scheiden CO_2 aus und sind außerdem weich wie Bakterienhaufen, d. h. sie geben dem andrängenden Paramaecium nach, sodaß es an ihnen, wie an jenen „vor Anker geht". Dann bilden sie mit ihren Scheinfüßchen eine Höhle und fangen das Tierchen. Ich habe einmal gesehen, wie ein Pantoffeltierchen von einer Amöbe schon fast ganz umschlossen war, plötzlich rückwärts schwamm und sich unter Einschnürung des eigenen Körpers durch die noch vorhandene Öffnung drängte. Als es ganz im Freien war, schwamm es wieder vorwärts, drängte sich wieder unter ringförmiger Einschnürung des eigenen Körpers in den von der Amöbe gebildeten Hohlraum hinein. Im nächsten Augenblick schloß sich die Falle, das Pantoffeltierchen gab einige heftige Fluchtreaktionen, mit denen es fast die dünne Plasmaschicht durchbrach, die es gefangen hielt. Dann stieß es seine Trichocysten aus und starb, was an der sofortigen Auflösung der Plasmastrukturen dramatisch sichtbar war. Der ganze Vorgang demonstriert die Anfälligkeit einfacher Auslösemechanismen für verderbliche Irrtümer.

Die Auswahl von Reizkonfigurationen, auf die ein AAM anspricht, ist stets so getroffen, daß ein allzu häufiges, für den Artbestand gefährliches „irrtümliches" Ansprechen genügend unwahrscheinlich ist. Das klassische Beispiel hiefür ist die Stechreaktion der weiblichen Zecke (Ixodes rhicinus), die auf die Kombination von zwei, verschiedenen Sinnesgebieten zugehörigen, Reizen anspricht: Das Objekt muß eine Temperatur von ungefähr 37 Grad Celsius haben und nach Buttersäure riechen. Außerdem gehört zu dem Gesamtablauf des Verhaltens, daß die Zecke auf Pflanzen sitzt und diese, wenn sie angestoßen werden, losläßt und auf das die Bewegung verursachende Objekt fällt. Wenn es nach Buttersäure reicht und warm ist, dann sticht sie es. Man vergegenwärtige sich, wie unwahrscheinlich es ist, daß das Tier durch die im phylogenetischen Programm vorgesehenen Reize „irrtümlich" dazu veranlaßt wird, etwas anderes als das adäquate Objekt, ein Säugetier, zu stechen.

Die Frage, an welcher Stelle im Zentralnervensystem die seligierende Leistung des AAM vollbracht wird, muß in jedem Falle speziell untersucht werden. Am einfachsten liegen die Dinge dort, wo ein einziges Sinnesorgan für die Auslösung einer einzigen Reaktion verantwortlich ist. Die weibliche Grille (Acheta domesticus) z. B. ist durch die besondere Struktur ihres Gehörorganes überhaupt nicht imstande, irgend etwas anderes zu hören, als den Balzgesang des Männchens, auf den sie mit Zuwendung und Hinlaufen reagiert, wie Regen nachwies. In einem seiner Versuche sprang das Grillenweibchen sogar in den Lautsprecher, aus dem das Zirpen des Männchens ertönte.

Komplexer liegen die Dinge dann, wenn bei Tieren mit reichhaltigerem Verhaltensinventar von einem einzigen Sinnesorgan, etwa vom Auge aus, eine ganze Reihe von Verhaltensweisen durch verschiedene Konfigurationen von Außenreizen selektiv ausgelöst werden. Hier muß ein physiologischer Apparat gefordert werden, der den verschiedenen motorischen Antworten vorgeschaltet ist, die Kombinationen eintreffener Reize gewissermaßen *filtert* und nur ganz bestimmte Konfigurationen „durchläßt" und an die einer bestimmten Verhaltensweise vorgesetzten Kommandostelle weiterleitet.

Verschiedene Forscher haben die Notwendigkeit gesehen, ein solches Reizfilter zu postulieren, I. P. Pawlow hat dafür den Ausdruck Detektor gefunden, der amerikanische Ornithologe F. Herrick hat schon vor mehr als einem halben Jahrhundert gesagt, „the instincts of a species fit like lock and key" und hat damit die eintreffenden Reize mit einem sehr speziellen Schlüssel verglichen. Man nennt auch heute noch die Reizkonfiguration, auf die ein AAM anspricht, *Schlüsselreize.* In dem Ausdruck angeborener auslösender Mechanismus steckt ein historischer Rest der Vorstellung, daß die Funktion des AAM am häufigsten die unmittelbare Auslösung einer Instinktbewegung sei. Wie schon S. 88 betont, sind Instinktbewegungen und AAM unabhängige physiologische Vorgänge, deren Mechansimen auch in völlig anderer Weise in das Verhaltensprogramm eingebaut sein können. Wie wir in 3.IV/3 zu besprechen haben werden, ist die wahrscheinlich häufigste Funktion des AAM das Umschalten von einer Art von Appetenzverhalten auf eine andere. Häufig „löst" ein AAM auch unmittelbar eine Hemmung „aus".

Über die physiologischen Funktionen, von denen die seligierende Reizfilterung des AAM vollzogen wird, wissen wir heute nur wenig. Ansätze zu ihrem Verständnis liegen in den Arbeiten J. Y. Lettvins und seiner Mitarbeiter, die an der Netzhaut des Frosches ein hochselektives Ansprechen gewisser Rezeptorengruppen auf ganz bestimmte Reizkonfigurationen nachgewiesen haben. Gruppen von Seh-Elementen sind mit je einer Ganglienzelle verbunden, manche von ihnen sprechen auf Hell- oder Dunkelwerden an, andere auf so spezifische Reize, wie beispielsweise eine Hell-Dunkelgrenze mit konvexem dunklen Rand, die in bestimmter Richtung über die Seh-Elemente der Gruppe hinwegläuft. Ein Seh-Element kann dabei Mitglied einer ganzen Reihe von Gruppen sein, d. h. mit verschiedenen Ganglienzellen in Verbindung stehen. Man ist geradezu versucht, zentralwärts von diesen Gruppen eine nächsthöhere integrierende Instanz zu postulieren, die aus der Information solcher Untersysteme eine Meldung wie etwa „Fliege von rechts nach links vorüberfliegend" integriert.

Schwarzkopff und seine Mitarbeiter haben durch elektrische Ableitung aus den Bauchganglienzellen von Heuschrecken gezeigt, in welcher Weise die Hörbahn, die diese Ganglienkette vom Tympanalorgan bis zum Gehirn durchläuft, die eintreffenden Gehörreize filtert. Sie haben eine äußerst wahrscheinliche physiologische Erklärung dafür gegeben, warum die männliche Heuschrecke auf eine Reizkonfiguration mit Rivalengesang und auf eine andere mit Balzgesang antwortet.

E. und P. Kuenzer haben die Reaktion junger Zwergcichliden untersucht, die optisch das Bild der Mutter von dem eines gleichgroßen Raubfisches unterscheiden, indem sie auf das erste hinschwimmen, vor dem zweiten aber fliehen. Die selektive Reaktion auf das Muttertier wird durch einen AAM bewirkt, der auf das schwarzweiße Muster des Muttertieres, sowie auf dessen intermittierende ruckweise Kopfbewegungen anspricht. Nicht die Gesamthelligkeit des schwarzweißen Musters ist für die anlockende Wirkung maßgebend, vielmehr liefern die schwarzen und weißen Musterelemente getrennte Informationen: Die schwarze Grundfarbe des Weibchens muß dunkler sein als der Hintergrund, die weißen Elemente wirken durch ihren Kontrast gegen das Schwarz. Nicht absolute Reizstärken, sondern Kontraste sind für die auslösende Wirkung wesentlich, die sinnesphysiologischen Bedingungen des Auslösevorganges wurden von den Kuenzers sehr genau untersucht. Es gelang auch, sogenannte „überoptimale" Attrappen herzustellen, d. h. solche, die weit wirksamer waren, als die vom wirklichen Muttertier ausgesandten Reizkonfigurationen.

Beobachtet man unter natürlicher Bedingung, wie sicher und zweckmäßig ein AAM den Organismus veranlaßt, im richtigen Augenblick das Richtige zu tun, so ist man geneigt, die Menge an Information zu überschätzen, die das

Tier von der relevanten Umweltsituation besitzt. Oft wird man durch die Beobachtung zufällig auftretender Fehlleistungen darüber aufgeklärt, wie sparsam, gleichzeitig aber auch wie sinnvoll ausgewählt die maßgeblichen Schlüsselreize sind. Ein frisch geschlüpfter Brachvogel oder Truthahn drückt sich in die nächste Deckung, wenn ein Raubvogel am Himmel erscheint, tut aber das Gleiche, wenn eine schwarze Fliege über die weißgetünchte Zimmerdecke läuft. Ein junger Turmfalke, der uns eben damit beeindruckt hat, daß er beim ersten Anblick von Wasser lustvoll darin badet, enttäuscht uns, indem er gleich darauf auf einer glattpolierten Marmorplatte dieselben Badebewegungen vollführt.

Die erstaunliche Einfachheit und ebenso die Summierbarkeit von Schlüsselreizen hat N. Tinbergen an dem AAM demonstriert, der das Sperren junger Amseln nach dem Kopf des Elterntieres orientiert. Bietet man diesen Jungvögeln nebeneinander zwei Stäbchen in gleicher Höhe, so sperren sie nach demjenigen, das ein klein wenig näher ist. Bietet man zwei Objekte von gleicher Größe, etwa zwei sich berührende Pappscheiben, in gleicher Entfernung, aber in verschiedener Höhe, so sperren sie nach dem höheren. Bietet man ihnen zwei verschieden große Pappscheiben in gleicher Höhe, so sperren sie nach der kleineren. Tinbergen hat nun die Merkmale ,,kleiner" und ,,näher" gegen das Merkmal ,,höher" ausgespielt, indem er eine Attrappe mit verschieden großen Scheiben so drehte, daß die kleinere an der Peripherie der größeren abwärts wanderte. An einem bestimmten Punkt dieser Bewegung hörten die Nestlinge auf, nach der kleineren Scheibe zu sperren und orientierten sich nach dem oberen Rand des Körpers (Abb. 15). Ein entsprechendes Experiment konnte auch

Abb. 15. Erklärung im Text. (Aus: Lorenz, Über tierisches und menschliches Verhalten, Band II)

mit den Merkmalen „näher" und „höher" mit gleichem Ergebnis durchgeführt werden (Abb. 16). Ilse Prechtl (unpubliziert) hat in einem weiteren Versuch die Merkmale „näher" und „kleiner" zusammen wirken lassen und gefunden, daß das Sperren der Nestlinge dann dem „Kopf" viel weiter nach abwärts folgt, als bei Einzeldarbietung jener beiden Merkmale. Außerdem fand sie, daß die Wirkung des „Kopfes" noch gesteigert werden konnte, wenn in seiner Mitte noch irgendeine augenfällige Struktur hinzukam. Die räumliche Attrappe, in der sie dies verwirklichte, kam einer spielzeughaft vereinfachten Vogel-

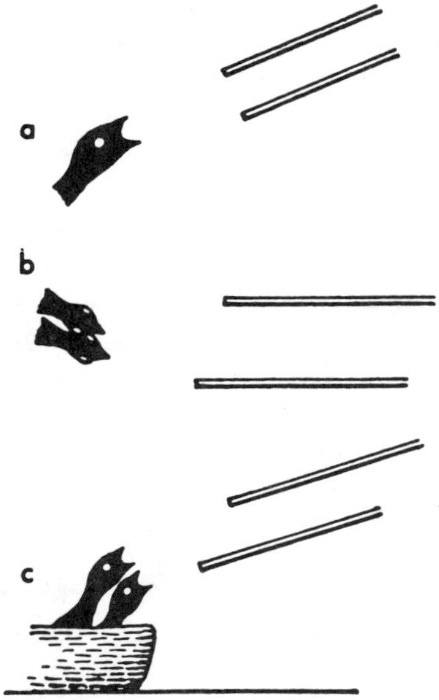

Abb. 16. *a* und *b:* Das die Sperr-Reaktionen der Amsel orientierende Schema. Von zwei gleich weit entfernten Stäbchen wird das höhere (*a* Seitenansicht), von zwei gleich hohen das nähere angesperrt (*b* Aufsicht). In *c* (Seitenansicht) ist Höhe gegen Nähe ausgespielt: die Höhe siegt. (Aus: Lorenz, Über tierisches und menschliches Verhalten, Band II. Nach Tinbergen)

skulptur erstaunlich nahe. Wie Tinbergen feststellte, spielt bei dem „Schema" des „Kopfes" bei jungen Amseln noch ein weiteres unabhängiges Merkmal eine Rolle, nämlich die Einschnitte in der gemeinsamen Kontur beider Attrappenteile, die gewissermaßen den Hals repräsentieren. Ein nur durch die Einschnitte an beiden Schultern als solcher gekennzeichnete Kopf orientiert das Sperren auch wenn kein anderes Merkmal geboten wird, allerdings folgen ihm die Jungvögel bei Rotation der Attrappe nur wenig weit nach unten.

Diese Versuche illustrieren eine ganze Anzahl von Eigenschaften des AAM, sie machen es verständlich, wie nahe es lag, zunächst von einem „angeborenen Schema" eines bestimmten Umweltobjektes zu sprechen. Andererseits zeigen sie, daß die Information dem Organismus keineswegs in Form eines, wenn auch vereinfachten Gesamtbildes gegeben ist, sondern in Form einer Anzahl von Reaktionen auf Schlüsselreize, die summierbar sind, aber grundsätzlich unabhängig voneinander funktionieren. Des Gesamtbild des normalen Objektes wirkt nur bedingt und nur durch Summenwirkung der einzelnen Reizkonfigurationen stärker auslösend, als jede einzelne von diesen. Eben dies wissen wir ja schon aus dem Abschnitt über doppelte Quantifikation und Reiz-Summen-Regel.

Der AAM spricht also keineswegs auf die komplexe Gestalt des natürlichen Objektes an. Wohl aber kann man die einzelnen Reizkonfigurationen, die als Schlüsselreize wirken, als einfachste Gestalten auffassen. Nicht absolute Reizdaten, sondern Intervalle, Unterschiedswahrnehmungen, sind für ihre Wirkung wesentlich, wie schon aus den bereits referierten Ergebnissen des Ehepaars Kuenzer hervorgeht. Auch alle akustischen Schlüsselreize, deren wir so viele kennen, sind stets Beziehungsmerkmale, d. h. einfache Melodien, bei denen die Tonintervalle und nicht die absolute Höhe maßgebend sind. Das Grillenweibchen Regen's mit seinem, auf eine einzige Tonhöhe eingestellten Tympanalorgan ist die einzige, mir sicher bekannte Ausnahme von dieser Regel.

Ein schönes Beispiel für das Ansprechen auf ein Beziehungsmerkmal bildet die Reaktion von männlichen Maulbrütern (Haplochromis burtoni) auf den Augenstrich gleichartiger Männchen. Dieser Strich zieht vom Auge des Fisches schräg nach vorne unten und gehört zu den stärksten, Rivalen-Kampf auslösenden Merkmalen. Wie C. Y. Leong mit Attrappenversuchen zeigen konnte, ist die auslösende Wirkung dieses Striches nicht von seinem Winkel zur Lotrechten abhängig, sondern von jenem, den er mit der Längsachse des Fisches einschließt. Da Männchen dieser Art beim Drohen meist eine ziemlich horizontale Lage einnehmen, wäre es ja auch denkbar, daß der Winkel zur Lotrechten das auslösende Beziehungsmerkmal wäre.

Nahezu alle bereits untersuchten AAM, bei denen überhaupt Beziehungsmerkmale eine Rolle spielen, bestehen aus mehreren summierbaren Schlüsselreizen. Mir sind nur zwei Fälle bekannt, in denen ein einziges Beziehungsmerkmal auslösend wirkt und in beiden Fällen ist dieses Merkmal eine recht komplizierte gestaltähnliche Konfiguration. Die Dohle spricht mit ihrer „Schnarr-Reaktion", die der Verteidigung von Artgenossen dient, die von einem Raubtier angegriffen sind, ausschließlich auf eine Situation an, die durch das Zusammentreffen folgender Umstände gekennzeichnet ist. Es muß ein schwarzer Gegenstand, der in sich beweglich ist, also baumelt oder flattert, von einem Lebewesen getragen werden. Ich entdeckte diese Reaktion einst dadurch, daß ich in Gegenwart meiner Dohlen eine schwarze, naße Schwimmhose aus der Hosentasche zog. Welches Lebewesen den schwarzen, weich herabhängenden Gegenstand trägt, ist unwesentlich, auch ein Artgenosse, der eine schwarze Feder im Schnabel trägt, löst eine vollintensive Reaktion aus. Ein fester, in sich unbeweglicher schwarzer Gegenstand ist unwirksam, meine Kamera konnte ich vor den Augen der Dohlen bewegen, wie ich wollte. Beim Herausziehen der schwarzen Papierlaschen des Packfilmes, den ich damals benutzte, mußte ich aber in volle Sichtdeckung vor meinen Dohlen gehen, um nicht sofort einen Massenangriff auf mich zu ziehen. Dies war deshalb unerwünscht, weil die Auslösung der Reaktion eine lange nachwirkende, scheu machende Wirkung auf meine Vögel ausübte und mir so spätere Beobachtungen erschwert hätte.

Der zweite Fall eines AAM, der auf ein einziges und besonders komplexes Konfigurationsmerkmal anspricht, wurde von O. Drees an Springspinnen gefunden. Diese Tiere laufen auf jedes kleine schwarze Objekt zu, wobei sich zunächst nicht festellen läßt, ob dies der Beginn einer Beutefanghandlung oder einer Balz ist. Dies entscheidet sich erst, wenn die Tiere auf wenige Zentimeter an das Objekt herangekommen sind, sodaß sie es mit ihren, zu gutem Bildsehen befähigten Augen genau sehen. Erweist sich dann, daß das schwarze Objekt auf kurzen, lotrecht nach unten gehenden „Füßen" auf der Unterlage steht, so folgt der Beutesprung, hat es aber vom Körper in hohem Bogen zuerst aufwärts gerichtete und erst in einigem Abstand nach unten geknickte Beine, wie eben Spinnen sie haben, so beginnt die männliche Springspinne mit ihren arteigenen Balzbewegungen.

Die beiden erwähnten Auslösemechanismen von Dohlen und Springspinnen sind extreme Fälle eines Ansprechens auf je eine einzige und verhältnismäßig komplizierte Reizkonfiguration, in allen anderen bekannten und näher analysierten Fällen sprechen AAM auf eine größere Anzahl von weit einfacheren und summativ wirkenden Beziehungsmerkmalen an.

2. Leistungsbeschränkungen des angeborenen Auslösemechanismus

Aus allem, im vorangehenden Absatz Besprochenen geht hervor, daß angeborene Auslösemechanismen *nicht* imstande sind, auf Komplexqualitäten anzusprechen. Die auf Lernen gegründete Wahrnehmung von Gestalten leistet eben dies spielend. Meine damals fünfjährige Tochter erkannte mühelos die Gruppenzugehörigkeit der vielen Rallenvogel-Arten, die damals im zoologischen Garten in Schönbrunn gehalten wurden. Ihre Leistung war deshalb bemerkenswert, weil diese Ordnung sehr verschiedene, extrem an bestimmte Biotope angepaßte Formen, äußerst hühnerähnliche Steppenbewohner und äußerlich entenähnliche Schwimmvögel enthält und weil sie von allen diesen nur das Bleßhuhn (Fulica atra) und das grünfüßige Teichhuhn (Gallinula chloropus), diese allerdings sehr genau kannte. Die von der Gestaltwahrnehmung erfaßte Information läßt sich, im Gegensatz zu der durch einen AAM übermittelten, nicht leicht in Worte fassen. Befragt, woran sie die Rallenvögel erkenne, vermochte meine Tochter nur zu sagen, sie seien „halt so wie ein Teichhuhn."

In manchen Fällen führt die Einfachheit und Informationsarmut des AAM zu Täuschungen, die auch rein zufällig unter natürlichen Umständen eintreten können. Gänse fliehen häufig unnötigerweise vor einem hoch im Winde dahersegelnden Blatt, weil sie es „für einen Adler halten". Brütende Gänse rollen gelegentlich glatte Kieselsteine oder eine weggeworfene Zigarettenschachtel wie ein Ei ins Nest, da der AAM der Eiroll-Reaktion auf jeden Gegenstand anspricht, der einigermaßen glatte Flächen und keine vorspringenden scharfen Kanten oder Spitzen aufweist.

Eine andere „Schwäche" des AAM liegt darin, daß die in ihm enthaltenen Informationen, wie schon gesagt, Relationen und nicht absolute Größen angeben. Daraus ergibt sich die Möglichkeit, einzelne Schlüsselreize zu *übertreiben* und Objekte herzustellen, die das Tier dem normalen, biologisch adäquaten Objekt vorzieht. N. Tinbergen hat an brütenden Möven, G. B. Baerends am Austernfischer festgestellt, daß der brütende Vogel im Wahlversuch übergroße und kontrastreich gefärbte Eier den eigenen vorzieht. Die Anwesenheit der „überoptimalen" Attrappe verhindert den Vogel daran, sich auf die eigenen Eier zu setzen und weiter zu brüten.

Ein anderes Beispiel für einen AAM mit leicht zu übertreibender auslösender Reizkonfiguration ist der des männlichen Kopulationsverhaltens von Gänsen. Es wirken zwar eine Reihe von sehr spezifischen, im Begattungsvorspiel vom Partner ausgehende Reize erregend, die wesentliche auslösende Reizkonfiguration aber besteht darin, daß der Partner nahe der Wasseroberfläche eine breite horizontale Fläche darbietet, ähnlich wie dies die zur Paarung auffordernde weibliche Gans tut. Diese Fläche aber ist „übertreibbar" und wirkt offenbar besonders stark auslösend, wenn sie etwas unterhalb der Wasseroberfläche geboten wird, wie von der weiblichen Gans während des Tretaktes. Nicht nur bei erwachsenen zahmen Gänsen, sondern auch bei ganz jungen, noch flugunfähigen Tieren, ja selbst bei jungen Weibchen löst der im Wasser schwimmende menschliche Pfleger regelmäßig männliche Kopulationsbewegungen aus, und zwar bei Gänsen, die nicht sexuell menschengeprägt sind. Die Information des AAM lautet also nur: „Horizontale Fläche von Artgenossen dicht unter der Oberfläche dargeboten".

Der AAM ist in solchen Fällen gewissermaßen „nach einer Seite offen", d. h. die in ihm enthaltene Information würde in Worte gefaßt besagen „so groß wie möglich", oder „so kontrastreich wie möglich", usw. Es gibt eine Anzahl sozialer Parasiten, die sich diesen Umstand zunutze machen, wie manche Brutschmarotzer von Vögeln und eine Anzahl von sozialen Parasiten, die bei Ameisen und anderen staatenbildenden Insekten schmarotzen. Heinroth hat die Erfahrung gemacht, daß ein junger Kuckuck, den er nach dem Flüggewerden in einen Flugkäfig mit anderen Insektenfressenden Vögeln setzte, bei vielen von ihnen die Verhaltensweisen des Fütterns auslöste und zwar nicht nur bei erwachsenen, sondern auch bei diesjährigen, noch nicht geschlechtsreifen Jungvögeln. Heinroth sagt: „Das Füttern eines jungen Kuckucks ist gewissermaßen ein Laster der Vögel", ein wahrhaft tiefgründiger Satz.

Auch der Mensch besitzt mehrere AAM mit übertreibbaren Schlüsselreizen. Seine Brutpflegeraktionen sprechen auf eine Reihe von Konfigurationsmerkmalen an, die übertrieben werden können. Zu ihnen gehört eine hohe runde Stirn, ein Überwiegen des Hirnschädels über den Gesichtsschädel, ein großes Auge, eine runde Wangenpartie, kurze dicke Extremitäten und rundliche Körperform. An Bewegungsmerkmalen kommt eine gewisse Ungeschicklichkeit, eine Ataxie vor allem der Lokomotion dazu, jeder weiß, wie rührend ein eben gehfähiges Kindchen wird, wenn es die Richtung nach dem angestrebten Ziel nicht innehalten kann. Heinroth hat dieses anziehende Stadium als das des „Querwandlers" bezeichnet. Ebenso rührend wirkt ein junger Dackel, der zwar in Schritt und Trab die Zielrichtung innehält, jedoch von ihr abweicht, sowie er zu galoppieren versucht. Bezeichnend für den in Rede stehenden AAM ist der Umstand, daß wir Tiere als niedlich, süddeutsch herzig, empfinden, denen einige der oben aufgezählten Konfigurationsmerkmale zu eigen sind, es brauchen nicht alle zu sein, denn ihre Wirkung folgt nachgewiesenermaßen dem Reiz-Summen-Gesetz. Der deutsche Name solcher Tiere endet sehr häufig auf die Verkleinerungssilbe -chen (Abb. 17).

Die Industrie hat herausgefunden, daß die Anfälligkeit des Menschen für übernormale Attrappen finanziell ausgenützt werden kann. In erster Linie tat dies die Puppenindustrie, die seinerzeit beliebten Cupie-Dolls Amerikas und in gemäßigterem Maße so ziemlich sämtliche moderneren Puppen zeigen eine Übertreibung der oben erwähnten Kindchen-Proportionen. In Norddeutschland habe ich den Ausdruck „wie 'ne Käthe-Kruse-Puppe" als höchstes Lob

Abb. 17. Das Brutpflegereaktionen auslösende Schema des Menschen. Links als „niedlich" empfundene Kopf-Proportionen (Kind, Wüstenspringmaus, Pekineser, Rotkehlchen), rechts nicht den Pflegetrieb auslösende Verwandte (Mann, Hase, Jagdhund, Pirol). (Aus: Lorenz, Über tierisches und menschliches Verhalten, Band II)

der Niedlichkeit eines Säuglings gehört. Aus dem Gebiete der Kochkunst lassen sich viele Beispiele von Herstellung überoptimaler Attrappen anführen, deren Wirkung unter den Begingungen moderner Zivilisation durchaus nicht immer harmlos ist. Für den fast dauernd von Hunger bedrängten Steinzeitmenschen war es sicher eine gute Strategie, der Information zu folgen, die ihm bestimmte AAM gaben, die in der beschriebenen Weise „nach einer Seite offen" sind und ihm rieten, dasjenige bevorzugt zu essen, was so fett wie möglich, so süß wie möglich, und so wenig wie möglich mit unverdaulichen Ballaststoffen beladen war. Leckereien, wie die Schokolade vereinen alle drei Merkmale, das

Kulturgift des rein weißen Mehles wird durch die Benutzung des dritten Schlüsselreizes verderblich, indem es bei Millionen von Zivilisationsmenschen Darmträgheit verursacht. Auch für die Konsistenz der Nahrung gibt es beim Menschen ein durch Schlüsselreize programmiertes Optimum, dem sich alles annähert, was beim Hineinbeißen knackt und knusprig wirkt. Das bei unseren Vorfahren völlig teleonome Programm der Nahrungsaufnahme führt in der heutigen Zeit zum ,,Selbstmord mit der Gabel", wenn ihm nicht vernunftgesteuerte Erwägungen Zügel anlegen.

Auch auf sexuellem Gebiet gibt es eine Unzahl künstlicher Gebilde, welche, meist unter der Schutzherrschaft der Mode, auslösende Wirkungen übersteigern. Ein amerikanischer Werbetechniker, der in einem Film von G. P. Baerends sah, wie ein Austernfischer ein buntes Riesenei zu bebrüten versuchte, das so groß war, daß er nicht einmal rittlings darüber stehen konnte, tat plötzlich den erstaunten Ausruf: ,,Why, thats the covergirl" und traf damit das Richtige.

3. Der angeborene Auslösemechanismus und der Auslöser

Wenn ein Tier selektiv auf ein Objekt der Außenwelt ansprechen soll, etwa auf ein Beutetier oder einen Freßfeind, so ist die optimale Ausbildung des AAM dann erreicht, wenn er mit möglichster Selektivität auf jene Reize anspricht, die jenem Objekt sowieso zu eigen sind. Es liegt außerhalb des Machtbereiches der Evolution der betreffenden Art, das Objekt der Verhaltensweise so zu verändern, daß die von ihm ausgehenden Reize eindeutiger werden. Eben dies aber wird der Evolution einer Tierart möglich, wenn eines ihrer Mitglieder das Objekt der Verhaltensweise eines anderen ist. Der Hecht, der nach allem stößt, was silbern blinkt, kann nicht an geeigneten Beutefischen ein Signal anbringen, das ihn verhindert, nach Andersartigem zu schnappen, wohl aber kann ein Sperlingsvogel am Sperr-Rachen seiner Nestlinge komplizierte bunte Signale anbringen, die in prägnanter Einfachheit und extremer genereller Unwahrscheinlichkeit die vom AAM geforderten Eigenschaften in sich vereinen.

Unzählige bunte Zeichnungsmuster von Vögeln und Fischen sind unter dem Selektionsdruck entstanden, die ein AAM ausgeübt hat. Dasselbe gilt für eine ebenso große Zahl von unwahrscheinlichen, Signalwirkung entfaltenden Bewegungsweisen, die fast immer mit morphologischen Strukturen zusammenwirken. Solche im Dienste der Signalfunktion evoluierten Bewegungen, Farben und Strukturen bezeichnen wir als *Auslöser.* Es gibt bei Wirbeltieren kaum einen auffallenden Farbfleck, kaum eine verlängerte Flosse oder Feder, vor allem aber keine Bewegungsweise, die sich durch rhythmische Wiederholung und auffallende Orientierung zum Adressaten auszeichnet und die nicht als Auslöser fungiert. Als Tinbergen und ich gleichzeitig den Feuermaul-Cichliden (Cichlasoma meeki) zu sehen bekamen, der einen Augenfleck nicht wie andere Cichliden auf dem Kiemendeckel (Operculum), sondern auf der Kiemenhaut (Branchiostegalmembran) aufweist, kreuzten wir Briefe, in denen wir durch eine Skizze die besondere Form des Frontaldrohens voraussagten, durch die sich diese Art von anderen Cichliden unterscheidet.

Wenige Beispiele von Auslösern genügen zur Illustration des Prinzips. Morphologische Auslöser unterstreichen manchmal optisch oder akustisch eine Erbkoordination, die nicht im Dienste der Signalwirkung verändert ist. Sehr viele Vögel enthüllen beim Auffliegen Farbmuster, wie die bunten Flügelspiegel vieler Enten, wie die auffallend gefärbten seitlichen Steuerfedern die am gefalteten Schwanz durch die Schutzfärbung der mittleren rectrices verdeckt bleiben, weiße Unterrücken und Bürzel, die beim sitzenden Vogel unter den gefaltenen Flügeln verborgen sind, und Vieles andere. Hierher gehören auch die dauernd zur Schau getragenen „Plakatfarben" mancher tropischer Korallenfische, die der Arterkennung dienen und kampfauslösend wirken. Auch die auf bestimmte Körperteile verteilten Fettpolster des menschlichen Kindes und des Weibes sind nachweislich Auslöser. Für das Vorhandensein der dicken Fettpolster an den Wangen des Kindchens wurden die merkwürdigsten Erklärungen herangezogen, sie sollten z. B. das Saugen erleichtern, was sicher nicht richtig ist, da die uns nächst verwandten Affen keinerlei derartige Polster aufweisen. Im Gegensatz zum corpus adiposum buccae erschienen die auf bestimmte Körperregionen scharf begrenzten Fettpolster der Mädchen den meisten Betrachtern offenbar als einer besonderen Erklärung nicht bedürftig.

Die allermeisten als Auslöser wirkenden morphologischen Merkmale stehen in enger Beziehung zu ritualisierten Instinktbewegungen, deren Signalwirkung sie verstärken. Besonders gut läßt sich an den homologisierbaren Balzbewegungen von Enten demonstrieren (1.IV/12), wie häufig eine bestimmte, vielen Arten gemeinsame Bewegungsweise bei jeder Art durch andere Federstrukturen und -farben unterstrichen und auffällig gemacht werden. Ganz sicher sind in solchen Fällen die Bewegungsweisen älter als die in ihrem Dienste entwickelten morphologischen Merkmale. Da wir gerade für auslösende Instinktbewegungen gute Beispiele von sicheren Differzierungsreihen besitzen, sind wir über ihre Phylogenese genauer informiert, als über die irgendwelcher anderen Verhaltensweisen.

Man hat vorgeschlagen, die hier in Rede stehenden Reiz-Sende-Apparate als „soziale" Auslöser (englisch social releasers) zu bezeichnen. Dem steht entgegen, daß es nicht wenige Auslöser gibt, die einen AAM einer *anderen* Spezies zum Ansprechen bringen. Die schönen Augenzeichnungen auf den Flügeln von Schmetterlingen, oder am ersten Bein von Gottesanbeterinnen (Mantidae), wirken nachweislich auf den Freßfeind, er erschrickt und flieht, wenn plötzlich vor ihm zwei Augen auftauchen, deren Größe und Abstand auf ein Tier schließen lassen, das größer ist als er selbst. Augenattrappen, die dem Abschrecken von Freßfeinden dienen, sind auch bei vielen Kopffüßern (Cephalopoden) entstanden, deren ungeheuer schnell reagierendes Chromatophorensystem es ihnen erlaubt, sich blitzrasch ein paar drohende Augen auf den Rücken zu zaubern, wie der Octopus es tut, oder auf die Seitenflossen wie Sepiotheutis.

Es gibt auch Auslöser, die nicht auf den Freßfeind, sondern auf das Beutetier gemünzt sind. Bei den Anglerfischen gibt es echte Köder, die am Ende des ersten Rückenflossenstrahls entstehen. Bei dem Splitlure Anglerfish der Amerikaner (Phrynelox scaber) ist dieser Köder ein täuschend naturgetreu sich windender Wurm, bei der nordamerikanischen Geierschildkröte (Macroclemys temminckii) befindet sich an der Spitze der Zunge ein fadenförmiger roter Fortsatz, der sich wurmartig bewegt, während das riesige Tier mit weit aufgesperrtem Rachen still im Schlamm liegt.

In gewissem Sinne bedeuten diese Auslöser eine Nachahmung einer anderen Tierart. Wo eine solche höhere Grade der Differenzierung erreicht, spricht man von Mimikry. Am bekanntesten und vielleicht am häufigsten sind Fälle, in denen Tierformen, die durch Gift, üblen Geschmack oder sonstwie vor dem Gefressenwerden geschützt sind, von harmlosen und durchaus wohlschmekkenden Lebewesen nachgeahmt werden, die auf diesem Wege des Schutzes teilhaftig werden. Hier interessieren uns jene Fälle von Mimikry, in denen ein Auslöser nachgeahmt wird, der auf einen *sozialen* AAM einer anderen Art einwirkt, in denen der Nachahmer somit erreicht, vom Nachgeahmten als Artgenosse behandelt zu werden. Bei den brutschmarotzenden Witwenvögeln (Viduini), ahmt der Jungvogel aufs Genaueste den Sperr-Rachen und die Kopfzeichnung der Kinder seines Wirtes nach. Wie J. Nicolai nachwies, hat sich die Evolution der Viduini Hand in Hand mit derjenigen der von ihnen parasitierten Estrildini abgespielt. Da die jungen Witwen nicht, wie der Kuckuck, ihre Ziehgeschwister vernichten, sondern neben diesen aufgezogen werden, müssen Aussehen und Verhalten des Neugeborenen aufs Genaueste denen des Wirtsvogels gleichen, jede Witwenart muß also „ihrer" Estrildinenart angepaßt sein. Obwohl manche nah verwandte Witwenarten einander im erwachsenen Zustande recht ähnlich sind und daher taxonomisch oft als Unterarten eingestuft wurden, sind sie als „gute" Arten zu betrachten, da sie im gleichen Gebiet zusammenleben und sich nie vermischen können, weil der Jungvogel der Kreuzung weder zu der einen, noch zu der anderen Wirtsvogelart passen würde und keine Überlebenschancen hätte. Die Hybridenbildung bei Witwen wäre daher in hohem Grade dysteleonom und wird daher durch bestimmte Mechanismen verhindert, in die merkwürdigerweise Erlerntes und Prägung mit eingehen. Sie werden aber in dem Abschnitt über Prägung (3. III/6) besprochen werden.

Ein besonders interessanter Fall von Mimikry liegt dort vor, wo Auslöser Organe der eigenen Art vortäuschen. Als wir in Seewiesen zum ersten Mal Maulbrüter der Art Haplochromis burtoni bekamen, fielen uns sofort, als wir die Fische ins Quarantäne-Aquarium gesetzt hatten, die merkwürdigen, dunkel oder mit einem durchsichtigen Hof umrandeten, orangegelben Flecke auf der Afterflosse des Männchens auf. Ein amerikanischer Gast, John Burchard, vermutete sofort, daß sie „Attrappen" von Eiern seien, und daß das Weibchen, nachdem es beim Ablaichen die wirklichen Eier aufgenommen haben werde, nach den Flecken schnappen werde, wie nach Eiern, daß das Männchen zu diesem Augenblick seinen Samen ausstoßen werde, der, vom Weibchen aufgenommen, die Eier in seinem Maul befruchte. W. Wickler hat die Richtigkeit der Vermutung voll bestätigt und hat noch andere Fälle von Selbst-Mimese aufgefunden. Es gibt Affenarten, bei denen das Männchen auf dem Hinterteil (Paviane, Meerkatzen), in einem Fall aber auch auf der Brust (Dschelada), Nachahmungen der weiblichen Genitalien trägt, die bei einer Demutgeste dem überlegenen Rivalen präsentiert werden und befriedend wirken. Die nachahmenden Strukturen sind dabei interessanterweise häufig nicht nur nicht homolog den nachgeahmten, sondern überhaupt aus völlig andersartigen Geweben aufgebaut. So haben, z. B. manche Meerkatzen im männlichen Geschlecht rote Haare an jenen Körperpartien, die beim Weibchen mit stark durchbluteter roter Haut überzogen sind.

Das Studium der vom Nachahmer entwickelten, auf einen AAM eines nicht gleichartigen Tieres gezielten Auslöser gibt deshalb besonders günstige Möglichkeiten zur Analyse, weil hier die Evolution des Auslösers ein einseitiger und nicht ein wechselseitiger Vorgang der Anpassung ist, die sich zwischen AAM und Auslöser abspielt, wie bei der Ausbildung aller sozialen Auslöser. Die Entwicklung der Auslöser bei Nachahmern stellt daher den einfachsten möglichen Fall dieses Evolutionsvorganges dar.

4. Eine wichtige Faustregel

Ein wichtiger Rückschluß auf die Leistungsfähigkeit und die Leistungsbeschränkungen des AAM kann aus einer gemeinsamen Eigenschaft aller bekannten Auslöser gezogen werden, die im vorigen Abschnitt besprochen wurden: Alle bekannten Auslöser bestehen in räumlichen oder zeitlichen Konfigurationsmerkmalen von verhältnismäßig großer Einfachheit. Es ist kennzeichnend für sie, daß sie sich stets in der Wortsprache trotz deren linearer Aufeinanderfolge von Worten gut und vollständig beschreiben lassen. Dies fällt schon auf, wenn man nur die Beschreibung des männlichen und des weiblichen Geschlechtes von Vögeln liest, deren Männchen ein aus lauter Auslösern zusammengesetzes Prachtkleid besitzen, während die Weibchen kryptisch gefärbt sind. ,,Das Wort bemüht sich nur umsonst, Gestalten schöpferisch aufzubauen", sagt Goethe. Diese Beschränkung der Wortsprache besteht in der zeitlichen Ein-Dimensionalität ihrer Informationsübertragung. Man versuche in irgendeinem ornithologischen Buch die Gefiederbeschreibung einer weiblichen Stockente oder sonst eines schutzfärbigen Vogels zu lesen, und sich daraus ein ,,Bild", also eine Entsprechung zur Gestaltwahrnehmung zu bilden. Man wird finden, daß dies deshalb unmöglich ist, weil man längst vergessen hat, wo ein bestimmter brauner oder gelber Fleck an irgendeiner Körperstelle des Vogels beschrieben wurde, ehe man die Information über alle anderen Flecken und Punkte vollständig beieinander hat. Daß diese Beschränkung in der Schwäche der Erinnerungsfähigkeit liegt, wird dadurch bewiesen, daß eine lineare Aufeinanderfolge punktförmiger Information sehr wohl imstande ist ,,Gestalten schöpferisch aufzubauen", wofern sie so rasch erfolgt, daß das physiologische Nachbild der Retina die erste Information noch festhält, wenn die letzte eintrifft. Genau dieses Prinzip benützt bekanntlich das Fernsehen.

Unsere Gestaltwahrnehmung kann etwas, was der AAM nicht kann, nämlich *selektiv auf Komplexqualitäten ansprechen.* Es ist eine sehr verläßliche Faustregel: Spricht der Organismus auf eine Attrappe mit grob nachgeahmten Reizkonfigurationen an, so ist ein AAM am Werke. Muß dagegen die biologisch adäquate Situation so genau simuliert werden, wie dies mit einer Attrappe nur schwer möglich ist, so ist der Schluß berechtigt, daß die betreffende Verhaltensweise durch die erlernte Wahrnehmung einer komplexen Gestalt ausgelöst wird. Die Gültigkeit dieser Regel wurde mir früh durch folgenden Versuch von A. Seitz vor Augen geführt. Nachdem dieser seine, in 2.II/4 referierten, klassischen Versuche an den Männchen von „Astatotilapia strigigena" (siehe Fußnote S. 99) durchgeführt hatte, versuchte er, außer den Verhaltensweisen des Rivalenkampfes auch solche der Balz auszulösen. Da er mit grob vereinfachenden Attrappen keinen Erfolg hatte, ging er zu immer feineren und genaueren Nachbildungen eines Astatotilapia-Weibchens über und kam schließlich zu Objekten, die aus durchsichtigem Paraffin nach einem fixierten Weibchen abgegossen, mit durchsichtigen Flossen aus Zelluloidfolie versehen und mit Aluminiumstaub silberglänzend gemacht waren. Diese Nachbildungen hätten, an einem Nylonfaden im Becken aufgehängt, so manchen menschlichen Beschauer getäuscht, nicht aber das artgleiche Männchen, selbst wenn dieses hinsichtlich Balzverhalten stark schwellenerniedrigt war.

Also, schloß Seitz, muß die Reaktion auf das Weibchen auf erworbener Gestaltwahrnehmung beruhen. Ich selbst war hievon zunächst durchaus nicht überzeugt, wiewohl ich die obige Faustregel schon als solche publiziert hatte, und ich ermutigte Seitz keineswegs, den schwierigen Versuch der Aufzucht unter Erfahrungsentzug zu unternehmen. Dieser ist bei den Maulbrütern technisch schwierig, da die Eier normalerweise im Maul des Weibchens dauernd vom Strom des Atemwassers durcheinander gewirbelt werden. Um sie künstlich zu erbrüten, muß man sie auf einem aufwärts gerichteten Wasserstrahl tanzen lassen. Die Geduld des Forschers schreckte nicht vor der Aufgabe zurück, einen Apparat zu bauen, der eben dies bewirkte. Als es ihm gelungen war, mit dieser Methode immerhin fünf Männchen zu völliger Reife heranzuziehen, schritt er in meinem Beisein zum ersten, mir unvergeßlichen Experiment. Um nicht schon durch den ersten Versuch Dressuren auf besondere Merkmale der verwendeten Attrappe zu erzeugen, begann er mit der Darbietung des einfachsten denkbaren Objektes, einer grauen Plastilinkugel, die, auf ein dünnes Glasstäbchen aufgespießt, auf das Versuchstier zu bewegt wurde. Es zeugt von lobenswertem Mißtrauen gegen eigene Hypothesen, daß ich höchst erstaunt war, als dieser Fisch, der bis dahin überhaupt kein bewegliches Objekt in seinem Becken gesehen hatte, seine quer- und längsgestreifte Tarnfärbung verlor, leuchtend blau zu glänzen begann, Flossen und Kiemenhaut aufrichtete, sich breitseits zu der Attrappe orientierte und im nächsten Augenblick explosiv mit höchster Intensität zu balzen begann. Ich hatte mir nicht recht vorstellen können, daß Gestaltlernen auf der Entwicklungshöhe eines Fisches eine so ausschlaggebende Rolle spielen könnte, meine Faustregel stammte ja größtenteils aus der Beobachtung von Vögeln.

Eine wichtige Konsequenz aus allem, was über Auslöser und ihre Wirkungsweise bekannt ist, ist die folgende: Es ist der Evolution des senso-neuralen Systems höherer Tiere nicht möglich, einen angeborenen, d. h. phylogenetisch programmierten Reiz-Empfangs-Apparat herzustellen, der selektiv auf Komplexqualitäten anspricht. Dagegen aber ist es der erlernten Wahrnehmung von Gestalten ein Kleines, Reaktionen herzustellen, die mit ungeheurer, schier unglaublicher Selektivität auf komplexeste Konfigurationen ansprechen. Eine Graugans von wenigen Tagen erkennt ihre beiden Eltern an der Physiognomie des Gesichtes, wobei sich ganz ähnlich wie beim Gesichter-Erkennen des Menschen, der wesentliche Anteil des Kopfes auf Nase und Umgebung der Augen beschränkt.

Diese eindrucksvollen Unterschiede zwischen den Leistungen des AAM auf der einen, und der erworbenen Gestaltwahrnehmung auf der anderen Seite, dürfen die Gemeinsamkeiten nicht vergessen lassen, die beide Funktionen verbinden. Diese Ähnlichkeiten beruhen darauf, daß bei beiden dieselben physiologischen Mechanismen des peripheren Reiz-Empfangs eine entscheidende Rolle spielen. Aus biokybernetisch leicht einsehbaren Gründen ist es umso leichter, einen Empfangsapparat zu bauen, der selektiv auf ein bestimmtes Signal anspricht, je einfacher dieses ist und je mehr es gleichzeitig durch seine generelle Unwahrscheinlichkeit die Gefahr der Verwechslung mit anderen Reizkonfigurationen herabsetzt. Felix Krüger hat die Kombination von Einfachheit mit genereller Unwahrscheinlichkeit als *Prägnanz* bezeichnet. Es ist eine Auswirkung der Prägnanztendenz aller Wahrnehmung, wenn reine Spektralfarben und geometrisch einfach definierte Formen, oder, auf akkustischem Gebiet, reine Töne, einfache und ganzzahlige Relationen ihrer Frequenzen und ihre rhythmisch regelmäßige Aufeinanderfolge bei phylogenetisch programmierten Auslösern nahezu dieselbe Rolle spielen, wie bei menschengemachten Signalen.

Es wäre durchaus denkbar, daß es echte Auslöser, d. h. im Dienste einer Signalfunktion evoluierte Reiz-Sende-Apparate gibt, denen kein AAM der betreffenden Art als Empfangsapparat gegenübersteht, sondern eine erlernte Wahrnehmung. Auch diese könnte auf die Evolution des Signals einen Selektionsdruck im Sinne möglichster Prägnanz ausüben. Während wir eine Fülle menschlicher Signale kennen, deren Entwicklung ganz sicher vom Prägnanzbedürfnis erlernter Wahrnehmung diktiert wurde, kennen wir kaum einen Fall, in dem ein phylogenetisch entwickelter Auslöser einer erlernten Wahrnehmung gegenübersteht. Sjölander (mündliche Mitteilung 1977) hat eben einen solchen Fall entdeckt, der knallrote Schnabel des Zebrafinks (Taeniopygia castanotis) wirkt nachweislich als Signal und doch scheint die Reaktion auf seine Farbe erworben zu sein. Es gelang Sjölander, junge Zebrafinken auf grüne Farbe des Schnabels zu prägen. Die Prägung ist ein Lernvorgang besonderer Art, der, wie wir in 3. III/6, S. 222ff. besprechen werden, in vielen Fällen hochselektive Reaktionen auf äußerst komplexe Reizkonfigurationen herstellt.

5. Angeborene Auslösemechanismen ergänzt durch Erworbenes (EAAM)

Es war der Wiener Zoologe Otto Storch, der als erster darauf hinwies, daß im Tierreiche eine adaptive Modifikation des Verhaltens im rezptorischen Sektor auf einer sehr viel niedrigeren phylogenetischen Stufe auftritt, als im motorischen. Er unterschied Erwerbs-Rezeptorik und Erwerbs-Motorik. Einer der am weitesten verbreiteten Lernvorgänge und möglicherweise der urtümlichste unter ihnen, besteht darin, daß ein AAM durch Hinzulernen von weiteren, für die auslösende Reizkonfiguration kennzeichnenden Merkmalen *selektiver* gemacht wird. Dies bedeutet selbstverständlich eine *adaptive Modifikation* des Verhaltens und gehört ordnungsgemäß in den 3. Teil, Kapitel III/2 dieses Buches, wo auch darauf zurückgekommen werden muß. Doch ist der Vorgang so eng an die Funktionseigenschaften des AAM geknüpft, daß er in diesem Kapitel besprochen werden soll.

Der AAM, mit dem ein ,,Astatotilapia"-Männchen auf ein Weibchen anspricht, besteht, wie Attrappenversuche von A. Seitz zeigten, aus ganz wenigen als Schlüsselreize wirksamen Konfigurationen. Das Objekt muß die ungefähre Größe eines Artgenossen haben, sich langsam auf das Männchen zu bewegen, seinem erregten Balzverhalten standhalten und ihm anschließend beim Führungsschwimmen langsam zur Nestgrube folgen. Bei dem nachfolgenden Umeinanderkreisen beider Fische darf das Männchen niemals eine ihm zugekehrte flache lotrechte Fläche erblicken, denn eine solche wirkt als Schlüsselreiz für Kampfverhalten. Deshalb gelang es Seitz nie, in den schon Seite 136 besprochenen Versuchen das Kreisen des Männchens mit einer flächenhaften Attrappe auszulösen, mit einer Kugel gelang dies. Wie schon besprochen, gelingt die Auslösung der Balz von ,,Astatotilapia"-Männchen durch Attrappen nur beim erfahrungslosen Fisch. Bei normal unter Seinesgleichen aufgewachsenen müssen die oben erwähnten Schlüsselreize *von einem Artgenossen* ausgehen. Die genetische Information, die der Fisch mitbekommen hat, würde also, in Worte gefaßt etwa folgendermaßen lauten: Ein Weibchen ist ein Artgenosse, der sich in der oben beschriebenen Weise verhält. Was jedoch ein Artgenosse ist, muß der Fisch in seinem individuellen Leben durch eine Fülle von Erfahrungen lernen, aus denen sich eine komplexe Wahrnehmungsgestalt aufbaut.

Angeborene Auslösemechanismen, die *nicht* durch erlernte Wahrnehmungen selektiver gemacht werden, gibt es vor allem bei Wirbellosen, so bei Insekten und Spinnentieren (Arachnomorphen) und ganz besonders in solchen Fällen, wo eine bestimmte Reaktionsweise nur ein einziges Mal im individuellen Leben des Tieres ausgelöst wird. Bei höheren Tieren kennen wir fast nur solche AAM, die durch Lernen selektiver gemacht werden. Eine Ausnahme ist, nach Margret Schleidt, der beim Truthahn das Kollern auslösende Mechanismus, an dem eine Zunahme der Selektivität durch Lernen nicht festgestellt werden konnte.

Die im vorigen Abschnitt besprochene Faustregel, daß das Ansprechen einer Reaktion auf eine grob vereinfachte Attrappe das Vorhandensein eines AAM wahrscheinlich mache, besagt nicht, daß dieser nicht unter normalen Umständen durch Lernvorgänge selektiver gemacht werden könnte. Leider wurde meines Wissens noch nie versucht, die Wirkungen zu vergleichen, die beim erfahrenen Tier von einer plumpen Attrappe und vom wirklichen Objekt ausgelöst werden. Ob ein männliches Rotkehlchen nicht doch einen wirklichen Gegner intensiver bekämpft, als die isoliert dargebotenen Brustfedern, oder ob nicht doch ein Stichling, der nach dem klassischen Versuch Tinbergens jede rotbäuchige Attrappe bekämpft, nicht doch auf einen wirklichen Rivalen noch intensiver reagieren würde, wissen wir nicht. Die Entscheidung dieser Frage ist auch deshalb schwer, weil man leicht, ohne es zu wollen, an der Attrappe Schlüsselreize bietet, von denen die normalen an Wirksamkeit übertroffen werden. Die Begattungsreaktion des Grauganters wird dadurch ausgelöst, daß ein Artgenosse flach ausgestreckt sehr tief im Wasser liegt. Handaufgezogene Graugänse erweisen sich zwar niemals als sexuell auf den Menschen geprägt, doch löst der im Wasser schwimmende Pfleger, wie S. 130 erwähnt, Begattungsreaktionen in überoptimaler Weise aus.

III. Die Probleme des „Reizes"

1. Weite Begriffsbestimmung

Mit dem Wort „Reiz" verbindet man oft einen sehr weiten Begriff und bezeichnet mit ihm so ziemlich alle Einflüsse, die beim organischen System eine beobachtbare Antwort hervorrufen, sei es bei einem Einzeller, bei einem ganzen vielzelligen Organismus, bei einer Nervenzelle, oder selbst bei einem isolierten Neuriten. Wir sprechen z. B. von einem Schlüsselreiz, wenn eine komplexe Konfiguration mehrerer Außenreize bei einem höheren Tier eine bestimmte teleonome Antwort auslöst, obwohl wir ganz genau wissen, daß dieser Reaktion ein höchst differenzierter Filterapparat vorgeschaltet ist, der eine Unzahl von Reizen auswertet, um dann ein einziges verläßliches Signal an die Efferenz des Tieres weiterzugeben. Wir sprechen von einem Reiz, wenn ein quantitativ meßbarer Stromstoß von einigen Millivolt ein Neuron zum Feuern bringt, und manchmal wird sogar von Reizen gesprochen, wenn unspezifische und nicht im phylogenetisch gewordenen Programm neuraler Reaktionen „vorgesehene" Einwirkungen, wie etwa eine abnorme Verringerung des Calciumgehaltes im Blut oder in der Nährlösung ein „Feuern" von Nervenzellen hervorruft.

2. Stabile und spontan aktive nervliche Elemente

Auf der niedrigen Integrationsebene der einzelnen Nervenzelle kann man alles in einem weiten Sinne als Reiz bezeichnen, was zum Umschlagen des Membranpotentials beiträgt oder unmittelbar zu ihm führt. Der Terminus „Umschlagen" kommt dem wirklichen Vorgang näher, als der herkömmliche und mehr gleichnishafte Ausdruck des „Zusammenbrechens". Es vollzieht sich ein Wechsel der positiven Aufladung an der Außenseite in eine schwächere negative und Umgekehrtes vollzieht sich an der Innenseite der Membran. Dieser Vorgang ist dem „Feuern" der Zelle, d. h. dem Aussenden eines an ein anderes Neuron, oder an deren mehrere adressierten Signales gleichzusetzen, denn der Potentialumschlag setzt sich auf die Neuriten fort, läuft ihn entlang und bewirkt unter noch zu besprechenden Umständen ein gleichartiges Umkippen des Membranpotentials beim Adressaten. Ob dies erfolgt oder nicht, hängt von der augenblicklichen Erregbarkeit jenes anderen Elementes ab.

Hier liegt eine begriffliche Schwierigkeit, auf die Kenneth Roeder hingewiesen hat. Er sagt: „Die Erregbarkeit eines Nerven kann nicht in physikalisch-chemischer Terminologie definiert werden. Der einzige Weg, auf dem sie manifest gemacht und gemessen werden kann, besteht darin, den kleinst möglichen Energiewechsel zu bestimmen, der in einem bestimmten Zeitintervall und in einer bestimmten Richtung wirksam gemacht werden muß, um den Nerv dazu zu veranlassen, einen Impuls zu entladen. Benützt man einen elektrischen Reiz, so kann dieser Energiewechsel in Maßen eines elektrischen Stromes und seine Richtung in den Vorzeichen des Potentials ausgedrückt werden. So können wir sagen, daß der reziproke Wert der Erregbarkeit eines Nerven, seine ‚Stabilität', proportional der Energie ist, die aufgewendet werden muß, um diese Stabilität zu vernichten; wir können sie aber nicht als eine kontinuierliche Eigenschaft des lebendigen Gewebes definieren. Analoge Gedankengänge kann man anwenden, um die Stabilität eines Gebäudes oder irgendeiner anderen Struktur zu beschreiben. In diesem Falle kann die Stabilität in den Maßen der Kraft ausgedrückt werden (etwa Belastung je Flächeneinheit, Windgeschwindigkeit), die eben noch ausreicht, um ein Zusammenbrechen zu verursachen. Diese Kraft kann mit jener anderen verglichen werden, der das Gebäude unter normalen Bedingungen standhält". (Übersetzung.)

Diese Erwägungen Kenneth Roeders lassen sich gut an dem schon abgebildeten Schema (S. 117) illustrieren. „Die von der unteren Horizontalen dargestellte Ruhe-Erregbarkeit entspricht der normalen Belastung, der das Gebäude in dem oben gebrauchten Gleichnis ausgesetzt ist. Die obere Horizontale stellt den Erregbarkeitsgrad der Schwelle dar, oder, um wieder das Gleichnis vom Gebäude zu brauchen, die Last, unter der es zusammenbricht. Die ausgezogene Kurve zeigt die Folge der Erregbarkeits-Änderungen, die auftreten, nachdem der ursprünglich ‚stabile' Nerv einem kurz dauernden Reiz von der Stärke S_1 ausgesetzt worden ist. Man sieht, daß die Erregbarkeit (oder Instabilität) nach dem Reiz sehr rasch von dem Werte der Ruhe-Erregbarkeit ansteigt, bis sie den Schwellenwert erreicht. Im Gleichnis vom Gebäude bedeutet dies den Augenblick des Zusammenbruchs; im Nerven ist es der Moment der Weiterleitung des Impulses, deren äußeres Zeichen jene elektrische Veränderung ist, die dem Alles-oder-Nichts-Gesetz gehorcht, d. h. das Aktionspotential (oberster Teil des Diagramms). Während der Impuls ausgesandt wird, sinkt die Erregbarkeit des Nerven auf Null – die absolute refraktäre Periode: Im Gleichnis des Gebäudes ist der Zusammenbruch nun vollendet. Von diesem Punkt an trifft die Analogie des Gebäudes auf den Nerven nicht mehr zu, da dessen Stoffwechsel ihm die Fähigkeit verleiht, seinen vorherigen Zustand wiederzugewinnen. Was nun folgt, ist bei verschiedenen Nerven verschieden. In großen A-Fasern von Wirbeltieren kehrt der Wert der Erregbarkeit nicht unmittelbar auf den der Ruhe zurück, sondern geht zunächst über sein Maß hinaus, was zu einer Phase übernormaler Erregbarkeit führt. Wie die ausgezogene Kurve zeigt, folgt auf sie eine verhältnismäßig ausgedehnte Phase der Unter-Erregbarkeit, nach der langsam die vorherige Ruhe-Erregbarkeit zurückkehrt."

„Das Hinausschießen der Erregbarkeit über das normale Maß ist deshalb von besonderem Interesse, weil es einen Übergang zwischen dem stabilen und dem spontan aktiven Zustand eines Nerven herstellt. Die verhältnismäßige Größe der Übererregbarkeit oder, in anderen Worten, die relativen Werte von Ruhe-Erregbarkeit und Schwelle, variieren sehr beträchtlich. Wenn die Übererregbarkeit verhältnismäßig groß, oder der Abstand zwischen Ruhe-Erregbarkeit und Schwellenwert relativ klein ist, so wird die Folge der Erregbarkeits-

Änderungen der punktierten Kurve entsprechen. Der auf eine Entladung folgende Erregbarkeits-Anstieg erreicht den Schwellenwert, die Nervenfaser wird nun selbst-erregend und die Impulse folgen einander in regelmäßigen Abständen (wie in dem oberen Diagramm von Abb. 14 dargestellt ist). Jedem Impuls folgt eine absolut refraktäre Periode und auf diese ein Erregungsanstieg, der den Schwellenwert erreicht. So kann ein einzelner Reiz eine Folge von Impulsen in Gang setzen, die sich dauernd fortsetzt, wenn nicht die Gegenwirkungen von Adaptation und Ermüdbarkeit ihr ein Ende setzen."

„In gewissem Sinne kann diese Aktivität als spontan betrachtet werden, da der Reiz, der eine lange Folge von Impulsen auslöste, leicht übersehen werden kann. Genau genommen ist es eine repetitive Aktivität. Von einer wirklich spontanen Aktivität kann man dann sprechen, wenn die Werte von Ruhe-Erregbarkeit und Schwellen-Erregbarkeit (die beiden horizontalen Linien im unteren Diagramm, Abb. 14) zusammenfallen. Wenn dies der Fall ist, wird der Nerv vollkommen unstabil und eine ähnliche Aufeinanderfolge von Impulsen beginnt auch ohne die Einwirkung eines auslösenden Reizes."

„Die Abb. 14 illustriert auch, daß eine spontan aktive Nervenfaser keinen festen Schwellenwert hat, worauf, wie schon erwähnt, R. J. Pumphrey hingewiesen hat. Ein Reiz wie S_2 kann an jedem beliebigen Punkte der Erregbarkeitsschwingung eintreffen. Wenn er es in dem Augenblick tut, der im Diagramm dargestellt ist, muß er die relativen Dimensionen des Doppelpfeils besitzen, um die Nerven während der verfügbaren Zeit auf Schwellen-Erregbarkeit zu bringen. Dies muß dazu führen, daß der ausgesandte Impuls und die darauf folgende Refraktärzeit ein wenig früher eintreten, als wenn das Element seiner Spontanaktivität überlassen geblieben wäre. Je später der Reiz während der Phase des Erregungsanstieges eintritt, desto kleiner wird die kritische Größe von S_2 und desto kleiner der Einfluß, den der Reiz auf die Frequenz der rhythmischen Entladungen hat. Andererseits wäre ein Reiz von der Größe S_2 völlig wirkungslos, wenn er in dem Augenblicke einträfe, in dem S_1 in unserem Diagramm wirksam wird. Die Sensitivität eines spontan aktiven Nervenelementes, dessen Frequenz durch Reize aller Dimensionen moduliert werden kann, ist deshalb nur durch die Fähigkeit anderer zentralnervöser Mechanismen begrenzt, auf die kleinen Frequenzmodulationen seiner rhythmischen Entladungen anzusprechen." (Übersetzung.)

Die Erwägung Pumphrey's gibt eine einleuchtende Erklärung für die Tatsache, daß alle Sinneszellen, die bisher untersucht wurden, spontan aktiv sind und daß ihr Signal stets in einer Frequenzmodulation spontan generierter Reize und nicht etwa in einem Einzelreiz besteht.

3. Analoges Verhalten integrierter neuraler Systeme

Was im Vorangehenden von den Übergängen und Zusammenhängen zwischen Ruhe-Erregbarkeit und Schwellenwert gesagt wurde, läßt, zumindestens was elementare Nervenvorgänge betrifft, die scharfe Grenze zwischen aufladenden und auslösenden Reizen verschwinden. Jede langdauernde, „tonische" Belastung des Membranpotentials beeinflußt die Ruhe-Erregbarkeit und setzt die Stabilität des Elementes herab. Für die Verhaltensphysiologie wichtig ist die

Frage, wie weit analoge Gesetzlichkeiten auch für jene Reizeinwirkungen gelten, die komplexe neurale Systeme beeinflussen, wie etwa den Komplex, der aus einem AAM und einer Instinktbewegung zusammengesetzt ist, die Triebhandlung im Sinne Heinroths.

Wie schon in 2. I/14 gesagt wurde, ist immer äußerste Vorsicht geboten, wenn man versucht, Eigenschaften eines integrierten Systems aus denen der Elemente zu erklären, aus denen es zusammengesetzt ist. Das Zentralnervensystem vollbringt oft auf sehr verschiedenen Integrationsebenen analoge Leistungen, die einander funktionell so sehr gleichen, daß man versucht wird, sie auch in Hinsicht auf ihr kausales, physiologisches Zustandekommen für Dasselbe zu halten. Immerhin berechtigen solche Analogien, woferne sie prüfbar sind, zur Hypothesebildung und was dort (S. 118) über die Zusammenhänge zwischen spontaner Reizerzeugung, zentraler Koordination und den Eigenschaften der Instinktbewegung gesagt wurde, berechtigt ebenso zu sinnvollen Hypothesen, wie das im vorigen Abschnitt über Reizwirkung Gesagte.

Die verschiedenen Reizkonfigurationen, die einen AAM zum Ansprechen bringen, wirken auf einer höheren Integrationsebene außerordentlich ähnlich wie die im vorhergehenden Abschnitt besprochenen energetischen Einflüsse, die das Membranpotential des neuralen Elementes dem Umkippen näher bringen und dieses schließlich bewirken. Bestimmte Reizmuster, die sicher einen hochdifferenzierten Filterapparat durchlaufen müssen (S. 124ff.), ehe sie Einfluß auf ein efferentes, motorisches System gewinnen, wirken in den allermeisten Fällen, je nach dem augenblicklichen Bereitschaftszustand des Systems das eine Mal Bereitschafts-steigernd, das andere Mal auslösend. Der afferente Teil einer Verhaltensweise ,,benimmt sich“ also in sehr vielen Fällen genau wie das Membranpotential des Nervenelementes. Der Schwellenwert und die Ruhe-Erregbarkeit lassen sich genau so wenig messen, wie bei den Neuriten des Ischiadicus, die Roeder untersuchte. Die einzige unmittelbar meßbare Größe ist die des Reizes entsprechend dem Abstand zwischen den beiden Linien, der im Roederschen Diagramm die Reizgröße S darstellt.

Mein altes Denkmodell Abb. 18 mit dem ständig ansteigenden Pegel aktions-spezifischer Energie und dem von außen gesteuerten Ventil wird der Tatsache nicht gerecht, daß das Eintreffen jedes nicht unmittelbar auslösenden Reizes Bereitschafts-steigernd wirkt. Die Tatsache, daß Reize gleicher Art, deren jeder nicht unmittelbar auslösend wirkt, dies in längerer zeitlicher Aufeinanderfolge tun, ist seit sehr langer Zeit als sogenannte Summation von Reizen bekannt.

Ein sehr schwieriges Problem, das uns in den von Erich von Holst geleiteten Symposien intensiv beschäftigte, ist die Frage, ob solche aufladenden und schließlich auch auslösenden Reize die Ruhe-Erregbarkeit steigern, oder die Schwelle senken. Nach den Vorstellungen, die uns durch Roeders Gleichnis vom zusammenbrechenden Gebäude nahegelegt werden, ist es die Ruhe-Erregbarkeit, die eine Veränderung erfährt. Nimmt man dies an, so kann man die Vorgänge in einem Modell veranschaulichen, das der Ähnlichkeit der Wirkungen von Bereitschafts-steigernden und auslösenden Reizen Rechnung trägt. Man kann den Widerstand der Feder am entladenden unteren Kegelventil als konstant annehmen und den Unterschied in der Wirkung aufladender und auslösender Reize durch die Quantität plötzlich in den Behälter geschütteter Flüssigkeitsmengen symbolisieren. Nach diesem Modell unterscheiden sich die unmittelbar auslösenden Reizkonfigurationen von den aufladenden nur durch die Schnelligkeit ihrer Wirkung (Abb. 18b).

Eben dies nimmt Walter Heiligenberg auf Grund seiner Untersuchungen an Grillen und an Fischen an. Er sagt: „Es ließe sich denken, daß eine bestimmte Verhaltensweise immer dann auftritt, wenn eine ihr zugeordnete hypothetische physiologische Größe X einen Mindestwert, also eine kritische Schwelle X_0 überschreitet, und daß dieses Ereignis umso wahrscheinlicher wird, je höher das mittlere Grundniveau dieses X-Wertes liegt. Spontane Verhaltensweisen, wie das Zirpen der Grille, wären nach dieser Annahme dadurch ausgezeichnet, daß die ihnen zugeordnete X-Größe im Allgemeinen ohne Einfluß eines Außenreizes die kritische Schwelle X_0 erreicht. Nicht-spontane Verhaltensweisen hingegen würden zu ihrem Zustandekommen eine durch einen passenden Außenreiz verursachte Erhöhung ihres X-Wertes zur Überschreitung jener

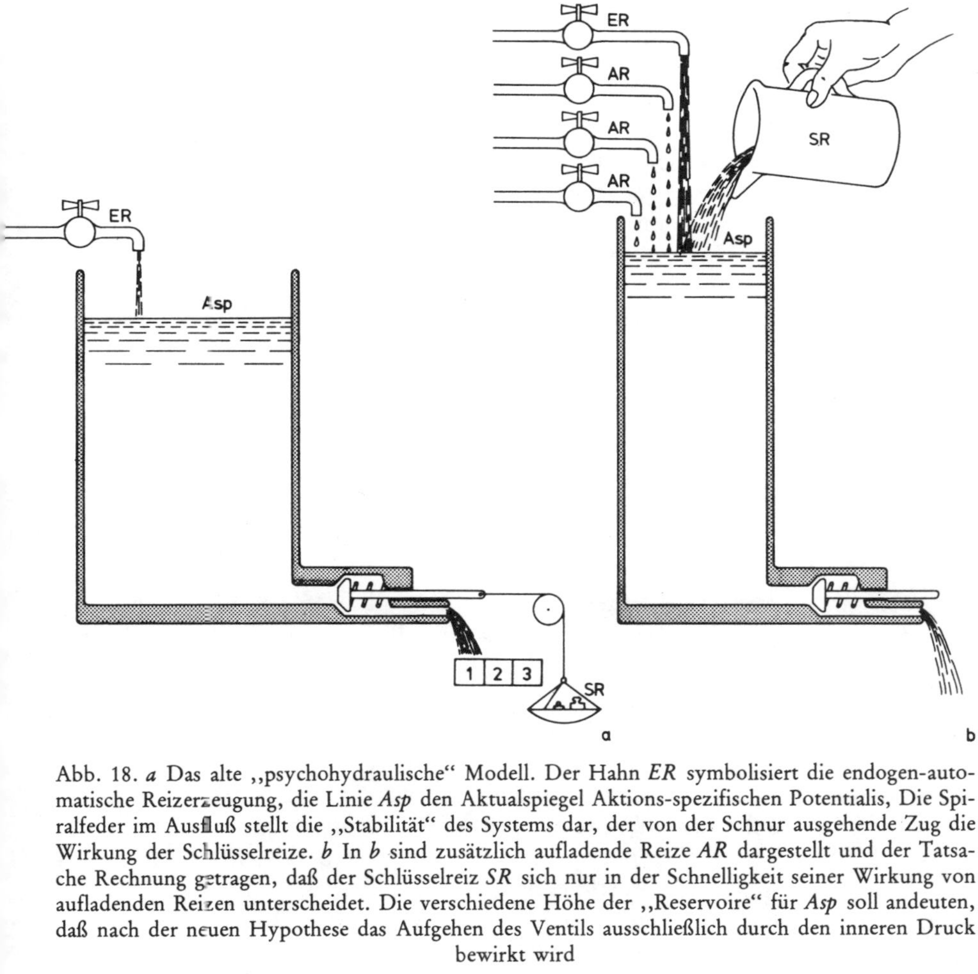

Abb. 18. *a* Das alte „psychohydraulische" Modell. Der Hahn *ER* symbolisiert die endogen-automatische Reizerzeugung, die Linie *Asp* den Aktualspiegel Aktions-spezifischen Potentialis, Die Spiralfeder im Ausfluß stellt die „Stabilität" des Systems dar, der von der Schnur ausgehende Zug die Wirkung der Schlüsselreize. *b* In *b* sind zusätzlich aufladende Reize *AR* dargestellt und der Tatsache Rechnung getragen, daß der Schlüsselreiz *SR* sich nur in der Schnelligkeit seiner Wirkung von aufladenden Reizen unterscheidet. Die verschiedene Höhe der „Reservoire" für *Asp* soll andeuten, daß nach der neuen Hypothese das Aufgehen des Ventils ausschließlich durch den inneren Druck bewirkt wird

Schwelle X_0 brauchen. Bei dieser Annahme hängt die Art der Reizeinwirkung – ob Bereitschafts-erhöhend oder auslösend – von dem Zeitverlauf der durch den Reiz verursachten X-Wert-Erhöhung ab. Eine starke kurzzeitige Erhöhung ließe die Verhaltensweise prompt auf den Reiz folgen, man spräche in diesem Falle von der Auslösung des Verhaltens durch den betreffenden Reiz. Eine anhaltende, langsam abklingende Erhöhung hingegen hätte zur Folge, daß künftig gebotene Reize eine höhere Aussicht böten, den bereits erhöhten X-Wert über seine Schwelle zu heben und somit das Verhalten herbeizuführen; man spräche in diesem Falle von einer Bereitschaftserhöhung“.

Vergleicht man die Aussagen, die Heiligenberg hier über das Verhalten komplexer neuraler Systeme macht, die mindestens aus einem differenzierten Reiz-Filter-Apparat und mehreren, nach Intensitätsstufen variablen Instinktbewegungen bestehen, mit jenen, die im vorigen Abschnitt aus den Werken von Kenneth Roeder zitiert wurden, so illustriert dies deutlich die Ähnlichkeit analoger Leistungen, die vom Zentralnervensystem auf niedriger und hoher Integrationsstufe vollbracht werden. Bei aller Vorsicht der Beurteilung liegt in diesen Parallelen doch wohl ein starkes Argument für die Annahme, daß basale Eigenschaften der Neuronen für diejenigen der aus ihnen aufgebauten Systeme maßgebend sind.

Es muß ein Punkt erwähnt werden, in dem sich das Nervenelement von den aus ihm aufgebauten Systemen unterscheidet, und dieser betrifft die Zeitgrößen der Beeinflußbarkeit. Heiligenberg spricht von einer starken kurzzeitigen, und einer anhaltend langsam abklingenden Erhöhung der Erregbarkeit und diesen Unterschied gibt es, soweit ich sehe, nur bei höher integrierten neuralen Systemen. Holst konnte in seinen an Hühnern ausgeführten Experimenten mit elektrischer Reizung des Hirnstammes zeigen, daß die Erregung hoch integrierter Systeme viel langsamer abklingt, als die von Untersystemen derselben Einheit. Lag z. B. die Elektrode so, daß die ganze Reaktion des Huhnes auf einen Bodenfeind ausgelöst wurde, die sich vom ersten Warngakkern bis zum Abfliegen steigert, so brauchte das Huhn nach Abschalten des Reizes geraume Zeit, um aus der betreffenden „Stimmung“ herauszukommen und zu anderen Reaktionsweisen bereit zu sein. Lag dagegen der Reizort so, daß nicht das ganze Bodenfeind-Fluchtverhalten, sondern nur eines seiner Untersysteme, etwa das erste Warngackern, ausgelöst wurde, so verschwand nach Reizende die Nachwirkung fast augenblicklich.

Auch am intakten Tier läßt sich die Trägheit des Ansprechens komplexer Systeme und des Abklingens der für sie spezifischen Erregung demonstrieren. Bietet man einem längere Zeit isoliert gehaltenen Astatotilapia-Männchen plötzlich eine intensiv kampfauslösende Attrappe, so dauert es trotz des Vorhandenseins hoher Kampfbereitschaft viele Sekunden, ehe der Fisch die in 2.I/3 beschriebene Skala der den verschiedenen Erregungsintensitäten zugeordneten Bewegungsweisen durchlaufen hat und wirklich zu kämpfen beginnt. Dieses „Trägheitsphänomen“ scheint eher in der Afferenz, als in der Efferenz zu liegen. Als Walter Heiligenberg die Verwandtschaft Bereitschafts-steigernder und auslösender Reize an dem Cichliden Pelmatochromis kribensis studierte, hielt er ein erwachsenes Männchen mit einer Anzahl von Jungfischen zusammen, die bei günstig gewählter Anzahl und Beckengröße eine mittlere Zahl von

Kampfreaktionen in der Zeiteinheit auslösten. Hiedurch war ein gutes Maß für die allgemeine Angriffsbereitschaft des erwachsenen Fisches gegeben. Wenn Heiligenberg nun ein anderes Männchen oder eine Männchen-Attrappe für jeweils 30 Sekunden bot, so kam es während dieser kurzen Zeitspanne kaum zu Andeutungen von Droh- und Kampfverhalten. Nach dem Entfernen der Attrappe aber stieg die Zahl der auf die Jungfische gerichteten Angriffe innerhalb von drei bis vier Minuten auf nahezu das Doppelte an. Auch im Abflauen spezifischer Erregbarkeit macht sich ein Trägheitsphänomen bemerkbar.

Wenn Seitz eine stark wirkende Männchen-Attrappe oder einen wirklichen Rivalen im Zeitpunkt, an dem das Kampfverhalten des Versuchstieres hohe Intensitäten erreicht hatte, plötzlich verschwinden ließ, so griff der Fisch in den nächsten Sekunden völlig inadäquate „Attrappen" an, z. B. regelmäßig den kleinen Gummischlauch, mit dem der Ausströmerstein der Durchlüftung am Zuleitungsrohr befestigt war. Entsprechendes gilt für viele Reaktionsweisen, deren AAM summativ auf eine größere Anzahl von Schlüsselreizen anspricht.

Auf der anderen Seite sind jene AAM, die mit geringstem Zeitverlust auslösen, offensichtlich immer recht einfach, vor allem die der Flucht. Bei manchen Fluchtreaktionen kann man auch am intakten Tier besonders schön zwischen bereitschaftssteigernden und unmittelbar auslösenden Reizen unterscheiden. Für Kleinvögel z. B., die sich für gewöhnlich im Gezweige oder in sonstiger Deckung aufhalten, ist der Aufenthalt auf deckungslosen Flächen außerordentlich gefährlich. Dementsprechend wirkt diese Reizsituation stark bereitschaftssteigernd auf ihre Fluchtreaktionen. Beobachtet man Scharen von Spatzen oder Goldammern, die auf offener Straße Pferdemist fressen, der sie weit von jeder Deckung fortlockt, so sieht man, wie die Vögel in regelmäßigen Abständen von Panik ergriffen werden und den nächsten Gebüschen oder Bäumen zufliegen, nur um nach kurzer Pause zum Futter zurückzukehren. Die Reizkonfiguration des Deckungsmangels oder Exponiertseins unter freiem Himmel entspricht nicht dem eigentlichen fluchtauslösenden Reiz, der durch eine gegen den Himmel sich abhebende Silhouette dargestellt wird, sie wirkt aber so stark Bereitschafts-steigernd, daß sie in kurzer Zeit die Fluchterregung bis zum Schwellenwert auflädt. Analoge Vorgänge sind selbstverständlich auch für die Tatsache verantwortlich, daß die Fluchtreaktion keinen konstanten Schwellenwert besitzt (S. 104).

4. Der Begriff des Aktions-spezifischen Potentials

Erich von Holst hat an spinalen Fischen nicht nur die Effekte der endogenen Reizerzeugung und zentralen Koordination entdeckt und analysiert, er hat auch am spinalen Seepferdchen die Bedeutung eines weiteren Phänomens erkannt, das Sherrington als den spinalen Kontrast bezeichnet hat. Wenn man von einem Seepferdchen (Hippocampus) ein Rückenmarkspräparat herstellt und künstlich beatmet, so vollführt die Rückenflosse, das wichtigste Lokomotionsorgan dieses Fisches, keinerlei Bewegung. Sie steht vielmehr ruhig, aber nicht, wie sie es bei der Ruhe des intakten Tieres tut, dicht gefaltet in der zu ihrer Aufnahme dienenden Rinne am Rücken des Tieres, sondern teilweise entfaltet. Man kann nun durch bestimmte Reize, z. B. durch Druck auf die Halsregion des Fisches, die Flosse dazu veranlassen, sich völlig zusammenzufalten und die normale Ruhestellung einzunehmen. Sowie dieser Reiz aufhört, entfaltet sich die Flosse, und zwar weiter als vorher. Sie richtet sich umso höher auf, je länger sie vorher durch jenen Reiz in gefaltenem Zustande erhalten worden war. Geschieht dies durch eine entsprechend längere Zeit, so entfaltet sich die Flosse nicht nur voll, sondern vollführt auch für kurze Zeit die undulierenden Bewegungen der Lokomotion, um dann allmählich in asymptotischer Kurve auf die „Halbmaststellung“ zurückzusinken, die für das spinale Seepferdchen kennzeichnend ist.

Holst hat diese Erscheinung hypothetisch wie folgt interpretiert: Es wird dauernd, auch während der Ruhe der zentral koordinierten Bewegung *ein für sie spezifischer Erregungsstoff* produziert, und dieser wird durch ihren Ablauf verbraucht. Die Quantität des Verbrauchs hängt dabei von der Intensität der ausgeführten Bewegung ab, auch die geringste Intensität einer Intentionsbewegung bedeutet einen Verbrauch. Die Menge der endogenen Reizproduktion ist teleonomisch auf den Verbrauch zugeschnitten, die des Lippfisches, der, solange es hell ist, fast ununterbrochen schwimmt, muß ausreichen, um den Flossenschlag den ganzen Tag lang in Gang zu halten, die des Seepferdchens nur für die wenigen Minuten, die ein solcher Fisch durchschnittlich am Tage zu schwimmen pflegt. Solange die zentrale Hemmung der Lokomotionsbewegung die Rückenflosse des Seepferdchens in total gefaltetem Zustande erhält, wird die gesamte produzierte Erregungsbereitschaft gespart, bei plötzlicher Enthemmung hat das Tier eine ausreichende Menge davon zur Verfügung, um energisch loszuschwimmen. Beim spinalen Fisch, dem die zentrale Hemmung fehlt, bewirkt die produzierte Erregung nur eine schwach intensive Bewegung, ein teilweises Entfalten der Flosse, das ebensoviel Erregung verbraucht, wie laufend nachgeliefert wird. Um den Spiegel der Aktions-spezifischen Erregbarkeit bis zum Niveau des Undulierens zu heben, muß man ihr „Auströpfeln“ auf dem Wege der schwach intensiven Bewegung des Flossenaufrichtens verhindern, indem man die am intakten Seepferdchen dauernd wirksame Hemmung ersetzt.

Wir finden hier auf der Ebene eines im Rückenmark sich abspielenden Vorganges Effekte, die streng analog zu jenen sind, die 2. I/6 und 7, S. 99 besprochen wurden.

Unsere Hypothese, daß, was immer bei diesen Effekten kumuliert werden mag, etwas höchst Reales ist, wird dadurch bestärkt, daß es eine ganze Reihe von Verhaltensweisen gibt, die sich hinsichtlich der Veränderlichkeit von Schwellenwerten und Intensitäten der ausgelösten Bewegungsweisen genau analog den oben besprochenen einfacheren Prozessen verhalten, bei denen wir die zugrundeliegenden chemischen und physiologischen Vorgänge kennen. Sie können daher als Modelle dienen. Zu diesen Verhaltensweisen gehören erstens jene, deren Auslösbarkeit vom Füllungszustand bestimmter Hohlorgane abhängt, zweitens aber jene, die Gewebebedürfnisse befriedigen.

Die Verhaltensweisen z. B., die der Harndrang bei einem männlichen Hund hervorruft, zeigen alle in Rede stehenden Phänomene. Die Reizsituation, in der er ein Hinterbein hebt, ist durch eine ganze Reihe auslösender Reizkonfigurationen gekennzeichnet. Bei geringem Füllungszustand der Blase wird der

Rüde nur in einer besonders wirksamen Situation, beispielsweise wenn er im eigenen Territorium die Harnmarke eines fremden Rüden riecht, das Hinterbein heben und urinieren. Bei stärkerem Harndrang wird er immer noch ein aufrechtes Objekt wählen und eine sehr deutliche Appetenz nach einem solchen beobachten lassen. Bei allerstärkster Not wird er sogar allen andressierten Hemmungen der Zimmerreinheit entgegen auf den Teppich machen, wobei er das Bein meist nicht hebt. Anhänger der stimulus-response-psychology haben versucht, auch den Geschlechtstrieb männlicher Säugetiere und des Menschen aus dem Füllungsgrade der Samenblase zu erklären, von ihnen stammt der Ausdruck Detumeszenztrieb.

Bei Instinktbewegungen, die Gewebebedürfnisse befriedigen, d. h. die phylogenetisch programmierte Soll-Werte der Konzentration lebenswichtiger Stoffe im Tierkörper aufrecht erhalten, wie etwa die Bewegungsweisen des Fressens und des Trinkens, verhalten sich grundsätzlich ähnlich. Allerdings wird der Effekt dieser Vorgänge dadurch kompliziert, daß neben den stimulierenden Gewebebedürfnissen meist auch Füllungszustände von Hohlorganen eine Rolle spielen, wie L. De Ruiter und V. G. Dethier gezeigt haben, und außerdem noch das augenblickliche Niveau der Erregbarkeit der einzelnen mitspielenden Instinktbewegungen. Dennoch läßt sich sagen, daß bei den in Rede stehenden Verhaltensweisen die Intensität der Appetenz und der Ausführung mit jedem Fehlbetrag des betreffenden Nahrungsstoffes ebenso ansteigt, wie die Selektivität der auslösenden Mechanismen abnimmt: „In der Not frißt der Teufel Fliegen", sagt ein altes Sprichwort.

Einfacher als bei den Verhaltensweisen der Nahrungs- und Wasseraufnahme liegen die Verhältnisse bei einem anderen Gewebebedürfnisse befriedigenden Vorgang, bei der Atmung. Kohlensäure, CO_2, wird im Körper dauernd produziert, erregt spezifisch das Atemzentrum im verlängerten Mark und wird durch die von dort her aktivierte Bewegungsweise eliminiert. J. B. S. Haldane hat darauf hingewiesen, daß in dieser Hinsicht die Atmung ein gutes Modell aller Instinktbewegungen ist.

Was das rätselhafte Etwas ist, dessen Kumulation die Bereitschaft und Fähigkeit zur Ausführung einer zentral koordinierten Bewegungsweise bestimmt, wissen wir nicht; wir wissen nur, daß die in den vorangehenden Abschnitten besprochenen Funktionen aufladender und auslösender Reize sich mit den Wirkungen einer von jeder Afferenz völlig unabhängigen endogenen Reizerzeugung in der Weise summieren, daß ein äußerlich gleicher, nicht unterscheidbarer Effekt sowohl bei starkem inneren Erregungsniveau und schwachem Außenreiz, als auch umgekehrt bei schwacher innerer Erregbarkeit und starkem Außenreiz zustandekommen kann. Die *Qualität* der ausgeführten Bewegungsweise bleibt immer die gleiche, nur die *Intensität* ihrer Ausführung wird von den verschiedenen äußeren und inneren Einwirkungen her beeinflußt, m. a. W., die Art der spezifischen Erregung bleibt immer die gleiche, welchen Anteil auch immer die endogene Reizerzeugung und die nach der Reiz-Summen-Regel summierbaren, ungemein verschiedenen Konfigurationen von Außenreizen zu ihrer Kumulierung beigetragen haben. Im Gleichnis unseres Modells ist der untere Auslaß der einzige Weg, und die Stärke des aus ihm austretenden Stromes die einzige Wirkung, in der sich die Stärke der in die Summe eingehenden Wirkungen ausdrücken kann. Hierin liegt die qualitative Spezifität eines phylogenetisch entstandenen teleonomen Systems, das die Bereitschaft des Tieres zu einem ganz bestimmten Verhalten in der dafür adäquaten Außensituation sichert.

Die Verschiedenheit der sich zu einer qualitativ einheitlichen Wirkung summierenden Ursachen legen den Gedanken nahe, daß die Aktions-Spezifität eines solchen Systems – dessen Funktion fürwahr die Bezeichnung „Aktion-und-Reaktion-in-Einem“ verdient – nicht so sehr in der Natur dessen gelegen ist was kumuliert wird, sondern eher in der des „Reservoirs“, in dem sich die Anhäufung der Erregbarkeit vollzieht. Wir wissen nicht, wie man sich dieses „Reservoir“ vorzustellen hat, aber, wie immer man die hier besprochenen, sicher nachgewiesenen Vorgänge in einem Fließdiagramm oder in einem physikalischen Gleichnis modellieren will, die Annahme einer Aktions-spezifischen Kumulation von spezifischer Verhaltensbereitschaft kann sicher nicht umgangen werden. Aktions-spezifisches Potential – ASP – scheint mir eine brauchbare und neutrale Bezeichnung.

Die einzige Gefahr eines Mißverstehens scheint mir darin gelegen, daß man den Begriff des Aktions-spezifischen „Potentials“ einer Instinktbewegung mit dem des Membran-„Potentials“ einer Nervenzelle in direkte Verbindung bringen könnte. So groß die im vorhergehenden Abschnitt besprochenen Analogien der aufladenden und auslösenden Vorgänge auf den beiden Ebenen des neuralen und des integrierten Systems auch sein mögen, dürfen sie doch vorläufig keineswegs gleichgesetzt werden.

IV. Komplexe Systeme, aufgebaut aus den vorbesprochenen Mechanismen des Verhaltens

1. Appetenz nach Ruhezuständen

Wie schon in der historischen Einleitung und im ersten Teil des ersten Kapitels gesagt wurde, glaubten Oskar Heinroth und ich selbst lange Zeit, daß die arteigene Triebhandlung, d. h. ein aus Appetenz, AAM und Instinktbewegung zusammengesetztes System die urpsrüngliche und einzige Form alles Handelns sei. Dies ist eine der typischen falschen Vereinfachungen, die in der Pionierzeit jeder Wissenschaft vorkommen und oft sogar fruchtbar sind.

Schon Wallace Craig hat in seiner klassischen Arbeit „Appetites and Aversions as Constituents of Instinct" klar gezeigt, daß gleiche Elemente, zielgerichtetes Appetenzverhalten, Auslösemechanismen und Bewegungsweisen auch in anderer Weise zu teleonomen Systemen des Verhaltens zusammengeschaltet sein können. Er definiert Appetenz und Aversion in folgender Weise: Appetenz ist ein Erregungszustand, der so lange anhält, als eine bestimmte Reizsituation, die er als den angestrebten Reiz – appeted stimulus – nennt, *nicht* gegeben ist. Tritt diese vom Appetenzverhalten angestrebte Reizsituation schließlich ein, so löst sie die zielbildende Endhandlung – consummatory action – aus, wonach das Appetenzverhalten aufhört und von einem Zustand verhältnismäßiger Ruhe abgelöst wird.

Die Aversion dagegen definiert Craig als eine andere Art von Erregung, die solange anhält, wie ein bestimmter Reiz, den er den Störungsreiz nennt, *vorhanden* ist, die aber abklingt, sowie dieser Reiz nicht mehr einwirkt. Als Beispiel einer Aversion beschreibt Craig „die sogenannte Eifersucht der männlichen Lachtaube, die besonders in den ersten Tagen des Brutzyklus, kurz bevor die Eier gelegt werden, deutlich wird. Zu dieser Zeit hat der Tauber eine Aversion dagegen, sein Weibchen in der Nähe irgendeiner anderen Taube zu sehen. Der Anblick einer anderen Taube in der Nähe seines Weibchens wirkt als das, was Thorndike einen ‚original annoyer' (ein primäres Ärgernis) nennt. Sieht der Tauber einen Artgenossen nahe seinem Weibchen, zeigt er einen von zwei Handlungsabläufen, er greift entweder den Eindringling mit echten Kampfhandlungen an oder er treibt sein Weibchen mit sanfter, vom Kampfverhalten deutlich verschiedener Weise von dem Eindringling fort. Nachdem er entweder mit Überwindung und Vertreibung des Gegners oder mit dem Wegtreiben des Weibchens von dem Fremdling Erfolg gehabt hat, sodaß er den störenden Anblick einer anderen Taube in der Nähe seiner Gattin losgeworden ist, hört seine Erregung auf. Verhindern wir ihn daran, mit einer seiner Methoden erfolgreich zu sein, indem wir das Paar in einem Käfig und die dritte Taube in einem zweiten unmittelbar daneben gestellten festhalten, so fährt der Tauber für eine unbegrenzte Zeit fort, beide Verhaltensweisen zu versuchen. Wenn wir die Tauben in einen großen Käfig in einem Flugkäfig freilassen, dann wird der verpaarte Tauber zuerst die Kampfeskraft des Eindringlings erproben und ihn, wenn möglich, besiegen; wenn ihm das nicht gelingt, wird er all seine Energie auf den Versuch konzentrieren, sein Weibchen von ihm fernzuhalten. Wenn der Tauber aus vorangehender Erfahrung gelernt hat, einen bestimmten Eindringling richtig einzuschätzen, indem er einmal von ihm besiegt wurde oder ihn besiegt hat, so greift er sofort zu der entsprechenden Verhaltensweise. Kurz gesagt, die instinktive Aversion treibt den Tauben zu einer durchaus intelligenten Anstrengung sich der störenden Reizsituation zu entledigen". (Übersetzung.)

Ein wesentlicher Unterschied zwischen Appetenz und Aversion besteht auch in der an- und abdressierenden Wirkung der auslösenden Reize. Während der Appetenz wirkt das Auffinden jedes, zur auslösenden Reizsituation gehörenden Reizes andressierend. Jede Verstärkung der aufladenden, bzw. auslösenden Reizkonfiguration wirkt „ermutigend". Bei der Aversion dagegen wirkt jede Abnahme in der Intensität des Störungsreizes andressierend, und umgekehrt.

Der nach diesen Gesichtspunkten definierte Begriff aversiven Verhaltens paßt nicht auf manche, recht häufige Verhaltensweisen, die man, weil ihre Funktion im *Vermeiden* bestimmter Situationen liegt, für Aversionen halten möchte. Alle jene Reaktionsweisen, die das Tier veranlassen, einen günstigen Lebensraum zu bevorzugen, wie etwa die von Konrad Herter in seinen „Orgeln" untersuchte Wahl einer optimalen Temperatur, Feuchtigkeit oder Helligkeit, fügen sich ohne weiteres der Craigschen Definition der Aversion, das Tier läuft so lange ein Reiz-Gefälle hinauf oder hinab, bis es den Störungsreiz losgeworden ist. Es gibt aber Fälle, in denen ein Suchverhalten nur in einer ganz bestimmten Reizkonfiguration zur Ruhe kommt, ohne daß das Tier durch ein Gefälle irgendwelcher Art geleitet werden kann. Viele den Schilfwald bewohnende Vögel z. B. können nicht zur Ruhe kommen, ehe sie mit auswärts gedrehten Füßen rechts und links an vertikale Rohrhalme geklammert in Dekkung sind. Eine flügge junge Wildgans, die von ihrer Familie abgekommen ist, sucht ruhelos herum, bis sie die Ihren wiedergefunden hat.

Es scheint recht gekünstelt zu sagen, die Rohrdommel oder Bartmeise habe eine Aversion gegen alle Arten von Landschaft mit Ausnahme des Schilfwaldes, oder die junge Gans gegen jegliche Umweltsituation, in der der Kreis ihrer Familie fehlt. Wir nennen solche Verhaltensweisen mit Monika Holzapfel *Appetenz nach Ruhezuständen* und grenzen sie gegen Aversionen dadurch ab, daß eine Abnahme des Störungsreizes hier nicht andressierend wirkt, sondern nur das Eintreten jener oft recht komplexen Situation.

Übergänge und Mischungen von Aversion und Appetenz nach Ruhe gibt es selbstverständlich, man kann jederzeit darüber streiten, ob das Aufsuchen eines warmen Ofens zur Winterzeit eine Appetenz nach beruhigender Wärme oder eine Aversion gegen die störende Kälte sei, auch hinsichtlich der Dressurwirkung ist es wahrscheinlich beides.

2. Der Suchautomatismus

Als Monika Meyer-Holzapfel den Begriff der Appetenz nach Ruhe klarstellte, wurde man darauf aufmerksam, daß die bekannten drei Elemente, die erbkoordinierte Bewegung, der AAM und das Appetenzverhalten auch in einer anderen Folge zu einem teleonomen System integriert sein können, als dies in der arteigenen Triebhandlung (siehe S. 87) der Fall ist.

Eine besondere Form einer solchen Zusammenschaltung untersuchten H. Prechtl und W. Schleidt am neugeborenen Kätzchen. Solange das Tier wach ist und nicht saugt, vollführt es gleichmäßige, seitlich pendelnde Kopfbewegungen. Solange es nicht mit der Mutter in Berührung ist, kriecht es dabei vorwärts und schmiegt sich „thigmotaktisch" an jedes aufrechte Hindernis. Kommt es dabei mit der Mutter in Berührung, so wird die Bewegung so orientiert, daß die Schnauze des Kätzchens im Pelz der Mutter hin- und herfährt. Diese Kopfbewegungen laufen ununterbrochen ab, die Autoren bezeichnen sie als Suchautomatismus. Stößt das Kätzchen auf eine kahle Fläche, wie der haarlose, die Saugwarze umgebende Hof eine ist, so unterbricht das Tier die Suchbewegungen und schnappt nach der Zitze. Findet es sie, so umschließt es sie fest mit Oberkiefer und Zunge und beginnt zu saugen.

Am Anfang der Verhaltenskette steht also hier der ungehemmte Ablauf einer erbkoordinierten Bewegung, der einer besonderen Auslösesituation nicht bedarf. Erst das Auffinden einer bestimmten Reizkonfiguration, die der Warzenhof bietet, setzt den Suchautomatismus unter Hemmung und löst eine andere Bewegungsweise, nämlich das Schnappen nach der Zitze aus, die hierdurch erreichte Situation, die Zitze im Mund, setzt die Bewegungsweisen des Saugens in Gang, nämlich die des Schnauzenstoßens und des „Milchtritts", d. h. eines rhythmischen Stoßens mit Schnauze und Pfoten gegen die Brust der Mutter.

Wie H. Prechtl nachgewiesen hat, befolgen die Verhaltensweisen des Brustsuchens und Saugens beim menschlichen Säugling sehr ähnliche Gesetzlichkeiten, nur kommt bei diesen eine Orientierungsreaktion besonderer Art hinzu, der menschliche Säugling unterbricht das rhythmische Hin- und Herschwingen, sowie man ihn zart an einer Wange berührt und schnappt nach der betreffenden Seite.

3. Hierarchische Systeme

Der von Schleidt und Prechtl entdeckte Vorgang, der darin besteht, daß ein bestimmter AAM den Ablauf einer bestimmten Instinktbewegung hemmt und eine andere enthemmt, ist ungemein häufig. Wenn man als Forscher in ein unbekanntes Gebiet eindringt, ist es legitim, sich an einfachste Fälle zu klammern, deren Analyse zuerst gelingt. Nur verfällt man dann leicht in den Irrglauben, daß der einfachste Fall, nur weil seine Gesetze am meisten in die Augen springen, auch der häufigste sei, was Oskar Heinroth und ich von der arteigenen Triebhandlung annahmen.

Wie ein weiteres Vordringen der Analyse zeigte, sind weit komplexere, wenn auch offensichtlich aus denselben Elementen aufgebaute Systeme des Verhaltens viel häufiger. Meist führt die primäre Appetenz nicht unmittelbar zu jener auslösenden Reizsituation, durch welche die triebbefriedigende Endhandlung, der consummatory act Wallace Craigs, ausgelöst wird. Viel häufiger folgt auf das erste Appetenzverhalten ein AAM, der, ganz wie wir es am Kätzchen gesehen haben, eine bisherige Aktivität hemmt und eine andere auslöst. Nicht selten sind dann mehrere solche Glieder aneinander geschaltet. Bei solchen Handlungsfolgen kann eine Instinktbewegung eine doppelte Rolle spielen: Sie kann gleichzeitig die triebbefriedigende Endhandlung für ein vorangegangenes Appetenzverhalten darstellen, gleichzeitig aber selbst das Appetenzverhalten sein, das, meist mit Hilfe von Orientierungsreaktionen, nach der nächsten Auslösesituation strebt.

Tinbergen bezeichnet eine solche Organisation als Instinkt-*Hierarchie* und bringt für sie viele Beispiele. Ein Falke richtet seinen Jagdflug in beuteversprechende Gegenden. Sieht er nun dort einen Schwarm von Beutevögeln, Staren oder Tauben, die sich bei seiner Annäherung dicht zusammendrängen, so löst diese Reizkonfiguration eine ganz bestimmte instinktive Bewegungsweise aus, einen Scheinangriff, der darauf abzielt, den Schwarm zu zerstreuen oder mindestens ein Tier aus ihm abzusprengen. Dieses Verhalten kann sich mehrere Male wiederholen. Ist ein Beutetier abgesprengt, so erfolgt eine völlig anders geartete Bewegungsweise des Angriffs, die darauf abzielt, das Beutetier mit großer Wucht zu treffen, was meistens von unten her geschieht. Unmittelbar danach ist der Raubvogel stark „abreagiert“, sitzt eine Weile wie abwesend auf der Beute und wenn er schließlich langsam beginnt, sie zu rupfen und anzuschneiden, hat man eigentlich den Eindruck, daß diese leidenschaftslosen Handlungen gar nicht zu demselben System des Nahrungserwerbs gehören.

Tinbergen hat das Prinzip einer solchen hierarchischen Organisation in einem Diagramm wiedergegeben, das die Wirklichkeit bewußt stark vereinfacht, aber trotzdem geeignet ist, die in Rede stehenden Vorgänge verständlich zu machen. Er betont, wie wichtig es sei, die Unterschiede der Funktion der inneren Reizerzeugungsvorgänge und der spezifisch auf Außenreize ansprechenden AAM zu unterscheiden. Er gebraucht den von Frank Beach vorgeschlagenen Sammelbegriff eines „central excitatory mechanism“, unter dem alle Faktoren zusammengefaßt sind, welche die innere Bereitschaft des Organismus zu einer bestimmten Verhaltensweise vermehren, also sowohl Hormone, innere Reizproduktion, aufladende Reize und dergleichen, sowie schließlich auch die antreibenden Reize, die von einem höheren Zentrum kommen.

„Das System Z. E. M. – A. A. M., also zentraler erregender und angeborener Auslösemechanismus“, sagt Tinbergen, „versuche ich in den Abb. 19a und 19b darzustellen. Jene betrifft lediglich ein Zentrum mittlerer Stufe, sagen wir n-ter Ordnung, wenn das höchste erstes heißt.

„Stimmende Impulse verschiedener Art „laden“ das Zentrum auf. Erstens empfängt es Impulse vom nächsthöheren Zentrum (n-1)-ter Ordnung, die jedoch auch zu allen anderen Zentren n-ter Ordnung abfließen können. Zweitens kann unser Zentrum (n) Impulse von einem ihm speziell zugeordneten, sich selbst erregenden Automatiezentrum erhalten (vgl. die Doppelnatur v. Holstscher Zentren). Das ist in Abb. 19a nicht eingetragen. Drittens können Hormone einstimmend mitwirken, sei es unmittelbar auf Zn, wie in Abb. 19a angenommen, oder über das zugehörige Automatiezentrum. Viertens können innere Sinnesreize Zn aufladen helfen, fünftens äußere Sinnesreize sich an seiner Aufladung beteiligen. Von einer sechsten Einwirkung (der unterste schräge linke Pfeil) wird später die Rede sein.

„Dieses System Zn nebst Pfeilen entspricht einem Z. E. M. im Sinne von Beach auf *einer* Stufe der Zentrenhierarchie.

„Solange der angeborene Auslösemechanismus (der waagrechte Pfeil links) ungereizt bleibt, können sich keine Impulse entladen. Wirken aber die adäquaten Schlüsselreize auf diesen reflexartig arbeitenden Mechanismus ein, so hebt

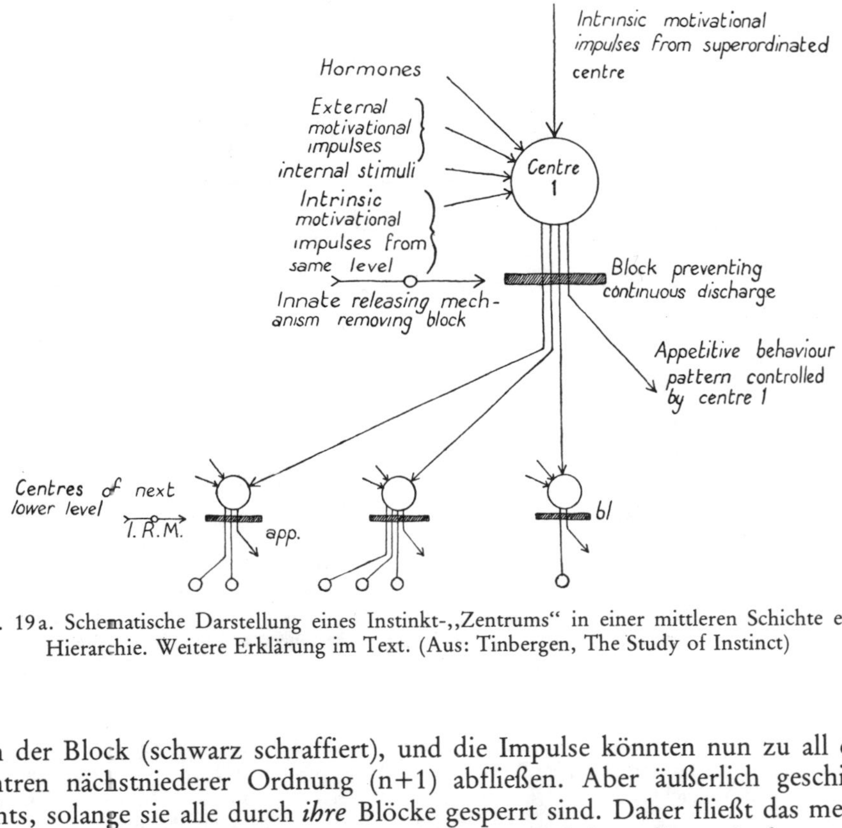

Abb. 19a. Schematische Darstellung eines Instinkt-„Zentrums" in einer mittleren Schichte einer Hierarchie. Weitere Erklärung im Text. (Aus: Tinbergen, The Study of Instinct)

sich der Block (schwarz schraffiert), und die Impulse könnten nun zu all den Zentren nächstniederer Ordnung (n+1) abfließen. Aber äußerlich geschieht nichts, solange sie alle durch *ihre* Blöcke gesperrt sind. Daher fließt das meiste zu den nervösen Strukturen, die das Appetenzverhalten dieser Stufe steuern (Pfeil rechts abwärts). Dieses hält, wie wir sahen, so lange an, bis einer der angeborenen Auslösemechanismen (n+1)-ter Ordnung, durch zuständige Schlüsselreize erregt, den entsprechenden Block hebt, worauf eben dies (n+1)-te Zentrum die ihm nach abwärts folgenden Zentren (n+2)-ter Ordnung auflädt und so fort. Zugleich versiegt auch der Zustrom zum Appetenzverhalten von Zn, und nun strömen, falls weiter unten sich keine Blöcke heben, die Impulse dem Appetenzverhalten (n+1) zu.

„Abb. 19b erläutert das Zueinander der Zentren eines Hauptinstinkts am Beispiel des Fortpflanzungsverhaltens beim Stichlingsmännchen. Das Hormon, vermutlich Testosteron, wirkt aufs höchste Zentrum, sehr wahrscheinlich zu-

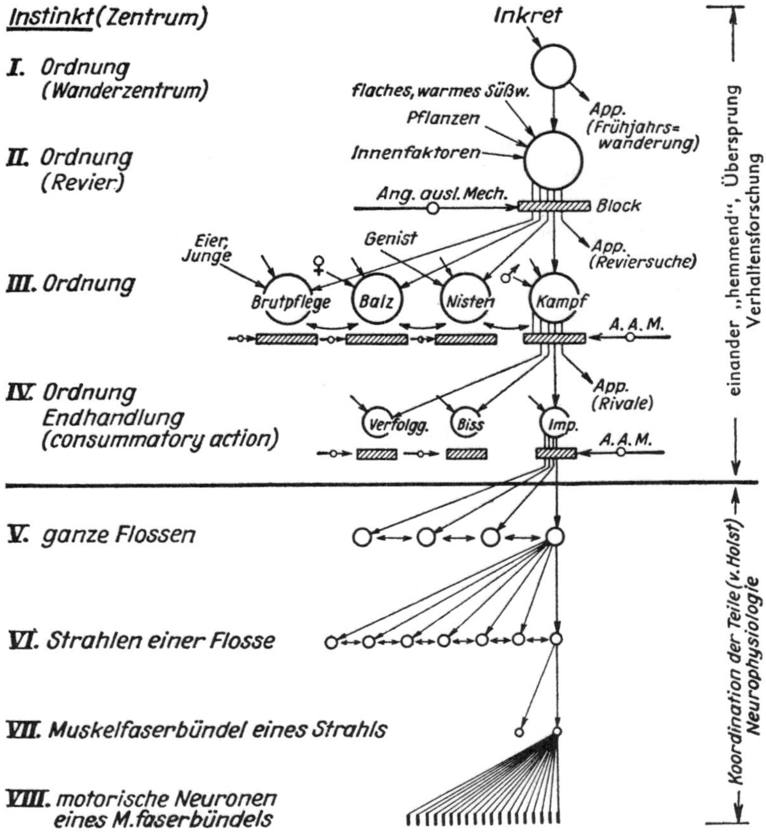

Abb. 19b. Zentrenhierarchie des Hauptinstinktes Fortpflanzungsverhalten beim Stichlingsmännchen. Stimmende Impulse sind durch gerade Pfeile dargestellt, die auf Zentren (hier Kreise) zielen. Diese das jeweilige Zentrum aufladenden Impulse können von der Außenwelt und von übergeordneten Zentren kommen, aber auch spontan im Zentrum entstehen, was in diesem Schema nicht berücksichtigt ist. Die Blöcke deuten hemmende Instanzen an, die eine dauernde Entladung der motorischen Impulse verhindern. Diese Blöcke werden erst über angeborene Auslösemechanismen behoben. Ist das geschehen, zeigt das Tier ein spezifisches Appetenzverhalten, bis speziellere Auslösereize den nächst untergeordneten Instinkt und damit das nächstspezifischere Appetenzverhalten aktivieren. Die konkav zweispitzigen Pfeile zwischen Zentren gleicher Stufe deuten hemmende Beziehungen und Möglichkeiten von Übersprüngen (S. 199ff.) an. Unter dem Niveau der Endhandlung werden mehrere gleichstufige Zentren gleichzeitig aktiviert. Zwischen ihnen wirken koordinierende Kräfte, die durch horizontale Pfeile angedeutet sind. Weitere Erklärungen im Text. – Nach Tinbergen (1951). (Aus: Eibl-Eibesfeldt, Grundriß der vergleichenden Verhaltensforschung)

gleich mit der jahreszeitlichen Erwärmung des Wassers. Diese beiden Einflüsse veranlassen den Fisch, aus dem Seewasser (oder aus tieferem Süßwasser) in flaches Süßwasser zu wandern. Dies höchste Zentrum, das wir „Wanderzentrum" nennen wollen, scheint keinen Block zu haben. Denn ohne daß besondere Schlüsselreize nötig wären, hebt bei einem bestimmten Stimmungsgrad das Wandern an, und das ist echtes Appetenzverhalten. Es hält an, bis die Schlüsselreize, die ein zur Reviergründung passender Biotop aussendet (flaches warmes Süßwasser, Pflanzenwuchs), auf den ersten angeborenen Auslösemechanismus einwirken, der das Hauptzentrum des Fortpflanzungsverhaltens entblockt; es mag Revierzentrum heißen. So lädt es sich auf, denn die nächstniederen Zentren (Kampf-, Nist-, Balz-, Fächelzentrum) sind blockiert, solange nicht die einem von ihnen entsprechenden Schlüsselreize zusammentreffen. Offen ist dann allein der Weg zum Appetenzverhalten: Der Fisch schwimmt umher und sucht, bis er entweder einen Rivalen zum Kampf oder ein Weibchen zum Anbalzen oder Material zum Nestbau findet.

„Löst z. B. ein ins Revier eindringendes Männchen das Kampfverhalten aus, so schwimmt unser Reviermännchen ihm entgegen (Appetenzverhalten). Nun muß der Gegner neue speziellere Signalreize senden, die den Block für einen der Endinstinkte heben, als Drohen (Imponieren), Biß, Verjagen usw., worauf die Erregung eben diesem letzten Instinktzentrum zufließt.

„Die Zentren verschiedener Stufe sind also nicht alle ganz gleich ausgerüstet. Das höchste hat keinen Block. Wären auch die obersten Zentren blokkiert, so würde das Tier überhaupt keine Erregung los, was, wie wir wissen, zur Neurose führen müßte. Das nächste Zentrum antwortet auf zahlreichere Stimmungsfaktoren als jedes noch niedrigere.

„Die Zentren für Kampf, Nestbau usw. laden sich primär vom höheren Zentrum aus auf. Ob jedes von ihnen zudem noch eigener Stimmungsfaktoren bedarf, das ist nicht sicher, aber wahrscheinlich. Denn der Kampftrieb neigt zur Nachentladung und scheint überdies durch Außenreize nicht nur ausgelöst, sondern auch hervorgerufen zu werden. Im ganzen dürften, je tiefer wir hinabsteigen, die äußeren Reize um so mehr am Auslösen beteiligt sein.

„Die konkav zweispitzigen Pfeile zwischen Zentren gleicher Stufe deuten die Beziehungen an, die wir als gegensinnige Hemmung und als Übersprungshandlungen kennenlernten. Damit will ich keineswegs behaupten, die Impulse müßten direkt von einem Zentrum zum Nachbarn gleicher Stufe gehen; vielleicht fällt die Entscheidung im übergeordneten Zentrum. Auch könnte die gegensinnige Hemmung in Wahrheit recht wohl ein Wettstreit sein, indem das „hemmende" Zentrum, dessen Block sich zu heben beginnt, dem „gehemmten" den Impulsstrom sozusagen wegzapft.

„So geht es die Stimmungstreppe hinab – die Anzahl der Stufen mag je nach dem Instinkt verschieden sein – bis zur Endhandlung. Hier aber, am waagrechten Strich quer durch Abb. 19 b, ändert sich das Bild. Sowie der letzte Block sich hebt, werden gleichzeitig mehrere gleichstufige Zentren aktiv, zwischen welchen, statt hemmender, mehr koordinierende Kräfte wirken (die geraden Doppelpfeile). In unserem Beispiel sind es drei Stufen (Flosse, Flossenstrahl, Muskel) von immer geringerem Komplikationsgrad."

Tinbergen betont, daß diese Schematen nur eine Arbeitshypothese bedeuten sollen, deren Zweck es ist, einige Ordnung in unsere Gedanken zu bringen. Gesprächsweise pflegt er zu betonen, daß in dem Diagramm den vielfachen Rückwirkungen und Regelkreisen nicht Rechnung getragen sei, die zwischen den niedrigeren und den höheren Ebenen der Hierarchie bestehen. So ist es beispielsweise ziemlich sicher, daß das in einem niedrigeren Zentrum aufgeladene ASP (S. 145ff.) einen maßgebenden Einfluß auf das im Tinbergenschen Diagramm ausschließlich vom höheren Zentrum her motivierte Appetenzverhalten ausübt. Was aber hier ausdrücklich betont werden muß, ist, daß diese

Ebenen-Wirklichkeit sind. Ihre Zahl und Anordnung läßt sich experimentell durch Art und Anzahl der spezifischen Reizkonfigurationen ermitteln, die vom Appetenzverhalten übergeordneten Ebenen zu jenen der nächst-untergeordneten überleiten.

G. B. Baerends hat 1956 an der Sandwespe Ammophila das Verhaltenssystem der Brutfürsorge aufs genaueste untersucht und dabei festgestellt, daß die Verhaltensweisen der niedereren Ebene oft von mehreren übergeordneten Instanzen beherrscht werden. Daß dies auf den unter dem Niveau der Erbkoordination liegenden Ebenen der Fall ist, bedarf keiner besonderen Erwähnung, denn ganz selbstverständlich steht eine Muskelkontraktion sehr vielen übergeordneten Koordinationsweisen zu Diensten. Interessanter aber ist dasselbe Phänomen auf höherer Ebene. Wir haben schon gehört, in welchem Sinne dies von den sogenannten ,,Werkzeug- oder Mehrzweck-Aktivitäten" gilt. Das von Baerends entworfene Hierarchieschema, Abb. 20, trägt diesen Tatsachen Rechnung.

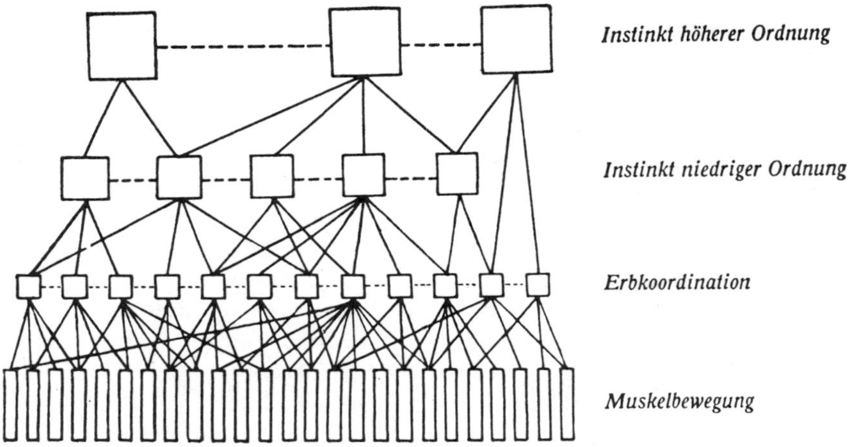

Abb. 20. Das Baerendsche Hierarchieschema. Es zeigt deutlicher die Vernetzung der Zentren, insbesondere die Tatsache, daß untergeordnete Zentren oft von mehreren höheren kontrolliert werden. Gestrichelte Linien symbolisieren hemmende Beziehungen zwischen Mechanismen gleicher Ordnung. (Aus: Eibl-Eibesfeldt, Grundriß der vergleichenden Verhaltensforschung)

Was dieser schematischen Darstellung hierarchisch organisierter Verhaltensweisen zugrunde lag, war Baerends' Analyse des Brutpflegeverhaltens der Sandwespe, Ammophila campestris Jur.

Er sagt: ,,Die Anfang bis Mitte Juni aus den Puppen schlüpfenden Weibchen paaren sich alsbald mit den schon vorher geschlüpften Männchen und beginnen kurz danach das erste Nest zu graben. Es besteht aus einem vertikalen Schacht von ungefähr zweieinhalb Zentimeter Länge, der in einer elliptischen Zelle von etwa zwei Zentimeter Länge endet. Nach Fertigstellung des Nestes verschließt die Wespe den Eingang provisorisch und begibt sich auf die Jagd, von der sie nach einigen Stunden mit einer bereits gelähmten Raupe zurückkehrt. Sie öffnet das Nest wieder, trägt die Raupe hinein und legt ein Ei, worauf sie das Nest weit sorgfältiger als das erste Mal verschließt. Dann verläßt sie das Nest für einige Tage, bevor sie die inzwischen geschlüpfte Larve mit neuer Nahrung versorgt.

„Im allgemeinen arbeitet die Wespe, wenn sie einmal ein Nest begonnen hatte, bis zum Legen des Eies ununterbrochen weiter. Diese erste Serie von Aktivitäten stellt die erste Phase der Brutpflege dar."

Kurz nach ihrer Beendigung am ersten Nest, beginnt das Weibchen ein zweites zu graben, was je nach Wetterlage, wiederum einen oder mehrere Tage dauert. Nachdem die erste Aktivitätsphase am zweiten Nest beendet ist, kehrt die Wespe zum ersten Nest zurück und öffnet es, und zwar ohne vorher eine Raupe herbeizubringen. Einen solchen Besuch des Nestes nennt Baerends „solitary visit", was ich mit Leerbesuch übersetzen möchte, im Gegensatz zu einem Versorgungsbesuch. Nach diesem ersten Leerbesuch bringt die Wespe in der Regel weiter gelähmte Raupen, ehe sie es ein zweites Mal sich selbst überläßt. Dies nennt Baerends die zweite Phase, die aus einem Leerbesuch und der nachfolgenden Verproviantierung mit ein bis drei Raupen besteht. Gelegentlich aber besteht diese Phase nur in einem Leerbesuch, dann nämlich, wenn das Ei zur Zeit noch nicht geschlüpft ist.

„Nachdem die Wespe die zweite Phase am ersten Nest beendet hat, führt sie dieselbe Folge von Verhaltensweisen am zweiten Nest durch. Hierauf macht sie wieder einen Leerbesuch am ersten Nest und beginnt dann mit der dritten und letzten Phase des Brutpflegeverhaltens die darin besteht, daß sie nach einem oder mehreren Leerbesuchen das Nest mit drei bis sieben weiteren Raupen verproviantiert. Danach verschließt sie das Nest in besonders sorgfältiger Weise, die auch durch spezifische Bewegungsweisen gekennzeichnet ist, sie stampft nämlich den Verschluß des Schachtes mit dem Kopfe fest und läßt dabei ein lautes Summen hören."

„Anschließend begibt sie sich zum zweiten Nest, um dort das Verhalten der dritten Phase zu Ende zu führen. Wenn sie damit fertig ist, beginnt sie alsbald ein drittes Nest zu graben. Die drei Phasen sind streng voneinander getrennt, während jeder von ihnen beschäftigt sich die Wespe ausschließlich mit einem bestimmten Nest und unterbricht ihre Arbeit nur, um für sich selbst zu jagen, Raupen zu erbeuten oder zu schlafen, niemals aber um an einem anderen Nest zu arbeiten. Erst nachdem sie die Handlungsfolge einer Phase an einem Nest durchlaufen hat, begibt sie sich zu einem zweiten, um dort wieder die ganze Handlungsfolge einer Phase zu durchlaufen. Ist nach Beendigung dieser Tätigkeit kein versorgungsbedürftiges Nest mehr vorhanden, so beginnt sie ein neues zu graben. Gelegentlich, und nur bei äußerst günstigem Wetter, kann die Wespe nach Vollendung der zweiten Phase am Nest A ein drittes Nest beginnen, *bevor* sie die zweite Phase am zweiten Nest zu Ende geführt hat. Auf diese Weise versorgt die Wespe oft drei Nester gleichzeitig."

„Die zweite und die dritte Phase beginnen stets mit einem Leerbesuch, ja manchmal besteht diese Phase nur in einem Leerbesuch, was besonders dann vorkommt, wenn das Nest in der Zwischenzeit zerstört wurde oder beim Beginn der zweiten Phase, wenn das Ei noch nicht geschlüpft ist. Dies legt die Vermutung nahe, daß der Leerbesuch die Funktion einer „Inspektion" hat, d. h. daß die Wespe bei ihrem Besuch vom Nestinhalt Reize empfängt, von denen es abhängt, ob sie das Nest sich selbst überläßt oder ausgeht, um neue Raupen herbeizuholen."

„Man kann diese Hypothese auf Grund folgender Voraussetzung experimentell prüfen. Wenn der Leerbesuch tatsächlich die vermutete regulative Funktion hat, so muß es möglich sein, das nachfolgende Verhalten der Wespe dadurch zu beeinflussen, daß man den Nestinhalt vor dem Leerbesuch verändert. Das war bei dem wirklichen Nest technisch unmöglich, aber es stellte sich heraus, daß die Wespen sich in ihren Verproviantierungshandlungen nicht stören ließen, wenn ich ihr natürliches Nest durch ein Kunstnest ersetzte, vorausgesetzt daß gewisse Vorsichtsmaßnahmen ergriffen wurden. Die Kunstnester wurden aus Gips hergestellt und bestanden aus einem unteren, die Nestzelle enthaltenden und einem leicht abhebbaren oberen Teil, sodaß ich den Nestinhalt leicht erreichen und auswechseln konnte. Ich führte nun die folgenden Experimente durch.

„1. Nester, bei denen nach vorhergehender Beobachtung zu erwarten war, daß sie sofort nach dem Leerbesuch verproviantiert werden würden, wurden dadurch gestört, daß ich die Larve vor dem Leerbesuch entfernte. Diese Nester wurden dann nach diesem ersten Leerbesuch der zweiten Phase für immer verlassen."

„2. In Nestern ähnlicher Entwicklungsphase ersetzte ich die geschlüpfte Larve durch ein Ammophila-Ei und eine gelähmte Raupe, die ich von einem anderen Nest genommen hatte. In diesem Fall begann die Wespe nicht sofort nach dem Leerbesuch zu verproviantieren (wie sie es getan haben würde, wenn sie die geschlüpfte Larve vorgefunden hätte), sondern wartete, bis sie beim nächsten Leerbesuch eine geschlüpfte Larve vorfand."

„3. Kurz ehe der erste Leerbesuch der dritten Phase zu erwarten war, fügte ich dem Nestinhalt einige weitere gelähmte Raupen hinzu. Darauf hörte die Wespe entweder überhaupt zu verproviantieren auf, oder brachte wenigstens viel weniger Raupen herbei, als der geringsten Anzahl entsprach, die unter normalen Bedingungen beobachtet wurde."

„4. In Nestern, die eine gelähmte Raupe mit einem Ammophila-Ei enthielten, in solchen also, die nicht sofort weiter verproviantiert werden sollten, ersetzte ich das Ei durch eine Larve. Bei dieser Versuchsanordnung brachten die Wespen kurz nach dem Leerbesuch neue Raupen an."

„5. Gelegentlich machen die Wespen einen Leerbesuch, wenn die dritte Phase halb vorüber ist. Normalerweise würden die Wespen nur wenige weitere Raupen angeschleppt haben, bei diesem Versuch aber begannen sie sofort aufs neue zu verproviantieren, so daß die Gesamtmenge der eingebrachten Nahrung bei weitem größer war, als je unter normalen Umständen."

„Gleiche Versuche wurden kurz vor den Verproviantierungs-Besuchen durchgeführt (also nach einem vorangehenden Leerbesuch, Anmerkung des Übersetzers). Unter diesen Umständen reagierten die Wespen überhaupt nicht auf jedwede Veränderung des Nestinhaltes, sie fuhren sogar zu verproviantieren fort, wenn zusammen mit dem Nahrungsinhalt auch die Larve entfernt worden war."

„Diese Versuche beweisen eindeutig, daß der Leerbesuch eine wirkliche „Inspektion" ist, während der die Wespe erfährt, was sie in den nachfolgenden

Stunden oder sogar Tagen zu tun hat. Außer ihrer Funktion als regulierendes Prinzip, zeigt der Leerbesuch eine höchst bemerkenswerte psychologische Tatsache: Obwohl die äußere Reizsituation beim Leerbesuch genau dieselbe ist, wie beim Verproviantierungsbesuch, wird das Verhalten der Wespe beim ersten aufs stärkste beeinflußt, während beim zweiten nicht der geringste Einfluß der äußeren Reizsituation aufgezeigt werden kann."

„Es gibt jedoch einen Fall, in dem der Nestinhalt auch bei einem Verproviantierungsbesuch das nachfolgende Verhalten der Wespe beeinflußt. Wenn ich nämlich bestimmte Objekte in die Zelle brachte, kurz ehe die Wespe ihren allerersten Leerbesuch abstattete, jenen nämlich, bei dem sie ihr Ei hätte legen sollen, reagierte sie doch. Wenn das eingebrachte Objekt eine Raupe mit einem Ammophila-Ei oder Kokon war, schleppte die Wespe beides aus dem Nest und warf es weg. Wenn es eine Larve war, schleppte sie sofort die mitgebrachte Raupe ein, legte aber kein Ei. Oft fing und brachte sie noch weitere Raupen ein und schob die Eiablage noch weiter hinaus. Es scheint also, daß die Gegenwart einer frisch geschlüpften Larve die Wespe dazu anregt, ein bis drei Raupen einzubringen, wie das der zweiten Phase entspricht, und daß eine ältere Larve sie dazu anregt, entsprechend der dritten Phase drei bis sieben Raupen einzubringen."

„Während also, wie wir gesehen haben, in der zweiten und in der dritten Phase die Menge des beim Leerbesuch vorgefundenen Nahrungsvorrates das nachfolgende Verhalten der Wespe bestimmt, reagiert sie bei ihrem allerersten Leerbesuch auf das Alter des vorgefundenen Pfleglings."

„Die beiden Serien von Experimenten, die dazu dienten, die Funktion des Leerbesuches klarzustellen, zeigten ein regulatives System, das in der zweiten und dritten Phase am Werke ist. Sie beantworten aber nicht die Frage nach den Faktoren, von denen die Wespe am selben Nest aus einer Phase in die nächste übergeführt wird."

„Hier berechtigt die dritte Serie zu einer Vermutung. Das Alter der von der Wespe bei ihrem ersten Leerbesuch in ihrem Nest vorgefundene Larve bestimmt, ob sie nun in die zweite oder in die dritte Phase übergeführt wird. Dies und andere Argumente, die hier nicht in Einzelheiten ausgeführt werden können, machen es wahrscheinlich, daß das Alter der Larve bei allen Leerbesuchen denselben Einfluß hat."

„In der Geschichte des Verhaltens einer bestimmten Wespe GO kann das Folgende anschaulich gemacht werden. Die Wespe wurde kurz nachdem sie am Nest A die erste Phase abgeschlossen hatte, markiert. Nachdem ich dieses Nest verschlossen hatte, stattete sie auf Nest B einen Leerbesuch ab. Da das Ei noch nicht geschlüpft war, schloß sie das Nest wieder, ohne eine Raupe gebracht zu haben und begann ein neues Nest C zu graben. Am nächsten Morgen brachte sie hier eine Raupe ein und legte ein Ei. Dann stattete sie wieder einen Leerbesuch auf Nest B ab, wo inzwischen die Larve eben geschlüpft war. Damit wird die dritte Phase des Verproviantierens in Gang gebracht und dauert während der nächsten zwei Tage an. Nachdem sie das Nest B endgültig verschlossen hat, macht die Wespe einen Leerbesuch auf Nest C. Das Ei in C ist noch nicht geschlüpft, worauf die Wespe C verläßt und ein neues Nest D zu graben beginnt. Da sie dies am späten Nachmittag in Angriff nimmt, ist das Nest D vor

Tagesende noch unvollendet. Am nächsten Morgen macht die Wespe einen Leerbesuch auf C und hat das Nest D scheinbar verlassen. In Nest C ist das Ei geschlüpft und die Wespe bringt eine Raupe ein. Dann wird ein neues Nest E begonnen und ein Ei gelegt, worauf sie am nächsten Tage am Nest C die Handlungen der dritten Phase beginnt und in zwei Tagen beendete. Am nächsten Morgen macht sie auf Nest E einen Leerbesuch, wo die Larve eben geschlüpft ist, worauf sie kurz darauf eine Raupe einbringt. Danach beginnt die Wespe noch ein weiteres Nest, das hier nicht weiter in Betracht gezogen wird, da meine Beobachtungen nicht vollständig sind. Am nächsten Tage wurde die dritte Phase am Nest E zu Ende geführt." (Übersetzung.)

Diese Beobachtungen, die auch dem vorher gebrachten Baerendsschen Diagramm einer Instinkthierarchie zugrunde liegen, zeigen aufs deutlichste, welche große Elastizität und Anpassungsfähigkeit ein phylogenetisch programmiertes Verhaltenssystem entwickeln kann, ohne daß dabei Lernen irgendeine Rolle spielt. Was die Wespe durch Lernen erwirbt, beschränkt sich im wesentlichen auf ihre Weg-Dressuren und hat keinerlei Einfluß auf die Anpassungsfähigkeit ihres Verhaltens, die so weit geht, daß sie zu gleicher Zeit vier Nester in vier verschiedenen Entwicklungsstadien in arterhaltend teleonomisch sinnvoller Weise zu versorgen vermag.

4. Die relative Stimmungshierarchie (Leyhausen)

Wie schon gesagt, behält eine Erbkoordination auch dann den Charakter des vom Appetenzverhalten angestrebten Selbstzwecks, wenn sie in einer Kette von hierarchisch aneinander gereihten Gliedern das Appetenzverhalten nach einer weiteren auslösenden Reizkonfiguration darstellt. Diese Eigenappetenz kann so stark sein, daß sie quantitativ den von der nächsthöheren Instanz herkommenden Antrieb (siehe Tinbergens Schema S. 154) übertrifft. Hierfür ein Beispiel: Graugänse, die auf einem völlig pflanzenlosen Teich gehalten werden, auf dem es nichts zu gründeln gibt, geben sich oft längere Zeit der Erbkoordination des Gründelns (Vertikalstellen der Körperachse mit dem Kopf nach unten, langes Ausstrecken des Halses, tastend-schnappende Bewegungen des Schnabels, usw.) hin. Vor langen Jahren habe ich nun folgendes einfache Experiment mit ihnen angestellt. Füttert man Gänse, die auf einem solchen Teich leben, ausschließlich mit Körner-Futter, das man am trockenen Ufer hinstreut, so gründeln die Gänse fast jeden Tag eine ganze Weile „auf Leerlauf". Läßt man Gänse, die sich in dieser Antriebslage befinden, bis zur völligen Sättigung ihrer Freßreaktion Körnerfutter auf dem Trockenen aufnehmen und streut ihnen danach weitere Körner ins Wasser, so lassen sie sich dadurch zum Gründeln anregen und fressen dann auch die so gewonnenen Körner. Zwingt man die Vögel dagegen, an einer ziemlich tiefen Stelle des Teiches, an der das am Boden liegende Futter durch Gründeln eben noch erreichbar ist, ihren ganzen Nahrungsbedarf durch Gründeln zu erwerben, sodaß sie gründlich „ausgegründelt" sind, so beenden sie diese Tätigkeit in einem Zustand der Handlungsbereitschaft, in dem sie durchaus geneigt sind noch eine ganze Reihe von Körnern aufzunehmen, die man ihnen am Ufer des Teiches hinstreut. Man kann also sagen, daß die Gänse im ersten Falle gewissermaßen fressen um zu gründeln – d. h. sie fressen ganz nebenbei, was ihnen bei dem um seiner selbst willen ausgeführten Gründeln in den Schnabel kommt. Im zweiten Falle aber gründeln sie ganz eindeutig um zu fressen.

Ein anderes Beispiel für das Wechseln der Rollen zwischen zwei verschiedenen Appetenzen fanden Ursula von St. Paul und ich bei unserer Untersuchung der Ontogenese des Beuteaufspießens von Würgern. Wir wollten wissen, ob die Reaktion auf den Dorn, auf dem die Beute aufgespießt wird, erlernt oder angeboren sei. Bei einer früheren Untersuchung mangelhaft aufgezogener rotrückiger Würger (Lanius collurio) hatte ich gefunden, daß wohl die Bewegung des Aufspießens angeboren sei, ihre Richtung auf einen Dorn jedoch erlernt werden müsse. Die von St. Paul mit bester Technik aufgezogenen Würger reagierten ohne vorhergehende Erfahrung eindeutig auf den Dorn. Als wir ihnen zum ersten Male einen solchen boten, untersuchten sie ihn zuerst ausgiebig mit Beknabbern, begaben sich gleich darauf auf die Suche nach einem aufspießbaren Futterbrocken und begnügten sich, als sie keinen solchen fanden, mit höchst inadäquaten Ersatzobjekten. Ein Raubwürger (Lanius excubitor) spießte ein kleines Bruchstück eines Schmetterlingsflügels auf den eben erst gebotenen Dorn. Das Vorhandensein des Dorns erweckte also die Appetenz nach einem spießbaren Objekt. Umgekehrt konnten wir zeigen, daß die Darbietung eines aufspießbaren Futterbrockens bei erfahrungslosen Würgern ebenso prompt die Appetenz nach einem Dorn erweckte.

Man muß sich also von der naheliegenden Vorstellung frei machen, daß die teleonomische Aufeinanderfolge der Bewegungen in einer bestimmten arterhaltenden Reihenfolge genau jener entspricht, in der das jeweils übergeordnete Zentrum im Diagramm N. Tinbergens dem nächst untergeordneten nervliche Erregung zufließen läßt. Das oben beschriebene einfache Experiment zeigt deutlich, wie das Gründeln, eine dem Freßtrieb, oder wie man es nennen will, eindeutig untergeordnete Instanz, eine Rückwirkung auf das Fressen selbst ausübt.

Bei katzenartigen Raubtieren (Felidae), bei denen das Lernen eine sehr viel größere Rolle spielt, als bei irgend einem Vogel, bestehen noch viel komplexere Möglichkeiten des Erregungszuflusses zwischen den einzelnen Handlungsgliedern einer Hierarchie. Paul Leyhausen hat diese von Fall zu Fall sehr variable gegenseitige Beeinflussung der „relativen Stimmungshierarchie“, wie er es nennt, am Beutefangverhalten von Katzen sehr genau untersucht. Immer wieder und an den verschiedensten Stellen hat er gezeigt, daß auch auf dieser hohen Integrationsebene die Erbkoordination unveränderlich ihren Charakter beibehält, gleichgültig ob sie im Dienste einer übergeordneten Appetenz gleichsam widerwillig oder auch zweckvoll-gleichgültig ausgeführt wird, oder ob sie rein um ihrer selbst willen „zum Vergnügen“ betätigt wird, wie dies im Spiel der Fall ist.

Wenn auch, wie in 2. II/4 gesagt wurde, die endogene Produktion von ASP auf den durchschnittlichen Bedarf nach jeder einzelnen Bewegungsweise zugeschnitten ist, kann doch zweifellos oft der Fall eintreten, daß eine bestimmte Instinktbewegung fast ausschließlich im Dienste anderer Appetenzen und fast nie um ihrer selbst willen ausgeführt wird. Besonders gilt das für Mehrzweck-Bewegungen (siehe S. 99, 106), wie die Lokomotion. Ein Wolf muß in nahrungsarmen Gebieten sicher viel weiter laufen, als er es „zum Vergnügen“ täte.

Die in 2.I/12 besprochene Tatsache, daß jede endogen automatische Bewegungsweise ebensowohl treiben wie getrieben werden kann, bringt es mit sich, daß bei einem höheren Wirbeltier und erst recht beim Menschen, die Verhaltensweisen, die sowohl phylogenetisch wie ontogenetisch als Glieder einer Hierarchie zu erkennen sind, in einer nahezu beliebigen und höchst anpassungsfähigen Folge aneinandergeschaltet werden können. Leyhausen sagt: „Eine linear verlaufende, unwandelbare Hierarchie gibt es zwischen ihnen nicht, es herrscht ‚relative Stimmungshierarchie' ".

Die ursprünglich sehr wahrscheinlich vorhandene lineare Aufeinanderfolge von Appetenzen spielt wohl nur in der Ontogenese des Beutefangens eine Rolle, indem sie das erfahrungslose Jungtier den richtigen Weg vom Lauern und Beschleichen über das Fangen und Totbeißen zum Auffressen der Beute führt. Leyhausen sagt: „Nachdem eine Katze mehrmals Beutetiere gefangen, getötet und verzehrt und so den Zusammenhang der drei Tätigkeiten erfahren hat, lernt sie allmählich, die Instinktbewegung des Beutefangs ganz oder teilweise durch erlerntes Appetenzverhalten zu ersetzen; die Arten wie die Individuen unterscheiden sich hinsichtlich dieser ‚Erwerbsmotorik' beträchtlich. Wie schon bei der Orientierung des Tötungsbisses, so handelt es sich auch hier nicht um Modifikation oder adaptive Veränderung der angeborenen Bewegungsweisen durch ‚Hineinlernen' (wie dies bei der Erhöhung der Selektivität eines AAM der Fall ist, Anmerkung des Autors), ein Umbau der Instinkte durch Erfahrung (an den Bierens de Haan glaubt, Anm. d. Autors) findet nicht statt. Die Erbkoordinationen bleiben selbständig und unverändert neben den erworbenen Bewegungsmustern erhalten. In der Neurophysiologie ist die Existenz der zweierlei ‚motorischen Schablonen' in der prämotorischen Hirnrinde und im Hypothalamus seit längerem bekannt."

5. Die Rolle der „übergeordneten Kommandostelle" (Erich von Holst)

Wir wissen bereits (2.I/13): Das Bauchmark eines Regenwurms, das vom Oberschlundganglion getrennt ist, kriecht ununterbrochen, der spinale Lippfisch schwimmt ununterbrochen und alle automatisch reizproduzierenden Gewebe, die normalerweise einer übergeordneten Kommandostelle unterstehen, sind, von dieser isoliert, bis zum Absterben des Präparates ununterbrochen tätig. Reizerzeugende Gewebe von Tieren, die kein zentralisiertes Nervensystem besitzen, wie z. B. die Neuroepithelien der Hohltiere (Coelenterata) sind gewissermaßen Zwischenformen zwischen Nerven-, Muskel- und Epithelgewebe. Wie Pantin nachgewiesen hat, sind auch sie dauernd automatisch tätig, unabhängig von jeder äußeren Reizeinwirkung.

Selbsttätig reizproduzierende Gewebe, die unabhängig von jeder übergeordneten Kommandostelle sind, gibt es wohl nur bei Organismen, die, wie die von Pantin untersuchten, des Zentralnervensystems entbehren. Die Reizerzeugung höherer Tiere unterliegt wohl immer hemmenden und antreibenden Einflüssen, die genau den Funktionen von Zügel und Peitsche in Holsts Gleichnis (2.I/16, S. 121) entsprechen. Selbst der Sinusknoten des Herzens steht unter der

Kontrolle zweier aus dem ZNS kommender Nerven, die nach ihrer Funktion der Nervus accelerans und der Nervus depressor cordis heißen.

Die Coelenteraten Pantins sind durchaus nicht die einzigen Tiere, die ein Nervensystem ohne übergeordnete „Zentren" besitzen. Das Aktions-System des Seeigels beruht, wie schon Jakob von Uexküll gezeigt hat, auf einer gegenseitigen neuralen Beeinflussung *peripherer* Organe. Wenn ein solches Tier vor einem Seestern eiligst davonläuft, so beruht dies, bildlich gesprochen darauf, daß unter den Ambulakral-Füßchen, die den wichtigsten Bewegungsapparat der Stachelhäuter darstellen, eine Panik ausbricht, die sich von Füßchen zu Füßchen fortsetzt. Uexküll sprach deshalb von der „Reflexrepublik" des Seeigels. Dieser Ausdruck trifft auch auf niedere Tiere gleicherweise zu, woferne man in Rechnung stellt, daß „der Reflex" keineswegs jene Rolle spielt, die man ihm zu Zeiten Uexkülls zuschrieb. Das Pferd ohne Reiter gibt es also in Wirklichkeit, aber nur bei Tieren ohne zentralisiertes Nervensystem.

Bei allen zweiseitig (bilateral) symmetrischen Tieren, bei denen es ein Vorder- und ein Hinterende gibt, d. h. also eine bevorzugte Bewegungsrichtung, gibt es auch eine zentrale Kommandostelle, ein „Gehirn", und zwar selbst bei solchen Wesen, die einen vom Rumpf abgesetzten Kopf nicht besitzen, wie z. B. die Muscheln (Lamellibranchiata). Die „Erfindung" des Kopfes brachte Überlebensvorteile, die auf der Hand liegen, die Konzentration der Sinnesorgane und des Nervensystems am vorangehenden Ende eines beweglichen Tieres findet sich demgemäß bei sehr vielen Tierstämmen. Die Gliederfüßler (Arthropoda), d. h. Krebse, Tausendfüßler, Insekten und Spinnentiere und unter den Weichtieren die Schnecken, zu denen auch die Kopffüßer (Cephalopoda) gehören, haben den Kopf nicht nur unabhängig voneinander evoluiert, sie haben ihn auch an jenem Körperpol, der dem entgegengesetzt ist, an dem unser Wirbeltierkopf sitzt. Sie alle aber zeigen die Konzentration von Nervengewebe und Sinnesorganen an ihrem Vorderende, wie „wir" Wirbeltiere an dem unseren. Auch die Funktion des Kopfes ist bei allen diesen Wesen grundsätzlich analog.

Eine übergeordnete Instanz wird offensichtlich dann nötig, wenn der Organismus über mehrere Systeme von Bewegungsweisen verfügt, deren jedes nur in einer ganz bestimmten Situation wirksam ist und die einander nicht durch gleichzeitiges Losgehen ins Gehege kommen dürfen. Der Regenwurm kann vorwärts und rückwärts kriechen, er kann fressen, kopulieren, blitzrasch zusammenzucken und er kann schließlich – was ich nie gesehen habe – in einer kräftigen Schlängelbewegung über die Erdoberfläche dahinlaufen. Wie die einfache Beobachtung lehrt, gehen niemals zwei oder mehrere dieser Bewegungen gleichzeitig los. In pathologischen Fällen, wie im sogenannten epileptischen Anfall kommt das vor, was die prinzipielle Möglichkeit eines solchen dysteleonomen Geschehens erweist. Damit erhebt sich die Frage, wie dieses normalerweise verhindert wird. Im einfachsten Fall kann das durch einen Mechanismus bewirkt werden, den die Biokybernetiker als Extremwertdurchlaß bezeichnen. Wie Abb. 21 darstellt, ist er den betreffenden Verhaltensweisen vorangeschaltet und bewirkt durch eine „rückwärts gerichtete Subtraktion" eine einfache wechselseitige Hemmung. Möglicherweise ist in den Gehirnen niedriger, zweiseitig symmetrischer Tiere (Bilateralia) ein analoger Mechanismus am Werke. Außerdem aber muß dort eine Instanz vorhanden sein, die imstande ist, aus den im Augenblick wirksamen Konfigurationen von Außenreizen zu entnehmen, welche von den dauernd unter Hemmung stehenden Erbkoordinationen sinnvollerweise im Augenblick enthemmt werden soll.

Das Vorhandensein zentraler Hemmungen, die alle Instinktbewegungen am Ablaufen hemmen, die im Augenblicke nicht gebraucht werden, steht mit Sicherheit fest. Sowohl Holst als Roeder haben nachgewiesen, daß bei Würmern,

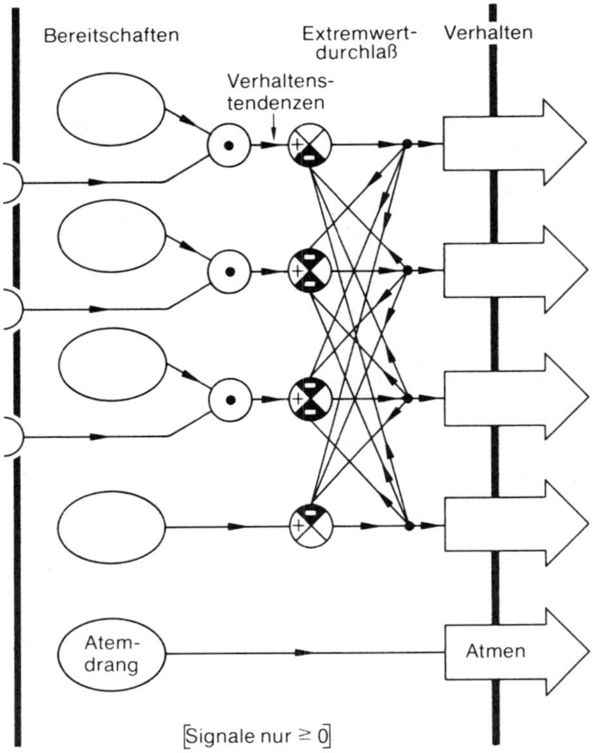

Abb. 21. Idealisiertes Funktionsschaltbild zur Darstellung der gegenseitigen Hemmung zwischen Verhaltenstendenzen nach dem – hierfür denkbaren – Prinzip der lateralen Rückwärtsinhibition. Der Atemdrang ist in der Regel in dieses System nicht eingeschlossen: Das Atmen geht unbeeinflußt vom sonstigen Verhalten vor sich. (Aus: Czihak, Langer, Ziegler, Hrsg., Biologie)

Insekten und Fischen eine höhere Kommandostelle im Zentralnervensystem dauernd verhindert, daß die ihr unterstellten Vorgänge endogener Reizerzeugung und zentraler Koordination sich in Bewegungen auswirken. Medizinische Erfahrungen mit Hirngeschädigten, besonders bei Zuständen nach Hirnentzündung (post-encephalitische Symptome) zeigen, daß gleiche Funktionsprinzipien auch beim Menschen obwalten. Kenneth Roeder schreibt über die Hemmungsfunktion der Kommandostellen:

„An Insekten wurden die Regionen des Zentralnervensystems, die für den Hemmungseffekt maßgebend sind, in folgender Weise aufgefunden. Bei der Schabe bewirkt die Entfernung der Fazettenaugen, der Punktaugen (Ocelli) und der Antennen (also aller normalerweise für die Auslösung der untersuchten Verhaltensweisen wesentlichen Sinnesorgane, Anmerkung des Übersetzers) keine dauernde Zunahme in der Aktivität des letzten Abdominalganglions (das die endogen produzierten und zentral koordinierten Impulse für spezifische Begattungsbewegungen der Phallomeren, der als Begattungsorgan fungierenden letzten Körpersegmente, liefert). Entfernung des Gehirnes, d. h. des Oberschlundganglions hatte eine Zunahme der kleinen spikes (elektrisch aufgezeichneter neuraler Impulse) bei vier von acht Präparaten zur Folge. Dekapitation oder Durchschneiden der verbindenden Halsnerven hatte eine weit deutlichere Zunahme der Aktivität zur Folge, darunter Feuern der großen Nervenfasern in Salven. Dieser Effekt war dem ähnlich, der von einer queren Durchschneidung des Bauchmarks hervorgerufen wurde. Dies zeigt, daß bei der Schabe wie bei der Mantis das Unterschlundganglion die wichtigste Quelle der Hemmung darstellt. In einigen Fällen rief die Durchschneidung des Bauchmarks, nachdem der Kopf bereits entfernt worden war, einen kleinen zusätzlichen Anstieg in der efferenten Aktivität hervor, was wahrscheinlich macht, daß die Ganglien der Brustsegmente in geringerem Maße zu dem Hemmungseffekt beitragen.“

„Wenn man nun annimmt, daß im normalen Insekt die motorische Spontanaktivität (der Begattungsbewegungen, Anm. d. Übers.) durch eine tonische Entladung hemmender Impulse in absteigenden (von den Gehirnganglien zu dem letzten Bauchganglion leitenden, Anmerkung des Übersetzers) Nervenfasern bewirkt wird, so ist man etwas erstaunt darüber, daß nach dem operativen Ausschalten des Hemmungseffektes durch Durchschneiden des Bauchmarks bis zu fünfzehn Minuten verstreichen können, ehe die motorische Aktivität einsetzt. Es wurde versucht herauszufinden, ob die Dauer dieser Verzögerung durch die Lokalisation bestimmt wird, an der die hemmenden Bahnen durchschnitten werden. Es ergaben sich keine Anhaltspunkte, daß die Verzögerung verschieden war, ob man nun das Bauchmark in der Halsregion oder Bauchregion durchschnitten hatte. Da die Verzögerung so verschieden war und von wenigen Sekunden bis zu 15 Minuten dauerte, kann die Beziehung zwischen ihrer Dauer und dem Ort der Nervendurchtrennung auch durch die geringe Zahl unserer Beobachtungen verschleiert werden.“

„Da die Methode der Bauchmarkdurchtrennung bei einem Präparat nur eine Enthemmung endogener Nervenaktivität zu beobachten gestattete, wurde der Versuch gemacht, eine reversible Blockierung des Hemmungseffektes hervorzurufen. Zuerst wurde eine elektronische Methode versucht. Die direkte Durchströmung des Bauchmarks durch eine Anode und eine ihr gegenüber gestellte indifferente Kathode bewirkte in drei unter elf Fällen eine schwache Zunahme der efferenten Aktivität in den Nerven des neunten und zehnten Segmentes, aber diese Aktivität wurde nicht so lange aufrecht erhalten als der polarisierende Strom wirksam blieb. In den anderen Fällen gab es überhaupt keine Veränderung in der efferenten Aktivität. In sechs von elf Fällen wurde nach dem Durchströmungsversuch das Bauchmark durchschnitten und in jedem dieser Fälle trat die typische Zunahme der efferenten Aktivität auf.“

„Eine lokalisierte Blockierung der absteigenden hemmenden Bahnen im Bauchmark wurde durch die Anwendung von isotonischem Kaliumchlorid und von Hoyels Salzlösung (in der Saccharose für Natrium ersetzt war) versucht.

Lokal auf das intakte Bauchmark applizierte isotonische Kaliumchloridlösung blockiert nach ungefähr dreißig Minuten die Leitung in den aufsteigenden Riesenfasern, wenn dagegen die Hülle um das Bauchmark vorher entfernt wird, tritt die Blockierung in ungefähr einer Minute ein (Twarog und Roeder 1956). Diese Chemikalien wurden nun an intakte und bloßgelegte Teile des Bauchmarks gebracht, während die Aktivität der efferenten Nerven des letzten Bauchganglions aufgezeichnet wurde. Dabei ergaben sich Schwierigkeiten die Wirkung des Kaliumchlorids auf eine bestimmte Region des Bauchmarks zu beschränken und es wurde daher versucht, seine Ausbreitung bis zum letzten Abdominalganglion dadurch zu verhindern, daß dieses in mineralisches Öl eingetaucht wurde. In den sieben Versuchen, in denen die Aktivität des letzten Bauchganglions durch die ganze recht komplizierte Prozedur erhalten blieb, zeigte einer keine Veränderung, vier eine leichte Zunahme, die mit der durch Querschnitt bewirkten nicht zu vergleichen war, und in zweien gab es eine sofortige Zunahme, gefolgt vom totalen Aufhören aller efferenten Aktivitäten. In diesem letzten Fall wurde die Aktivität nach fünf Minuten langem Waschen in physiologischer Salzlösung wieder aufgehoben und das Aufhören der Aktivität könnte durch die Infiltration des Ganglions mit Kaliumchloridlösung bewirkt worden sein."

„Das Versagen dieser zwei Versuche, eine reversible Blockierung der Hemmungsaktivität zu erreichen, war erstaunlich und ist für sich selbst interessant. Drei mögliche Erklärungen bieten sich an."

„1. Die Methoden können technisch ungenügend gewesen sein. Immerhin war die Blockierung von Riesenfasern (Twarog und Roeder 1956) erfolgreich."

„2. Die hemmenden Fasern könnten einen geringen Durchmesser haben und in irgendeiner Weise vor Einflüssen geschützt sein, durch die Riesenfasern blockiert werden."

„3. Die Hemmungswirkung könnte durch die höheren Zentren auf einem anderen Wege als durch Nervenimpulse bewirkt werden. Die beiden letzten Möglichkeiten bleiben völlig offen". (Übersetzung.)

Bei höheren Wirbeltieren hat sich jede Kommandostelle zwischen Verhaltens-Systemen zu entscheiden, die weit komplexer aufgebaut sind als die von K. Roeder und E. von Holst untersuchten. Deshalb ist mit einem sehr viel komplexeren Einfluß der höheren Kommandostellen zu rechnen, der sich kaum auf einfache Hemmungen beschränken dürfte. Zwar haben die als „Werkzeug- oder Mehrzweck-Aktivitäten" beschriebenen Erbkoordinationen stets eine so reichlich bemessene endogene Produktion, daß einfache Enthemmungen zur Erklärung ihres Hervorbrechens genügen könnte. Doch sind gerade sie häufig in komplexere Verhaltens-Systeme eingebaut, an denen außer ihnen Lernleistungen und die meist als Einsicht bezeichnete Funktion der Mechanismen kurzfristigen Informationsgewinns (2. VI, S. 177ff.) beteiligt sind.

Obwohl auch bei höheren Wirbeltieren eine wesentliche Funktion der übergeordneten Kommandostellen darin besteht, Dauerhemmungen auf Instinktbewegungen auszuüben und im teleonomisch richtigen Augenblick die Hemmung einzelner aufzuheben, gewinnt man bei genauer Beobachtung intakter Tiere doch den Eindruck, daß bei ihnen die höheren Instanzen des Zentralnervensystems eine aktivere Rolle spielen, als bei Würmern und Gliedertieren.

Schon bei manchen lebhaften Fischarten, wie vor allem bei manchen Barschartigen (Percomophae) tropischer Meere, ist eine aktive Suche nach Reizen dauernd im Gange, die man als eine primitive Form explorativen Verhaltens auffassen kann, das in einem späteren Abschnitt (3. V, S. 257ff.) besprochen werden wird. Der Fisch wechselt dauernd die Blickrichtung und tastet damit die Gegebenheiten seiner räumlichen Umgebung ab. Ähnliches kann man an jedem kleinen Singvogel beobachten, solange er wach und aktiv ist. Für höhere Primaten und vor allem für den Menschen ist das dauernde Suchen nach optischen Reizen so typisch, daß es uns sofort auffällt, wenn ein Mitmensch mit offenen Augen diese Dauersuche nach nervlichen Eingängen eingestellt hat. Man bezeichnet dieses Verhalten als „geistesabwesend“, in Österreich sagt man mundartlich „er schaut ins Narrenkastl“, englisch sagt man „he is staring into space“, was gut zum Ausdruck bringt, daß die in Rede stehenden Vorgänge mit einem aktiven Aufrechterhalten des räumlichen Orientiert-Seins zu tun haben.

Sicherlich beruht die in Rede stehende Aktivität auf endogener Reizproduktion und nicht auf Reflexvorgängen. Auch ist es eine naheliegende Spekulation anzunehmen, daß ein solches waches Gehirn auf die ihm unterstellten Aktionen-und-Reaktionen-in-Einem nicht nur eine zügelnde, sondern auch eine aktiv antreibende Wirkung ausüben kann. Ein starkes Argument für diese Annahme liegt darin, daß die Willkürbewegungen, die am unmittelbarsten den höchsten Instanzen des Gehirns unterstehen, auch diejenigen sind, die stärker als alle anderen bekannten Bewegungsweisen dem antreibenden Einfluß der höchsten Kommandostelle ausgesetzt sind und ihr bis zur völligen Erschöpfung des Gesamtorganismus gehorsam bleiben.

V. Wie einheitlich ist „ein Instinkt"?

1. Die Gefahr finalistischer Namen

Ein „System" ist nach der etwas aphoristischen Definition von Paul Weiss „everything that is unitary enough to deserve a name" – Alles, was einheitlich genug ist, um einen Namen zu verdienen. Nur muß man sich dabei hüten, nach dem bösen Vorbild mittelalterlicher Pseudowissenschaft das teleonome Ziel für die Ursache zu halten und von Fluchttrieb, Fortpflanzungstrieb oder gar von Selbsterhaltungstrieb zu sprechen. In der vitalistischen Tierpsychologie der Jahrhundertwende war dies gang und gäbe, da „der Instinkt" als ein außernatürlicher und der Erklärung weder bedürftiger noch zugänglicher Faktor galt.

Eine Funktion nach dieser teleonomischen Wirkung zu benennen, ist an sich nicht verboten, nur muß man sich klar darüber bleiben, daß, wie John Dewey in harten Worten gesagt hat, der Name dann allzu leicht „betrügerischerweise vorgibt, eine Erklärung des Benannten zu sein". Wenn wir komplexe tierische Verhaltensweisen vor uns haben die eine gemeinsame arterhaltende Funktion erfüllen, sind wir zwar berechtigt, sie nach dieser Funktion zu benennen, von einem Fortpflanzungsinstinkt (reproductive instinct) oder von einem Aggressionsinstinkt zu sprechen, wie Tinbergen und ich es beide getan haben, nur müssen wir uns dabei bewußt bleiben, daß die Verhaltensweisen, die wir so in einer begrifflichen Einheit zusammenfassen, nur ein sehr lose gebundenes System bilden und daß die Tatsache ihres teleonomen Zusammenwirkens, weit davon, eine Erklärung zu bilden, nur das Vorhandensein eines Problems für unsere kausalen physiologischen Erklärungsversuche darstellt.

Die erste Frage, die sich dieser Versuch kausaler Analyse zu stellen hat ist die, wie die Ganzheit des Systems, das einen Namen zu verdienen scheint, überhaupt zustande kommt. Diese Frage ist umso schwerer zu beantworten, je weiter man die Grenzen dieses Systems zieht. Die Erklärung des „Selbsterhaltungstriebes" bedeutet nicht mehr und nicht weniger als die des gesamten Verhaltens einer Tierart, mit Ausschluß des Fortpflanzungsverhaltens. Selbst bei scharf umgrenzten und funktionell einheitlichen Verhaltens-Systemen ist es nicht leicht, die Wechselwirkungen herauszufinden, die ihre Einheitlichkeit bedingen. Vom Erfolg dieser Analyse aber hängt die Berechtigung zur Namensgebung ab.

Selbst wenn man sich dieser Probleme bewußt ist, bleibt es immer noch gefährlich, ein größeres System von Verhaltensweisen nach seiner Funktion zu benennen. Schwer ausrottbare finalistische Denkgewohnheiten bewirken allzu leicht, daß ein Ausdruck wie Fortpflanzungs- oder Aggressionsinstinkt zwar nicht mehr die Annahme eines außernatürlichen Faktors nahelegt, aber doch die einer „Monokausalität", d. h. einer einzigen, wenn auch natürlichen Ursache. Ich selbst habe von dieser Fehldeutung des von einer Funktion her bestimmten Namens bittere Erfahrungen gemacht. Ich habe in meinem Buch über Aggressivität ein ganzes Kapitel („Das Parlament der Instinkte") der Vielheit der Antriebe gewidmet und doch wurde mir der Glaube an einen monokausalen Aggressionstrieb unterstellt.

2. Die Vielheit der Antriebe

Tinbergens Hierarchie-Diagramm hat eine Schwäche: Die Pfeile, die vom höchsten Zentrum ausgehen und antreibende Wirkungen symbolisieren, zielen sämtlich von oben nach unten und dies legt die Vorstellung einer *einsinnigen* Verursachung nahe, die Tinbergen völlig ferne lag. Niemand war und ist sich mehr der Tatsache bewußt, daß unzählige wichtige Wirkungen von den niedrigsten Ebenen der Hierarchie auf die höchsten ausgeübt werden. Ein hoher ASP-Spiegel einer Instinktbewegung im untersten Stockwerk hat nachweislich entscheidenden Einfluß auf Alles, was sich im obersten abspielt.

Robert Hinde ist in seiner Arbeit „Unitary Drives" der Vorstellung einer monokausalen Verursachung instinktiven Verhaltens entgegengetreten, er schreibt dort: „Eine Eigenschaft des Verhaltens, zu deren Erklärung Triebe postuliert worden sind, ist die zeitliche Korrelation zwischen verwandten Tätigkeiten. Das meiste Verhalten besteht aus Folgen von Aktivitäten und es wird oft nahegelegt, daß diese deshalb zusammen ausgeführt werden, weil sie vom selben Trieb beherrscht werden". (One feature of behaviour which drives are postulated to explain, is the temporal correlation between related activities. Most behaviour consists of sequences of activities and it is often suggested that these occur together because they are governed by the same drive.) Das haben weder Tinbergen noch Baerends je geglaubt, sie haben vielmehr richtig gesehen, daß in einer Instinkt-Hierarchie die teleonomisch richtige zeitliche Aufeinanderfolge der Glieder dadurch programmiert ist, daß jede zeitlich vorangehende Appetenz durch einen konkret erforschbaren AAM auf die nächste umgeschaltet wird.

Die Vielheit der Antriebe, die zu einem funktionell so einheitlichen Verhalten wie zum Nestbauen führen, hat Hinde an Kanarienvögeln untersucht. Dabei hat er gezeigt, wie unabhängig die einzelnen Instinktbewegungen voneinander sind und hat auf Grund dieser Befunde mit Recht gegen die Annahme einer einzigen Trieb-Ursache argumentiert. Merkwürdigerweise aber ignoriert er, daß jede einzelne der am Nestbau beteiligten Instinktbewegungen ihre eigene Appetenz und ihren eigenen AAM besitzt. Er verschließt sich auch der Tatsache, daß die Erbkoordination als solche eine Systemeinheit ist, und zwar eine, die weit fester in sich geschlossen ist, als jenes übergeordnete und weit lockerere hierarchische System, das wir mit Tinbergen „einen Instinkt" nennen. Hinde entzieht sich der Annahme einer erschöpfbaren und kumulierbaren, für die einzelne erbkoordinierte Bewegung spezifische Potentialität durch folgende Argumentation: Äußere Reize können ebenso wohl eine spezifische als eine nicht spezifische Wirkung auf das Verhalten haben. Unspezifische Reize sind nötig, um ein ausreichendes Maß allgemeiner zentralnervöser Erregung aufrecht zu erhalten, während die Intensität des Verhaltens nach Hinde vor allem von den spezifischen Reizen abhängt. Nach seiner Meinung genügt es, eine kontinuierliche allgemeine Aktivität des Nervensystems anzunehmen, dann bestünde keine Notwendigkeit, besondere Antriebe des Verhaltens zu postulieren. Während die Meinung, daß unspezifische Reize nötig seien, um ein adäquates Maß von Allgemeinerregbarkeit aufrecht zu erhalten (2.III/4, S. 101), völlig richtig ist, muß dem zweiten Satz, daß die Intensität einer Verhaltensweise hauptsächlich von der Art der auslösenden Reize abhängig sei, energisch widersprochen werden: Er ignoriert nicht nur die tägliche und selbstverständliche Erfahrung jedes guten Tierkenners, sondern auch gesicherte experimentelle Ergebnisse von A. Seitz, H. W. Lissmann, D. Franck und vielen anderen. Ich erinnere an das in 2.I/5 über die Methode der doppelten Quantifikation Gesagte.

Daß Hinde alle diese Tatsachen einfach nicht zur Kenntnis nimmt, ist umso merkwürdiger, als er die einzelnen erbkoordinierten Bewegungsweisen des Kanarienweibchens und die Reizsituationen, in denen sie ausgeführt werden, völlig richtig beschreibt, wobei er auch nicht umhin kann, Appetenzverhalten, Schwellenerniedrigung und Spontaneität dieser Bausteine des Verhaltens zu erwähnen, doch schließt er hieran den Satz: „Sollen wir also für jede dieser Aktivitäten einen besonderen Trieb annehmen? Wenn ja, wo soll dieser Prozeß ein Ende finden, denn jede dieser Aktivitäten kann in noch kleinere konstituierende Elemente zerlegt werden". (. . . are we then to postulate a separate drive for each of these activities? If so, where is the process to stop for each of these activities can be analysed into constituent movements.) Auf die erste dieser beiden Fragen antwortet Leyhausen völlig richtig: „Der Umfang oder die Komplexität der fraglichen Verhaltensweisen spielt gar keine Rolle. Was *einzeln für sich* ohne den ‚normalen' Zusammenhang des biologischen Ablaufs auftreten und *eine eigene Appetenz* entwickeln, eigens nur auf sich gerichtete Appetenzhandlungen in Gang setzen kann, für das braucht man keinen Antrieb zu *fordern, es hat einen*!".

Auf die zweite Frage, wo der Prozeß der Analyse sein Ende finden soll, kann man eine ebenso klare Antwort geben: Bei jenen Verhaltensabläufen, die das Ziel eines Appetentverhaltens sein können, und das sind keineswegs einzelne Muskelzuckungen oder sonstige konstituierende Bewegungselemente! Appetenz, Schwellenerniedrigung, Spontaneität, Intensitätsverschiedenheiten, kurz alle im ersten Kapitel beschriebenen Effekte betreffen immer nur die Ganzheit jener sehr fest integrierten Bewegungsabläufe, die wir als Instinktbewegungen bezeichnen. Aus eben diesem Grunde legte die Entdeckung der Instinktbewegung durch Heinroth und Whitman den Grundstein zu aller ethologischen Forschung.

Die Vielheit der Antriebe muß tatsächlich, genau wie Hinde fordert, einer kausalen Analyse unterzogen werden, aber nicht, um den Begriff eines einheitlich und teleonom funktionierenden Systems autonom wirkender Motivationen aus der Welt zu schaffen, sondern um seine Funktion zu erklären. So stark vereinfachend die von Tinbergen, Baerends und Leyhausen entwickelten Vorstellungen der hierarchischen Organisation der Instinkte auch sein mögen, weisen sie doch eindeutig den Weg, den diese Analyse beschreiten wird.

Die von ihnen diktierten Fragestellungen sind selbst dort wichtig, wo die funktionelle teleonomische Zusammengehörigkeit der einzelnen Verhaltensmuster unbestreitbar, eine hierarchische Reihenfolge indessen nicht nachzuweisen ist. Dies gilt z. B. für die Nestbaubewegungen des von Hinde studierten domestizierten Kanarienvogels und seiner, mir besser bekannten wilden Verwandten (Carduelidae). Die als erste zu beobachtende Instinktbewegung tritt gleichzeitig mit einer solchen auf, die ihre eigentliche Funktion erst in einer späteren Phase des Nestbaus entwickelt. Die erste besteht im Bespucken von Nestmaterial und dem Versuch, es durch Drauftreten mit dem Fuß und eigenartigen Schnabelbewegungen an einem geeigneten Ort im Geäst zu befestigen. (Diese Verhaltensweise wird übrigens von Hinde nicht erwähnt und fehlt vielleicht bei den von ihm beobachteten domestizierten Vögeln.) Gleichzeitig mit dieser Bewegungsweise, die dem Befestigen der ersten Nestgrundlage dient, sieht man häufig die Ausmuldebewegung, deren Funktion das Glätten und Ausrunden der inneren Nestmulde ist. Sie besteht im Vordrücken der gewölbten Brust durch Schieben mit den Beinen, wobei gleichzeitig die Flügelbuge seitlich abgespreizt werden. Diese Instinktbewegung ist sehr alt, es gibt wohl keinen Kielbrustvogel (Carinatae), dem sie fehlt. Bei den in Rede stehenden kleinen Singvögeln hat sie eine neue Funktion erworben: Indem der Vogel die Bewegung in der noch nestlosen Astgabelung ausführt, erhält er Information darüber, wie günstig oder ungünstig die betreffende Lokalität für den Nestbau ist. Die Wirksamkeit der das Ausmulden auslösenden Situation hängt offensichtlich davon ab, daß der Vogel bei ihrer Ausführung möglichst viele taktile Reize von der Umgebung erhält. Je mehr Ästchen er beim Ausmulden am prospektiven Nestort berührt, desto leichter wird es in der Tat, dort ein Nest zu befestigen, z. B. in Astgabeln und Astquirlen. Dabei spielen zweifellos auch Lernvorgänge eine Rolle, denn die Weibchen von Singvogelarten, die frei im Geäst zu bauen pflegen, probieren anfangs verschiedene Lokalitäten in der beschriebenen Weise aus. Ein Lernen der zweckmäßigen Reihenfolge der übrigen am Nestbau beteiligten Bewegungen findet dagegen wahrscheinlich nicht statt.

3. Die integrierende Wirkung der Instinkthierarchie

Wenn Tinbergen von seiner hypothetischen Auffassung der hierarchischen Organisation des Instinktes sagt, daß sein Diagramm nicht mehr als eine Arbeitshypothese von jenem Typus darstelle, der dazu dient, unsere Gedanken in Ordnung zu bringen, so unterschätzt er den Wert der in das Schema eingehenden, nachgewiesenen Tatsachen. Es sind dies die folgenden:

1. Zahl und Wirkungsweise der beteiligten AAM,

2. Art und Funktion der durch diese in Gang gebrachten Instinktbewegungen,

3. die gegenseitige Beeinflussung dieser Bewegungsmuster, die Beziehungen gegenseitiger Erleichterung und Hemmung, die durch Pfeile und Doppelpfeile symbolisiert sind.

4. Die teleonome Funktion dieser kausal analysierten Vorgänge, die darin

besteht, dem Organismus die an sich starren Bewegungsweisen in richtiger, oft sehr anpassungsfähiger Folge aneinander zu reihen.

Trotz Weglassung von vielerlei Rückwirkungen, die zur funktionellen Integration aller Glieder der Hierarchie beitragen, zeigt das Tinbergensche Schema, in welcher Weise die Wechselwirkung zwischen den verschiedenen Gliedern ihre Leistungen zum Ganzen integriert. So ist es beispielsweise teleonomisch sinnvoll, daß der Stichling gar nicht imstande ist, in Nestbaustimmung zu geraten, ehe er die Appetenz erster Ordnung befriedigt, und pflanzenreiches, seichtes, warmes Süßwasser aufgefunden hat. Noch viel deutlicher wird die ordnende Wirkung der stufenweise aufeinanderfolgenden und einander erschließenden Bereitschaften bei dem System des Nestbaus und der Brutpflege, das Baerends an der Sandwespe (Ammophila) untersucht hat.

Neben der Aufeinanderfolge, die durch die Hierarchie der Bereitschaften gesichert ist, können aber die einzelnen Antriebe ganz sicher auch in eine unmittelbare Wechselwirkung miteinander treten. Wie wir gehört haben (S. 152ff.), kann eine Instinktbewegung das Appetenzverhalten nach einer weiteren sein und kann daher einen Antrieb von dieser her erhalten. Es gehört, wie wir wissen, zu den Grundeigenschaften endogen automatischer und zentral koordinierter Bewegungsweisen, daß sie sowohl antreiben, wie angetrieben werden können. Wie wir in 2. IV/4 bei der Besprechung der „Relativen Stimmungshierarchie" gehört haben, kann sich dieses Verhältnis des Treibens und Getrieben-Werdens je nach der Gesamtsituation und dem gegenwärtigen Zustand des Tieres auch umkehren, wodurch eine noch größere adaptive Veränderlichkeit des Systems erreicht wird.

Außerdem kann bei höheren Tieren als ein weiterer vereinheitlichender Faktor das Lernen ein gemeinsames Ziel für eine Vielzahl von Verhaltensweisen setzen, die am hierarchischen System beteiligt sind.

4. Die Wechselwirkung der beteiligten Instinktbewegungen

Wie schon durch die horizontalen Doppelpfeile in Tinbergens Diagramm angedeutet wird, besteht zwischen den Bewegungsweisen derselben hierarchischen Ebene eine Beziehung gegenseitiger Hemmung. Ein Stichling, der gerade kämpft, kann nicht gleichzeitig nestbauen oder balzen. Die Bewegungsweisen derselben hierarchischen Ebenen können zwar auf der Basis einer gemeinsamen, für die Ebene spezifischen Bereitschaft funktionieren, sind jedoch am gleichzeitigen Hervorbrechen durch einen Mechanismus verhindert, der dem des schon erwähnten Maximalwertdurchlasses verwandt ist.

Wenn wir auf Grund statistischer Auswertung unserer Beobachtungen die Frage entscheiden wollen, ob gegenseitige Hemmung oder gleichzeitige Bereitschaft vorliegt, so hängt die Antwort stark von dem Zeitmaß ab, das man bei der Beobachtung einhält. Wählt man zur Beurteilung Stichproben von wenigen Sekunden, so bekommt man als Resultat die Beziehung einer absoluten gegenseitigen Hemmung zweier auf gleicher Ebene liegenden Bewegungsweisen; wählt man dagegen ein Zeitmaß von einem oder mehreren Tagen, so will es scheinen, daß beide Bewegungsweisen gleichzeitig und von derselben Motivation hervorgerufen würden. Dies entspricht ganz allgemein dem in 2. I/4 über die Trägheit des Wechsels übergeordneter und untergeordneter „Stimmungen“ Gesagten.

Die Gemeinsamkeit zweier Motivationen drückt sich in der Zeit aus, die das Tier benötigt, um von einer Bewegungsweise zu einer anderen überzugehen. Rivalenkampf und Balz können einander beim Stichling im Abstande von Sekunden ablösen, bei Cichliden, z. B. bei Hemichromis bimaculatus, läßt sich sogar die durch Kämpfen hervorgerufene hohe Allgemein-Erregung unmittelbar in eine entsprechend hohe Balz-Erregung überführen: Alte, lang verpaarte Gatten dieser Fischart balzen sehr viel weniger intensiv, selbst das Ablaichen und die Befruchtung der Eier verläuft routinemäßig und erregungslos auf sichtlich durch Lernen eingeschliffenen Bahnen. Setzt man zu einem solchen „ehemüden“ Hemichromispaar einen geschlechtsreifen, im Prachtkleid prangenden Rivalen, so bekämpfen ihn beide Gatten wütend, wobei man sich wundern muß, daß sie sich im Kampfgetümmel nie irren und das Weibchen nie den Gatten anstelle des Fremdlings rammt. Entfernt man diesen nun, so sind die Gatten in höchster Kampferregung einen Augenblick lang in Gefahr übereinander herzufallen. Im nächsten Augenblick aber ergießt sich die Erregung in Bahnen sexueller Verhaltensweisen und die Fische ergehen sich in Balzbewegungen von so hoher Intensität, wie sie sonst nur in den ersten Phasen der Paarbildung, sagen wir ruhig: „in der Zeit der jungen Liebe“ zu beobachten waren. Die genauere Motivationsanalyse der agonistischen und sexuellen Bewegungsweisen bestätigt unsere Vermutung, daß beiden ähnliche Bedingungen innerer hormonaler Bereitschaft zugrundeliegen.

Man darf generalisierend sagen: Die Zeiträume, die zum Umschlagen einer Handlungsbereitschaft in eine andere benötigt werden, sind umso größer, je höher in der allgemeinen, mehrere Antriebssysteme umfassenden hierarchischen Organisation der Instinkte die betreffende Bereitschaft gelegen ist. Versucht man, ein Hemichromispaar durch Ändern der auslösenden Reizsituation nicht von Kampf auf Balz, sondern von einer ebenso intensiven Fluchtreaktion auf Balz umzuschalten, so findet man, daß der Fisch nicht Bruchteile von Sekunden, sondern Viertelstunden braucht, um den geforderten Stimmungswechsel zu vollziehen.

In seinen Versuchen mit Stammhirnreizung an Hühnern hat Erich von Holst, wie gesagt, prinzipiell Gleiches gefunden. Eine für sich allein ausgelöste Bewegungsweise von niedrigerer Integrationsebene kann sehr schnell abklingen oder einer anderen Platz machen. Wird beispielsweise die im System des Sicherns und Fliehens zu den niedrigsten Stufen gehörige Bewegungsweise des Halshochstreckens mit nickenden Kopfbewegungen und Umherblicken allein ausgelöst, so hören die Bewegungsweisen mit Beendung des Stromreizes fast sofort auf und ebenso schnell können danach Bewegungsweisen auftreten, die zu anderen Systemen gehören. Liegt die Elektrode dagegen so, daß das ganze System der Flucht vor Bodenfeinden aktiviert wird, das mit den erwähnten Bewegungsweisen des Sicherns beginnt, aber alsbald zu immer intensiveren Warnen übergeht und im Wegfliegen sein Ende findet, so braucht das Huhn viel länger, um sich zu beruhigen oder gar, um zu Verhaltensweisen eines völlig anderen Systems bereit zu sein. Je größer das erregte System und je höher seine Erregung, desto länger dauert es, bis diese und mit ihr die auf vergleichbare Nachbarsysteme ausgeübte Hemmung abklingt.

Die in Rede stehenden Befunde Erich von Holsts stehen in völligem Einklang mit den von Tinbergen und Baerends entwickelten Vorstellungen von der hierarchischen Organisation von Bewegungweisen, die zu einem Instinktsystem gehören. Allerdings mag die unnatürlich starke Reizung des untersuchten Systems im Bereiche seiner höchsten Integrationsebenen eine Einheitlichkeit der Verursachung zur Folge haben, wie sie normalerweise und am intakten Tier kaum je vorkommt. Jedenfalls sind diese Befunde kein Argument für die „Monokausalität" des Triebes!

5. Nicht System-spezifische Bewegungsweisen

Es gibt ganz bestimmte, scharf gekennzeichnete erbkoordinierte Bewegungsweisen, die in ganz verschiedene Instinktsysteme, hierarchische wie mosaikhafte, eingebaut werden können. Wie wir in 1. I/12 im Abschnitt über Treiben und Getrieben-Werden und insbesondere über die „Werkzeug-Aktivitäten" schon gehört haben, ist eine solche vielfache Verwendbarkeit eines neuralen Mechanismus keineswegs selten. Dasselbe Netzhautelement kann, wie Lettvin und seine Mitarbeiter zeigten, Mitglied mehrerer verschiedener Organisationen sein, deren jede in einer Ganglienzelle der Netzhaut zusammengefaßt ist und von denen jede aus den Meldungen der ihr unterstehenden Seh-Elemente eine andere Mitteilung abstrahiert und zentralwärts weiterleitet. Die eine meldet nur allgemeines Dunkel- oder Hellwerden (on-off-effect), die andere das Fortschreiten einer dunklen, nach rechts konvexen Kontur von links nach rechts, usw. Ein Mensch kann bekanntlich auch Mitglied mehrerer Organisationen sein, eines Paddelklubs, eines Gesangsvereines und einer politischen Partei.

Es gibt nicht nur sehr viele Bewegungsweisen, die nicht nur in einem, sondern in mehreren Verhaltenssystemen Verwendung finden, sondern auch solche, die in nahezu allen mitarbeiten, wie z. B. die der Lokomotion. Man kann also das System eines „Instinktes" keineswegs dadurch gegen ein anderes abgrenzen, daß man die in ihm mitwirkenden Instinktbewegungen aufzählt.

Selbst sehr spezielle, sicherlich im Dienste eines Verhaltenssystems entstandene Bewegungsweisen können in einem stammesgeschichtlich offenbar sehr raschen Funktionswechsel einem völlig anders funktionierendem System dienstbar gemacht werden. Besonders auffällig ist dies, wo die in dieser Weise „zweckentfremdete" Bewegungsweise in höchst spezieller Weise an ihre ursprüngliche Funktion angepaßt ist. Ein Beispiel hierfür bildet das „Küssen" der küssenden Guramis (Helostoma temmincki). Bei diesem Fisch sind Unterkiefer, Zwischenkiefer und Mandibeln zu einer merkwürdigen, vorstreckbaren kreisförmigen Raspel geworden, mittels derer der Fisch Algenbewuchs von festen Gegenständen abschabt. Dieselbe Schabebewegung wenden nun rivalisierende Fische gegeneinander an, was genau so aussieht, als küßten sie sich, daher ihr Name.

Außer den Lokomotionsbewegungen und -Organen sind die der Nahrungsaufnahme die einzigen mir bekannten, die nicht nur von zwei, sondern von drei unabhängigen Instinktsystemen als gemeinsame Endhandlungen (common final pathway) benutzt werden. Dem Fernerstehenden erscheint es selbstverständlich, daß ein Tier, das ein Maul mit scharfen Zähnen besitzt, damit nicht nur Beute fängt, sondern auch Rivalen damit beißt und sich gegen Freßfeinde verteidigt. Es gibt aber viele Wirbeltiere mit wohlausgebildetem Beißapparat, die damit nichts anzufangen wissen, als Beute zu packen. Einem Hecht, einer Ringelnatter und selbst einem Alligator unterhalb einer bestimmten Körpergröße fällt es nicht ein, daß man die ,,Jagdwaffen" auch zum Rivalenkampf oder zur Selbstverteidigung benützen könnte. Ob Haie einander im Rivalenkampf beißen, scheint nicht bekannt zu sein, in Selbstverteidigung tun es viele. Nahezu alle in dieser Beziehung untersuchten Knochenfische (Teleostei) beißen einander im Rivalenkampf, aber die wenigsten benutzen ihr Gebiß zur Selbstverteidigung. Unter den vielen Arten, von denen ich selbst Erfahrung habe, taten es nur der Wels (Silurus glanis), der merkwürdige Characinide Hoplias malabaricus, der Seewolf (Anarrhichas lupus) und der große Barrakuda (Sphyrena barracuda).

Wenn ich hier die Ausdrücke ,,im Dienste entstanden" oder ,,von einem anderen System benützt" gebraucht habe, so könnte dies die Meinung erwekken, diese Bewegungsweisen seien ausschließlich ,,von oben her" aktiviert, was durchaus nicht der Fall ist. Selbst die am stärksten dem Antrieb von oben her unterstehenden Instinktbewegungen, nämlich die der Lokomotion, steuern durch ihre eigene aktive Reizproduktion zu der Bereitschaft des Organismus bei, das ganze System zu aktivieren. W. Heiligenberg hat an dem Cichliden Pelmatochromis kribensis gezeigt, daß die Bereitschaft zur Lokomotion wesentlich zur Gesamtbereitschaft des Fisches zu komplexeren Verhaltensweisen beiträgt, in denen Lokomotion gebraucht wird. Derselbe standardisierte Reiz wird von einem in Lokomotions-Stimmung befindlichen Tier mit Fortschwimmen, von einem ruhig im Wasser stehenden mit Annehmen von Tarnfärbung und Aufsuchen einer Deckung beantwortet. Jeder Reiter weiß, wie sehr ein aufgestautes Lokomotionsbedürfnis, meist als ,,Stallmut" bezeichnet, das Pferd zu den verschiedensten, dem Reiter oft unerwünschten Aktivitäten motiviert.

6. Zusammenfassung des Kapitels

1. Als einen Instinkt oder einen Trieb bezeichnen wir ein im Ganzen spontan aktives System von Verhaltensweisen, das funktionell genügend einheitlich ist, um einen Namen zu verdienen. Die Benennung eines solchen Systems nach einer Funktion darf weder dahin mißverstanden werden, daß wir an einen außernatürlichen teleologischen Faktor glauben, noch weniger aber dahin, daß ein einziger ,,monokausaler" Antrieb physiologischer Natur vorhanden ist, der das ganze System in Gang bringt.

2. Systeme der in Rede stehenden Art werden vielmehr immer von einer großen Zahl verschiedenartiger Antriebe motiviert. Unter diesen Antrieben sind uns diejenigen am besten bekannt, die in den Appetenzen nach den einzelnen in dem System mitspielenden Instinktbewegungen zu suchen sind. Wenn eine einzelne erbkoordinierte Bewegungsweise ihre eigene Appetenz

entwickelt und einzeln für sich, außerhalb des teleonomen System-Zusammenhanges auftreten kann, so braucht man für sie keinen besonderen Antrieb ,,zu fordern", sie *hat* einen.

3. Eine integrierende Wirkung, durch die viele einzelne Instinktbewegungen in ein einheitlich funktionierendes System zusammengefaßt werden, liegt in ihren vielfachen Wechselwirkungen innerhalb der hierarchischen Organisation, die von Tinbergen, Baerends und Leyhausen untersucht und nachgewiesen wurden.

4. Diese Wechselwirkungen zwischen den an einem einheitlich funktionierenden System beteiligten Instinktbewegungen, die teils in gegenseitiger Hemmung, teils in gegenseitiger Bereitschafts-Steigerung bestehen, sind stets so programmiert, daß sie eine einheitliche Funktion des Systems bewirken.

5. Man kann die Einheit eines Instinktsystems nicht nach den an ihm beteiligten Instinktbewegungen definieren, weil es deren viele gibt, die in mehreren verschiedenen Systemen eingebaut sind. Dies gilt für die sogenannten Werkzeug-Reaktionen (S. 99) und besonders für die Bewegungsweisen der Lokomotion. Obwohl solche ,,Mehrzweckbewegungen" häufig von einer ihnen in der Hierarchie übergeordneten Stelle einen starken Antrieb erhalten können, bilden sie mit ihrer Aktivitäts-spezifischen endogenen Reizerzeugung gleichzeitig selbst einen Antrieb des ganzen Systems.

Zusammenfassend sei gesagt: Wenn auch die Einheitlichkeit eines Verhaltenssystems der kausalen Analyse zur Erklärung bedarf, darf doch nie vergessen werden, daß dieser Systemcharakter Tatsache ist. So unabhängig die Bewegungsweisen des Nestbaus voneinander auch sein mögen, bleibt es doch Tatsache, daß der Vogel ein brauchbares Nest baut.

VI. Augenblicks-Information verwertende Mechanismen

1. „Etwas erfahren" heißt nicht „etwas lernen"

Empfang von Information darf nicht mit Lernen gleichgesetzt werden! Wohl hat alles Lernen den Empfang von Information zur Voraussetzung: Wie im dritten Teil dieses Buches auseinandergesetzt werden wird, ist Lernen im weitesten Sinne als eine *adaptive Modifikation* des Verhaltens definiert, als eine Verbesserung in der „Maschinerie" des sensorischen und neuralen Apparates, deren Funktion das Verhalten ist. Wie jede Anpassung *an* irgend etwas, bedeutet auch diese, daß Information *über* etwas in das System des Organismus hineingelangt sein muß. In der Phylogenese geschieht dies mittels der Versuchs-und-Erfolgs-Methode von Erbänderung und Selektion, in der Ontogenese durch Lernen. Beide Vorgänge haben das Eine gemeinsam, daß sie gewonnene Information *speichern* können. Der Informations-Erwerb des Genoms ist so alt wie das Leben selbst, dagegen tritt der des Lernens erst mit der Evolution zentralisierter Nervensysteme auf den Plan.

Außer diesen beiden, anpassende Information erwerbenden und speichernden Vorgängen gibt es aber noch eine dritte große Kategorie von Prozessen, die den beiden genannten darin gleichen, daß sie Information erwerben, von ihnen aber darin verschieden sind, daß sie diese zwar auswerten, aber *nicht speichern.*

Eine Anpassung, die durch das Experimentieren von Erbänderung und Selektion erreicht wird, benötigt im äußerst seltenen, denkbar glücklichsten Falle die Dauer einer Generation als Mindestzeit. Nur in einem ungeheuer konstanten Milieu wäre das Überleben von Organismen ohne eingebaute Regulationsmechanismen denkbar, durch die sie befähigt sind, Abweichungen von der Norm äußerer Bedingungen zu kompensieren und so ihre inneren Zustände zu stabilisieren. Ein Leben ohne *Regelkreise* ist kaum vorstellbar.

Jede Funktion dieser Mechanismen bedeutet den Erwerb und die Auswertung lebens-relevanter Information, *nicht aber deren Aufbewahrung*. Wenn wir dahinschreiten, empfangen und verwerten wir in jedem Augenblick eine Menge von Information. Unsere Propriozeptoren halten uns über die Stellung unserer Glieder auf dem Laufenden, unser Schweresinn teilt uns dauernd mit, in welcher Lage sich unser Schwerpunkt im Verhältnis zu der Unterstützungsfläche unserer Füße befindet, wir erfahren auf optischem Wege, wie schnell wir uns bewegen, optokinetische Mechanismen vermelden uns Drehungen nach der Seite, und dergleichen mehr. Jede dieser Meldungen wird sofort beantwortet, dann aber sofort wieder gelöscht. Sie *darf* gar keine Spuren hinterlassen, weil die Möglichkeit offengehalten werden muß, sie im nächsten Augenblick zu widerrufen und durch eine gegenteilige Meldung zu ersetzen.

Die Meinung vieler Ethologen, daß an jeder einigermaßen komplexen Verhaltensweise Lernen beteiligt sei, beruht sehr wahrscheinlich auf einer Verwechslung der Funktion von Augenblicks-Information verwertenden Mechanismen mit der des Lernens: Es gibt hochkomplizierte und anpassungsfähige Systeme des Verhaltens, in denen Lernen überhaupt keine Rolle spielt, es gibt aber keines, an dem nicht unzählige Augenblicks-Information verwertende Mechanismen als unentbehrlicher Bestandteil beteiligt wären. Die Verwechslung liegt englisch sprechenden Ethologen vielleicht deshalb besonders nahe, weil man im Englischen ja auch sagen kann: „I have just learned that ..." wenn man meint: „Ich habe eben erfahren, daß ...".

Die in Rede stehenden Funktionen sind nicht Erfahrung, aber sie sind die Voraussetzung dafür, daß Erfahrung überhaupt möglich wird. Sie sind also „apriorisch" im Sinne der Definition Immanuel Kants.

2. Der Regelkreis oder die Homöostase

Die einfachste Form des Erwerbs von Augenblicksinformation ist der Regelkreis oder die Homöostase. Dieser Mechanismus ermöglicht es dem Lebewesen, nach einer Störung sein Gleichgewicht wiederzufinden und aufrecht zu erhalten. Wenn ein Tier bei Sauerstoffmangel rascher atmet oder bei Überschuß an angebotener Nahrung das Fressen vorübergehend einstellt, so bedeutet dies, daß der Organismus nicht nur über seinen eigenen Bedarf an bestimmten Stoffen informiert ist, sondern darüber hinaus auch über die „Marktlage", die hinsichtlich dieser Stoffe in seiner Umgebung vorhanden ist. Die im Genom programmierte Struktur des Regelkreises macht es möglich, einen bestimmten „Sollwert" im Organismus aufrecht zu erhalten.

Der Regelkreis oder die Homöostase ist im Bereich des Lebendigen geradezu allgegenwärtig, man kann sich ein Leben ohne diese Funktion kaum vorstellen und möchte annehmen, daß sie gleichzeitig mit dem Leben in die Welt gekommen sein muß, es sei denn, daß die ersten Lebensvorgänge sich in einem Milieu von unvorstellbar großer Konstanz abgespielt haben, das eine Berücksichtigung von Augenblicksinformation überflüssig machte.

Wie im 7. Abschnitt dieses Kapitels zu besprechen sein wird, gibt es unter den Orientierungsreaktionen hoch komplexe sensorische und neurale Organisationen, die nach dem Prinzip des Regelkreises konstruiert sind.

3. Die Reizbarkeit

Unter diesem Begriff versteht man eine weit allgemeinere Bereitschaft auf äußere Einwirkungen zu antworten, als die in 2. III/3 besprochene Reaktionsbereitschaft. Erst die Arbeitsteilung zwischen Nerven- und Muskelsystem bringt es bei höheren Tieren mit sich, daß das erstere Reize aufnimmt und daß die äußere Beantwortung dem Muskelsystem – oder Drüsen mit äußerer Sekretion – überlassen bleibt.

Bei einfach organisierten Lebewesen ist es meist dieselbe Zelle, die den Reiz aufnimmt und beantwortet, wie es beispielsweise die Zellen der Poren, der

Einfuhröffnungen von Schwämmen, tun. Reizbarkeit kann man in verschiedener Weise definieren, meist aber versteht man darunter eine Eigenschaft des lebenden Protoplasmas, die darin besteht, den Reiz mit einer Reaktion zu beantworten, bei der weit größere Energie-Mengen freigesetzt werden, als der Reiz zugeführt hat. Man nennt dies eine ***Auslösekausalität,*** das englische Wort trigger causality, das den Abzug des geladenen Gewehrs zum Gleichnis heranzieht, trifft den Vorgang sehr gut.

Es gibt niedrige Vielzeller, bei denen sich die Reizbarkeit darauf beschränkt, daß sie sich auf einen leisen Reiz energisch zusammenziehen, ein Vorgang, der mit Ortsveränderung nichts zu tun hat. Bei Einzellern hingegen scheint Reizbarkeit so gut wie immer Hand in Hand mit Lokomotion zu gehen und darauf abzuzielen, den Organismus in möglichst günstige Umgebungsbedingungen zu bringen und dort zu erhalten. Es scheint unbekannt zu sein, ob es Einzeller gibt, die über Lokomotionsfähigkeit verfügen, aber der Orientierung im Raume entbehren.

4. Die amöboide Reaktion

Die urtümlichste und einfachste durch einen Reiz ausgelöste Bewegung ist die der amöboiden Zelle. Merkwürdigerweise hat sie eine Eigenschaft, die sonst im Tierreich erst auf einer sehr viel höheren Organisationsstufe auftritt: sie ist in allen drei Raumrichtungen gesteuert. Die allseitige Orientiertheit wird bei Amoeba proteo dadurch ermöglicht, daß sie „noch" kein vorne, hinten, oben oder unten kennt und ihre Pseudopodien, d. h. Bruchsack-ähnliche Ausstülpungen ihres Ektoplasmas, in jeder beliebigen Raumrichtung aussenden kann.

Man glaubte früher, daß diese Vorstülpungen durch Veränderungen in der Oberflächenspannung des Protoplasmas, das man sich damals in allen Schichten flüssig vorstellte, zustandekommen. In Wirklichkeit beruht dieser Vorgang, wie ich vor langem auf Grund einfacher Beobachtung behauptet habe, und wie L. V. Heilbrunn nachgewiesen hat, darauf, daß das Ektoplasma die Fähigkeit besitzt, auf Reiz hin vom Sol- in den Gelzustand überzugehen und umgekehrt. An der Stelle eines positiv beantworteten Reizes löst sich das gelierte Protoplasma auf, während an der Stelle einer negativ beantworteten Einwirkung das der Ektoplasmaschichte innen unmittelbar anliegende und bis dahin im Solzustand befindliche Endoplasma in den Gelzustand übergeführt wird. Nun ist das Volumen des Protoplasmas im gelierten Zustand merklich kleiner als im Solzustand, der Übergang von Sol zu Gel bedeutet also eine Zusammenziehung, die innerhalb der Amöbe ein Druckgefälle herstellt, die das Tier im Falle einer negativen Reaktion vom Reiz wegführt. An der Stelle des positiv beantworteten Reizes dagegen bricht das Pseudopodium wie ein flüssiger Geysir hervor, wird bei der Berührung mit dem Wasser oder sonstigen Umweltobjekten wieder fest und umfließt nur solche Körper, die durch ganz bestimmte chemische Eigenschaften das Gelieren verhindern und eben dadurch als freßbar „gekennzeichnet" sind. Die Information, die der teleonomen Auswahl von Nahrungsstoffen zugrundeliegt, ist offenbar ausschließlich chemischer Natur.

In ihrem natürlichen Lebensraum, d. h. in einer Kulturflüssigkeit, in der sie dauernd leben kann, erscheint die Amöbe ganz erstaunlich anpassungsfähig in ihrem Verhalten, ja geradezu „intelligent". Sie entzieht sich schädlichen Einwirkungen durch „ängstliche" Flucht, sie strebt auf günstige zu und umfließt und frißt „gierig" einen geeigneten Gegenstand. Wäre sie so groß wie ein Hund, so sagt H. S. Jennings, einer der besten Protozooenkenner, so würde man nicht zögern, ihr ein subjektives Erleben zuzuschreiben. Und doch stammt die anpassende Information, die ihr den Anschein von Intelligenz gibt, ausschließlich aus der Fähigkeit des Ektoplasmas, selektiv auf zwei verschiedene Kategorien von Außenreizen zu reagieren und dies in beliebiger Raumrichtung zu tun. Dazu kommt allerdings die sehr verschiedene Intensität der Reaktion, die den Beobachter übersehen läßt, daß die Amöbe nur eine einzige Bewegungsweise besitzt, mit der sie gleicherweise wandert, flieht und frißt. Die Proteus-hafte Veränderlichkeit des Amöbenkörpers bringt es mit sich, daß besondere, räumlich steuernde Mechanismen unnötig sind.

5. Die Kinesis

Bei Einzellern, die im Dienste schneller Lokomotion einen langgestreckten Körper mit fester Struktur und mit einem funktionellen Vorder- und Hinterende entwickelt haben, wird es nötig, das schnelle aber starre Schiff in teleonomer Weise nach den drei Raumrichtungen zu steuern. Dasselbe Problem besteht auch für die meisten frei beweglichen Vielzeller, unter denen es nur wenige radiär-symmetrische gibt, die, wie der Seestern, nach allen Richtungen gleich gut laufen können, wenn auch nur in zwei Dimensionen.

Der einfachste Orientierungsmechanismus, der imstande ist, das Tier aus ungünstigen Umgebungsbedingungen möglichst schnell zu entfernen und möglichst lange in günstigen zu erhalten, bewirkt ganz einfach, daß die Ortsbewegung, die bei vielen Geißel-tragenden (Flagellatae) und bewimperten (Ciliatae) Einzellern unterbrechungslos weiterläuft, sich verschnellert, wenn ungünstige, und verlangsamt, wenn günstige Umgebungsbedingungen obwalten. Die *Richtung* der Bewegung wird dabei nicht beeinflußt, doch sammeln sich wahrscheinlichkeitsmäßig größere Anzahlen der Tiere in den Regionen des langsamen Schwimmens. Entsprechendes passiert bekannter- und unerwünschtermaßen auch mit den Fahrzeugen auf der Autobahn an Stellen, die Verlangsamung der Fahrt erzwingen. Diesen einfachsten Mechanismus, der bewirkt, daß das Tier sich länger unter günstigeren als unter ungünstigen Lebensbedingungen aufhält, nennt man nach G. S. Fraenkl und D. S. Gunn *Kinesis.*

Bei vielen Organismen, die nicht genau geradeaus laufen oder schwimmen, wird die Kinesis dadurch noch wirksamer gemacht, daß die Verlangsamung der Fortbewegung unter günstigen Bedingungen mit einer Vergrößerung der Winkel seiner zufallsverteilten Richtungsänderungen einhergeht. Dieser, als Klinokinesis bezeichnete Vorgang findet sich nicht nur bei Protozooen und Wirbellosen, sondern in reinster Ausbildung auch bei manchen höheren Krebsen. Grasende Wiederkäuer und Pilze suchende Menschen tun grundsätzlich dasselbe.

6. Die phobische Reaktion

Phobos heißt auf griechisch Angst oder Furcht und der Name des in Rede stehenden Orientierungsmechanismus ist davon abgeleitet, daß er das Tier fluchtartig von bestimmten Reizen fortführt. Er ist indessen keineswegs der einzige physiologische Vorgang, der dies tut, wesentlich für den von Alfred Kühn definierten Begriff der phobischen Reaktion ist es, daß das *Ausmaß* der vom Organismus vollzogenen Wendung nicht *durch die Richtung des eintreffenden Reizes* bestimmt wird. Ein Pantoffeltierchen (Paramaecium), das bei seinem dauernden Vorwärtsschwimmen in rasch sich verschlechternde Umweltbedingungen gerät, kehrt daraufhin den Wimpernschlag seines ganzen Körpers um, sodaß es ein Stück auf der Bahn, die es gekommen ist, zurückfährt. Danach hält es kurze Zeit am Platze an, indem es die Wimpern der einen Körperhälfte vorwärts und die der anderen rückwärts schlagen läßt, während die Wimpern des Mundfeldes wieder vorwärts zu schlagen beginnen. Dies bewirkt, daß das Tier, während es stillsteht, mit dem Vorderende im Kreise schwingt, seine Längsachse also einen Kegelmantel beschreibt. Nach einer Zeit, die von der Stärke und nicht von der Richtung des Reizes bestimmt wird, schaltet der Wimperschlag des ganzen Körpers wieder auf Vorwärtsfahrt und das Tierchen schwimmt nun in jener Richtung davon, die seine Längsachse im Augenblick des Umschlages eingenommen hat.

Diese Richtung ist rein zufallsbedingt, es kann vorkommen, daß die Bewegung der Längsachse auf dem Kegelmantel genau 360 Grad betragen hat, wenn das Tier wieder vorwärts zu schwimmen beginnt und daß es genau wie einige Augenblicke vorher in den auslösenden Reiz hineinschwimmt. Besteht dieser Reiz in einem Gefälle von gelöster Substanz oder von Wärme, so kann es passieren, daß das Pantoffeltierchen nach seiner phobischen Reaktion in einer Richtung losschwimmt, die noch ungünstiger ist, als die vorherige, sodaß es nun in ein noch steileres Gefälle des abschreckenden Reizes hineinfährt. In solchem Falle wiederholt es die phobische Reaktion so lange, bis die neue Richtung den Reiz vermeidet. Die phobische Reaktion übertrifft die Kinesis in der Menge der gewonnenen Information, sie verkürzt nicht nur den Aufenthalt des Tieres im ungünstigen Milieu, sondern sie verhindert ihn, indem sie dem Tier sagt, in welcher Richtung die ungünstigen Bedingungen liegen.

Vom Günstigerwerden der Umgebung allerdings vermeldet sie dem Tier nichts. Durcheilt das Paramaecium ein Gefälle, das eine Verbesserung seiner Lebensbedingungen bedeutet, so schwimmt es reaktionslos so lange weiter, bis es auf der anderen Seite aus dem günstigen Milieu wieder hinausgerät. Erst dann antwortet es mit seiner Vermeidungsreaktion. So bleibt das Tier, wie das von A. Kühn stammende Diagramm (Abb. 22) zeigt, im Optimum seiner Lebensbedingungen gewissermaßen gefangen. Es verhält sich, wie Otto Koehler gesagt hat, genau wie ein Mensch, der eine Gehaltszulage wortlos einsteckt, über die Kürzung seines Einkommens aber ein Wehgeschrei erhebt.

Phobische Reaktionen zeigt das Pantoffeltierchen vor allem im beengten Raum des „hängenden Tropfens“, in dem es meist untersucht wurde. So entstand der Eindruck, daß dieses Wimpertier sich hauptsächlich mittels dieser Verhaltensweise im Raum orientiert. Wie Waltraud Rose gezeigt hat, besitzt

Paramaecium sehr wohl Orientierungsmechanismen von dem im folgenden Abschnitte zu beschreibenden Typus. Im größeren Raum einer Küvette, in dem keine spitzwinkelige Richtungsänderungen von dem Tier verlangt werden, sucht es ein günstiges Milieu auf und vermeidet ein ungünstiges, ohne jemals eine phobische Reaktion zu zeigen.

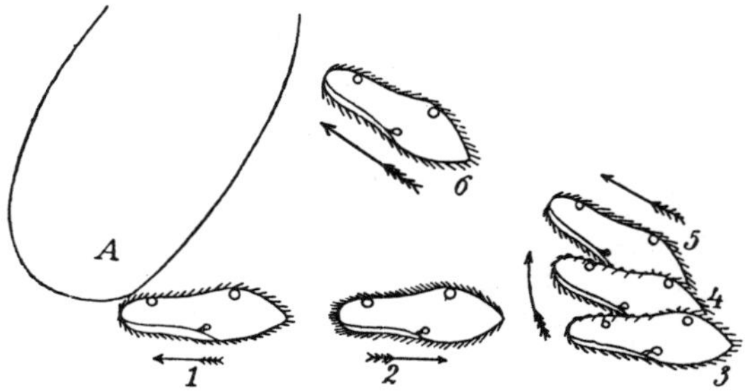

Abb. 22. Schematische Darstellung der einzelnen Phasen der Fluchtreaktion eines Paramaeciums, welches auf seiner Bahn auf einen festen Körper *A* oder einen anderen Reiz trifft. Nach Jennings. (Aus: Hempelmann, Tierpsychologie)

7. Die topische Reaktion oder Taxis

In seiner klassischen Arbeit über die Orientierung der Tiere im Raum hat Alfred Kühn eine Reihe von Orientierungsreaktionen beschrieben, denen das eine gemeinsam ist, daß der Organismus im Raume eine Wendung vollführt, deren *Ausmaß von der Richtung des eintreffenden Reizes* bestimmt wird. Die Begriffsbestimmungen und Namen, die Kühn für verschiedene Typen dieser Orientierungsmechanismen eingeführt hat, sind zum Teil von ihrer häufigsten Funktion abgeleitet – wie auch bei der „Phobotaxis" – zum Teil aber auch von einer hypothetischen Erklärung. Diese Hypothesen waren zum Teil unrichtig und die moderne Orientierungsforschung hat sie zum großen Teil verwerfen müssen.

Alle topischen Reaktionen sind den phobischen an Menge des Informationsgewinnes um ein Vielfaches überlegen: Die phobische Reaktion sagt dem Tier nur, welche Richtung es zu vermeiden hat, ohne ihm irgend etwas über die Gunst oder Ungunst aller übrigen möglichen Raumrichtungen mitzuteilen, die topische Reaktion dagegen meldet dem Tier eindeutig, welche von diesen unzähligen Möglichkeiten es zu wählen hat.

Die einfachste topische Reaktion, die Tropotaxis, beruht nach der Definition Kühns darauf, daß der Organismus sich so lange dreht, bis zwei symmetrisch angeordnete Rezeptoren, z. B. Schwere-Rezeptoren, gleiche Erregung zeigen. Viele von Kühn zu dieser Kategorie von Taxien gerechneten Orientierungsmechanismen haben inzwischen viel kompliziertere physiologische Erklärungen gefunden, hier sei ein Fall angeführt, für den die einfache Erklärung zutrifft. Ein Plattwurm (Planaria) reagiert „positiv tropotaktisch" auf Strömungen, die Duft von Nahrungsstoffen mit sich führen, er dreht sich so lange, bis die Strömung beide Seiten seines Kopfes gleicherweise trifft und kriecht ihr dann entgegen. Reizt man den Kopf des Tieres mit zwei, von beiden Seiten her gleich stark einwirkenden Wasserstrahlen, so kriecht der Wurm in der Resultierenden zwischen beiden Strömen durch.

Es ist hier nicht der Ort, das seit den Arbeiten Kühns über Orientierungsreaktionen bekannt Gewordene zu referieren. Um die Rolle zu demonstrieren, die komplexe Regelvorgänge bei Orientierungsvorgängen spielen, sei das Beispiel der Licht-Kompaß-Orientierung von Insekten herangezogen, die Kühn unter dem Begriff der Menotaxis (von griechisch = ich bleibe) einordnet, der dadurch definiert ist, daß das Tier einen bestimmten Winkel zur Einwirkungsrichtung des betreffenden Reizes festzuhalten trachtet. Dies wird dadurch bewirkt, daß die Ausgangsgröße eines Gliedes im Regelkreis auf die Eingangsgröße des Kreises rückgeführt wird und so die Aufrechterhaltung eines bestimmten Sollwerts ermöglicht. Die negative Rückwirkung (negative feedback) ist wesentlich für jeden Regelkreis.

Die Analyse derartiger Regelkreise, die bei Orientierungsreaktionen mitwirken, wird dadurch erschwert, daß die Einstellung des Sollwertes höheren Instanzen, d. h. Kommandostellen (siehe 2.IV/5) untergeordnet ist. Ein nach dem Winkel des einfallenden Lichtes geradeaus steuerndes Insekt kann selbstverständlich diese Richtung „willkürlich“ ändern und eine andere Richtung einschlagen, ja es tut dies, wenn es z. B. einer Wegdressur folgt, alle paar Meter. Wohlgemerkt, es könnte ohne die Licht-Kompaß-Orientierung nicht geradeaus fliegen und kann es in der Tat nicht, wenn die Voraussetzungen ihrer teleonomen Funktion nicht erfüllt sind. Zu diesen gehört unter anderem eine praktisch unendlich entfernte Lichtquelle. Insekten fliegen bekanntlich oft in künstliche Lichtquellen, und das tun sie dann, wenn sie den Sollwert des Winkels, den sie zur Lichtrichtung einhalten, auf weniger als 90 Grad eingestellt haben. Diejenigen, die ihn auf mehr als 90 Grad gewählt haben, bekommen wir nicht zu sehen, da sie sich von der Lichtquelle entfernen.

8. Die Telotaxis oder das „Fixieren“

Unter diesen Begriff faßt Kühn eine Reihe von Orientierungsmechanismen zusammen, die mit der „Menotaxis“ insoferne nah verwandt sind, als ein bestimmter Reiz auf einer bestimmten Stelle des Rezeptors, meist des Auges, festgehalten wird, indem das Tier sein Auge, seinen Kopf oder seinen ganzen Körper nach diesem Reiz hin richtet. In der Umgangssprache sagen wir, daß das Tier einen bestimmten Gegenstand „fixiere“. Dies heißt soviel, wie daß sein Bild auf einer bestimmten Stelle der Netzhaut festgehalten wird. Wir sehen bekanntlich einen Gegenstand sich im Raume bewegen, obwohl sein Bild auf unserer Netzhaut an der gleichen Stelle abgebildet bleibt. Es ist also nicht die Netzhaut, die uns die Bewegung eines vorüberfliegenden Vogels so genau vermeldet, sie war es nur während der ersten Augenblicke, ehe „unser Auge an ihm haftete“. Man vergegenwärtige sich, wie verschieden die Informationsquellen sind, die unsere Wahrnehmung in die einfach scheinende Meldung integriert die besagt, daß ein Vogel von rechts nach links über den Himmel fliegt. Zuerst sind es tatsächlich die Meldungen einer Reihe von nacheinander gereizten Netzhaut-Elementen, die uns Richtung und Geschwindigkeit des

Objektes mitteilen und die nun folgenden Vorgang aktivieren. Die Reafferenzen aus den Augenmuskeln erstatten die Meldungen über die gesehene Bewegung und wenn wir schließlich den Kopf nach dem gesehenen Objekt drehen, ist es die ungemein komplizierte gemeinsame Meldung von Hals- und Augenmuskeln, die uns sagt, wie schnell und wohin der Vogel fliegt.

Mittelstaedt hat an einem, zur Analyse der Zieleinstellung ungemein günstigen Objekt, nämlich an Fangheuschrecken (Mantidae) den speziellen Mechanismus der Regelkreise klargelegt, die das räumlich orientierte Greifen nach der Beute bewerkstelligen. Er sei hier als Modellfall einer ,,Telotaxis" besprochen. Die Mantis fixiert die Beute, indem sie den Kopf nach ihm hindreht, ein für ein Insekt einmaliges und deshalb sehr auffälliges Verhalten. Häufig, besonders wenn die Beute so weit entfernt ist, daß sie auf diese hinkriechen muß, orientiert die Fangheuschrecke den Prothorax mit den an ihm eingelenkten Fangbeinen und schließlich den ganzen Körper in der betreffenden Richtung. Sie kann aber auch, wenn Lokomotion wegen großer Nähe der Beute unnötig ist, mit den Fangbeinen in seitlicher, nicht der Symmetrie-Ebene der Vorderbrust entsprechender Richtung schlagen. Die Information, die dem ziemlich genauen Zielen zugrundeliegt, muß also von den Meldungen geliefert werden, die erstens von den Augen und zweitens von den afferenten Vorgängen erstattet werden, die der Mantis die augenblickliche Stellung ihres Kopfes mitteilen.

Letztere stammen, wie Mittelstaedt nachwies, aus den Halsorganen, das sind Polster von Sinnesborsten, die an den Außenflächen des Kopfgelenkes sitzen und bei jeder Wendung des Kopfes abgebogen werden und deren Winkel registrieren. Wenn Mittelstaedt den Nerv des linken Halsorgans durchschnitt, schlug die Mantis rechts daneben, desafferentierte er beide Halsorgane, so traf die Mantis ihre Beute richtig, aber nur woferne sie genau in der Mittelebene des Prothorax saß. Befand sie sich rechts davon, schlug die Mantis links daneben und umgekehrt. Die Halsorgane spielen also beim Zielen eine Rolle. Es läge nun nahe anzunehmen, daß die Richtung des Fangschlages durch eine Summation der vom Auge kommenden optischen und der vom Halsorgan kommenden, die Lage des Kopfes vermeldenden Reize bestimmt werde. Wenn diese Hypothese einer einfachen additiven Wirkung von optischen Reizen und propriozeptorischen Meldungen der Halsorgane richtig wäre, so müßte der Orientierungsmechanismus auch funktionieren, wenn man den Kopf durch ein Tröpfchen Klebstoff in schiefer Lage festlegt, denn diese Kopflage wird nachweislich von den Halsorganen registriert. Eine Mantis mit schräg festgeklebtem Kopf kann sogar noch die Beute fixieren, indem sie durch Rumpf- und Beinbewegungen den Prothorax samt Kopf in die Zielrichtung dreht. Dann aber schlägt sie nach der Gegenseite der erzwungenen Kopfbewegung daneben, d. h. sie schlägt so, wie Mittelstaedt sagt, ,,als wüßte sie nicht, daß ihr Kopf schief steht".

Hieraus ist zu schließen, daß der Orientierungsmechanismus der Mantis eine richtige Meldung über den Grad der Kopfbewegung nur dann zu liefern vermag, wenn dieser frei beweglich ist. Zwar vermelden die Halsorgane die augenblickliche Kopfstellung, diese Meldung geht jedoch nicht unmittelbar in die Zielrichtung der Fangbeine ein, sondern zunächst in die Steuerung der Halsmuskulatur. Das Wirkungsgefüge des Zielmechanismus bei Mantiden ist in

Abb. 23 dargestellt. Mittelstaedt sagt dazu: „Die Mantis, die eine rechts vor ihr sitzende Fliege fixiert, richtet ihre Fangbeine nach Maßgabe desjenigen Innervationsaufwandes nach rechts, der notwendig war, um diese Kopfstellung zu erreichen. Oder ganz anthropomorph ausgedrückt: Die Gottesanbeterin schlägt in derjenigen Richtung, in der sie glaubt, ihren Kopf gerichtet zu haben. Das Wissen über ihre tatäschliche Kopfstellung, das in ihren Halsorganen bereitliegt, erfährt nicht der Lokalisationsapparat, sondern ein niederes motorisches Zentrum, das die Aufgabe hat, die Normallage (O-Stellung) des Kopfes und den Grad seiner Auslenkung von der mechanischen Belastung der Halsmuskeln unabhängig zu machen. Auch hierfür gibt es experimentelle Belege.

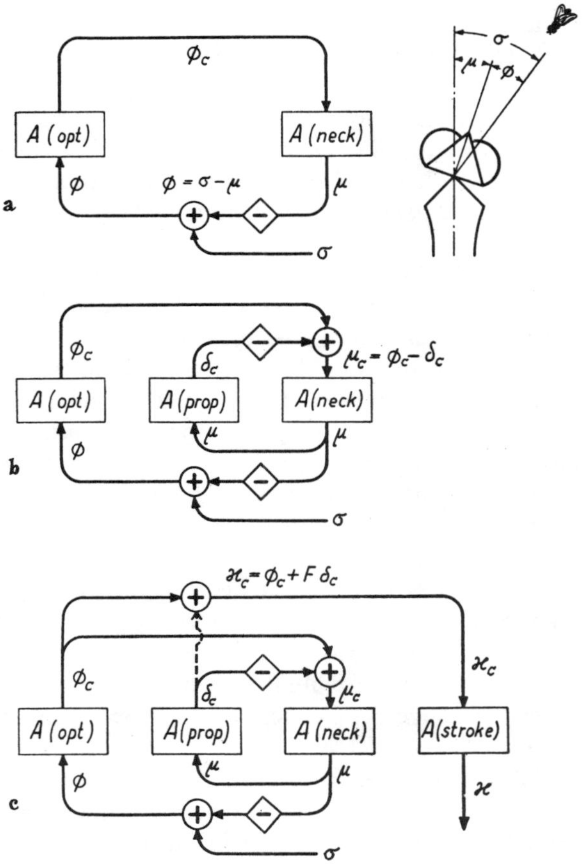

Abb. 23. Funktionsdiagramm des Mechanismus der Ortung von Beute bei Mantiden. Die zugrundeliegende Hypothese wurde schrittweise von *a* über *b* zu *c* entwickelt. *a* stellt nur den optischen Rückwirkungskreis dar. Wie die Pfeile andeuten, fließt die Information von dem optischen Untersystem (Verstärkungsfaktor A(opt)) zu dem motorischen System der Halsmuskeln (Verstärkungsfaktor A(neck)) und von dort zurück zu dem optischen System. *b* stellt die optischen und propriozeptorischen Rückkoppelungskreise dar. Das motorische System der Halsmuskeln wird von der Differenz zwischen den Meldungen des optischen (÷c) und denen des propriozeptorischen (Sc) Untersystems gesteuert *c* Die komplette Hypothese. A(stroke) stellt den Verstärkungsfaktor des Zentrums dar, welcher die Richtung des Beuteschlages bestimmt (K). (Aus: Mittelstaedt, Prey Capture in Mantids)

So kann man z. B. den Kopf mit erheblichen Drehmomenten (durch Anhängen kleiner Gewichte) belasten, bevor die Treffsicherheit sich verringert.“

9. Die zeitliche Orientierung

Wie alles Geschehen im Universum, geht auch das Verhalten der Lebewesen in Raum *und Zeit* vor sich. Es muß nicht nur am richtigen Ort, sondern auch im richtigen Augenblick vor sich gehen. Ganz allgemein sind die auslösenden Mechanismen, angeborene wie erworbene, so beschaffen, daß sie die just adäquate Verhaltensweise zeitgerecht in Gang setzen. In diesem Sinne könnte man auch den AAM zu den Augenblicks-Information verwertenden Mechanismen rechnen.

Außer solchen auf Außenreize ansprechenden „Zeitgebern“ besitzen die meisten Lebewesen „innere Uhren“, die unabhängig von äußeren Einwirkungen mit den kosmischen Geschehnissen des Sonnensystems synchron gehen und dem Organismus mit größerer oder geringerer Genauigkeit mitteilen, „wieviel es geschlagen hat“, ob es Tag oder Nacht, Sommer oder Winter sei. Viele Meerestiere „wissen“ außer den genannten Daten auch ganz genau um den Stand der Gezeiten.

C. Pittendrigh und J. Aschoff und ihre Mitarbeiter haben besonders die circadianen, d. h. dem Lauf eines Tages entsprechenden rhythmischen Vorgänge studiert. Diese inneren Uhren sind in den meisten Fällen keineswegs so genau, wie gute menschengemachte Chronometer. Es gibt solche, die mit großer Konstanz um einen bestimmten Betrag „nach“- oder „vorgehen“, wie Abb. 24 zeigt. In natürlicher Umgebung stellt der Organismus seine Uhr täglich um den betreffenden Betrag nach oder vor, denn unter natürlichen Umständen sind immer bestimmte *Zeitgeber* vorhanden, die den Organismus über den Rhythmus der kosmischen Vorgänge orientiert halten. Kein Organismus scheint imstande zu sein, den Gang seiner inneren Uhr zu verschnellern, wenn die tägliche Diskrepanz ihres Ganges mit dem kosmischen Zeitgeber anzeigt, daß sie zu langsam geht – oder umgekehrt. Der Organismus reagiert auf diese tägliche Diskrepanz nur damit, daß er den Zeiger ein wenig vorwärts oder rückwärts verstellt, wie dies der gewöhnliche Uhrenbesitzer tut, nicht aber wie der Uhrmacher, der die Länge des Pendels oder die Spannung der Unruhe-Feder adaptiv verändert.

Es gibt innere Uhren, deren Zeiger sich leicht und solche, bei denen er sich nur sehr schwer verstellen läßt. Dies gilt nicht nur für circadiane Rhythmen, sondern auch für solche von längerer Periode. Wenn ein Mensch in wenigen Stunden auf die andere Seite der Erdkugel fliegt, wird ihm aufs peinlichste bewußt, daß seine Uhr eine bestimmte Zeit braucht, um sich von Tag auf Nacht umstellen zu lassen. Es gibt Menschen mit „härteren“ und solche mit „weicheren“ Uhren. Unter allen Umständen bedeutet die Verstellung der inneren Uhr eine erhebliche Beanspruchung des gesamten Organismus, was keineswegs nur der menschliche Reisende subjektiv erfährt: Mitarbeiter von J. Aschoff haben gezeigt, daß sich die Lebenszeit mancher Insektenarten wesentlich verkürzt, wenn man sie wiederholt zwingt, ihren circadianen Rhythmus umzustellen. Auch unter den Jahresrhythmen gibt es, selbst bei nah verwandten Tieren, schwer und leicht umstellbare. Der australische schwarze Schwan (Cygnus atratus) brütet, auch wenn er nach Europa versetzt wurde, Generationen lang im australischen Frühling, d. h. in unserem Herbst, Kanadagänse (Branta canadensis) dagegen, die nach Neuseeland verpflanzt worden waren, brüteten laut verläßlichen Angaben, schon im nächsten Jahr zur Zeit des südlichen Frühlings.

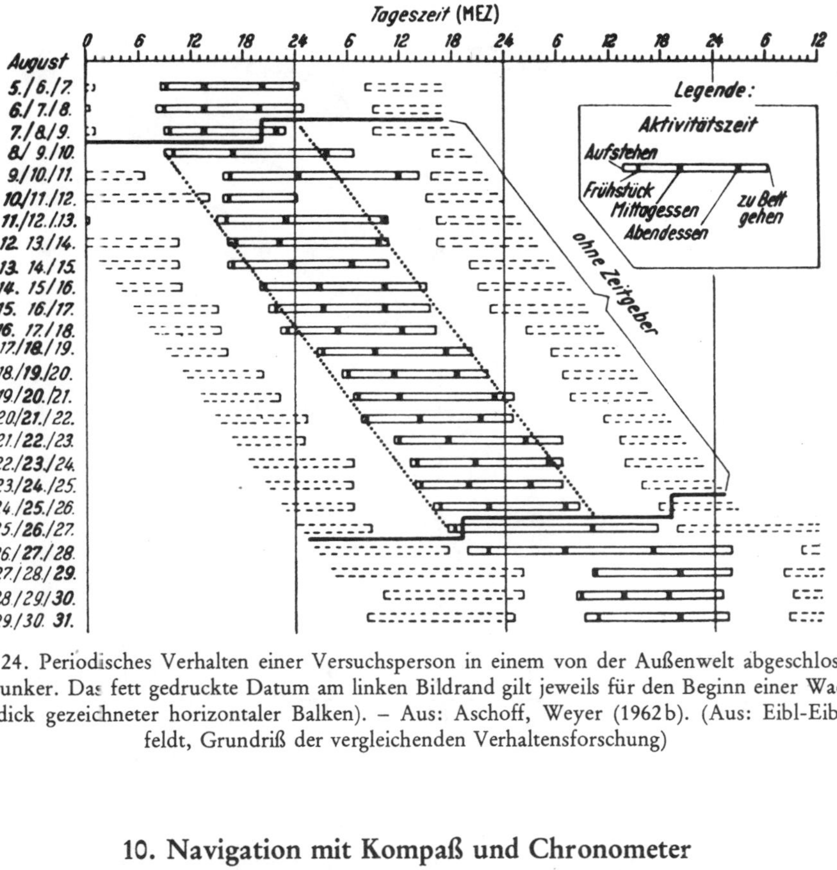

Abb. 24. Periodisches Verhalten einer Versuchsperson in einem von der Außenwelt abgeschlossenen Bunker. Das fett gedruckte Datum am linken Bildrand gilt jeweils für den Beginn einer Wachzeit (dick gezeichneter horizontaler Balken). – Aus: Aschoff, Weyer (1962b). (Aus: Eibl-Eibesfeldt, Grundriß der vergleichenden Verhaltensforschung)

10. Navigation mit Kompaß und Chronometer

Um die Sonne als Orientierungsmarke zum Steuern eines geraden Kurses benützen zu können, muß man ihre Bewegung zu verrechnen imstande sein und dazu gehört wiederum ein genaues Chronometer, das genau darüber informiert, welche Sonnenbewegung in welcher Zeitspanne zu erwarten ist. Nur manche staatenbildende Insekten, deren Ausflüge immer nur kurze Zeit beanspruchen, können es sich leisten, die Bewegung der Sonne zu vernachlässigen und ihren Stand als konstant zu behandeln, indem sie nur die schon besprochene Sonnen-Kompaß-Orientierung benutzen und, wenn sie zum Nest zurückkehren wollen, um 180 Grad zu verkehren. Bedeckt man eine Ameise der Art Lasius niger mit einer lichtundurchlässigen Schale und verhindert so ihren Lauf für eine Zeitspanne die ausreicht, um eine merkliche Veränderung des Sonnenstandes zu bewirken, so weicht das Tier bei seinem Rücklauf um einen

Winkelbetrag von der Richtung zum Neste ab, der dem der Sonnenbewegung während seiner Dunkelhaft entspricht (Abb. 25).

Dieses Verfahren ist selbstverständlich für länger dauernde Wanderungen unbrauchbar und so haben verschiedene Tierstämme, Gliedertiere, Fische und Warmblüter, unabhängig voneinander hoch komplizierte Verrechnungsapparate entwickelt, mittels derer sie imstande sind, die Winkelbewegung der Sonne zu kompensieren und auch auf langen Reisen einen geraden Kurs zu steuern.

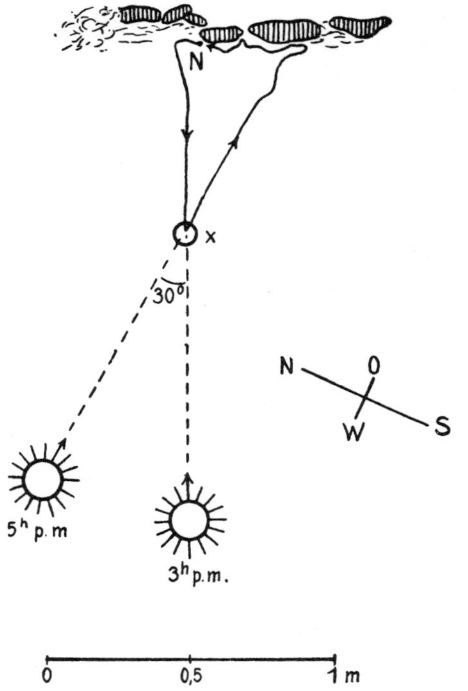

Abb. 25. Zeitversuch an Lasius niger; Rückweg als Umkehrung des Hinweges. – Nach Brun aus Kühn. (Aus: Hempelmann, Tierpsychologie)

Ein von Klaus Hofmann vom Ei ab aufgezogener Star, der die Sonne nie erblickt hatte, wurde in einem dunklen Kellerraum gehalten, der von einer Kunstsonne erleuchtet wurde, die morgens dicht über dem Boden erschien und sich nur in der Vertikalen aufwärts und nach Mittag wieder zurück bewegte. Dem Vogel wurden in einem achtseitig symmetrischen Raum Futter in vielen rundum angeordneten Futterschälchen geboten und dann wurde er darauf dressiert, seine Nahrung in einem bestimmten von ihnen zu finden; er wurde beispielsweise immer um sechs Uhr früh in dem Schälchen gefüttert, das genau in der Richtung der eben „aufgehenden Sonne“ lag. Als der Vogel nun zu einer anderen Tageszeit, sagen wir der Einfachheit halber um zwölf Uhr mittags „befragt“ wurde, in welchem der Behälter er sein Futter erwartete, erwies sich erstaunlicherweise, daß er nicht auf den jeweils unter der Sonne liegenden Futternapf dressiert war, sondern auf die Himmelsrichtung Ost, d. h. er suchte sein Futter um zwölf Uhr mittags in der Richtung im rechten Winkel links von der Sonne. In jenem Kellerraum konnte man den Star als eine ziemlich genaue Uhr benutzen, im Freien hätte er einen Kompaß abgeben können.

11. Taxis und Instinktbewegung

Wie schon gesagt, ist es ein Irrtum zu glauben, daß Lernvorgänge bei allen nur denkbaren Verhaltensweisen höherer Tiere eine Rolle spielen, wie es die Augenblicks-Information verwertenden Mechanismen tatsächlich tun. Regelkreise sind, wie im ersten Abschnitt des Kapitels gesagt, allgegenwärtig und Orientierungsmechanismen treffen wir überall, wo ein Organismus der Ortsbewegung fähig ist. Für das Verhalten von Tieren einer Evolutionsstufe, auf der ein Zentralnervensystem und zentral koordinierte Bewegungsweisen auftreten, fällt es schwer, Beispiele zu finden, bei denen topische Reaktionen nicht mitspielen: Zumindestens die des Gleichgewichthaltens sind so gut wie immer beteiligt, ich weiß nur zwei Verhaltensmuster zu nennen, in denen sie plötzlich ausfallen. Das ist erstens die Begattung von Labyrinthfischen, bei der beide Partner für einige Sekunden die Gleichgewichtsorientierung verlieren, zweitens das Verhalten des Kaninchenrammlers, der – ebenfalls bei der Begattung – plötzlich umfällt.

Bei der Lokomotion von Landtieren, deren Beine sich, wie in 2.I/13 und 14 gesagt, in absoluter Koordination bewegen, wird bei jedem Schritt ein taxienmäßig gesteuerter Anteil zu den Impulsen der Erbkoordination addiert oder substrahiert, so viel eben nötig ist, um die Beinbewegungen den Unebenheiten des Bodens anzupassen. In 3.IV/7 und 8 werden wir Näheres über diese Vorgänge hören. Die Gesamtheit der über die zentralkoordinierten Bewegungsweisen ausgleichend überlagerten Orientierungsmechanismen entspricht dem Begriff, den Erich von Holst mit seinem Ausdruck „Mantel der Reflexe" verband.

In der älteren Literatur wurde, wie schon erwähnt (S. 87), die Lokomotion häufig in die Bezeichnung bestimmter Taxien mit einbegriffen, „positive Phototaxis" hieß, daß das Tier zum Licht hinfliege, „negative Geotaxis", daß es aufwärts strebe, usw. Aus denselben Gründen, die uns gezwungen haben (2.I/1) den Heinrothschen Begriff der arteigenen Triebhandlung weiter zu zerlegen, müssen wir auch an solchen Orientierungsvorgängen zwei Komponenten unterscheiden, erstens den Orientierungsmechanismus, der das Steuer in eine bestimmte Richtung stellt und, zweitens, einen anderen, der die Lokomotion in Gang setzt. Die „positive Amerikotaxis" eines Ozeandampfers kommt durch die Leistungen des Navigators und der Steuerungsmaschine, ebenso wie durch die Funktion der Maschine zustande, die den Vortrieb des Schiffes bewirkt. Dieses Gleichnis trifft auch insofern zu, als der Navigator die Koordination der Maschinenbewegungen ebensowenig verändern kann, wie der Orientierungsmechanismus die der Instinktbewegung. Die höhere Instanz kann in beiden Fällen nur Stop, Rückwärtsfahrt, halbe und volle Kraft voraus kommandieren.

Die Vielheit der dauernd mitwirkenden Orientierungsmechanismen bedingt eine Plastizität des Verhaltens, die geeignet ist, die Konstanz der zentralkoordinierten Bewegung zu verschleiern, ein Effekt, der wie schon in 2.I/3 gesagt, schon von den Intensitätsverschiedenheiten hervorgebracht werden kann. Es ist kein Zufall, daß Whitman und Heinroth die Homologisierbarkeit erbkoordinierter Bewegungen an solchen entdeckt haben, bei denen Orientierungsmechanismen auf ein Minimum eingeschränkt und Intensitätsverschiedenheiten ausgeschaltet sind.

Tinbergen und ich haben versucht, bei einem besonders einfachen Fall des Zusammenwirkens von Taxis und Instinktbewegung diese beiden Komponenten experimentell zu trennen. In der Bewegungsweise, mit der eine Graugans ein aus dem Neste gerolltes Ei zurückholt, beruht die Bewegung, die Hals und Kopf in der Mittelebene des Vogels vollführen, auf einer Erbkoordination. Einmal ausgelöst, laufen sie formkonstant weiter und sind weder in ihrer Form noch in ihrer Kraft auch nur im geringsten veränderlich. Vor einem zu großen Objekt versagt die Bewegung, indem sie buchstäblich ,,klemmt". Die Gans ist dann auch außerstande, einen solchen Gegenstand durch Rückwärtsgehen ins Nest zu bringen. Ist der Gegenstand zu leicht, so wird er hochgehoben, ist er dagegen auch nur um ein Weniges zu schwer, so scheitert die Bewegung an seinem Widerstand und vermag ihn nicht von der Stelle zu bringen. Dieses Versagen ist deshalb vielsagend, weil ein Gänsehals in anderen Fällen eine geradezu erstaunliche Kraft entwickeln kann, die es dem Vogel in nicht teleonomer Weise ermöglicht, ein Tischtuch mit gefüllter Teekanne und sonstigem Geschirr von einem Tisch zu reißen oder teleonomermaßen fest verwurzelte Pflanzen aus dem Seegrund zu reißen. Die für die Eirollbewegung vorgesehene Kraft aber ist fest an das Gewicht des Gänse-Eies angepaßt und nicht veränderlich.

Läßt man, nachdem die Bewegung einmal ausgelöst ist, das gerollte Objekt verschwinden, indem man es mit raschem Griff in der Richtung der Bewegung entfernt, so geht diese leer weiter bis ans Nest, wo sie mit einem schwach intensiven Rollen der darin befindlichen Eier endet. Während einer solchen Leerbewegung fehlen, wie die Analyse des Films zeigte, die seitlichen Balancierbewegungen völlig, die normalerweise das Ei auf der Unterseite des Schnabels im Gleichgewicht erhalten. Diese Balancierbewegungen werden auf taktilem Wege durch das seitliche Abweichen des Eies ausgelöst. Schreibt man dem Ei durch ein schräg zu der von der Gans intendierten Richtung liegendes Schilfbündel eine Abweichung nach einer Seite vor, so folgt der Schnabel der Gans dem Ei, die Gans versucht das Ei zu überholen und die ,,falsche" Richtung zu korrigieren. Gibt man ihr dagegen ein Objekt, wie etwa einen kleinen Würfel, das stabil auf den Unterkieferästen aufliegt, und nicht seitlich ausweicht, so fehlen die kompensierenden Seitenbewegungen des Schnabels ebenso wie beim Leerablauf.

12. Taxis und Einsicht

Einsichtiges Verhalten wird meist durch Ausschluß definiert. Man spricht herkömmlicherweise von einer einsichtigen Lösung, wenn der Organismus auf Anhieb ein Problem meistert, das ihm durch eine noch nie begegnete Umweltsituation gestellt wird, d. h. wenn weder die betreffende Tierart in ihrer Phylogenese eine erbliche Form der Problemlösung programmiert haben kann, noch auch das Individuum die Möglichkeit hatte, Erfahrungen zu machen, die ihm die betreffende Problemlösung andressierten.

Ich glaube einsichtiges Verhalten besser definieren zu können: Wenn ein Fisch ein angestrebtes Ziel hinter einem Hindernis sieht, wie etwa ein Würmchen hinter einem fein verzweigten Busch des Tausendblatts (Myriophyllum), durch den er zwar recht gut hindurchsehen, aber nicht hindurchschwimmen kann, so schwimmt der dümmste Karpfen einen Umweg um das Hindernis und sein Weg kann im einfachsten Falle aus der Resultierenden zwischen zwei Taxien erklärt werden, einer „positiven Telotaxis“ nach dem Wurm hin, und einer „negativen Thigmotaxis“, die eine Berührung mit dem Hindernis vermeidet.

Zwischen diesem einfachsten Finden eines Umwegs und den komplexesten Leistungen der Einsicht, etwa denen, die Wolfgang Köhler bei Schimpansen fand, oder auch denen des Menschen, gibt es alle überhaupt denkbaren Übergänge. „Methode“ heißt nichts anders als Umweg und die sprachlichen Ausdrücke, die wir für unsere höchsten geistigen Leistungen gefunden haben, tragen immer noch unverkennbar den Stempel ihrer Herkunft aus räumlich orientierenden Mechanismen. Wir gewinnen „Einsicht“ in einen „Zusammenhang“, der sehr „verwickelt“ sein kann, nicht anders wie ein Affe in ein Gewirr von Äste und Lianen, und wirklich „erfaßt“ haben wir einen „Gegenstand“ erst dann, wenn wir ihn voll „begriffen“ haben. Das Taktile hat also auch in unserer Sprache noch den Vorrang vor dem Optischen. Unsere Einsicht vermag nur das zu erfassen, was sich in einem räumlichen Modell anschaulich machen läßt. W. Porzig hat dies vor mehr als einem Vierteljahrhundert gewußt. Er schreibt: „Die Sprache übersetzt alle unanschaulichen Verhältnisse ins Räumliche. Und zwar tut das nicht eine oder eine Gruppe von Sprachen, sondern alle ohne Ausnahme tun es. Diese Eigentümlichkeit gehört zu den unveränderlichen Zügen (‚Invarianten‘) der menschlichen Sprache. Da werden Zeitverhältnisse räumlich ausgedrückt: vor oder nach Weihnachten, innerhalb eines Zeitraumes von zwei Jahren. Bei seelischen Vorgängen sprechen wir nicht nur von außen und innen, sondern auch von ‚über und unter der Schwelle‘ des Bewußtseins, vom ‚Unterbewußten‘, vom Vordergrunde oder Hintergrunde, von Tiefen und Schichten der Seele. Überhaupt dient der Raum als Modell für alle unanschaulichen Verhältnisse: Neben der Arbeit erteilt er Unterricht, größer als der Ehrgeiz war die Liebe, hinter dieser Maßnahme stand die Absicht – es ist überflüssig, die Beispiele zu häufen, die man in beliebiger Anzahl aus jedem Stück geschriebener oder gesprochener Rede sammeln kann. Ihre Bedeutung bekommt die Erscheinung von ihrer ganz allgemeinen Verbreitung und von der Rolle, die sie in der Geschichte der Sprache spielt. Man kann sie nicht nur am Gebrauche der Präpositionen, die ja ursprünglich alle Räumliches bezeichnen, sondern auch an Tätigkeits- und Eigenschaftswörtern aufzeigen“.

Ich möchte dem hinzufügen, daß auch diese tiefgründigen Betrachtungen über den sprachlichen Ausdruck eine Vermutung bestätigen, die dem Erforscher der Orientierungsreaktion naheliegt. Alle Orientierung, auch die des Menschen, bezieht sich immer auf Raum *und* Zeit. Wir können uns keinen Raum vorstellen, ohne uns gleichzeitig eine Bewegung *in* diesem Raume zu veranschaulichen. Raum ohne ein in ihm sich vollziehendes Geschehen ist ebenso unvorstellbar, wie ein Geschehen ohne Raum.

Wir definieren als einsichtig ein Verhalten, dessen Teleonomie im Wesentlichen von den Augenblicks-Information verwertenden physiologischen Mechanismen bestimmt ist. Wir können das einfachste Finden von Umwegen, wie es in dem Beispiel vom Fisch illustriert wurde, der um eine Wasserpflanze herum zu einem Wurm schwimmt, definitionsmäßig nicht von den komplexesten Intelligenzleistungen trennen, obwohl an diesen regelmäßig Lernleistungen beteiligt sind, die zumindest kurzzeitig die Meldung eines rezeptorischen Vorganges festhalten können, lange genug, um mehrere solche Meldungen zu einer Information zu integrieren, die alle relevanten Gegebenheiten der augenblicklichen Situation umfaßt und dem Organismus die Möglichkeit gibt, sie gleichzeitig zu berücksichtigen.

Es ist eine besondere Art von Lernen, von dem wir im Abschnitt über „Einsichtlernen", englisch insight learning, noch näher sprechen müssen. Die ersten Ansätze zu dieser Leistung finden sich bei Tieren, bei denen Taxis und Instinktbewegung sich nicht zeitlich überlagern, d. h. gleichzeitig miteinander funktionieren, sondern im zeitlichen Hintereinander. Die optische Orientierung mancher Fische vollzieht sich nur während sie sich bewegen, ähnlich wie die Balancierbewegungen der Graugans nur in Tätigkeit treten, während die Instinktbewegung in der Medianebene des Vogels abläuft (S. 190). Viele Fische des freien Wassers orientieren sich nur durch die parallaktische Verschiebung, die die Abbildungen von Umweltobjekten auf ihrer Netzhaut erfahren, was nur geschieht, solange sich der Fisch bewegt. Andere Fische, bezeichnenderweise stets solche, die in reich strukturierten Lebensräumen zuhause sind, orientieren sich auch während sie still im Wasser stehen, indem sie dauernd nach allen Richtungen hin fixieren, die Umgebung „optisch austasten", wie z. B. Stichlinge.

Die parallaktisch sich orientierenden Fische können dicht vor einem Hindernis zum Stillstand kommen und, obwohl sie es beim Heranschwimmen gesehen haben müssen, haben sie diese Information vergessen, wenn sie sich wieder in Bewegung setzen. Sie bemerken es erst, wenn sie wieder losschwimmen. Die sich durch Fixieren orientierenden Fische dagegen vollziehen die notwendige Kursänderung schon im Stillstehen und schießen zielgerichtet in der „gewählten" Richtung davon. Sie müssen sich also kurzfristig „gemerkt haben", wo freie Bahn ist und wo es Hindernisse gibt.

Der menschliche Beobachter kann nicht umhin, die parallaktisch sich orientierenden Fische als „dumm" und die anderen als „intelligent" zu empfinden. Dieser naive Eindruck ist nicht unrichtig: die parallaktische Orientierung enthält keinen Lernvorgang, die telotaktische setzt eine, wenn auch kurzzeitige Gedächtnisleistung voraus. Außerdem vollbringt die beschriebene Orientierung durch optisches „Austasten" der Umgebung eine Leistung, die einer anderen, auf höherer Integrationsebene sich vollziehenden analog ist (3. VI/3).

Bei den klügsten Säugetieren und beim Menschen ist die zeitliche Trennung zwischen den Gewinnen von Einsicht und der „intelligenten" Lösung von Umgebungsproblemen noch ausgesprochener. Wolfgang Köhler beschreibt sehr genau, wie seine Schimpansen vor einem ihnen neuen Problemen zunächst nichts tun, als die Situation gründlich optisch zu explorieren. Es gibt einen in der Affenstation in Suchum hergestellten Film, der die Lösung eines Einsichtproblems durch einen jungen Orang darstellt. Eine von der Decke herabhängende Banane ist dem Tier dadurch erreichbar, daß es eine, in einer entfernten Zimmerecke stehende Kiste unter den Köder schiebt. Der Orang blickt zunächst auf die Banane, dann auf die Kiste, denn er weiß von vorherigen Versuchen, daß mit den verschiedenen gebotenen Objekten irgend etwas für ihn Wünschenswertes zu erreichen ist. Dann wandert sein Auge von der Kiste zur Banane und zurück, er sieht, daß die Frucht nicht erreichbar sei, bekommt einen Wutanfall und wendet dem Problem den Rücken. Die Sache läßt ihn aber nicht ruhen, er gerät in einen Konflikt zwischen der Anziehung der Banane und der abstoßenden Wirkung ihrer Unerreichbarkeit und er beginnt sich an allen möglichen Körperstellen intensiv zu kratzen. Dann wendet er sich plötzlich dem Problem wieder zu und blickt wieder nach der Banane, dann von der Banane nach der Kiste, wieder zur Banane und dann geschieht das Entscheidende: Er blickt von der Banane zum Fußboden genau unter ihr und von da zur Kiste – und hat die Lösung. Er begibt sich in einem Purzelbaum zur Kiste und braucht nur ein paar Sekunden um diese an den richtigen Ort zu schieben und sich die Frucht zu holen.

Was dieser Affe tut, ist nichts anderes als *Denken.* Er stellt mit Hilfe seiner Orientierungsreaktionen und einem erheblichen Maß von Einsicht-Lernen eine zentrale Repräsentation des Raumes, ein in seinem Zentralnervensystem konstruiertes *Modell* der zu meisternden Gegebenheit des Raumes her, und *handelt* in diesem vorgestellten Raum. Dieses Handeln im Anschauungsraum, das dem Handeln in der realen Außenwelt vorangeht, nennt man Denken. Höhere Tiere und der Mensch können im vorgestellten Raum-Modell die Methode von Versuch und Irrtum in Anwendung bringen, d. h. in beschränktem Maße ein exploratives Verhalten betätigen. Ich behaupte, daß alle Denkvorgänge des Menschen ein solches Handeln im Anschauungsraum sind.

Der fließende Übergang zwischen den einfachsten Orientierungsreaktionen und dem komplexesten einsichtigen Verhalten des Menschen drückt sich auch in den begleitenden Erlebnissen aus. Karl Bühler hat darauf hingewiesen, daß ein ganz bestimmtes subjektives Phänomen, das er als *Aha-Erlebnis* bezeichnet hat, immer dann eintritt, wenn ein Zustand der Unorientiertheit dem des Orientiertseins weicht, man weiß mit Sicherheit, daß dies ganz ebenso bei einfachsten ,,Tropotaxien" der Schwere-Orientierung, wie bei den komplexesten wissenschaftlichen Problemlösungen der Fall ist.

Wir empfinden die Fähigkeit zu einsichtigem Handeln mit Recht als einen hohen Wert und unsere gefühlsmäßige Einteilung der Tierformen in ,,niedrigere" und ,,höhere" ist von diesem Werturteil stark beeinflußt.

Um dauernd über alle Umgebungsbedingungen und ihren vielfachen Wechsel orientiert zu bleiben, bedarf es einer höheren Instanz im Zentralnervensystem, die alle relevanten Veränderungen überwacht. Es muß wohl eine *wache* Kommandostelle geben, die man sich sehr wahrscheinlich als spontan aktiv vorzustellen hat und deren Leistung über die in 2.VI/5 besprochenen enthemmenden Funktionen bei weitem hinausgeht.

VII. Mehrfach motiviertes Verhalten

1. Seltenheit einfach motivierten Verhaltens

Bisher habe ich aus Gründen didaktischer Einfachheit verschwiegen, daß in einem Organismus zu gleicher Zeit mehrere Systeme von Antrieben am Werke sein können. Wir haben zwar schon in 2.I/13 und 14 davon gesprochen, daß schon auf der niedrigen Integrationsebene der von Holst untersuchten endogenen Reizerzeugung zwei oder mehrere verschiedene Rhythmen in Konkurrenz treten und einander überlagern können. Daß Analoges auch auf höheren Ebenen des Zentralnervensystems vorkommt, wurde bisher nicht erwähnt, auch wurde es den älteren Ethologen erst verhältnismäßig spät bewußt. Vor vielen Jahren hat mein Lehrer Julian Huxley einen Unterschied zwischen tierischem und menschlichem Verhalten in folgendem Gleichnis ausgedrückt: Der Mensch wie das Tier gleicht einem Schiffe, das von vielen Kapitänen befehligt wird. Während aber die Kommandanten des Tier-Schiffes eine Übereinkunft (gentlemen's agreement) getroffen haben, daß der jeweils auf der Brücke befehlende widerspruchslos abtreten sollte, wenn ein anderer die Kommandobrücke ersteige, bleiben beim menschlichen Fahrzeug alle Befehlshaber gleichzeitig auf der Brücke und geben ihre Befehle, wobei sie manchmal im Vereine zu einer besseren Lösung kommen, als einer allein sie gefunden hätte, manchmal aber durch den Widerspruch ihrer Meinungen jede vernünftige Steuerung des Schiffes unmöglich machen.

Wie so oft, ist die Wahrheit von heute nicht der Irrtum sondern der Spezialfall von morgen, und es war zur Zeit, als Huxley diese Äußerungen tat, durchaus legitim, sich auf verhältnismäßig einfache Fälle zu konzentrieren, den Erfolg dieses Verhaltens habe ich als den ,,Gregor-Mendel-Effekt" bezeichnet. Der spezielle Fall, den Huxleys Beispiel genau trifft, stellen die Beziehungen zwischen jenen Instinktbewegungen dar, die in einer Hierarchie auf gleicher Ebene liegen und sich gegenseitig hemmen, wie in Tinbergens Diagramm (S. 154) durch die horizontalen Doppelpfeile versinnbildlicht ist. Wie schon gesagt, ist an diesem Effekt wahrscheinlich der in 2.IV/5 besprochene Mechanismus des Extremwert-Durchlasses beteiligt.

Es ist ein weit verbreiteter Irrtum, die einfachsten und daher in Lehrbüchern stets als Beispiele herangezogenen Fälle für die häufigsten zu halten. In der Natur sind einfach motivierte Verhaltensweisen wohl nicht viel häufiger als monohybride Mischlinge. Ein höheres Tier in seinem natürlichen Lebensraum muß dauernd die Bereitschaft zu vielen verschiedenen und einander oft ausschließenden Verhaltensweisen wahren und was es tut, ist fast immer ein Kompromiß zwischen mehreren verschiedenen Notwendigkeiten.

2. Die Superposition

Die einfachste Form der Auseinandersetzung zwischen zwei gleichzeitig aktivierten Antriebsquellen ist die „Superposition". Schon auf der Ebene, auf der sich zwei endogen automatische Rhythmen gegenseitig beeinflussen, haben wir den Effekt einer Überlagerung, sowohl im Sinne der Addition wie der Subtraktion kennen gelernt. Auf der höheren Integrationsebene der erbkoordinierten Bewegung scheinen subtrahierende Wechselwirkungen selten zu sein, möglicherweise weil an ihre Stelle leicht totale Hemmung durch Extremwert-Durchlaß eintritt. Additive dagegen kommen sogar dort vor, wo die gleichzeitig aktivierten Bewegungsweisen antagonistische Muskeln innervieren. Wir alle wissen, daß ein Mensch im Konflikt zwischen zwei Motivationen „gespannt" wirkt. Bei den verschiedensten Gänse- und Entenarten (Anatidae) kommt es zu einem Zittern des Halses, wenn eine Motivation zum Vorstrecken von Hals und Kopf, etwa die Intention nach Futter zu picken, gleichzeitig mit einem fluchtmotivierten Zurückziehen des Halses zusammenfällt.

Bei der Überlagerung gegensätzlich wirkender Motivationen ist es schwer festzustellen, auf welcher Ebene sich der Konflikt abspielt. Bei endogen automatischen Rhythmen wirkt er sich sicher im Zentralnervensystem selbst aus, beim Halszittern der Graugans ist es wahrscheinlich, daß er sich in der Peripherie abspielt. Es gibt aber Fälle, in denen diese Annahme völlig sicher ist. Es kommt vor, daß von zwei gegensätzlichen Motivationen jede ein anderes Bewegungsorgan aktiviert. Wenn bestimmte Cichliden (Etroplus maculatus) einander an der Reviergrenze drohend gegenüberstehen, so sind in ihnen, wie bei jeder Drohung, Motivationen des Angriffes und der Flucht gleichzeitig aktiviert. Dringt nun ein Fisch aggressiv ins Revier des Gegners vor, so bewegt er sich als ob er gegen eine Strömung ankämpfte, die immer stärker wird, je weiter er ins feindliche Gebiet vorgedrungen ist. Dieser Anschein wird dadurch erweckt, daß der Brustflossenschlag des Fisches vom Fluchttrieb aktiviert wird und umso stärker „auf Rückwärtsfahrt" arbeitet, je weiter der von Aggressivität motivierte Vortrieb der Schwanzflosse den Fisch in die gefährliche Situation hineingetrieben hat. Es ist sehr treffend zu sagen, daß er „Angst vor der eigenen Courage" bekommen hat.

Bei sehr vielen Tieren superponieren sich Bewegungsweisen der Flucht und des Angriffs, alle Drohbewegungen sind aus dem Konflikt dieser beiden Motivationen entstanden. Ein altes Beispiel für die auf diesem Wege entstehenden komplexen Bewegungsweisen bildet der Gesichtsausdruck des drohenden Hundes. Er wandelt sich je nach Intensität der gleichzeitig wirkenden Motivationen in höchst charakterischer Weise (Abb. 26). Zur Erklärung genügt die Bildunterschrift.

Ungemein komplizierte Vorgänge der Überlagerung spielen sich zwischen den verschiedenen Ausdruckslauten der Graugans ab. Die akustischen Signale des Warnens, des Ausdrucks der Lokomotionsbereitschaft, des sozialen Anschlußbedürfnisses (Distanzruf), des Ausdrucks der Unlust und noch einiges mehr, sind miteinander beinahe unbegrenzt mischbar. Merkwürdigerweise sind diese Mischungen auch für den menschlichen Beobachter ohne weiteres verständlich, woferne er sich gründlich in die Lautäußerungen dieser interessanten Art „eingehört" hat.

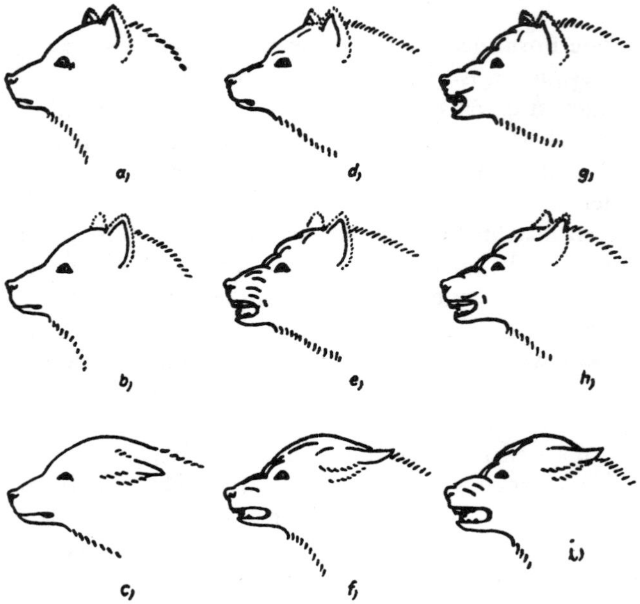

Abb. 26. Ausdruck gemischter Motivationen in sich überlagernden Bewegungen. Links oben: Ruhe; von links nach rechts nimmt Aggressivität zu; von oben nach unten Fluchtmotivation. In *i* höchste Intensität beider Motivationen, wie sie z. B. bei einem in auswegloser Situation sich verteidigendem Tier vorkommt. (Aus: Lorenz, Das sogenannte Böse)

Soferne die Bewegungen zweier unabhängig voneinander aktivierbarer Verhaltens-Systeme nicht geradezu die Zusammenziehung antagonistischer Muskeln verlangen, können sie sich auch dann in einer Kompromißbewegung überlagern, wenn zwischen ihnen motivationsmäßig keinerlei Zusammenhang besteht, was man bei den eben gebrachten drei Beispielen, in denen sich Zuwendung und Flucht gegenüberstehen, immerhin vermuten könnte. Die, einem Film nachgezeichnete Abb. 27 zeigt eine Stockente, die zuerst alternierend das Pumpen, die an den Gatten adressierte Bewegung der Paarungsaufforderung, und gleichzeitig die auf einen „Feind" gerichtete Bewegung des sogenannten Hetzens, eine ritualisierte Drohbewegung, ausführt. Nachdem die Bewegungen einige Male alterniert haben, kommen ihre Rhythmen-Gipfelpunkte einander so nahe, daß sie einander nach den Gesetzen von relativer Koordination und Magneteffekt festhalten, so daß mehrere Takte lang die Muskelkontraktionen des Pumpens und des Hetzens durch kurze Zeit genau synchron in absoluter Koordination, ausgeführt werden.

3. Gegenseitige Hemmung und Alternieren

In nur wenigen bekannten Fällen übt die Aktivierung eines bestimmten Verhaltenssystems eine absolute Hemmung auf ein anderes aus. Am bekanntesten ist dies von der Flucht, es ist leicht einzusehen, weshalb es arterhaltend unzweckmäßig wäre, wenn irgendwelche anderen Verhaltensweisen auch nur

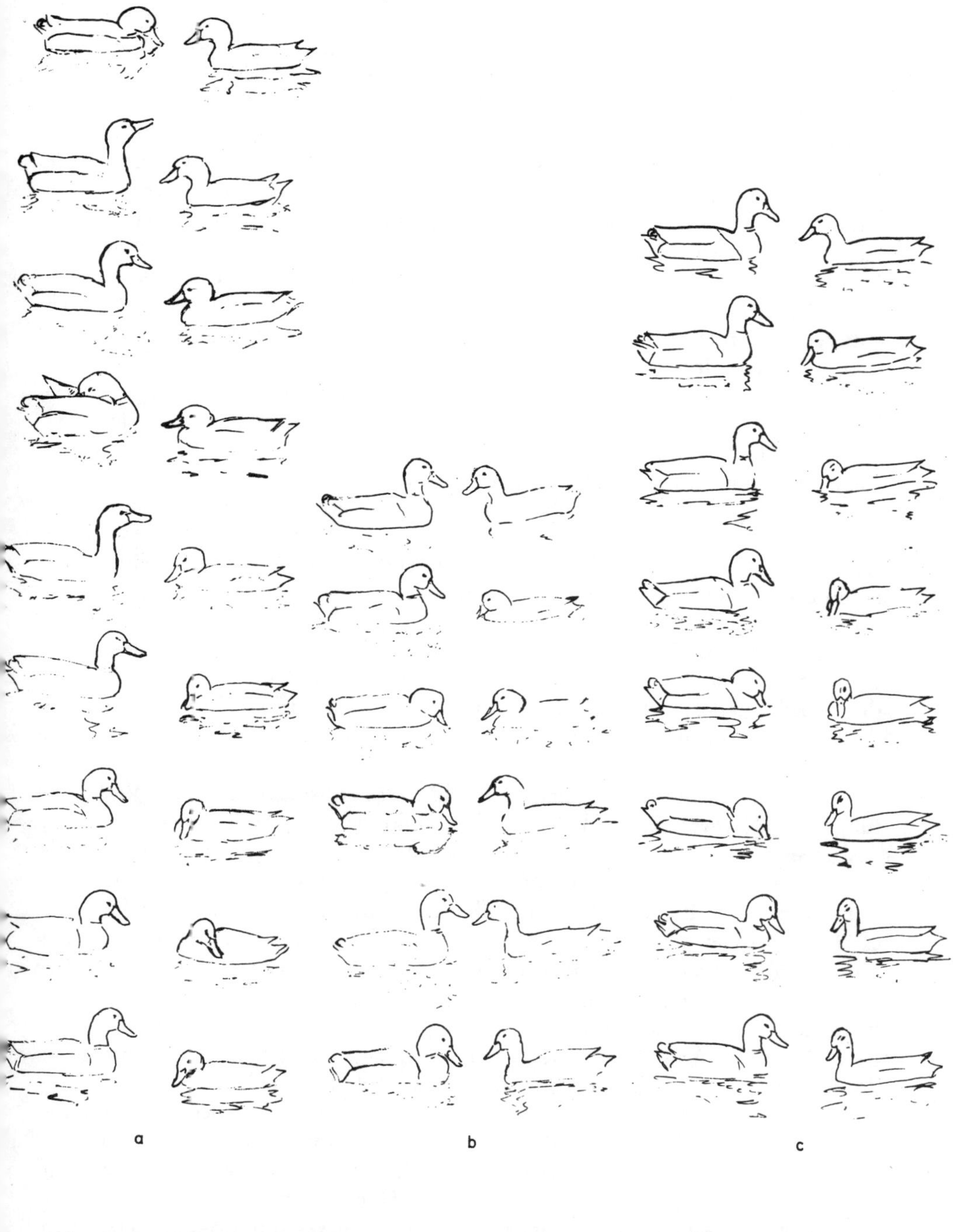

Abb. 27. *a* Das sogenannte Hetzen der weiblichen Stockente, ausgelöst durch Antrinken und Scheinputzen des Erpels. Die Kopfbewegung der Ente über die Schulter weg nach hinten wird viele Male wiederholt. *b* Das sogenannte Pumpen, die Begattungseinleitung des Paares. *c* Die Bewegungsweisen des Pumpens und des Hetzens überlagern sich und halten sich durch mehrere Abläufe in gleicher Phasenbeziehung fest

im geringsten hindernd auf das Fluchtverhalten einwirken würden, wenn z. B. ein vor dem Wolfe fliehender Hase über ein Feld mit verlockendem Klee auch nur etwas langsamer laufen würde, als über eine andere Fläche. Hochintensive Fluchtmotivation unterdrückt auch beim Menschen bekanntlich nicht nur alle angeborenen Verhaltenssysteme, sondern leider in höchst un-teleonomer Weise auch die höheren Funktionen von Lernen und Einsicht. Die verdummende Wirkung der Panik ist bekannt. Andere Beispiele der völligen Unterdrückung anderer Antriebe durch einen überstarken gibt es nur wenige. Für kurze Zeit kann Angriffsverhalten, „Wut", alle anderen Motivationen, einschließlich der Flucht zum Schweigen bringen. In teleonomer Weise ist eine solche „Schaltung" bei manchen Tieren für den Fall vorgesehen, daß Fluchtverhalten durch äußere Umstände hoffnungslos gemacht wird, sodaß eine völlige Enthemmung und maximale Intensivierung von Kampfhandlungen die beste Überlebenschance bietet. Es scheint, daß bei diesem Umschlagen des Verhaltens von Flucht in Angriff das Kampfverhalten ganz massive Motivation aus dem System des Fluchtverhaltens bezieht. H. Hediger hat den Vorgang genau untersucht, von ihm stammt der Ausdruck *kritische Reaktion*.

Am häufigsten besteht ein Verhältnis wechselseitiger Hemmung bei Verhaltensmustern, die in einem hierarchischen Instinktsystem auf derselben Ebene stehen, wie schon in 2. VI/3 auseinandergesetzt wurde. Es ist offensichtlich teleonomisch sinnvoll, wenn solche Bewegungsweisen sich weder überlagern, noch auch teilweise hemmen, sondern, wenn überhaupt, ungeschwächt ablaufen. Dies zu bewirken, setzt eine Schaltung voraus, die eine „entweder-oder" Entscheidung bewirkt, und gleichzeitig einen Filtermechanismus, der entscheidet, welche der anstehenden Verhaltenstendenzen am dringlichsten ist und der dementsprechend nur den jeweils stärksten der Impulsströme durchläßt, diesen aber ungeschwächt.

Wie B. Hassenstein ausführt, kann eine verhältnismäßig einfache Verknüpfung von Nervenbahnen diese spezielle Filterleistung vollbringen. Er sagt: „Abzweigungen mit *hemmender* Signalwirkung müssen von jeder Bahn zu jeder anderen führen, damit jede der Bahnen, wenn gerade sie den stärksten Impulsstrom führt, die Impulsströme aller anderen blockieren kann. Dafür gäbe es zwei Möglichkeiten: die hemmenden Verbindungen zu Nachbarbahnen könnten abzweigen, *bevor* oder *nachdem* die entsprechenden Zweige von den Nachbarbahnen auf die eigenen Bahnen treffen, die zweite dieser beiden Möglichkeiten hat bereits die gewünschte Eigenschaft, oder sie ist ein *Extremwert-Durchlaß* (Abb. 21, S. 164)". Die Grundlage dieses Schaltungsprinzips ist die sogenannte „laterale Rückwärtsinhibition" (H. K. Hartlein).

Die subtraktive Rückwärtsinhibition kann die Funktion des Durchlassens von Extremwerten auch auf mehr als nur zwei Bahnen leisten. Es ist vorstellbar, daß sehr viele Verhaltensweisen, die nicht gleichzeitig ablaufen dürfen, auf der Ebene ihrer Verhaltenstendenzen durch Hemmwirkungen in dieser Weise miteinander verknüpft sind. Hassenstein sagt: „Dieses funktionelle Teilsystem der Verhaltensorganisation gewährleistet, daß jeweils die am stärksten aktivierten aller Verhaltensmöglichkeiten zum Zuge kommt und dabei alle anderen unterdrückt. Es werden aber nicht die Bereitschaften oder Antriebe selbst unterdrückt, sondern erst die von Bereitschaft *und* Reiz abhängigen *Verhaltensten-*

denzen. Darum ist, wenn ein Antrieb beschädigt ist, sofort der nächste in Bereitschaft, die Führung des Verhaltens zu übernehmen.

„Im Organismus sind die Prinzipien von doppelter Quantifizierung (in anderem Sinne als 2.I/5) und Extremwert-Durchlaß so kombiniert, wie es in Abb. 21 dargestellt ist. Die beiden Teilsysteme verwandeln das *Neben*einander mehrerer aktivierter Verhaltenstendenzen in ein *Nach*einander dazugehöriger Verhaltensweisen. Viele Verhaltenstendenzen nehmen *allmählich* zu, z. B. die zur Harn- oder Kotabgabe. Irgendwann werden sie stärker als alle anderen; dann setzen sie sich für eine kurze Weile *vollständig* durch, um nach der Befriedigung des betreffenden Bedürfnisses auf Null zurückzugehen. Das in der Abb. 21 dargestellte System gewährleistet dreierlei: daß kein Mischverhalten vorkommt, daß alle notwendigen Verhaltensweisen zu ihrer Zeit ‚drankommen', aber auch, daß der Organismus jeweils das für ihn aktuell wichtigste tut."

Der Extremwert-Durchlaß kann aber auch einen Effekt bewirken, der unter Umständen dysteleonom sein kann, nämlich ein rasches Alternieren zwischen zwei Verhaltensweisen. Besonders eindrucksvoll wird dies, wenn zwei Organismen gleicher Art einander gegenüberstehen und beide von dem in Rede stehenden Effekt beherrscht werden. Wenn z. B. zwei Fische einander bedrohen und in beiden die Motivationen des Fliehens und des Angreifens miteinander um die Herrschaft kämpfen, so kommt es oft zu einem blitzraschen und oft wiederholten Umschlagen von Angriff in Flucht und umgekehrt, wobei allerdings das Verhalten des anderen Fisches dazu beitragen kann, eine selbsterregende Schwingung zwischen zwei gegensätzlichen Verhaltensmustern zu erzeugen. Bei manchen Vögeln ist, wie Peter Marler entdeckte, ein solches Hin- und Herpendeln zwischen Flucht und Angriff durch Ritualisierung zu einer festen Erbkoordination geworden, die als Ausdrucksbewegungen des Warnens, wie auch des Hassens auf einen Raubfeind fungiert.

Bei dem Zwergcichliden Nannacara anomala sah ich beim Revier-verteidigenden Weibchen ein langdauerndes und feinschlägiges Alternieren zwischen den Bewegungsweisen des Angriffs auf ein herannahendes Männchen und denen des zu-Neste-Führens. Dieses Hin- und Herpendeln zwischen zwei einander ausschließenden Bewegungsmustern macht bei Nannacara durchaus nicht den Eindruck einer ritualisierten Zeremonie, beim Stichling dagegen ist, wie N. Tinbergen, J. van Iersel und ihre Mitarbeiter nachwiesen, die ritualisierte Balzbewegung des „Zickzack-Tanzes" unzweifelhaft aus einem Alternieren zwischen den Bewegungsweisen des Angriffes und des zu-Neste-Führens entstanden.

4. Die Übersprungbewegung

Wenn die Motivation zweier Bewegungsweisen miteinander in Konflikt geraten, kommt es in vielen Fällen vor, daß eine dritte, zu einem völlig anderen Verhaltenssystem gehörige Instinktbewegung in augenscheinlich sinnloser Weise auftritt. Dieser Effekt wurde zuerst von dem holländischen Ornithologen G. F. Makkink beschrieben, der es englisch als „sparking-over activity" bezeichnete, was mit „Übersprungbewegung" ins Deutsche übersetzt wurde. N. Tinbergen und A. Kortlandt haben sich später unabhängig voneinander mit der Analyse des Übersprungeffektes beschäftigt. Tinbergen sagt: „Eine genauere Untersuchung der Bedingungen, unter welchen Übersprungbewegungen gewöhnlich auftreten ergab, daß in allen bekannten Fällen ein Überschuß von Motivation vorhanden ist, dessen Entladung auf dem normalen Wege in irgendeiner Weise verhindert ist. Die häufigen Situationen sind: (1) Konflikt zwischen zwei gegensätzlichen und stark aktivierten Antrieben, (2) starke Aktivierung eines Antriebes, gewöhnlich des geschlechtlichen, zusammen mit einem Ausbleiben der äußeren Reize, die für die Auslösung der triebbefriedigenden Endhandlung dieses Antriebes nötig sind". Tinbergen sagt an verschiedenen Stellen, daß Übersprungbewegungen auch dann auftreten, wenn eine bestimmte Motivation „blockiert" werde. Der Begriff dieser Blockierung darf nicht mit der Funktion der im Tinbergenschen Hierarchie-Schema eingezeichneten Blocks gleichgesetzt werden. In der Terminologie dieses Diagramms muß man sagen, daß ein bestimmter Antrieb „deblockiert" werden müsse, und ein wenig später peripher, d. h. „reizstromabwärts" auf ein neues Hindernis stoßen müsse. Ein solches Hindernis kann in einer antagonistischen Erregung gegeben sein, in selteneren Fällen aber auch, wie Tinbergen richtig sagt, im Ausbleiben einer triebbefriedigenden Reizkonfiguration.

Zur physiologischen Erklärung des Übersprungeffektes haben A. Bol, P. Sevenster und J. van Iersel folgende Hypothese entwickelt. Jeder von zwei Antrieben, die unvereinbare Verhaltensmuster aktivieren, übt eine hemmende Wirkung auf einen dritten aus. Werden nun der erste und der zweite Antrieb gleich stark aktiviert, so neutralisieren sie einander nicht nur in der Aktivierung der zugehörigen Bewegungsweisen, sondern auch in bezug auf die Hemmung, die beide auf den dritten Antrieb ausüben. Diese sogenannte *Enthemmungshypothese* wurde von B. Hassenstein in dem in Abb. 28 wiedergegebenen kybernetischen Diagramm dargestellt.

Für die Richtigkeit der Enthemmungshypothese spricht die Tatsache, daß der Effekt einer Enthemmung sich zu den Reizen addieren kann, von denen

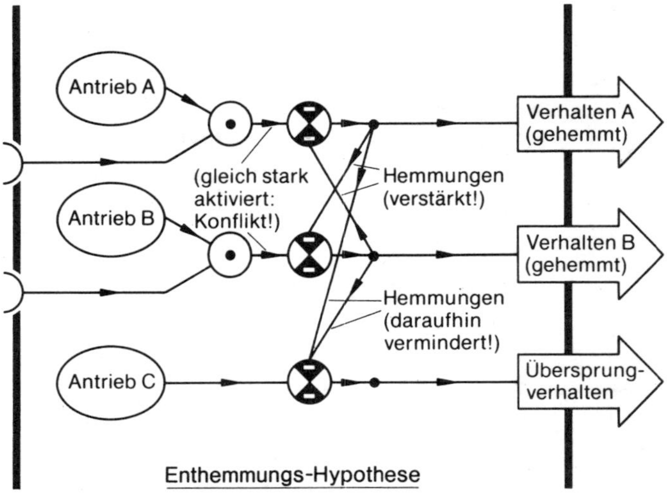

Abb. 28. Erklärung im Text. (Aus: Czihak, Langer, Ziegler, Hrsg., Biologie)

die im Übersprung auftretende Bewegungsweise teleonom „normalerweise" ausgelöst wird. A. Bol-Sevenster untersuchte an Brandseeschwalben (Sterna sandwicensis) das seitliche Schütteln des Schnabels, das normalerweise „autochthon" durch Haften kleiner Gegenstände am Schnabel ausgelöst wird, im Konflikt zwischen Flucht- und Brutverhalten aber als Übersprungbewegung auftritt. Sie zählte zunächst die Schüttelbewegungen, die in einer bestimmten Übersprungsituation auftraten dann jene, die bei leichtem Nieselregen ausgeführt wurden und schließlich die in der Konfliktsituation und bei Nieselregen ausgeführten. Es ergab sich eine ziemlich genaue Addition von Übersprungeffekt und autochthoner Auslösung.

Für die Enthemmungshypothese spricht weiters die Tatsache, daß im Übersprung am häufigsten „alltägliche" Bewegungsweisen auftreten, d. h. solche, die dem Tier auf Grund einer reichen endogenen Reizproduktion jederzeit zur Verfügung stehen. Es sind dies Bewegungsweisen der Körperpflege, englisch comfort activities, Sich-Putzen bei Vögeln, Sich-Kratzen bei Säugetieren, auch der Mensch kratzt sich bekanntlich in Konfliktsituationen hinter dem Ohr oder sonstwo. Auch Lokomotionsbewegungen sind häufig, auch manche Menschen beginnen in der gespannten Situation des öffentlichen Redens hemmungslos auf und ab zu gehen. Für solche Bewegungsmuster mag die Enthemmungshypothese richtig sein.

Es gibt aber auch Argumente, die gegen sie sprechen und bestimmte Fälle, zu deren Erklärung sie ganz sicher nicht ausreicht. Sie erklärt z. B. nicht, warum in vielen Fällen ein deutliches Verhältnis zwischen den Intensitäten der in Konflikt tretenden Motivationen auf der einen Seite, und der durch diesen Konflikt ausgelösten Übersprungbewegung besteht. Nach der Hypothese wäre zu fordern, daß die enthemmende Wirkung nur von dem Gleichgewicht der antagonistischen Motivationen abhängig sei, ihre Intensität dürfte mit derjenigen der in Widerstreit geratenen Antriebe nicht ansteigen. Gerade dies tut sie aber in vielen Fällen in geradezu dramatischer Weise. Nähert man sich z. B. dem Nest von schwarzköpfigen Grasmücken (Sylvia atricapilla), so hassen die Vögel in heftigster Weise auf den Menschen, wobei sie intensive Warnlaute hören lassen und das im vorigen Abschnitt besprochene Alternieren zwischen Flucht- und Angriffsbewegungen zeigen. Diese normalerweise zum Haßverhalten gehörigen „autochthonen" Bewegungsweisen werden aber dauernd unterbrochen, ja fast unterdrückt, von ungeheuer intensiven, hektisch, ja geradezu pathologisch wirkenden Bewegungsweisen des Sich-Putzens. Diese erreichen Intensitäten, die bei weitem über jene hinausgehen, die jemals beim autochthonen Putzen vorkommen. Es gibt viele andere Beispiele für die Abhängigkeit der Intensität der Übersprungbewegung von der des Konfliktes.

Die zweite Tatsache, die von der Enthemmungshypothese nicht erklärt werden kann, ist die hohe Spezifität der Übersprungbewegung. Man sollte erwarten, daß, wenn etwa wie bei Bols Seeschwalben, Brut- und Fluchttrieb miteinander in Wettstreit geraten, irgendwelche beliebigen Bewegungsweisen enthemmt werden, es gibt aber deren sehr viele, die sowohl von der Motivation des Brütens, als auch von der des Fliehens unter Hemmung gehalten werden. Es könnten ja auch andere Putzbewegungen ausgeführt werden, warum immer nur die einer ganz bestimmten Form des Schnabelschüttelns, bleibt ungeklärt.

Ich wüßte kein Beispiel dafür zu nennen, daß in einer bestimmten Konfliktsituation mehrere Bewegungsweisen zufallsbedingt im Übersprung aufträten.

Ebenso spezifisch wie ein bestimmter Übersprungeffekt für eine bestimmte Konfliktsituation zu sein pflegt, ist er auch häufig für eine bestimmte Tierart. Drei ganz nah verwandte Gänsearten, die Graugans (Anser anser L.), die Kurzschnabelgans (Anser brachyrhynchos) und die Schneegans (Anser hyperboreus) zeigen in der gleichen Situation, nämlich im Konflikt zwischen Nestverteidigung und Flucht, mit größter Regelmäßigkeit jede eine andere Übersprungbewegung. Der Grauganter schüttelt Flügel und Hinterkörper, der Kurzschnabelganter vollführt aufs heftigste die Kopfbewegung, die teleonomerweise zum Verteilen von Bürzeldrüsenfett über das Flankengefieder dient, und der Schneeganter schließlich vollführt auf dem Trockenen heftige Badebewegungen. Wäre die Enthemmung der einzige Grund für das Auftreten dieser allochthonen Bewegungsweisen, so wäre durchaus nicht zu verstehen, warum aus dem reichen Repertoire der Körperpflege-Bewegungen, das bei den drei genannten Gänsearten bis in die kleinsten Einzelheiten dasselbe ist, bei jeder Art nur ein ganz bestimmtes Element aus diesem Verhaltenssystem als Übersprungbewegung hervortreten soll. Die ursprüngliche Übersprung-Hypothese sei durch ein zweites Diagramm B. Hassensteins erläutert (Abb. 29).

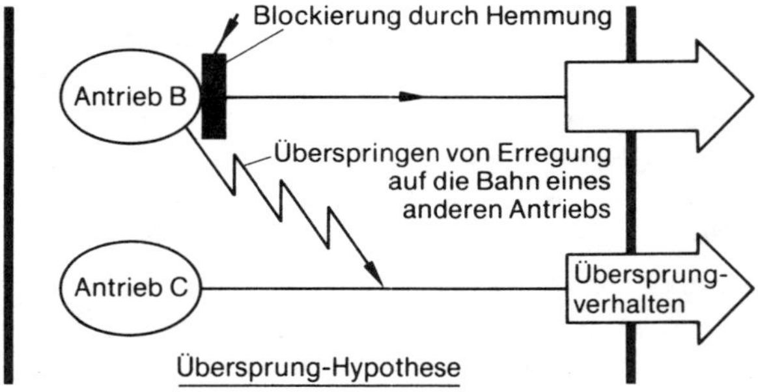

Abb. 29. Schematische Darstellung der „Übersprung"-Hypothese des Übersprungverhaltens. (Aus: Czihak, Langer, Ziegler, Hrsg., Biologie)

Über den teleonomen Sinn der Übersprungbewegungen wurde viel diskutiert, Tinbergen und andere vermuteten anfänglich, daß die Übersprungbewegung eine sinnvolle Funktion als „Ventil" entwickle, durch das überschüssige Motivation abfließen kann. So nennt er sie wiederholt „an outlet of the fighting instinct". Diese Deutung hat eine gewisse Wahrscheinlichkeit, wenn bei plötzlichem Ausfall eben noch wirksamer starker Reize ein Überschuß von Erregung vorhanden ist, den das Tier in irgendeiner Weise loswerden muß. Wir bezeichneten die in solchen Fällen zu beobachtenden Übersprungbewegungen als „Nachentladungs-Übersprung" (afterdischarge activities).

Ich glaube nicht, daß wir nach einer besonderen Teleonomie der Übersprungbewegungen zu suchen brauchen, es ist durchaus möglich, daß sie ein reines Epiphänomen, d. h. ein sinnloses Nebenprodukt zentralnervöser Vorgänge sind. Für diese Annahme spricht auch der Umstand, daß Übersprungbewegungen so überaus häufig durch Ritualisation zu Signalen werden, die dem Artgenossen des Tieres seinen inneren Konflikt bekanntgeben. Es ist geradezu schwer, Beispiele von Übersprungbewegungen zu finden, die nicht Signalwirkung entfalten, fast alle in Tinbergens erster Arbeit (1940) erwähnten sind nachweislich ritualisiert, d. h. im Dienste ihrer Signalfunktion verändert.

Man hat vorgeschlagen, im Deutschen den Terminus Übersprung fallen zu lassen, weil er eine Hypothese suggeriert, wie es auch der ursprüngliche englische Ausdruck „sparking-over activity" tut. Es ist prinzipiell richtig, daß die Benennung eines Phänomens hypothesefrei sein soll. Doch darf man sich der Tatsache nicht verschließen, daß sowohl das spezifische Auftreten allochthoner Bewegungsweisen bei einer bestimmten Art und in einem bestimmten Konflikt, als auch die Abhängigkeit der Intensität der Übersprungbewegung von derjenigen der in Konflikt geratenen Motivation stark für die Richtigkeit der Hypothese spricht, die der von Makkink gewählte Ausdruck „sparking-over" nahelegt. Der Ausdruck „displacement activity", der sich bei englisch sprechenden Autoren eingebürgert hat, kennzeichnet nur wenig den Vorgang, außerdem hat er dadurch zu Mißverständnissen geführt, daß displacement in der psychoanalytischen Literatur herkömmlichermaßen die Übersetzung des Freudschen Terminus „Verdrängung" ist.

Dritter Teil

Adaptive Modifikation des Verhaltens

I. Allgemeines über Modifikation

1. Modifikation und anpassende Modifikation

Als Modifikation bezeichnet man jede andauernde Veränderung, die in einem Organismus während seines individuellen Lebens durch äußere Einwirkungen hervorgerufen wird. Die Verwirklichung des in der Phylogenese entstandenen und im Genom vorgezeichneten Programms hängt von unzähligen äußeren Bedingungen ab, die während der Entwicklung, der Ontogenese, des Individuums obwalten. Die Gesamtheit der in den phylogenetisch gewordenen Programmen niedergelegten arteigenen Information nennt man den *Genotypus.* Das äußere Erscheinungsbild des Individuums, das zum Teil vom Genotypus, zum Teil durch die während seiner Ontogenese eintretenden, durch Einwirkungen der Außenwelt bewirkten Modifikationen bestimmt wird, nennt man den *Phänotypus.* Diese Begriffsbildungen sind grundlegend für die gesamte moderne Erblehre. Der Genotypus legt die Grenzen fest, innerhalb derer der Phänotypus einer Tierart durch Modifikationen verändert werden kann.

Modifikationen sind allgegenwärtig. Es gibt kaum eine kleine Veränderung der Umweltbedingungen, die nicht kleine Modifikationen hervorriefe, kaum eine Verschiedenheit der Umgebung, die nicht bei zwei in den unterschiedlichen Lebensräumen aufwachsenden Individuen kleine Verschiedenheiten ihres Phänotypus zur Folge hätte.

Es ist indessen ein Irrtum zu glauben, daß die durch eine bestimmte Veränderung der Umweltbedingungen hervorgerufene Modifikation müsse immer eine Anpassung an eben diese Änderung bedeuten: *Die Modifikation ist an sich ebenso ungerichtet, wie die Mutation.* So wenig eine durch bestimmte, mutationsfördernde Einwirkungen hervorgerufene Mutation eine Anpassung an diese Einwirkungen bedeuten muß, so wenig muß es eine Modifikation, rachitisch verkrümmte Knochen sind keine Anpassung an D-Vitaminmangel.

Wenn wir finden, daß eine bestimmte Umweltänderung bei einem bestimmten Organismus *regelmäßig* eine Modifikation hervorruft, die ihn in teleonomer Weise an eben diese Umweltänderung anpaßt, so kann diese Angepaßtheit wie jede andere nur auf phylogenetisch erworbener Information beruhen. Eine *adaptive* Modifikation ist immer die Verwirklichung eines stammesgeschichtlich entstandenen, im Genotypus eingebauten Programmes, das in jedem Individuum der Art als eine Anpassung an eine bestimmte, zu erwartende Veränderlichkeit des artgemäßen Lebensraumes bereitliegt.

Wenn also eine Pflanze unter ungünstigen Lichtverhältnissen stark in die Länge wächst, wenn ein Mensch in sauerstoffarmer Höhenluft eine größere

Zahl roter Blutkörperchen bekommt, oder das Fell eines Hundes in kaltem Klima dichter wird, so sind diese teleonomen Veränderungen zwar durch äußere Einwirkungen ausgelöst, sind aber die Verwirklichung eines stammesgeschichtlich gewordenen, eingebauten Programms, das im Genom jeder der genannten Arten für jede der genannten Umweltänderungen vorgesehen ist. Die Information, die der im Beispiel gebrauchten Pflanze genetisch gegeben ist, würde in Worte gefaßt etwa lauten: bei ungenügendem Lichteinfall muß der Stengel so lange in der Lichtrichtung in die Länge gezogen werden, bis ein ausreichender Lichteinfall auf die Blätter erreicht wird.

Eine solche genetische Anleitung, die veränderlichen Umweltbedingungen gerecht wird, nennen wir mit Ernst Mayr ein *offenes Programm.* Die Leistung des ihm zugrunde liegenden physiologischen Mechanismus liegt darin, eine *nicht* im Genom enthaltene Information über die Umwelt nicht nur zu erwerben, sondern in einer dauernden Anpassung des Individuums festzuhalten, d. h. also auch *zu speichern.* Von den vorgesehenen Möglichkeiten eines offenen genotypischen Programms wird diejenige verwirklicht, die den das Individuum umgebenden Umweltbedingungen am besten gerecht wird. Die ontogenetische Verwirklichung einer bestimmten unter den durch das Programm vorgegebenen Möglichkeiten ist somit ein Vorgang der *Anpassung.*

2. Analoge Vorgänge in der Embryogenese

Die bei der Durchführung jedes offenen Programms vollbrachte anpassende Leistung besteht somit darin, daß eine äußere Einwirkung den Organismus darüber informiert, welche von den im Programm vorgesehenen Möglichkeiten im vorliegenden Einzelfall teleonom ist und verwirklicht werden soll. Die Entwicklungsmechanik oder experimentelle Embryologie hat wesentliche Einblicke in diesen recht rätselhaften Vorgang geliefert. Das Ektoderm eines Molch-Keimlings kann sowohl gewöhnliche Oberhaut, als auch das Zentralnervensystem, als auch die Linse eines Auges bilden. Es enthält die komplette genetische Information zur Herstellung eines jeden dieser Organe. Sich selbst überlassen, beispielsweise in einem aus der Bauchseite herausgeschnittenen Stück des Embryos, bildet das Ektoderm nur Haut. Dort aber, wo es in nahen räumlichen Beziehungen zum Urdamm-Dach liegt, aus dem die Chorda dorsalis wird, bildet es ein Rückenmark samt Gehirn. Dort, wo sich die aus dem Gehirn vorwachsenden Augenbläschen dem Ektoderm nähern, bildet dieses, genau gegenüber dem Augenbecher, die Linsen der Augen. Durch Transplantationsversuche konnte man nachweisen, daß es von den erwähnten Nachbargebieten ausgehende Einwirkungen sind, welche diese beiden speziellen Formen der Entwicklung „induzieren“: Implantiert man ein kleines Stückchen Chorda unter die Bauchhaut, so bildet das darüber liegende Ektoderm ein Stückchen Neuralrohr.

Was sich bei adaptiven Modifikationen abspielt, ist grundsätzlich den eben beschriebenen Vorgängen der Embryogenese wesensverwandt. Es kommt nicht darauf an, ob ein induzierender Einfluß von der anatomischen Umgebung innerhalb eines Keimlings kommt, oder von äußeren Umständen auf den Organismus ausgeübt wird. Wesentlich ist, daß das modifizierbare System selbst die genetische Information enthält, die nötig ist, um *jedes* der Teilprogramme in jener arterhaltend sinnvollen Weise zu realisieren, zu der es potentiell befähigt ist.

3. Lernen als adaptive Modifikation

Wenn man eine sehr weite Begriffsbestimmung bevorzugt, kann man alles Lernen als eine adaptive Modifikation jenes hockomplizierten physiologischen Mechanismus betrachten, dessen Funktion das Verhalten von Tieren und Menschen ist. Alles Lernen ist dem entwicklungsmechanischen Vorgang der Induktion darin verwandt, daß es aus den mannigfalten Möglichkeiten eines offenen Programms diejenige auswählt und verwirklicht, die auf die vorliegende Umweltsituation teleonom paßt. Die äußere Einwirkung liefert dabei jene Information, die nötig ist, um zu bestimmen, welche unter den potentiell vorhandenen Möglichkeiten dies ist.

Die meisten Lernvorgänge – aber nicht alle – unterscheiden sich in einem Punkte von der embryogenetischen Induktion: Sie sind *reversibel,* das meiste Erlernte kann wieder vergessen werden; mein Lehrer Karl Bühler hatte dies sogar in seine Definition des Lernens aufgenommen. Es gibt aber auch Lernvorgänge, wie die sogenannte Prägung, und bestimmte sogenannte Traumen, die eine irreversible Veränderung in der Maschinerie des tierischen und menschlichen Verhaltens hervorrufen.

Wie immer wir Lernen definieren wollen, auf alle Fälle muß in der Definition die *teleonome* Leistung des Lernvorganges betont werden. Erstaunlicherweise haben auch die klügsten der amerikanischen Lerntheoretiker nicht bemerkt, wie notwendig es ist, eine *Erklärung* für die höchst unwahrscheinliche Tatsache zu finden, daß Lernvorgänge – von vielsagenden Ausnahmen abgesehen – stets eine Verbesserung der teleonomen Wirkung des Verhaltens zur Folge haben. Nicht nur Psychologen, sondern auch die älteren Ethologen haben dies als selbstverständlich betrachtet.

Erst als die in der historischen Einleitung erwähnte Diskussion zwischen Ethologen und behavioristischen Psychologen stattfand, wurde dieser von beiden Meinungsgegnern begangene Denkfehler offenbar. Als D. S. Lehrman in seiner Kritik der ethologischen Theorie die Hypothese aufstellte, daß das Hühnchen im Ei oder das Säugetier im Uterus Verhaltensweisen erlernen könnte, und unter anderem die Theorie von Z. Y. Kuo (1932) vertrat, daß der Hühnerembryo das Picken durch die Bewegung erlernen könne, die der Herzschlag seinem Kopf passiv aufzwingt, antwortete ich, daß er, um die Annahme phylogenetisch programmierter Verhaltensweisen um jeden Preis zu vermeiden, lieber die Existenz einer angeborenen Fachlehrerin (innate schoolmarm) postuliere. Dies war, wie ich gestehe, als reductio ad absurdum gemeint. Erst in den darauffolgenden Jahren wurde allmählich klar, daß das allerwichtigste das Lernen betreffende Problem in der Frage lag, wie es das Lernen wohl zuwege bringe, dem Organismus teleonomes Verhalten an-, und dysteleonomes abzudressieren.

Die Behavioristen, die bekanntlich versuchen, das Vorhandensein ererbter Programme des Verhaltens zu leugnen, oder aber das berüchtigte Nature-Nurture-Problem als ein Scheinproblem hinstellen, pflegen die Anschauung zu vertreten, daß die Begriffe des Angeborenen und des Erlernten schon deshalb unbrauchbar (non valid) seien, weil das Eine nur durch den Ausschluß des Anderen definiert werden könne (Hebb 1953). Die Erkenntis, daß ein „angeborener Schulmeister" bei jedem Lernvorgang seine unentbehrliche Rolle spielen muß, zeigt, daß eine disjunktive Begriffsbestimmung des Angeborenen und des Erlernten tatsächlich falsch ist, aber aus Gründen die genau das Gegenteil jener sind, aus denen die hier kritisierten Autoren diese „Dichotomie" ablehnten: Es ist durchaus nicht, wie jene annehmen, an jedem Element des Verhaltens Lernen beteiligt, aber es gibt keinen teleonomen Vorgang des Lernens, dem nicht ein phylogenetisch programmierter Mechanismus zugrunde liegt, der eine große Menge angeborener Information enthält.

Diese Menge ist umso größer, je komplexer der betreffende Mechanismus ist. Es ist schwer, sie in „bits" zu quantifizieren, aber möglicherweise ist sie oft größer, als die der Information, die der Mechanismus zusätzlich aus der Außenwelt erwirbt. Auf alle Fälle ist die Menge angeborener Information, die zur teleonomen Verwirklichung eines offenen Programmes vonnöten ist, größer als jene, die für die Ausführung eines vergleichbaren geschlossenen Programms gebraucht wird. Ich habe dies (1973) an einem Gleichnis illustriert. Das Zusammenbauen eines Fertigteilhäuschens, bei dem keinerlei anpassende Veränderungen nötig sind, wäre ein Beispiel für ein völlig geschlossenes Programm. Durchführbar wäre dieses nur auf einem völlig ebenen und horizontalen Grund und unter diesen Umständen bedarf der Erbauer nur äußerst wenig Information. Man vergegenwärtige sich aber welche Mengen zusätzlicher Instruktion dem Bauenden gegeben werden müßte, um ihn instand zu setzen, ein ähnliches Häuschen auf unebenem Terrain aufzustellen. Ein offenes Programm, mit seiner Fähigkeit zum Dazulernen, braucht also nicht weniger sondern *mehr* genetische Information als ein funktionell vergleichbares aber rein angeborenes Verhalten.

Die Beziehungen, die zwischen der Phylogenese des Verhaltens und seiner adaptiven Modifikabilität bestehen, sind, wie man glauben möchte, leicht zu verstehen. Von ihrem Verständnis aber hängt die Planung eines wesentlichen Teiles ethologischer Forschung ab. Die Frage, wo die anpassende Information herkommt, die ein Verhaltenssystem teleonom macht, und in welchen Elementen des Systems sie enthalten ist, stellt eines der Grundprobleme zukünftiger Ethologie, vor allem auch der des Menschen dar. Wer an seiner Lösung arbeitet, muß mit Erstaunen und Verständnislosigkeit der von manchen Ethologen geäußerten Meinung gegenüberstehen, die begriffliche Trennung angeborener und erlernter Elemente des Verhaltens sei nicht nur unfruchtbar, sondern falsch. Gleichem Unverständnis würde jemand begegnen, der einem Genetiker und Populationsforscher einreden wollte, er solle auf die Begriffe des Genotypus und des Phänotypus verzichten!

II. Lernvorgänge ohne Assoziation

1. Bahnung und Sensitivierung

Seitdem Wilhelm Wundt im letzten Drittel des vorigen Jahrhunderts die Vorgänge der Assoziation, d. h. der durch individuelle Erfahrung hergestellten Verbindung zwischen zwei oder mehreren Bewußtseins-Inhalten erkannt und näher erforscht hatte, stand diese Art von Vorgängen im Mittelpunkt aller sich mit Lernen beschäftigenden Forschung. Die bedingte Reaktion, die I. P. Pawlow und einige amerikanische Forscher um die Jahrhundertwende zu untersuchen begannen, ist nichts anderes als die objektiv-physiologische Seite desselben Vorgangs. Die „conditioned response" wurde – mit Recht – zum Inbegriff aller Lernvorgänge.

Es ist deshalb nötig festzustellen, daß es Vorgänge einer adaptiven Modifikation des Verhaltens gibt, die zwar durch individuelle Erfahrung verursacht werden, an denen aber Assoziation nicht beteiligt ist. Umgekehrt spielen die in diesem Abschnitt zu besprechenden, primitiven Lernvorgänge sehr häufig bei assoziativem Lernen mit, sodaß Mischformen und scheinbare Übergänge vorkommen.

Als die primitivste Form von Lernen überhaupt kann man eine Verbesserung der Funktion durch Funktionieren betrachten, die etwa derjenigen vergleichbar erscheint, die beim „Einfahren" eines Automotors oder einer sonstigen Maschine eintritt. Der Vorgang der *Bahnung*, engl. facilitation, der an verschiedenen zentralnervösen Funktionen, vor allem aber bei Vorgängen der Nerven-Leitung, zu beobachten ist und wahrscheinlich auf Veränderungen in den Synapsen beruht, gibt eine naheliegende Erklärung für die Erleichterung der Funktion, die bei so manchen Verhaltensweisen durch mehrmaliges Ablaufen bewirkt wird. Sie muß von Reifungsprozessen unterschieden werden, die beim heranwachsenden Organismus auch ohne Übung ähnliche Wirkungen haben.

Wie M. Wells gezeigt hat, laufen die Beutefang-Reaktionen eines frisch aus dem Ei geschlüpften Tintenfisches (Sepia) schon beim ersten Mal in vollkommener Koordination ab, nur sehr viel langsamer als beim erwachsenen Tier. E. Hess fand einen ähnlichen Effekt der Übung an der Pickbewegung frisch geschlüpfter Haushuhnküken. Hess setzte den Hühnchen Brillen mit Prismengläsern auf, die eine Seitenverschiebung des Zieles vortäuschten. Die Hühnchen lernten es nie, die Abweichung zu kompensieren und pickten dauernd am Ziel vorbei, nichtsdestoweniger verminderte sich die Streuung der Bewegung nach einiger Übung erheblich.

Ähnliche Vorgänge, die sich indessen nicht auf der motorischen, sondern auf der sensorischen Seite des Zentralnervensystems abspielen, nennt man *Sensitivierung**. Bei Auslösung einer Verhaltensweise senkt sich zunächst der Schwellenwert ihrer Schlüsselreize. Das Tier wird durch die erste Reaktion in einen Zustand erhöhter „Aufmerksamkeit" versetzt. Mit diesem anthropomorphisierenden Ausdruck ist schon gesagt, daß es sich um eine nur kurz anhaltende sensorische Bahnung handelt, während bei den im vorigen Absatz beschriebenen Vorgängen einer motorischen Bahnung ein lang andauernder Zustand hergestellt wird.

Sensitivierung kann offensichtlich nur dann teleonom sein, wenn ein einmaliges Eintreffen der auslösenden Reizkonfiguration die Wahrscheinlichkeit einer baldigen Wiederholung andeutet. Ein Regenwurm, der eben nur ein ganz klein wenig gezwickt wurde und durch seine rasche Fluchtreaktion entkam, reagiert in der allernächsten Zeit auf viel geringere Reize ebenso, und er tut gut daran, „damit zu rechnen", daß die Futter suchende Amsel noch in der Nähe ist, die ihn zuerst gezwickt hat.

Eine Sensitivierung der Reaktionen des Beutefanges und -Fressens kommt, wie M. Wells an schönen Beispielen gezeigt hat, besonders bei räuberischen Organismen vor, deren Beute regelmäßig in *Scharen* auftritt. Viele Meeresorganismen, die derartige Beute fressen, geraten sofort in höchste Aufregung, sowie sie ein einzelnes Beutetier erschnappt haben, viele Raubfische des freien Wassers geraten geradezu in eine Raserei („feeding frenzy") und schnappen dann auch nach völlig inadäquaten Objekten. Man kann Thunfische, nachdem man sie durch Fütterung mit Sardellenstückchen in diesen Zustand versetzt hat, mit groben unbeköderten Angelhaken fangen.

2. Reizgewöhnung oder afferente Drosselung

Ein Lernvorgang, der sich bei niedrigsten Vielzellern und bei den höchsten Wirbeltieren in ähnlicher Weise abspielt, ist die *Gewöhnung* an einen Reiz (engl. habituation). Sie kommt einer De-Sensitivierung gegen die betreffende Reizeinwirkung gleich und vermindert die Wirkung die sie vordem hatte.

Ein Süßwasserpolyp (Hydra) reagiert auf sehr verschiedene Reize, wie Erschütterung der Unterlage, Bewegung des umgebenden Wassers, leiseste Berührung usw., indem er Körper und Fangarme eng zusammenzieht. Wenn sich nun aber eine Hydra in einem langsam fließenden Bach angesiedelt hat, dessen Turbulenz ihren Körper dauernd passiv bewegt, so verliert diese Wasserbewegung bald völlig ihre Wirkung, und der Polyp läßt sich weit ausgestreckt in der Strömung hin- und herwallen.

Man könnte nun diese Erscheinung als eine Ermüdung der vorher auslösenden afferenten Nervenbahnen auslegen, und möglicherweise sind alle Gewöhnungsvorgänge stammesgeschichtlich aus Vorgängen einer eng umschriebenen und speziellen Ermüdung entstanden. Die Teleonomie der Reiz-Gewöhnung liegt indessen darin, daß nur bestimmte der Gewöhnung unterliegende

---

* Im Englischen ist das Wort „sensitation" üblich und manche Autoren schreiben auch im Deutschen Sensitierung, was nach den Regeln unserer Sprache falsch ist, da das Adjektiv „sensitiv" lautet.

Reize ihre Wirkung verlieren, *der Schwellenwert aller anderen, die gleiche Reaktion auslösenden Reize jedoch unverändert bleibt:* Die im Bache passiv hin- und herflutende Hydra reagiert auf feine Berührungen durch ein Beutetier oder durch einen Feind genau so intensiv, wie sie dies vorher getan hätte, ehe die Gewöhnung an das fließende Wasser zustande gekommen war.

Für die Reizgewöhnung hat sich unter deutsch sprechenden Psychologen der Ausdruck Sinnesadaptation (engl. sensory adaptation) eingebürgert. Er ist insofern irreführend, als er die Vorstellung erweckt, die in Rede stehenden Vorgänge fänden in den Sinnesorganen statt, etwa so wie die Hell- und Dunkeladaptation in unserem Auge, die, wie die Veränderlichkeit der Pupillengröße, die Empfindlichkeit des Auges den jeweiligen Lichtverhältnissen anpaßt. Die hier in Rede stehenden Vorgänge sind nicht nur um sehr viel langfristiger als die Sinnesadaptation im eigentlichen Sinne, sondern es läßt sich auch in vielen Fällen nachweisen, daß sie sich durchaus nicht im Sinnesorgan vollziehen. Margret Schleidt hat die Auslösbarkeit des sog. Kollerns beim Puter durch sehr verschiedene Reize zu einer Untersuchung der Reizgewöhnung herangezogen. Mannigfache Laute lösen das Kollern aus, der AAM ist keineswegs sehr selektiv. Wenn man einen kurzen Ton von konstanter Höhe in Abständen bietet, so kollert der Puter zunächst auf jeden dieser Reize. Fährt man mit der Reizdarbietung geduldig fort, so wird die Reaktion ganz allmählich seltener und hört schließlich, nach längerer Zeit, ganz auf.

Läßt man nun Töne von anderer Höhe folgen, so tritt die Reaktion wieder ein und es läßt sich zeigen, daß die erworbene De-Sensitivierung sich nur auf einen ganz engen Tonbereich, knapp ober- und unterhalb des Reiztones erstreckt. Die Kurve der ,,Adaptation" fällt beiderseits eines Gipfels, der durch die Reiztonhöhe bestimmt ist, steil ab. Die Schwellenwerte von Tonhöhen, die auch nur ein wenig weiter vom Reizton entfernt sind, bleiben völlig unbeeinflußt, ebenso gleich hohe, mit andersartigen Instrumenten erzeugte Laute.

Diese Erscheinungen würden sich der Annahme fügen, die De-Sensitivierung beruhe auf einer Ermüdung bestimmter Bereiche im Sinnesorgan selbst. Dies ist indessen, wie M. Schleidt durch einen denkbar einfachen Versuch nachwies, nicht der Fall: Sie bot mit dem auch vorher benützten Ton-Generator einen Ton von der Höhe und Länge des unwirksam gewordenen Reiztones, aber mit einer um sehr viel kleineren Amplitude, d. h. Lautstärke. Erstaunlicherweise hob diese Veränderung der Tonstärke die de-sensitivierende Wirkung vollkommen auf, der leisere Ton entfaltete eine volle auslösende Wirkung, ganz als hätte man einen völlig neuen Reiz geboten. Die reizspezifische ,,afferente Drosselung", wie M. Schleidt es nannte, beruht also ganz sicher nicht auf Ermüdungserscheinungen im Sinnesorgan, sonst hätte der Puter auf den leiseren Ton noch viel weniger reagieren können, als auf den Reizton.

III. Lernvorgänge mit Assoziation ohne Rückmeldung des Erfolges

1. Die Assoziation

Wilhelm Wundt versteht unter Assoziation „Verbindungen zwischen Bewußtseins-Inhalten, die ... den allgemeinen Charakter *unwillkürlicher,* bei passivem Zustand der Aufmerksamkeit eintretender Bewußtseinsvorgänge besitzen". Assoziationen entstehen, wenn zwei Vorgänge ein oder mehrere Male in derselben Reihenfolge und in geringem zeitlichen Abstand hervorgerufen werden. Man spricht daher von einem Gesetz der Succedaneität und einem Gesetz der Kontiguität; beide gelten für eine sehr große Zahl der nun zu besprechenden Lernvorgänge, wenn nicht für alle.

Die Verschmelzung oder Koppelung aufeinanderfolgender psychischer und damit auch neuraler Geschehnisse hat zur Folge, daß der Organismus, sowie das erste Ereignis eingetreten ist, das zweite „erwartet", d. h. Vorbereitungen darauf trifft: Der Pawlow'sche Hund beginnt zu speicheln, wenn er den Ton des Glöckchens hört, den er mit der Fütterung assoziiert hat. Wenn jemand im Labor Assoziationsvorgänge untersucht, bietet er ganz selbstverständlich den anzudressierenden „bedingten" Reiz – den Ton des Glöckchens – zeitlich unmittelbar vor dem „unbedingten" – dem Futter. Über dieser vom Menschen hergestellten Regelmäßigkeit kann man leicht vergessen, daß unter natürlichen Bedingungen eine gesetzmäßige und unmittelbare zeitliche Folge zweier oder auch mehrerer Ereignisse nur in einem einzigen Fall eintritt, dann nämlich, wenn sie *kausal zusammenhängen.* Wenn im armenischen Bergland die halbwilden Ziegen in schnellstem Galopp Höhlen zustreben, sowie sie Donner hören, so ist dies eine eindeutig teleonome Verhaltensweise des Vermeidens von Regen und Kälte. Wenn diese Tiere, wie ich es oft erlebt habe, dasselbe tun, wenn in der Umgebung Felsen gesprengt werden, so ist dies sinnlos.

Die Fähigkeit zu Assoziation ist eine Anpassung an die sogenannte „Kraftverwandlung", m. a. W. an das Gesetz von der Erhaltung der Energie. Sie ist damit funktionell analog der menschlichen Fähigkeit zum kausalen Denken. Die Ähnlichkeit, ja Gleichheit der Funktion hat große Denker dazu verleitet, diese beiden Vorgänge durcheinander zu bringen, obwohl sie sich auf sehr verschiedenen Integrationsebenen neuralen Geschehens abspielen. Logisch folgt keineswegs, daß, wenn zwei komplexe Reizsituationen zwei oder mehrere Male in Succedaneität und Kontiguität aufgetreten sind, sie dies auch in weiteren Fällen und in alle Zukunft tun müssen. Nur unser apriorischer Zwang zum kausalen Denken veranlaßt uns, dies anzunehmen – und führt uns nur selten irre!

2. An Komplexwahrnehmung gebundene Reizgewöhnung

Wie schon die Beobachtung in natürlichem Lebensraum zeigt, gibt es bei höheren Organismen Gewöhnungsvorgänge, die an sehr komplexe höhere Leistungen des Zentralnervensystems gebunden sind, also unmöglich im Sinnesorgan sich abspielen können. Wie jeder Vogelliebhaber und jeder Pferdekenner weiß, sind bestimmte Reizbeantwortungen des Tieres an komplizierte *Gesamtsituationen* gebunden.

Dies ist ein vom physiologischen Aspekt höchst rätselhafter Vorgang. Eine bestimmte, primär reaktions-auslösende Reizkonfiguration *verliert* ihre auslösende Wirkung, aber nur wenn sie im Verein mit einer sehr komplexen, von der Gestaltwahrnehmung selektiv registrierten Kombination von vielen anderen Reizen einwirkt. Ändert man an diesen vielen, primär *nicht* zur Auslösung der Reaktion beitragenden Reizen auch nur das Geringste, so erhält die primär – „unbedingt" – auslösende Reizkonfiguration ihre volle Wirksamkeit zurück. Der Vorgang der Gewöhnung ist also mit einer hoch komplexen Leistung der Gestaltwahrnehmung verschmolzen. Wie das vor sich geht, wissen wir nicht, kennen aber sehr viele Beispiele eines solchen Geschehens. Was man gemeinhin die Zahmheit eines Tieres nennt, ist nichts anderes als die afferente Drosselung von ursprünglich fluchtauslösenden Reizen. Wie speziell ein solcher Gewöhnungsvorgang sein kann, zeigt folgendes Beispiel.

Als wir unsere Wildgänse und andere Anatiden an das neugebaute Max-Planck-Institut für Verhaltensphysiologie am Ess-See übersiedelten, befürchteten wir, daß die Gewöhnung an unsere rotpelzigen und äußerlich recht Fuchs-ähnlichen Chow-Schäferhund-Mischlinge eine Gefahr bedeuten würde, wenn unsere Vögel Füchsen gegenüber ähnlich furchtlos wären, wie unseren Hunden. Wie sich zeigte, bezog sich die Gewöhnung unserer Wasservögel nur auf unsere beiden Hunde, der Chow einer Bekannten wurde mit unverminderter Heftigkeit gefürchtet und auch behaßt, Füchse allerdings noch stärker. Die Gewöhnung der Vögel an unsere Hunde brach auch dann zusammen, wenn wir diese nicht wie gewöhnlich in Institutsnähe, sondern auf der gegenüberliegenden Seite des Sees erscheinen ließen.

Ein zweites Beispiel von Situations-gebundener Reizgewöhnung betrifft das Kampfverhalten von Schamadrosseln (Copsychus malabaricus). Diese Vögel vertreiben die aus einer vorangehenden Brut stammenden eigenen Jungen, sowie die der nächsten Brut sich anschicken, das Nest zu verlassen. Einst wollte ich von den in meinem Zimmer erbrüteten Vögeln ein junges Männchen zurückbehalten und sperrte es, um es den Angriffen der Eltern zu entziehen, in einen Käfig. Die Altvögel gewöhnten sich, sozusagen unter Einschleichen des Reizes, an die Gegenwart dieses nicht zu vertreibenden Sohnes und beachteten Käfig und Insassen nicht. Als ich aber den Fehler beging, den Käfig wenige Meter weit an eine andere Stelle des Zimmers zu versetzen, war die Gewöhnung wie weggeblasen und beide Eltern griffen das junge Männchen durchs Gitter hindurch pausenlos an und hätten die Jungen der zweiten Brut glatt verhungern lassen, hätte ich die Störung nicht beseitigt.

Der Effekt der Reizgewöhnung führt nicht selten zu dystelischem Verhalten. Es gibt Reaktionsweisen, deren arterhaltende Funktion ganz offensichtlich ist, und die dennoch bei wiederholter Auslösung einer so schnellen afferenten Drosselung unterliegen, daß sie genau genommen nur beim ersten Mal ihre volle teleonomische Wirksamkeit entfalten.

Die gegen Eulen gerichtete Warn- und Haßreaktion des Buchfinken (Fringilla coelebs) verliert nach wenigen Auslösungen mehr als die Hälfte ihrer Intensität und diese De-Sensitivierung weicht, wie R. Hinde gezeigt hat, selbst nach einer Ruheperiode von mehreren Wochen, manchmal sogar Monaten, nicht bis zur völligen Restitution der vorherigen Reaktionsbereitschaft. Diese Abstumpfung war nicht aus dem Mangel andressierender Reize zu erklären sie konnte auch durch dramatische Dressurmethoden, z. B. durch Bedrohung des Versuchstieres durch einen lebenden Kauz, der ihm sogar ein paar Federn ausriß, nicht verhindert werden.

Ähnliches fanden wir an der Antwort junger Graugänse auf eine Nachahmung des Warnlauts ihrer Eltern. Diese Reaktion schwand nach einigen Versuchen ebenso schnell wie unwiderruflich. Da man nicht annehmen kann, ein so ausgesprochener auf eine bestimmte teleonome Leistung zugeschnittener Mechanismus sei nur dazu da, ein einziges Mal im Leben des Individuums seine volle Wirkung zu entfalten, muß man wohl schließen, daß in unseren Versuchsanordnungen irgendein Fehler stecke. Möglicherweise richten wir die Reaktion dadurch zugrunde, daß wir sie, weil wir rasch und fleißig arbeiten wollen, in viel zu rascher Wiederholung auslösen. Vielleicht sind es auch die von fast jedem Experimentator angestrebten ,,konstanten und kontrollierbaren Versuchsbedingungen", die durch ihre Unnatur einer abnorm raschen De-Sensitivierung Vorschub leisten.

Es gibt Fälle, in denen die an komplexe Wahrnehmungsvorgänge gebundene afferente Drosselung sehr spezielle anpassende Information vermitteln kann, indem sie nämlich den Organismus nicht wie gewöhnlich darüber informiert, was nicht gefährlich sei, sondern ihm umgekehrt selektiv auf Gefahr drohende Reize aufmerksam macht. Sie übernimmt also hier die Rolle, die sonst von der Sensitivierung gespielt wird. Wie W. Schleidt nachwies, spricht bei Truthühnern der AAM, der ihre Fluchtreaktion vor Raubvögeln auslöst, auf einfachste Reizkonfigurationen an. Alles was sich über dem Vogel in dunkler Silhouette gegen einen hellen Hintergrund abhebt und in einer bestimmten, zur Eigenlänge des Objektes korrelierten Winkelgeschwindigkeit fortbewegt, löst bei Wildputen aller Altersklassen intensive Fluchtreaktionen aus. Eine auf der weißen Zimmerdecke langsam dahinkriechende Fliege hat dieselbe Wirkung wie ein am Himmel dahinziehender Freiballon, Hubschrauber oder Bussard. In Attrappenversuchen erwies sich die Form des Objektes als völlig gleichgültig, doch vollzog sich die Gewöhnung an einen bestimmten Umriß der Attrappe ungemein schnell: Jede Attrappe, die einige wenige Male gezeigt worden war, wurde von jeder anderen an Wirkung übertroffen, am stärksten wirkte diejenige, die das Tier jeweils am längsten nicht gesehen hatte. Auf die im Seewiesener Institut freilaufenden Wildputen wirkte das kleine Prall-Luftschiff einer Münchener Reklamefirma, das nur ein oder zweimal im Jahre über unser Gelände flog, bei weitem am stärksten, am schwächsten aber die Bussarde, die fast täglich über ihm kreisten, wiewohl deren Flugbild dem des einzigen Raubfeindes recht ähnlich ist, der erwachsene Wildputen gefährden kann, nämlich des amerikanischen Seeadlers (Haliaeetus albicilla). Die Information, die den Puten durch ihre schnelle Gewöhnung übermittelt wird, kann in die Worte gefaßt werden: „Am gefährlichsten ist jener langsam am Himmel dahinschwebende Gegenstand, der *am Seltensten* zu sehen ist" – was den Seeadler ganz eindeutig kennzeichnet.

3. Die Angewöhnung

Eine besondere Form des Lernens, die ich mit dem Wort Angewöhnung bezeichnen will, stellt einen Vorgang dar, der in gewissem Sinne reziprok zu der im vorigen Abschnitt besprochenen Reizgewöhnung oder Habituation ist. Während bei jener die Integration der primär auslösenden Reize in einer Komplexwahrnehmung diese Schlüsselreize ihrer Wirkung *beraubt*, hat der nun zu besprechende Gewöhnungsvorgang eine umgekehrte Wirkung. Die Schlüsselreize, die ursprünglich allein für sich ausreichen, um eine bestimmte Verhaltensweise in Gang zu setzen, sind nach dem Vorgang der Angewöhnung *nur mehr dann* dazu imstande, wenn sie im Verein mit einer komplexen Gestaltwahrnehmung eintreffen.

Man kann diesen Vorgang auch so beschreiben, daß man sagt, ein bestimmter AAM werde dadurch um sehr viel selektiver gestaltet, daß eine Vielzahl komplexester Reizkonfigurationen so mit ihm verschmolzen werden, daß er ohne sie nicht mehr anzusprechen vermag. Dabei wird die erworbene Komplexqualität keineswegs etwa, wie das bei anderen „bedingten" Reaktionen der Fall ist, zum *Ersatz* der primär wirksamen Schlüsselreize: Die müssen vielmehr auch nach dem Vorgang der Angewöhnung an zusätzliche Reize in der Gesamtkonfiguration enthalten sein, um diese auslösend wirksam zu gestalten.

Auch beim Menschen ist das Vorhandensein eines echten AAM und die Vermehrung seiner Selektivität durch Lernen nachgewiesen. Wie René Spitz gezeigt hat, ist das Lächeln beim menschlichen Säugling durch eine außerordentlich grobe Attrappe auslösbar, an der die Konfiguration der Augen und Nasenwurzel, ein breit auseinandergezogener grinsender Mund und eine nikkende Bewegung des Kopfes als Schlüsselreize wesentlich sind. Für die auslösende Wirkung dieser Bewegung ist der Farbunterschied zwischen dem Gesicht und dem behaarten Oberkopf wesentlich. Spitz wunderte sich zuerst, wieso das Nicken seiner dunkelhaarigen Assistentin das Lächeln der Säuglinge erheblich stärker auslöste, als das seine. Daran war die Glatze schuld, als er sich eine schwarze Zipfelmütze aufgesetzt hatte, waren seine Nickbewegungen ebenso wirksam wie die der Dame.

Zunächst wirken die beschriebenen Schlüsselreize, wenn sie von einem bemalten Luftballon geboten werden, ebenso stark, wie die von einem Menschen ausgehenden. Schon nach wenigen Wochen indessen, in denen das Kindchen nur mit Menschen und nicht mit Attrappen konfrontiert wurde, beginnt es, sich vor diesen zu fürchten. Wenn es das Alter von sechs bis sieben Monaten erreicht hat, fängt es an, sich vor fremden Menschen ängstlich abzuwenden und lächelt von nun ab nur mehr bei Annäherung einer bestimmten wohlbekannten Person, normalerweise also der Mutter. Diese Zunahme der Selektivität des Lächelns, das in dieser Phase die wichtigste soziale Reaktion des Menschenkindes ist, wird herkömmlicherweise als das „Fremdeln" bezeichnet.

Das Hinzukommen unzähliger weiterer Bedingungen der Auslösung durch die der AAM selektiver gestaltet wird, besagt keineswegs, daß die ursprünglich und angeborenermaßen beantworteten Schlüsselreize ihre Wirksamkeit einbüßen. Auch die Mutter löst das Lächeln des Kindchens am stärksten aus, wenn sie sich darüberbeugt, nickt und lächelt.

Wolfgang Schleidt hat in seiner Arbeit „Die historische Entwicklung der Begriffe ‚Angeborenes Schema' und ‚Angeborener Auslösemechanismus' ", das „Hineinlernen in den AAM", also genau das, was Otto Storch als „Erwerbs-Rezeptorik" bezeichnet hat, sehr genau analysiert. Ich zitiere aus Schleidts Arbeit den letzten Absatz: „Die Filterwirkung des AAM wird im Verlauf der Ontogenese sehr häufig durch Hinzulernen weiterer Merkmale oder durch Gewöhnung an Wiederholung von Reizen weiter verstärkt. Ich schlage vor, vom AAM den ‚durch Erfahrung modifizierten AAM' (EAAM) begrifflich abzutrennen. Auslösemechanismen, bei denen das ursprünglich vorhanden gewesene Gerüst des AAM nicht mehr nachweisbar ist, oder die ohne die Mitwirkung eines AAM zustandegekommen sind, können als ‚erworbene Auslösemechanismen' (EAM) davon unterschieden werden. Fehlen experimentelle Befunde oder soll offen bleiben, ob eine Verknüpfung zwischen Reiz und Reaktion durch phylogenetische oder ontogenetische Anpassung und Gegebenheiten der Umgebung entstanden ist, so soll der Ausdruck ‚Auslösemechanismus' (AM) ohne nähere Bezeichnung verwendet werden".

Der Lernvorgang, der die kindlichen Verhaltensweisen des Säuglings an eine bestimmte Person bindet, ist die unabdingbare Voraussetzung für die Entstehung jener höheren Bindungen, die Menschenwesen in Liebe und Freundschaft aneinander ketten. Wie so manche andere Verhaltenssysteme, so unterliegt auch das der menschlichen Kontaktbindung leicht einer nicht wieder gut zu machenden Atrophie, wenn es während der kritischen Phase seines ersten In-Funktion-Tretens nicht sofort gebraucht oder gar in seiner Funktion gestört wird. Der früher übliche routinemäßige Wechsel des Personals von Spitälern und Kinderbewahranstalten hat die üble Folge, daß die ersten Bindungen, die das Kleinkind zu bestimmten Bezugspersonen zu entwickeln beginnt, immer wieder abgebrochen werden. Das führt zu schweren Störungen, deren wichtigste darin liegt, daß die Fähigkeit zur Bildung persönlicher, zwischenmenschlicher Beziehungen einer echten Inaktivitäts-Atrophie unterliegt. So entstehen Symptomenkomplexe, die dem des schizophrenen Autismus ähneln und oft mit ihm verwechselt wurden.

Formal mit dem Vorgang der Angewöhnung verwandt und wohl auch durch Übergänge mit ihm verbunden ist die *Prägung*, die in einem besonderen Abschnitt dieses Kapitels besprochen werden wird. Hier seien nur die Ähnlichkeiten beider besprochen. Eine frisch geschlüpfte Graugans reagiert mit „Grüßen" und etwas später mit Nachlaufen auf jedes Objekt, das ihr „Pfeifen des Verlassenseins" mit rhythmischen Lauten mittlerer Stimmlage beantwortet und sich dabei bewegt. Hat sie dies mehrere Male einem Menschen gegenüber getan, so kann sie hinfort nicht mehr dazu gebracht werden, auf ein anderes Objekt ebenso zu reagieren, zumindest nicht mit annähernd gleicher Intensität.

Die Unwiderruflichkeit dieser Fixierung kennzeichnet die Prägung. Rätselhafter Weise knüpft sie die Nachfolgereaktionen des Gänschens zunächst nur an die Spezies und noch nicht auf die Individualität des Objektes. Das „auf Menschen geprägte" Gänschen kann noch ohne Intensitätsverlust seiner Nachfolgereaktion von einer menschlichen Pflegeperson zu einer anderen versetzt werden, eine normal von ihren Eltern erbrütete kleine Gans kann am ersten Tage noch von einer Familie zu einer anderen hinüberwechseln.

Anschließend vollzieht sich ein Lernvorgang anderer Art, der nicht irreversibel ist und einer Angewöhnung entspricht. Hat das Gänschen zwei Tage bei derselben Gänsefamilie oder bei derselben Pflegeperson verbracht, so erkennt es das Objekt seiner kindlichen Verhaltensweisen *individuell* – an der Stimme etwas früher als an den Gesichtszügen – und von nun an sind seine kindlichen Reaktionen, Nachfolgen wie Grüßen, nur noch durch dieses eine individuelle Objekt auslösbar. Der AAM aller kindlichen Verhaltensweisen wird hier mit einer ungemein komplexen und selektiven Gestaltwahrnehmung assoziiert, die jener gleicht, mittels derer wir Menschen einander erkennen. Für unser Personenerkennen ist bekanntlich neben der Stimme vor allem die Konfiguration von Augen und Nase wesentlich: Ein erstaunlich kleiner Ausfall durch Bedekken mit einer Maske verhindert das Erkennen. Gänse können die Identität eines Artgenossen nicht feststellen, wenn dieser den Vorderkopf schlafend im Gefieder verborgen hält oder ihn gründelnd ins Wasser steckt. Entsprechend der engen Konzentration der Erkennungsmerkmale im Gesicht des Individuums erkennen auch kleine Gänse schon nach wenigen Tagen die menschliche Pflegemutter am Gesicht und lassen sich durch Wechseln der Kleidung nicht irremachen.

Die Gewöhnung an die Identität der Eltern geht beim Gänschen nachweislich ohne Mitwirkung andressierender oder abdressierender Reize vor sich. Kommt ein Gänschen kurz nach dem Verlassen des Nestes von seinen Eltern ab, so läuft es suchend umher und versucht, sich an ein anderes Junge führendes Gänsepaar anzuschließen. Woferne dieses das Nest schon vor einigen Tagen verlassen hat, kennt es die eigenen Kinder bereits persönlich und vertreibt den Fremdling, indem es ihn, zwar etwas gehemmt, aber doch stark genug beißt, um Jammerlaute auszulösen. Findet das Gössel seine Eltern wieder, so zeigt sich, daß diese üblen Erfahrungen keine abdressierende Wirkung entfalten, die es vor einer Wiederholung seines Irrtums bewahren würde. Es scheint im Gegenteil, als ob ein auch nur kurzes Nachlaufen hinter den „falschen" Eltern das Bild der richtigen verwischen würde. Anstatt nach schlimmen Erfahrungen fester an den Eltern zu haften, neigen solche Gänschen erfahrungsgemäß dazu, ihren Irrtum mehrmals zu wiederholen.

4. Der bedingte Reflex im eigentlichen Sinne (conditioning mit Reiz-Selektion)

Der Terminus bedingter Reflex wird von Pawlow und vielen anderen für Lernvorgänge gebraucht, die weit komplizierter sind, als der hier zu besprechende. Von der behavioristischen Psychologie Amerikas werden, wie B. Hassenstein gezeigt hat, unter diesem Begriff sehr verschiedene Lernmechanismen zusammengefaßt.

Was wir hier mit Hassenstein als einen bedingten Reflex bezeichnen wollen, ist das Ergebnis einer sehr einfachen Assoziation, die einen indifferenten, zunächst nicht auslösenden Reiz mit einer Reaktion verbindet, die insofern als Reflex im engeren Sinne gelten kann, als ihre Funktion keinerlei Veränderungen der inneren Bereitschaft unterliegt. Der Lidschlag des Auges, der dem Schutz der Hornhaut dient, kann optisch ausgelöst werden, indem man einen Gegenstand plötzlich sehr rasch dem Auge nähert, oder taktil, indem man aus einer feinen Düse einen kurzen Luftstoß auf die Hornhaut des offenen Auges bläst. Es ist unmöglich, den durch diese Reize ausgelösten Lidschlag willkürlich zu unterdrücken und das Auge offen zu halten.

Die Zeit, die zwischen Reiz und Reaktion verstreicht, die sogenannte Reflexzeit beträgt dabei zwischen 0,25 und 0,4 sec. Akustische Reize lösen, falls sie nicht allzu stark sind, keinen Lidschlag aus. Läßt man nun einen leisen Summerton mehrere Male unmittelbar vor dem „unbedingt" auslösenden Reiz einwirken, so reagiert das Nervensystem auf diese wiederholte Erfahrung damit, daß es einen *neuen* Reflexzusammenhang entstehen läßt. Auch der Summerton löst hinfort den Lidschluß-Reflex aus, auch dann, wenn der unbedingte Reiz nicht folgt. „Das Nervensystem hat", wie Hassenstein sagt, „gleichsam zur Kenntnis genommen, daß der an sich neutrale akustische Reiz mehrfach einem Reflex-Auslösenden Reiz vorausging, ihn also *ankündigte*. Es reagiert mit der Ausbildung einer neuen „Reflexschaltung". Diese bewirkt, daß fortan bereits der *ankündigende* Reiz die Reflexantwort auslöst: Das kann vorteilhaft sein, weil dann der Organismus bereits früher reagiert".

Hassenstein sagt weiter: „Eine neue Verknüpfung bildet sich aufgrund der Erfahrung. Dies sei zunächst allgemein in Worten und danach graphisch dargestellt (Abb. 30). Es handelt sich um *zwingende indirekte Schlüsse* aus den experimentellen Beobachtungen." An anderer Stelle sagt er:

„Durch den Lernakt bildet sich eine neue, relativ beständige, Signale übertragende Verbindung zwischen Sinneselementen und Ausführungsorganen; dies geschieht bei einem bestimmten *zeitlichen* Zusammenhang zwischen unbedingtem und bedingtem Reiz; der *zeitliche* Zusammenhang zwischen den Signalen, die von dem unbedingten und dem bedingten Reiz ausgehen, muß somit die Bildung einer neuen, hinfort *relativ beständigen Verknüpfung zwischen den beiden Übertragungswegen* nach sich ziehen; es muß also Stellen im Zentralnervensystem geben, die für das zeitlich zusammenhängende Eintreffen von Signalen auf zwei Bahnen empfindlich sind und daraufhin eine bleibende signalleitende Verbindung zwischen den Bahnen entstehen lassen. (Wenn das ZNS für einen Reflexbogen über keine solche Stellen verfügt, so kann sich auch kein bedingter Reflex bilden; beispielsweise läßt sich der *Kniesehnenreflex* auf keine Weise in einen bedingten Reflex umwandeln.)"

Etwas später sagt Hassenstein: „Dieser Folgerung liegt außer allen beobachteten Erscheinungen keine andere Voraussetzung zugrunde als die, daß es im Organismus und damit im ZNS keine physikalischen Fernwirkungen gibt.

„Nach der eben dargestellten Vorstellung wird die Information über die vorangegangene Erfahrung dadurch im Gehirn gespeichert, daß zwei Signale oder ihre Nachwirkungen *zugleich an einer und derselben Stelle* wirksam sind, und daß diese Wirkung zu einer neuen signalleitenden Verbindung führt, die zuvor nicht bestand. Soweit ich sehe, sind andere Vorstellungen nicht denkbar.

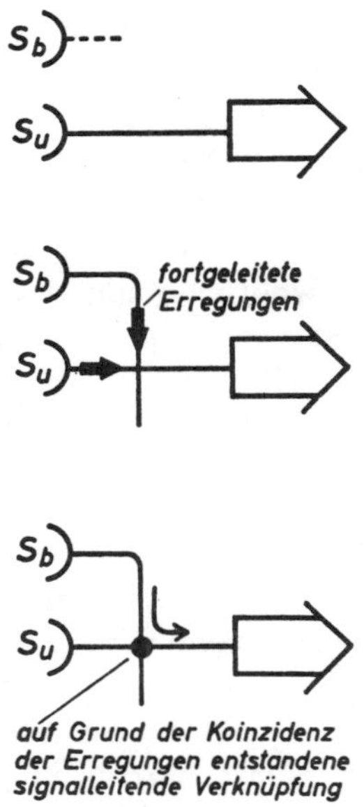

Abb. 30. Idealisiertes vereinfachtes Funktionsschaltbild für unerläßliche Vorgänge der Signalübertragung und der Datenspeicherung beim bedingten Reflex. (S_b bedingter Reiz, S_u unbedingter Reiz.) Phase 1 zeigt den Zustand vor dem Lernen: keine mittelbare Verbindung zwischen dem bedingten Reiz und der Reaktion. Phase 2 veranschaulicht die gleichzeitige Ankunft physiologischer Signale an dem für die Koinzidenz empfindlichen Ort im Zentralnervensystem. Phase 3 kennzeichnet die „Kannphase" des Systems: Sowohl der angeborene auslösende Reiz als auch der bedingte Reiz vermögen je allein den Reflex auszulösen. (Aus: Hassenstein, Verhaltensbiologie des Kindes)

Auf die Frage, *wie* sich im Nervensystem neue Verbindungen bilden, gibt es noch keine Antwort."

Die für den bedingten Reflex kennzeichnende *passive* Erfassung von Reiz-Sequenzen wirkt besonders dann teleonom, wenn das Lebewesen durch seine Aktivität keine Änderung der Umweltsituation erreichen kann. Skinner (1938) und andere nennen diesen Lernvorgang, durch den nur ein neuer Reiz selektiert wird, Konditionierung vom Typ S im Gegensatz zu anderen Lernvorgängen, bei denen nicht der Reiz, sondern eine erfolgreiche Verhaltensweise selektiert wird (instrumentelles Lernen, operant conditioning, Typ R). Herkömmlicherweise wird zu dem bedingten Reflex auch das „klassische conditioning" gerechnet, als dessen bekanntes Beispiel die Ausbildung des bedingten Speichelreflexes beim Hund gilt, die I. P. Pawlow als Erster untersucht hat.

Wie im Abschnitt über bedingte Appetenz (3. IV/3, S. 234) dargelegt werden wird, ist hier eine tatsächlich existierende und in anderen Fällen gültige Gesetzlichkeit irrtümlich aus einem Geschehen abstrahiert worden, für das sie gar nicht gilt; in der Geschichte der Wissenschaft sind mehrere derartige fruchtbringende Irrtümer zu verzeichnen.

5. Durch Trauma erworbene Vermeidungsreaktionen

Dem bedingten Reflex in dem hier gebrauchten Sinne sind gewisse erworbene Vermeidungsreaktionen insoferne verwandt, als sie durch die einfache Assoziation einer „reflektorisch“ funktionierenden Fluchtreaktion mit einer vorher indifferenten nicht reaktionsauslösenden Reiz-Situation entstehen. Von dem im vorangehenden Abschnitt besprochenen Vorgang unterscheidet sich der jetzt in Rede stehende dadurch, daß die Assoziation häufig durch eine einzige starke Reizeinwirkung hergestellt wird und anschließend unwiderruflich bestehen bleibt. Eine weitere Verschiedenheit liegt darin, daß die Vermeidungsreaktion meist mit einer Komplex-Wahrnehmung verbunden wird, ähnlich wie bei den im ersten und zweiten Abschnitt dieses Kapitels besprochenen Lernvorgängen.

Bedingte Vermeidungsreaktionen kommen schon bei einfach organisierten Vielzellern vor und sind stammesgeschichtlich vielleicht in fließendem Übergang aus dem in 3.II/1 besprochenen Vorgängen der Sensitivierung hervorgegangen. Bei manchen Plattwürmern löst ein Lichtreiz keine Fluchtreaktion aus, wirkt aber bei manchen etwas sensitivierend und kann mit einem unbedingt Flucht-auslösenden Reiz assoziiert werden. Es könnte sein, daß hier ein Übergang von der Sensitivierung zu der Assoziation vorliegt. Bei höheren Tieren und beim Menschen ist es meist eine überaus stark wirkende „erschütternde“ Situation, die in irreversibler Weise eine bedingte Vermeidungsreaktion erzeugt, deshalb sprechen die Psychiater von einem Trauma.

Die bedingte Reizsituation, auf die die vom Trauma herrührende Schreckreaktion anspricht, kann von verschiedener Komplexität sein. Einer meiner Hunde, der einmal in einer Drehtüre eingeklemmt worden war, fürchtete sich fortan nicht nur vor allen Drehtüren, sondern vermied auch ängstlich die weitere Umgebung des Ortes, an dem er das Trauma erlitten hatte. Mußte er durch die betreffende Straße laufen, so kreuzte er, ehe er sich jener Türe näherte, auf den gegenüberliegenden Gehsteig und galoppierte mit zurückgelegten Ohren und eingezogenem Schwanz so schnell wie möglich vorbei. Wie Hundedresseure, Reiter und Psychoanalytiker wissen, ist es oft unmöglich, diese Art von bedingter Vermeide-Reaktion zum Verschwinden zu bringen.

6. Die Prägung

Ein weiterer Lernvorgang, der auf reiner Assoziation beruht und darin dem bedingten Reflex verwandt ist, ist die Prägung. Sie teilt mit den traumatisch bedingten Vermeidungsreaktionen die Eigenschaft der *Unwiderruflichkeit.* Die Assoziation einer bestimmten Verhaltenweise mit einer bestimmten Reizsituation erfolgt ohne Bekräftigung, d. h. ohne andressierende Rückwirkung seitens des Erfolgs der betreffenden Verhaltenweise. Eine Eigenart des Prägungsvorganges liegt darin, daß er phylogenetisch für einen ganz bestimmten Zeitpunkt in der Ontogenese des Individuums „vorgesehen“ ist, in welchem der noch junge Organismus auf gewisse unbedingt auslösende Reizkombinationen gewissermaßen wartet und sie augenblicklich mit gewissen gleichzeitig eintreffenden, an sich nicht auslösenden Reizen zu einer Einheit assoziiert. Diese bedingten Reize haben, wie schon gesagt (S. 215), im Gegensatz zu den unbedingten den Charakter einer Komplexqualität.

Die sensitive Phase, während derer allein ein bestimmter Prägungsvorgang stattfinden kann, ist von Art zu Art, und von Reaktion zu Reaktion sehr verschieden. In vielen Fällen liegt die sensitive Periode für die Prägung in einer Phase der Ontogenese, in der die betreffende Verhaltensweise noch nicht einmal in Andeutung ausgelöst werden kann. Merkwürdigerweise werden also Reizkonfigurationen, die erst sehr viel später im Leben des Individuums unbedingt auslösend wirken werden, mit Reizkonfigurationen assoziiert, die in diesem frühen, noch reaktionslosen Stadium auf das Jungtier einwirken.

In den meisten und am genauesten untersuchten Fällen besteht die teleonome Funktion des Prägungsvorganges darin, eine bestimmte Verhaltenweise auf das adäquate Objekt zu *fixieren*. Sigmund Freud, der diese Form des Lernens entdeckt hat, bezeichnete sie als Fixierung. In den meisten Fällen ist das Objekt, auf das Verhaltenweisen durch Prägung fixiert werden, ein Artgenosse, der als sozialer Partner des betreffenden Verhaltens fungiert. Es gibt aber auch andere Verhaltenweisen, z. B. die des Beuteschlagens bei manchen Raubvögeln, die durch typische Prägung an ein bestimmtes Objekt gebunden werden.

Die durch die Prägung hergestellte unwiderrufliche Assoziation betrifft immer nur *ein* ganz bestimmtes System von Verhaltensweisen. Es ist irreführend zu sagen, das Individuum einer Tierart sei „auf den Menschen geprägt". Verschiedene Verhaltensweisen, die durch Prägung auf ihr Objekt fixiert werden, sind in dieser Hinsicht völlig unabhängig voneinander, wie ich schon in meiner Kumpanarbeit (1935) betont habe. Eine Dohle kann in ihren sexuellen Reaktionen auf den Menschen und in denen des Zusammenfliegens in einer Schar auf Nebelkrähen geprägt sein. Gänse verschiedener Art sind gerade deshalb so günstige Objekte für die Erforschung tierischer Soziologie, weil ihre auf die Eltern gerichteten Verhaltensweisen und auch gewisse dauernde soziale Bindungen leicht auf den Menschen fixiert werden können, während ihr geschlechtliches Verhalten unverändert auf Artgenossen bezogen bleibt.

Auch in der Reihenfolge der sensitiven Perioden sind Prägungsvorgänge für verschiedene Verhaltensweisen unabhängig voneinander, auch zeigt deren zeitliche Sequenz keinerlei Beziehung zu derjenigen, in der die betreffenden Verhaltensweisen später reifen. Bei der Dohle (Coleoeus monedula) z. B. liegt die Prägbarkeit sexueller Reaktionen erheblich *vor* derjenigen ihrer Nachfolgereaktionen zu einer Zeit, da der Jungvogel noch fast unbefiedert im Nest sitzt und keinerlei auf Artgenossen bezügliche Verhaltensweisen zeigt – mit Ausnahme des Sperrens. Die Prägbarkeit des Nachfolgens liegt knapp vor dem Flüggewerden des Vogels, und ihr Effekt wird schon nach Tagen sichtbar, während derjenige der sexuellen Prägung erst nach zwei Jahren offenbar wird.

Manche Autoren haben versucht, die Prägung als eine durch Bekräftigung (reinforcement) zustande kommende bedingte Reaktion im herkömmlichen Sinne darzustellen und über die Reize spekuliert, von denen diese Bekräftigung bewirkt werden könne. Ihre recht gezwungenen Konstruktionen sind nur geeignet zu zeigen, wie sehr sie im Glauben befangen sind, daß das Lernen durch „reinforcing" der einzige denkbare Erwerbungsvorgang sei. Wie Klaus Immelmann in klarster Weise gezeigt hat, ist die Prägung von dem durch Bekräftigung bedingten Lernen grundsätzlich verschieden. Er hat an den Zebrafinken (Taeniopygia castanotis) beide Erwerbungsvorgänge an demselben Individuum wirksam gemacht und sie gegeneinander ausgespielt. Männliche Jungvögel, die von einer anderen Prachtfinkenart, dem sogenannten Mövchen (Lonchura bengalensis) aufgezogen worden waren, verpaarten sich, wenn man ihnen Weibchen beider Arten zur Verfügung stellte, regelmäßig mit solchen der Pflegeeltern-Art, also mit Mövchen. Hielt Immelmann sexuell auf Mövchen geprägte Männchen Wochen und Monate nur mit Weibchen der eigenen Art zusammen, so bequemten sie sich schließlich dazu, diese anzunehmen, begatteten sie und zogen mit ihnen Junge auf. Als solchen Zebrafinken-Männchen nach sechs erfolgreichen Bruten wieder Mövchenweibchen geboten wurden, verließen sie die fest angepaarte gleichartige Gattin nicht sofort, wohl aber nach einiger Zeit, um zu einem Weibchen der geprägten Art überzuwechseln. Die Prägung, die von keinerlei Bekräftigung gefolgt war, trug also den Sieg über Lernvorgänge davon, die durch die stärkste überhaupt denkbare Bekräftigung zustande gekommen waren. Analoges fand schon vor vielen Jahren B. Hellmann an Wellensittichen. Er vereinte ein sexuell auf Menschen geprägtes Männchen und ein ebensolches Weibchen in einem Raum, in dem die Vögel nie wieder Menschen zu sehen bekamen. Wellensittiche neigen überhaupt dazu, Ersatzobjekte für Balzbewegungen, Füttern und alle anderen sexuellen Verhaltensweisen anzunehmen, deshalb hängt man ihnen ja kleine Spiegel, Celluloidpuppen und Ähnliches in ihren Käfig. So war es nicht zu verwundern, daß die beiden vom Prägungsobjekt isolierten Wellensittiche schließlich einander als brauchbare Ersatzobjekte zu benützen lernten und schließlich erfolgreich miteinander brüteten. Als ihnen jedoch zur Zeit, da sie eben kleine Junge hatten, für wenige Minuten der Kontakt mit Menschen gewährt wurde, balzten beide Vögel sofort intensiv auf die Menschen, bekämpften einander anschließend und ließen ihre Jungen verhungern. Die durch Prägung erworbene Gedächtnis-Spur kann durch Lernen nicht gelöscht werden und tritt sofort wieder auf den Plan, wenn im Wahlversuche das geprägte Engramm mit dem Erlernten in Wettstreit tritt.

Gesprägte und angeborenermaßen beantwortete Reizkonfigurationen können, wie F. Schutz zeigte, miteinander in Konflikt treten. Bei seinen an Stockenten durchgeführten Prägungsversuchen fand Schutz, daß die Männchen in ihrem sexuellen Verhalten sehr leicht auf andersartige Entenarten zu prägen sind, nicht aber die Weibchen. Schutz vermutete sehr bald, daß dies an den Auslösern liege, dem Prachtkleid und den Balzbewegungen des Erpels, auf die AAMs des Weibchens ansprechen. Er bestätigte diese Vermutung durch einen eleganten Versuch. Wie man durch die Arbeiten von H. Mau weiß, kann man durch große Gaben männlicher Hormone bei weiblichen Stockenten zwar kaum männliche Balzbwegungen und noch weniger ein Mausern ins männliche Prachtkleid bewirken, wohl aber die Wahl des Sexualobjektes beeinflussen. Unter Testosteronwirkung balzten weibliche Stockenten Weibchen an, während normale, sowie Östrogenbehandelte, Männchen anbalzten. Schutz prägte nun eine Anzahl weiblicher Stockenten auf Türkenenten (Cairina moschata). Danach stellte er ihnen eine entsprechende Anzahl von Stockerpeln und von Türkenenten zur Verfügung. Sämtliche Versuchstiere verpaarten sich normal mit Stockerpeln. Als Schutz ihnen nun Testosteronkristalle implantierte, wandten sich alle von ihren Stockentengatten ab und begannen heftigst, Individuen der geprägten Art anzubalzen. Solange sich diese Stockenten „als Weibchen fühlten“ waren sie für die Auslöser der gleichartigen Erpel empfänglich, sowie sie aber entsprechend der veränderten Hormonlage ein Weibchen zum Objekt suchten, reagierten sie gemäß der Prägung.

Die meisten experimentellen Untersuchungen des Prägungsvorganges betrafen die Nachfolgereaktion junger Nestflüchter. Eckhard Hess stellte an Stockenten fest, daß die sensible Periode für die Prägung dieses Verhaltens um die 15. Stunde nach dem Schlüpfen ein Maximum der Prägbarkeit zeigt (Abb. 31). Sehr viele „Prägungsversuche" wurden an Haushuhnküken angestellt, deren Nachfolgereaktion überhaupt nicht im gleichen Sinne prägbar ist, wie die von

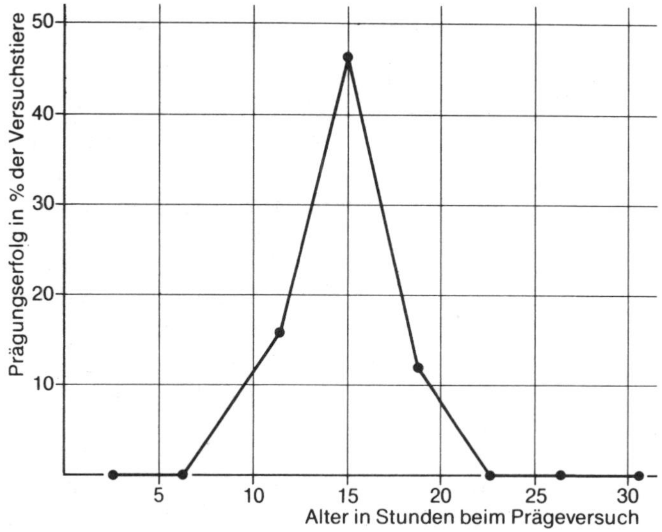

Abb. 31. Dauer und Verlauf der Prägungsphase bei Entenküken. Jedes Küken wurde eine Stunde lang bei einer künstlichen Attrappe gelassen. Nachträglich wurde in einem Wahlversuch festgestellt, ob eine Prägung auf die Attrappe erfolgt war. Die in diesem Versuch zutagegetretene Prägbarkeit begann etwa 10 Stunden nach dem Schlüpfen, hatte 5 Stunden später ihren Höhepunkt erreicht und war nach weiteren 5 Stunden erloschen. – Nach Hess aus Eibl-Eibesfeldt. (Aus: Czihak, Langer, Ziegler, Hrsg., Biologie)

Gänsen und Enten. Die Prägung der Nachfolgereaktion erscheint nur deshalb als günstiges Untersuchungsobjekt, weil Eier von Hausenten und Haushühnern jahraus jahrein zur Verfügung stehen. In anderer Hinsicht ist sie ungeeignet, die kennzeichnenden Eigenschaften des Vorgangs zu demonstrieren. Das wichtigste Charakteristikum der Prägung, ihre Irreversibilität, läßt sich an der Nachfolgereaktion deshalb nur schlecht und auf Umwegen demonstrieren, weil sie unmittelbar nach dem Verlassen des Nestes am intensivsten ist und bei Hühnern sowie Enten schon innerhalb von Wochen, bei Gänsen innerhalb von Monaten verschwindet. Außerdem fallen bei der Nachfolgeprägung die sensible Periode und das erste Funktionieren beinahe zusammen. Daher läßt sich schlecht beweisen, daß keine Bekräftigung des Nachfolgens stattfindet. Bei sexuellen Prägungsvorgängen, bei denen der Prägungsvorgang oft mehr als ein Jahr vor der Reifung der geprägten Verhaltenweise abgeschlossen ist, weiß man dies sicher.

Die oberflächliche Ähnlichkeit der Nachfolgeprägung junger Nestflüchter mit der im nächsten Kapitel zu besprechenden bedingten Appetenz, liegt in der zeitlichen Sequenz der beteiligten Vorgänge. Der Jungvogel hört den Lockruf der Mutter, oder sieht ihre Bewegung, oder tut beides und antwortet darauf mit der Instinkthandlung des Nachfolgens, während er gleichzeitig das Bild des Elterntieres wiederzuerkennen lernt. Insoferne sind die Bestandteile einer bedingten Appetenz gegeben. Es ist aber fraglich, ob eine Befriedigung des Kontaktbedürfnisses, wie sie durch das Nachfolgen erreicht wird, bestärkend wirkt.

7. Bedingte Hemmung

Durch Verknüpfung allein, d. h. ohne die im nächsten Kapitel zu besprechende Rückwirkung vom Erfolg der Handlung her, kommen schließlich noch jene Lernvorgänge zustande, die eine bestimmte Verhaltensweise „von vornherein" unter Hemmung setzen. Wie der Tierdresseur weiß, ist es völlig unmöglich, einem Hunde das Jagen dadurch abzudressieren, daß man versucht, ihm durch eine Strafe, die er beim Zurückkommen von der Jagd erleiden muß, eine bedingte Aversion gegen die auslösende Reizsituation beizubringen. Er verknüpft die Strafe nämlich mit dem Zurückkommen und nicht, wie von seinem Herrn beabsichtigt, mit dem Fortlaufen und dem Wildern. Wenn jedoch der Hundeführer den Augenblick abpaßt, in dem der Hund sich anschickt, wegzulaufen – man lernt die gespannte Körperhaltung und den raumgreifenden Trab, die Jagdstimmung verraten, mit der Zeit allzugut kennen – und eine sofortige Strafe wirken läßt, indem man z. B. mit einer Schleuder hinterherschießt, so kann es sehr wohl gelingen, eine Verknüpfung zwischen Verhaltens-*Tendenz* und Strafe m. a. W. eine *bedingte Hemmung* zu erzeugen, die das Weglaufen verhindert. Die zugleich mit der Verfehlung verabfolgte Strafe hat, auch wenn sie nur leicht ist, eine weit stärkere und nachhaltigere Wirkung als eine nachträgliche noch so schwere Bestrafung. Mit anderen Worten die einfache Verknüpfung von Strafreiz und Appetenzverhalten ist leichter herzustellen, als die in IV/4 zu besprechenden bedingten Aversionen.

Die Erzeugung bedingter Hemmungen spielt eine sehr große Rolle bei der Dressur von Haustieren und vor allem von Zirkustieren. Die meisten Abdressuren oder Dressuren durch Strafe beruhen auf demselben Prinzip, ebenso das sogenannte „Brechen" der Pferde, das an manchen Stellen der neuen Welt üblich ist und dem Kenner der spanischen Reitschule und ihrer Methoden so ungemein roh erscheint.

Auf eine mögliche und unter Umständen gefährliche Folge einer bedingten Hemmung macht B. Hassenstein aufmerksam. Da bei Bestehen einer solchen Hemmung die betreffende Verhaltenweise sehr viel seltener oder gar nicht mehr erfolgt, kann es zu einem pathologischen Anstieg des Antriebs zu der betreffenden Verhaltensweise kommen, dann nämlich, wenn sie den einzigen Ausdruck eines kumulierenden ASP darstellt. Manche Unfälle mit Zirkustieren sind sehr wahrscheinlich auf diese Form der „Stauung" eines Antriebes zurückzuführen. Bei Wölfen hat E. Zimen, bei Hyänenhunden (Lycaon pictus) van Lawick beobachtet, daß ein von einem ranghohen durch lange Zeiträume unterdrücktes Tier nach langen Zeiten der Passivität urplötzlich auf den Tyrannen in einem verzweifelten Angriff losgeht, bei dem alle sonst funktionierenden, aggressionshemmenden Mechanismen ausgeschaltet sind. Der Gattenmord, der bekanntlich die weitaus häufigste Form des Mordes ist, scheint nach Anthony Storr sehr häufig von Menschen, vor allem von Männern verübt zu werden, die unter dem Einfluß einer sehr starken bedingten Hemmung alles aggressiven Verhaltens stehen.

Hassenstein gibt eine einleuchtende theoretische Analyse der bedingten Hemmung und stellt zunächst die Frage nach den Eingangs- und Ausgangsvariablen. ,,Als Eingangsvariablen hat man aufzufassen: Erstens – wie bei der bedingten Aktion (3. IV/6, S. 240) – das zentralnervöse Kommando für die (später durch den Lernakt gehemmte) Aktion; zweitens – wie bei der bedingten Aversion – die Meldung über die schlechte Erfahrung, die dann die bedingte Hemmung als Konsequenz nach sich zieht. Als Ausgangsvariable hat die eben bereits genannte Aktion, die durch den Lernakt unterdrückt wird, zu gelten".

Der Unterschied, der die bedingte Hemmung von dem im Abschnitt 4 dieses Kapitels besprochenen bedingten Reflex (im Hassensteinschen Sinne) trennt, liegt darin, daß der bedingte Reiz nicht mit einer passiven Reaktions-Bereitschaft, einem ,,Reflex" assoziiert wird, sondern mit einem zentralnervösen Impuls, einem ,,Kommando" im Sinne der Biokybernetik.

8. Zusammenfassung und Diskussion des Kapitels

1. Bei allen in diesem Kapitel besprochenen Lernvorgängen beruht die Modifikation des Verhaltens auf einer Verschmelzung, einer Assoziation, zwischen der Wirkung einer nicht primär auslösenden Reizsituation, dem ,,bedingten Reiz", mit dem ,,unbedingten Reiz", d. h. einer zweiten Reizkonfiguration, auf die ein AAM anspricht und eine ganz bestimmte Verhaltensweise in Gang bringt. Vorgegeben ist also diese Verhaltensweise, die Teleonomie des Lernvorganges liegt darin, daß er eine Reizsituation auswählt, in der dieses Verhalten sinnvoll ist – wovon der Organismus vor dem Lernvorgang keine Information besaß.

Diesen Vorgängen entspricht ziemlich genau der Begriff B. F. Skinners von der Konditionierung vom Typ S, der durch die Selektion des Reizes gekennzeichnet ist. Für ihn gilt nach Skinner folgendes Gesetz: ,,Die annähernd gleichzeitige Darbietung zweier Reize, von denen einer (der verstärkende Reiz) zu einem Reflex gehört, der im gegebenen Augenblick in bestimmter Stärke ausgebildet ist, kann einen Stärkezuwachs für einen dritten Reiz bewirken, der aus der Reaktion des verstärkenden Reflexes und dem anderen Reiz zusammengesetzt ist" (1938 zitiert nach Foppa). Dies ist, wie Foppa sagt, ,,nichts anderes als eine – ungefähre – Beschreibung der klassischen Konditionierung: Ein Reiz kann zum Auslöser einer Reaktion werden, wenn deren Auslöser (Schlüsselreiz, Anmerkung des Autors) wiederholt ,,annähernd gleichzeitig" mit ihm dargeboten wird." Skinner hat auch ein ,,Gesetz der Löschung vom Typ S" formuliert: ,,Wenn ein Reflex, dessen Stärke durch Konditionierung vom Typ S erhöht wurde, ohne verstärkenden Reiz ausgelöst wird, vermindert sich seine Stärke."

2. Diese letzte, recht vage Definition trifft ungefähr auf den Lernvorgang

zu, der in diesem Kapitel als erster besprochen wurde: Die Reizgewöhnung oder afferente Drosselung besteht darin, daß eine oft sehr komplexe Reizkonfiguration mit den Schlüsselreizen eines AAM so verknüpft wird, daß sie deren Wirkung *unterbindet* – wie Behavioristen sagen: „löscht". Diese Behinderung der primär auslösenden Reize besteht jedoch nur so lange, als gleichzeitig mit ihnen die *Gesamtheit* der assoziierten Reizsituation unverändert einwirkt. Das Fehlen der kleinsten, scheinbar unwesentlichen Einzelheit kann die Schlüsselreize schlagartig voll wirksam werden lassen.

3. Die Angewöhnung ist ein der Reizgewöhnung gewissermaßen reziprokes Geschehen. Die primär wirksamen Schlüsselreize werden mit einer komplexen Reizsituation in solcher Weise verknüpft, daß sie *nur mehr* im Verein mit ihnen ihre auslösende Wirkung entfalten.

4. Bei dem bedingten Reflex – im engeren Hassensteinschen Sinne – und bei den durch Trauma bedingten Vermeidungsreaktionen – hat die Assoziation nur eine einseitige Wirkung, d. h. die Wirksamkeit der „unbedingten" Schlüsselreize wird nicht verändert, aber der „bedingte" Reiz der mit ihnen assoziierten Reizkonfiguration bekommt durch die Verknüpfung eine Wirkung, die der des unbedingten Reizes gleich ist.

5. Die Prägung teilt mit der Angewöhnung die Funktion, einen AAM durch Assoziation mit einer komplexen Reizkonfiguration selektiver zu gestalten, mit den durch Trauma bedingten Assoziationen aber die Unwiderruflichkeit. Es ist die wichtigste Leistung der Prägung, Verhaltensweisen auf ihr Objekt – meist auf den Artgenossen – zu fixieren.

6. Die bedingte Hemmung entsteht dann, wenn ein wie immer motiviertes Verhalten sofort unangenehme Erfahrung, wie Schreck oder Schmerz nach sich zieht. Es ist teleonomisch sinnvoll, dieses Verhalten unter jenen Begleitumständen zu unterdrücken, unter denen die bösen Folgen eintraten, m. a. W. eine hemmende Verknüpfung mit der begleitenden Reizsituation herzustellen.

In allen Abschnitten dieses Kapitels wurden Vorgänge besprochen, in denen das Tier es lernt, *auf einen Reiz hin,* etwas zu tun oder zu lassen – eben dies ist das Prinzip der Reiz-Selektion. Vermenschlichend gesagt, das Tier lernt daraus, daß ihm *etwas passiert* und nicht – wie im folgenden Kapitel zu besprechen – daraus, daß es *etwas tut,* was man als instrumentelles Lernen, operant conditioning, oder Konditionierung vom Typ R bezeichnet.

Dieser letztgenannte Typus wird allgemein mit dem Inbegriff des Lernens verbunden und von manchen für den einzig untersuchenswerten Lernvorgang – wenn nicht überhaupt für das einzige Element alles Verhaltens – gehalten. Selbst Klaus Foppa, dessen Buch ich fast alles Wissen über Lerntheorien und Lerntheoretiker verdanke, sagt von dem im vorliegenden Kapitel besprochenen Lernleistungen: „Für den natürlichen Anpassungsvorgang kommt jedoch dieser Konditionierung vom Typ S nur geringere Bedeutung zu. Wichtiger ist das „operante" Lernen (Konditionierung vom Typ R)". Dem muß widersprochen werden. Selbst ein ziemlich hoch organisiertes Wesen, wie etwa eine Graugans bestreitet die teleonomen Modifikationen, die in seinem Verhalten nötig sind, fast ausschließlich mittels der in diesem – und im vorangehenden – Kapitel besprochenen Mechanismen des Lernens. Ich mußte eine Weile nachdenken, bis mir ein sicheres Beispiel vom operanten Lernen bei diesem Vogel einfiel: Die

Kenntnis des für ihn Freßbaren erwirbt er tatsächlich auf diese Weise. Die Überschätzung der biologischen Bedeutung des Typ R und die Unterschätzung der Wichtigkeit aller anderen Lernvorgänge kommt sicherlich daher, daß Eigentümlichkeiten der Wanderratte und des Menschen verallgemeinert werden. Beide aber sind Wesen mit extrem ausgebildetem explorativen Verhalten, dessen biologische Wichtigkeit mit der des operanten Lernens korreliert ist.

IV. Lernen aus den Folgen des Verhaltens

1. Die neue Rückkoppelung

Nahezu alle Tiere, die ein zentralisiertes Nervensystem besitzen, sind imstande, aus dem Erfolg ihres Verhaltens, der subjektiv als Belohnung wirkt, zu lernen. Dieser Lernvorgang ist auch hypothetisch nicht aus der Entstehung einer einfachen Assoziation oder Verbindung zweier neuraler Systeme zu erklären, sondern hat eine weit kompliziertere Struktur des adaptiv modifzierbaren Systems zur Voraussetzung. Jener Verhaltenskomplex, den wir mit Heinroth eine arteigene Triebhandlung nennen, besteht, wie 2. I/1, S. 87ff. besprochen, aus Appetenzverhalten, Ansprechen eines AAM und dem Erreichen der triebbefriedigenden Endsituation, in der eine bestimmte genetisch programmierte Verhaltensweise abläuft. Die aus diesen drei Gliedern bestehende Kette bildet die Grundlage, aus der alles Lernen durch Erfolg und Mißerfolg stammesgeschichtlich entstanden ist. Im Prinzip hat dies schon Wallace Craig (1914) erkannt, als er in seiner klassischen Schrift „Appetites and Aversions as Constituents of Instincts" in allen Einzelheiten beschrieb, in welcher Weise die Ausführung der zielbildenden Endhandlung (consummatory act) es dem Tier beibringt, welche höchst spezielle, der Handlung adäquate Reizsituation es aufsuchen muß, um volle Befriedigung zu erlangen. Unter den behavioristisch orientierten Lernforschern war es meines Wissens nur P. K. Anokhin, der unabhängig von den Ethologen zu sehr ähnlichen Anschauungen gelangt ist. Er betrachtet den „bedingten Reflex" als einen Regelkreis, in dem nicht nur die äußere Situation, sondern vor allem auch die *Rückmeldungen* über Vollzug und Wirkung einer Reaktion und die Überprüfung der Reaktions-Angemessenheit eine entscheidende Rolle spielen.

Es ist selbstverständlich, daß dieser Regelkreis eine sehr große teleonome Wirkung entfaltet, und deshalb wenig verwunderlich, daß sehr verschiedene Tierstämme ihn im Lauf ihrer Stammesgeschichte unabhängig voneinander „erfunden" haben, so gut wie Augen, Extremitäten oder sonstige analoge Organe. Alle Tierstämme (Phyla), die es zu einem einigermaßen zentralisierten Nervensystem gebracht haben, besitzen die neue Rückkoppelung, Krebse (Crustacea), Insekten (Insecta), Kopffüßer (Cephalopoda) und Wirbeltiere (Vertebrata).

Wie wir schon gehört haben, unterscheidet man nach der Nomenklatur behavioristischer Lerntheoretiker zwei Haupt-Typen des Lernens durch Assoziation. Bei dem ersten steht der Organismus vor keinem Problem, das er aktiv zu lösen sucht, er lernt passiv, das Eintreffen eines Reizes, gegen das er gar nichts unternehmen kann, als Signal für ein nun folgendes Ereignis zu werten und sich vorwegnehmend an dieses anzupassen. Das wird der Typ S oder „klassische" Konditionierung, auch Konditionierung mit Reiz-Selektion genannt. Dieser Art von Lernvorgängen wird eine zweite in scharfer begrifflicher Trennung gegenübergestellt, bei der das Tier aktiv eine Problemsituation dadurch zu bewältigen lernt, daß es in ihr verschiedene Verhaltensweisen anzuwenden versucht, und aus der Erfahrung lernt, welche von ihnen das Problem löst. Hier wird Anpassung des Verhaltens nicht durch die Auswahl eines Reizes, sondern durch die einer Verhaltensweise bewirkt. Dies wird „operant conditioning", (deutsch meist nicht allzu glücklich übersetzt mit „instrumentelles Lernen") oder Konditionierung vom Typ R genannt. Die Distinktion ist, wie K. Foppa sagt, auch neurophysiologisch zu rechtfertigen, da es ja offenbar einen grundlegenden Unterschied macht, ob eine zentralnervöse Erregung entsteht, weil der Organismus seine Lage im Raum verändert, oder weil etwas im Raum seine Lage verändert.

Dennoch geraten wir in Schwierigkeiten, wenn wir wirkliche, natürliche und am freilebenden Tier beobachtete Lernvorgänge in dieses Begriffs-System einreihen wollen. Bei allem Lernen aus Erfolg und Mißerfolg, von dem im vorliegenden Kapitel die Rede ist, lernt das Tier *aus dem was es tut,* insoferne ist es „operant" conditioning. Keineswegs immer aber wird dabei eine Verhaltensweise selektiert. Die häufigsten und unter den Bedingungen des Freilebens teleonom wichtigsten Formen des Lernens aus Erfahrung, sind die Entstehung bedingter Appetenz, und bedingter Appetenz nach Ruhezuständen (3. IV/3, 4 und 5). Beide sind insoferne „operant", als das Tier aus dem eigenen Verhalten etwas lernt, beide aber bewirken eine Reiz-Selektion und nicht eine Verhaltens-Selektion. Im Gegenteil, die angestrebte oder wegen schlechter Erfahrungen vermiedene Verhaltensweise ist bei allen diesen Lernvorgängen vorgegeben und bleibt dieselbe. Instrumentelles Lernen, das zur Auswahl einer erfolgreichen und damit belohnenden Verhaltensweise führt, findet sich unter natürlichen Umständen meines Wissens nur bei solchen Tieren, die zu dem in 2/VI besprochenen Neugierverhalten fähig sind. Im Laborversuch allerdings, beispielweise wenn die in einer Vexierkiste (engl. puzzle box), eingesperrte Katze alle möglichen Verhaltensweisen durchprobiert um der Qual des Eingesperrtseins an unbekanntem Ort zu entgehen, wird tatsächlich die schließlich zum Erfolg führende ausgewählt.

Abgesehen von solchen sehr speziellen Fällen und von dem auf wenige hochentwickelte Tierformen beschränkte Neugierverhalten, findet sich Verhaltens-Selektion unter natürlichen Lebensbedingungen äußerst selten. Beispiele für Verwendung verschiedener Verhaltensweisen im Dienste derselben Appetenz (2. I/10, S. 104) sind nicht häufig, auch das dort angeführte ist etwas weit hergeholt. In den allermeisten Fällen, in denen ein Tier aus Erfolg und Mißerfolg lernt, steht es unter dem Antrieb der einfachen Appetenz nach einer ganz bestimmten Verhaltensweise, der Hund „will" einen Knochen eingraben, der Vogel „will" ein Reis dem Neste einfügen, indem er die schöne Instinktbewegung des „Zitterschiebens" ausführt. Hier wird nicht ein Verhaltensmuster selektiert, es ist vielmehr die Appetenz nach einer ganz bestimmten triebbefriedigenden Endhandlung vorgegeben. Was das Tier in allen diesen Fällen *lernt,* ist die Situation, in der seine Aktion die „richtigen" *Rückmeldungen* erteilt. Was

„richtig" ist, liegt in genetischer Information kodiert und in Funktionseigenschaften des ZNS übersetzt, angeborenermaßen vor.

Die Forschungsinteressen der Skinnerschen Schule beschränken sich auf das „operant conditioning" mit Verhaltensselektion, als den Typ R des Lernens, das beim Menschen – und bei anderen explorativen Wesen wie bei der Ratte – eine sehr große und tatsächlich sehr erforschenswerte Rolle spielt. Meine Kritik an den Behavioristen soll durchaus nicht besagen, daß ich ihre Verdienste in der Erforschung dieser besonderen und besonders wichtigen Lernvorgänge unterschätze.

Sie haben bei dieser Forschung eine Reihe von Gesetzlichkeiten gefunden, die für alles Lernen aus Erfolg und Mißerfolg gelten. Bei allen diesen Lernvorgängen wirken die Reize, die mit den „Operant" assoziiert werden, nicht unmittelbar und immer auslösend, sondern sie *begünstigen* sein Auftreten, sie vermehren die *Wahrscheinlichkeit,* daß das Tier die betreffenden Verhaltensweisen zeigt*. Alle durch Verstärkung, also durch Belohnung oder Bestrafung andressierten Verknüpfungen gehen mit der Zeit verloren, wenn die Dressur nicht wiederholt wird, nahezu alles Erlernte kann bekanntermaßen vergessen werden. Daher bedarf das Aufrechterhalten der durch Belohnung oder Strafe erreichten Dressur einer wiederholten Verstärkung, einer „Wiederverstärkung", und so hat sich das englische Wort *reinforcement* als allgemeine Bezeichnung für alle andressierenden Effekte festgesetzt, leider auch im Deutschen. Der Grund hiefür ist wohl, daß es ein den Vorgang scharf kennzeichnendes deutsches Wort nicht gibt. „Verstärkung" ist unbefriedigend, denn die andressierte Verhaltensweise wird nicht stärker gemacht, sondern nur ihr Auftreten wahrscheinlicher. Am nächsten käme man vielleicht mit dem wirklichen Geschehen, wenn man sagen würde, der Organismus werde zu der betreffenden Verhaltensweise „ermutigt", in ihr „bestärkt". Bleibt die andressierte Belohnung aus, die das Tier nach Ausführen der Dressurhandlung „erwartet", so führt das zu einer „Enttäuschung". Die Wahrscheinlichkeit, daß das Tier die Dressurhandlung ausführt, nimmt daraufhin ab, man spricht von Löschung engl. extinguishing, obwohl die abdressierende Wirkung keineswegs plötzlich eintritt.

2. Die Mindestkomplikation des Systems

Im Gegensatz zu den meisten Behavioristen, erscheint uns Ethologen die Frage wesentlich, woher es wohl kommen mag, daß Lernen – von wenigen aufschlußreichen Fehlleistungen abgesehen – stets eine Anpassung des Verhaltens d. h. eine Verbesserung seiner teleonomen Wirkung vollbringt. Wir wissen, daß der Erfolg das Tier ermutigt, das erfolgsbringende Verhalten zu wiederholen, und daß ein Mißerfolg die gegenteilige Wirkung hat. *Woher aber weiß das Tier,* was ein Erfolg und was ein Mißerfolg ist?

Wir wissen, daß die Trias, Appetenzverhalten, AAM und triebbefriedigende Endhandlung im Tierreich auch als geschlossenes Programm vorkommt, das jeder Modifikabilität durch Lernen entbehrt; wir wissen auch, daß dies

* Für diese Wirkung hat I. P. Pawlow das Wort „Verstärkung" gebraucht – er publizierte die betreffende Schrift deutsch, wie eine russisch sprechende Kollegin auf meine Bitte herausfand.

meist bei niedrigeren Organismen der Fall ist und daß das Lernen aus Erfolg oder Mißerfolg offensichtlich in einem späteren Evolutions-Schritt hinzugekommen ist. Wir wissen, daß durch diesen Schritt aus einem linearen Ablauf ein Regelkreis entstanden ist und damit völlig neue Systemeigenschaften des nervlichen Apparates, wiewohl die prä-existenten Untersysteme durchaus nicht geändert oder gar eliminiert werden, sondern ihre vorherige Leistung behalten haben und unentbehrliche Bestandteile des neuentstandenen Regelkreises bilden.

Die Entstehung des Regelkreises, der den Erfolg eines Verhaltensmusters rückmeldet ist kaum denkbar, ohne die vorherige Existenz eines auch ohne diese Rückwirkung funktionsfähigen linearen Systems, dessen Funktion mit Appetenz beginnt, zum Ansprechen eines AAM weiterführt und mit einer triebbefriedigenden Endhandlung oder mit einem belohnenden Ruhezustand (2. I/10, S. 104) seinen Abschluß findet. Es ist nicht nur vom rein theoretischen, biokybernetischen Standpunkt schwer, sich ein Verhaltens-System auszudenken, das ohne diese drei Glieder eine teleonome Verbesserung durch Rückmeldung des Erfolgs erfährt, sondern wir kennen auch aus der Beobachtung *kein einziges Verhaltens-System, das durch Lernen aus Erfolg teleonom modifizierbar ist und nicht diese drei Teilsysteme enthält.*

Auch bei den linearen, nicht durch Erfolg oder Mißerfolg modifizierbaren arteigenen Triebhandlungen ist manchmal ein ,,rückmeldender" Apparat am Werke, der aber nur dazu dient, die Verhaltensweise zu beenden, ohne aber dem Organismus etwas über die Teleonomie des Erfolges mitzuteilen. Wie in 2. I/6 erwähnt, wird das Ende einer Instinktbewegung durchaus nicht immer durch die Erschöpfung des ASP herbeigeführt, sondern oft durch einen Mechanismus, der den Vollzug der Handlung meldet, wie dies die propriozeptorischen Afferenzen aus der Samenblase bei der Kopulation des männlichen Schimpansen tun.

Um dem Tier Information darüber zukommen zu lassen, welchen Erfolg die eben getätigte Aktion hinsichtlich ihrer teleonomen Wirkung auf die *Außenwelt* zu verzeichnen habe, sind Meldungen notwendig, die aus dieser Außenwelt stammen. Unser ,,angeborener Schulmeister", der dem Organismus im Erfolgsfalle auf die Schulter klopft und ihm sagt: ,,So mach' es wieder" und im Fall des Mißerfolgs die Zuchtrute schwingt, muß also aus der Außenwelt stammende Information gewinnen.

Um das zu können, muß er eine sehr große Menge genetischer Information besitzen, die sowohl seinen Schüler wie dessen Umwelt betrifft. Das offene Programm des Lernens aus Erfolg und Mißerfolg hat einen sehr komplexen sensorischen und neuralen Apparat zur Voraussetzung, der gewaltige Mengen stammesgeschichtlich erworbener Information enthält.

Die Frage nach der Mindestkomplikation, die ein neurales System haben muß, um Rückmeldungen des Erfolgs zu einer teleonomen Verbesserung seiner Funktion auswerten zu können, wird von der behavioristischen Schule nicht gestellt, noch weniger die Möglichkeit in Betracht gezogen, daß es mehrere Systeme geben mag, die eben dieses leisten; vielmehr werden alle Vorgänge dieser Art als Conditioning vom Typ S zusammengefaßt. Dies hat mehrere Gründe, von denen z. T. schon gesprochen wurde. Erstens lehnen die Behavioristen die

Frage nach Teleonomie so energisch ab, wie wir jene nach Teleologie. Zweitens aber hoffen sie, daß man zur Abstraktion allgemein gültiger Gesetze des Lernens – und des Verhaltens überhaupt – gelangen kann, ohne sich der Mühe zu unterziehen, die komplizierte physiologische Maschinerie zu analysieren, deren Leistung das Verhalten und im Besonderen das Lernen ist.

Diese Hoffnung ist wohl vergebens, denn wie der Kybernetiker weiß, kann man die Leistung eines komplexen informationsverarbeitenden Systems, das aus verschieden gebauten und verschieden funktionierenden Teilen besteht, niemals dadurch verstehen lernen, daß man den Eingang kontrolliert und die Wahrscheinlichkeit statistisch errechnet, mit der bestimmte Ausgangsgrößen aus dem System herauskommen. Es ist dies, wie H. Mittelstaedt einmal scherzend sagte, etwa so, als wollte man die Funktion eines Fahrkartenautomaten verstehen lernen, ohne etwas anderes über ihn zu erfahren als die Art der Münze, die man einwirft, und die Art der Fahrkarte, die dann herauskommt.

Anders liegen die Dinge, wenn man zusätzlich nicht nur etwas über die Teile weiß, aus denen sich ein solcher Apparat zusammensetzt, sondern auch über die Teilfunktionen, die jedem von ihnen zukommen. Dann ist nämlich jenes Verfahren am Platze, von dem schon in 1. II/2, S. 32ff. gesprochen wurde, und das seine Parallele in der Lehrmethode hat, die dort am Beispiel des Benzinmotors illustriert wurde. Man symbolisiert jedes der Teilsysteme, ohne seine Maschinerie oder Funktionsweise verstanden zu haben, als einen leeren Kasten (Blackbox), und jede der Wirkungen des einen auf das andere durch Pfeile, deren positives oder negatives Vorzeichen bahnende oder hemmende Einflüsse darstellt. So etwas nennt man ein Fließ-Diagramm.

B. Hassenstein hat eine neue begriffliche Einteilung der Lernvorgänge vorgenommen, in der er in seine Fließ-Diagramme die von den Ethologen als selbständig funktionierende Einheiten erkannten Mechanismen einsetzte. Die Widerspruchslosigkeit, mit der dies gelingt, sowie die praktische Anwendbarkeit in Erziehung von Kindern und Dressur von Tieren, spricht nicht nur für die Richtigkeit seines Ansatzes sondern auch für die der alten ethologischen Begriffsfassungen.

3. Die bedingte Appetenz

Wie schon im vorangehenden Abschnitt gesagt (S. 231), gibt es Lernvorgänge, die sich der herkömmlichen Einteilung der Psychologen nicht recht fügen wollen, denn sie gehören insoferne zum „operant conditioning", als das Tier aktiv etwas tut, um etwas zu erfahren. Diese Erfahrung führt aber nicht zur Auswahl einer zweckmäßigen Verhaltensweise (behaviour selection) wie dies zu diesem sogenannten Typ S des Konditionierens gehört, sondern zur Dressur auf ein bestimmtes Appetenzverhalten, sowie auf eine bestimmte, von ihm angestrebte Reizsituation. In dem Regelkreis, der allem Lernen durch Erfahrung zugrundeliegt, übt wie schon gesagt, die erworbene Information eine teleonom modifizierende Rückwirkung auf das vorangehende Verhalten aus. Verstärkende und hemmende Wirkungen können sowohl das einleitende Appetenzverhalten, wie auch die Aktion selbst betreffen. Im ersteren Falle spricht man von bedingter Appetenz.

Wenn eine Biene in einem der Versuche, die Karl von Frisch zur Prüfung des Farbensehens angestellt hat, mehrere Male vergebens ein Futterschälchen auf blauem Hintergrund angeflogen hat, und andererseits mehrere Male in einem, auf gelben Untergrund stehenden Glasschälchen Zuckerlösung vorgefunden hat, an der sie die Bewegungsweisen des Nektarsammelns in befriedigender Weise durchführen konnte, so wird sie die ursprünglich neutrale Reizsituation – das gelbe Papier wirkt keineswegs primär anziehend – zum Ziel des zugehörigen Appetenzverhaltens wählen. Es ist also das *Appetenzverhalten*, das durch den Lernvorgang mit neuen auslösenden und richtenden Reizen verknüpft wird.

Daß es tatsächlich die Appetenz und nicht etwa die zielbildende Endhandlung ist, die durch den Lernvorgang mit neuen auslösenden Reizen assoziiert wird, läßt sich durch einen einfachen Versuch nachweisen: Man kann der Biene, nachdem sie das Futterschälchen angeflogen hat, ein anders gefärbtes Papier unterschieben, so daß sie während des Saugens, das sicherlich eine triebbefriedigende Endhandlung darstellt, das Futterschälchen auf blauem Hintergrund sieht. Trotzdem wählt sie, beim nächsten Anflug vor die Wahl zwischen blau und gelb gestellt, wieder die gelbe Farbe, die Anflugfarbe. Es können zwischen der Wahrnehmung der Anflugfarbe und der Belohnung durch das Saugen mehr als 8 Sekunden verstreichen, dennoch wird durch die Belohnung die *Anflugfarbe* als Ziel der Appetenz andressiert. Hassenstein schließt daraus: ,,Die Information über empfangene Sinneseindrücke kann also im Organismus eine Zeit lang gespeichert werden, bis sie im Zusammenwirken mit einer später eintreffenden Belohnung zur Mit-Ursache für die Bildung einer neuen ,,bedingten Verknüpfung“ wird“.

Ein zweites Beispiel, das Karl von Frisch in seiner Arbeit ,,Ein Zwergwels, der kommt wenn man ihm pfeift“ veröffentlicht hat, ist folgendes: Um den Gehörsinn des Fisches nachzuweisen, ließ Frisch kurz, ehe er das Tier fütterte, einen Pfiff ertönen. Vor Beginn der Versuche hatte das Tier nicht im geringsten auf Pfiffe reagiert. Nach an fünf aufeinanderfolgenden Tagen angestellten Versuchen ließ Frisch einen Pfiff ertönen, ohne danach den Zwergwels zu füttern. Da kam dieser aus seiner Höhle hervor und begann im freien Wasser des Beckens nach Beute zu suchen. Bemerkenswert hieran ist folgendes: der Experimentator hatte bis dahin stets an einem Stäbchen dem Fisch das Beutestück direkt an das Maul bzw. an die olfaktorischen Organe seiner Barteln herangebracht, *ehe* der Wels begonnen hatte, nach Nahrung zu suchen, also Appetenzverhalten zu zeigen. Dennoch wurde als Ergebnis des Lernens durch den bedingten Reiz das Appetenzverhalten ausgelöst und nicht die Aktion des Zuschnappens und Schluckens, wie eigentlich zu erwarten, da sie mit dem akustischen Reiz zugleich vor sich gegangen war.

In seinen bahnbrechenden Versuchen hat Pawlow die Speichelreaktion von Hunden dadurch quantifizierbar gemacht, daß er den Ausführungsgang der Speicheldrüse durch eine Kanüle verlängerte und so die Sekretion nach außen leitete, wo er sie durch Abzählung der Tropfen quantifizieren konnte. Das Läuten einer Glocke löst natürlicherweise keine Speichelsekretion aus, läßt man aber mehrere Male kurz vor jeder Futtergabe ein Glockenzeichen ertönen, so bildet sich aufgrund der zeitlichen Nähe und der zeitlichen Aufeinanderfolge von bedingtem und dem ursprünglichen, unbedingten Reiz eine Verknüpfung und eben dies galt ursprünglich als Prototyp des bedingten Reflexes.

Dennoch handelt es sich um einen Lernvorgang, der ein sehr viel komplexeres System betrifft, als der in 3. III/3 besprochene bedingte Lidschlagreflex, von dem er sich in folgenden wesentlichen Punkten unterscheidet. Seine Ausbildung ist von Belohnungen abhängig, die nur wirken, wenn die Appetenz danach aktiviert ist. d. h. wenn der Hund Hunger hat, auch ist der Lernerfolg nur dann nachweisbar, wenn dieselben Appetenzen aktiviert sind. Befreit man den Hund, wie Howard Lidell dies getan hat, aus der Fesselung, durch die er in den Pawlow'schen Versuchen fixiert wird, so zeigt er alsbald , daß keineswegs nur seine Speichelsekretion, sondern ein ganzes und zwar ein sehr spezielles, System von *Appetenzverhalten* aktiviert ist, das auf Ernährung gerichtet ist: Jenes System nämlich durch das ein Hund seinen Herrn, sowie ein Wolf ältere Rudelmitglieder *um Futter anbettelt.* Er läuft zur Quelle des Reizes, sei es eine Glocke, ein Metronom oder sonstiges und bettelt sie schwanzwedelnd und bellend um Futter an, wie Hassenstein sagt: „lauter Verhaltenselemente, die in der gegebenen Versuchsanordnung gar nicht als solche hatten gelernt werden können, z. T. weil sie dort gar nicht möglich waren." Hierin wird folgender von Hassenstein herausgestellter Unterschied zwischen bedingtem Reflex und bedingter Appetenz deutlich: „Beim bedingten Reflex löst der bedingte Reiz stets das gleiche motorische Verhaltensmuster aus wie der primäre auslösende Reiz, höchstens im Zeitverlauf oder in der Stärke verändert; bei der *bedingten Appetenz* dagegen erscheint als erfahrungsbedingtes Verhalten stets das *Appetenzverhalten,* gleich ob es in der Lernsituation stattfand oder nicht."

Es ist leicht verständlich, daß diese besondere Form des Lernens – wie auch ihr Gegenteil, das Erwerben bedingter Aversionen – im normalen Leben der Tiere eine besonders wichtige Rolle spielt und der Vorgang dementsprechend in der Natur häufig zu finden ist. Die erste Phase des spontan beginnenden Appetenzverhaltens ist immer so programmiert, daß das Tier, jede Art auf ihre Weise, die Begegnung mit der angestrebten Reizsituation *wahrscheinlicher* macht (2. I/10, S. 104). Die zweite Phase besteht fast immer in der taxiengesteuerten Annäherung an das Objekt der Handlung, bei dessen Berührung schließlich die triebbefriedigende Endhandlung ausgelöst wird. Sehr oft stellt sich erst beim Ablaufen dieses letzten Gliedes heraus, ob die Umweltsituation in der es betätigt wurde, die teleonom richtige gewesen war oder nicht. Ging sie an falscher Stelle los, so hat es offensichtlich keinen Sinn, an der Maschinerie der phylogenetisch wohl konstruierten zielbildenden Instinktbewegung etwas ändern zu wollen, der Ort, an dem eine teleonome Änderung am besten vorgenommen werden kann, ist sichtlich das Appetenzverhalten, denn ihm obliegt es ja, den Organismus in die für die betreffende Verhaltensweise biologisch richtige Situation zu dirigieren.

Wo aber sitzt der „angeborene Schulmeister", d. h. die Information, die dem Tier sagt, welches die „biologisch richtige" Situation sei? Offenbar häufig in der Erbkoordination der zielbildenden Endhandlung selbst, oder genauer gesagt, in den sensorischen Rückmeldungen, den Reafferenzen, die das Tier bei ihrem Ablauf erhält. Bei Besprechung der Eibl'schen Versuche (1. II/9) über die Rolle des Lernens beim Nestbauen der Ratte sind wir dieser Tatsache schon begegnet, ebenso in (1. II/5, S. 41) bei Erwähnung des Knochen-Eingrabens bei jungen Hunden. Ein anderes Beispiel, bei dem der Lernvorgang durch die größere Zahl beobachteter Einzelheiten klarer zutage tritt, wird von einer uralten und fast allen nestbauenden Vögeln eigenen Instinktbewegung geliefert. Viele Singvögel, und zwar gerade jene, die über sehr komplexe Instinkthandlungen des Nestbaues verfügen, besitzen einen ebenso komplexen AAM, der auf das geeignete Nistmaterial anspricht. Viele von ihnen kommen nicht einmal in Balzstimmung und die entsprechende Hormonlage, solange dieses Nistmaterial fehlt. Andere Singvögel, und zwar gerade die lernfähigsten unter ihnen, besitzen nahezu keine angeborene Information über die Art der zum Nestbau verwendbaren Stoffe. Rabenvögel (Corvidae) schleppen, sowie der Antrieb zum Nestbau in ihnen erwacht, die verschiedensten Gegenstände, z. B. Stückchen von Ziegeln, Eisenplatten und Metallfassungen zerbrochener Glühlampen zum Nestorte und versuchen sie dort mit der Instinktbewegung des sogenannten Zitterschiebens zu verbauen. Anfänglich ist überhaupt keine Bevorzugung des einzigen geeigneten Nistmaterials, nämlich entsprechend großer Ästchen, zu bemerken.

Beim Zitterschieben steht der Vogel in der Mitte des gewählten Nestplatzes und vollführt mit dem Material im Schnabel seitlich schiebende zitternde Bewegungen, bei denen der Kopf etwas schief gehalten wird, sodaß ein längeres Objekt wie ein Zweig mit der Spitze gegen die Unterlage gedrückt wird. Leistet der so geschobene Gegenstand stärkeren Widerstand, so macht der Vogel ein paar kleine Bewegungen des Rückziehens und verstärkt das Schieben. Sitzt das Material endgültig fest, so verstärken sich die zitternden Bewegungen zu einem orgastischen Maximum und brechen danach kritisch ab. Anschließend ist der Vogel eine Zeit lang gegen Nistmaterial refraktär, es handelt sich also um eine typische triebbefriedigende Endhandlung (consummatory action). Diese Triebbefriedigung wird begreiflicherweise nur durch längliche Objekte erreicht, die sich gut befestigen lassen und der Vogel lernt es rasch, solche zu bevorzugen, die bei der zielbildenden Endhandlung die am besten befriedigenden Rückmeldungen (Reafferenzen) geben.

Der ,,angeborene Lehrmeister", die ererbte Information, die dem Tiere sagt: ,,So war es richtig", sitzt somit in der erbkoordinierten Bewegungsweise selbst, und in proprio- und exterozeptorischen Mechanismen, die in ihrer Funktion mit AAM's verwandt sind. Die Funktion dieser Mechanismen tritt besonders klar zutage, wenn sie eine vom teleonomen Standpunkt aus falsche Information liefern. Bei allen Lernvorgängen mit aktiver Reizauswahl, wie es die in diesem und im nächsten Abschnitt besprochenen sind, kann folgende Fehlleistung zustandekommen. Der Organismus kann auf seiner Suche nach einer Umweltsituation, in der eine bestimmte triebbefriedigende Endhandlung belohnende Reafferenzen bietet, durch einen unglücklichen Zufall auf eine solche stoßen, die eben dies noch wirksamer tut, als die biologisch adäquate. Wir haben in 2. II/3, S. 130 ähnliche Fehlleistungen des AAM kennengelernt.

Die Bewegung des Zitterschiebens führt bei Singvögeln recht häufig zu einer eindrucksvollen ,,Irreführung" dieser Art. Wenn ein Nestmaterial suchender Vogel, bei dem sich die Dressur auf das Objekt in der eben beschriebenen Weise vollzieht, zufällig auf weichen Eisendraht passender Dicke stößt und mit ihm die Bewegung ausführt, so verhakt sich dieses Material in idealer Weise und liefert eine so überstarke Bestärkung der Appetenz nach Eisendraht, daß der Vogel tatsächlich ein ganzes Nest nur aus diesem Material herstellt. Prof. Otto Koenig besitzt eine ganze Sammlung solcher im Freiland gefundener Drahtnester. Es wäre interessant, diesen Lernvorgang an gefangenen Vögeln zu reproduzieren. Die Fixierung einer Verhaltensweise auf ein solches „übernormales" Objekt kommt einem *Laster* gleich. Bei Besprechung bedingter Appetenz nach Ruhezuständen werden wir einem analogen Effekt begegnen.

Die Funktion der bedingten Appetenz ähnelt derjenigen des in 3.III/4 besprochenen bedingten Reflexes im eigentlichen Sinne. Dennoch gehen beide Lernvorgänge auf sehr verschiedenen nervlichen Wegen vor sich und dürfen nicht miteinander verwechselt werden, was kein Geringerer als I. P. Pawlow selbst getan hat. Die Konditionierung vom Typ S ist gekennzeichnet durch das *passive* Verhalten des Organismus und die Beschränkung seines Lernens auf die Selektion des Reizes (3. III/1, S. 219ff.). Dies scheint für die „klassische" Konditionierung zuzutreffen, aber nur solange das Versuchstier, wie dies in der Pawlowschen Versuchsanordnung der Fall ist, fest angefesselt ist. Die in 3. III/4, S. 236 besprochene Beobachtung von Howard Lidell zeigt eindeutig, daß der Hund keine bedingte Reaktion vom Typ S ausgebildet, sondern vielmehr eine bedingte Appetenz erworben hatte.

4. Die bedingte Aversion

So wie die bedingte Appetenz funktionell dem bedingten Reflex ähnelt, so hat der nun zu besprechende Lernvorgang funktionelle Parallelen zu den in 3.III/5 und 3.III/7 besprochenen bedingten Vermeidungsreaktionen und bedingten Hemmungen. Auch hier bestehen dieselben Unterschiede bezüglich des nervlichen Weges, den der Lernvorgang beschreitet: Auch hier geht er über eine Aktion des Tieres, deren Erfolg rückgemeldet wird, wenn auch, genau wie bei der bedingten Appetenz, eine Reizsituation andressiert und nicht eine Verhaltensweise selektiert wird.

Wie jeder weiß, kann die Appetenz nach einer bestimmten Speise auf lange Zeit hinaus, ja manchmal auf Lebenszeit, in starke Aversion verwandelt werden, wenn man sich mit ihr einmal gründlich den Magen verdorben und dabei großes Übelsein empfunden hat. Das ist so selbstverständlich, daß lange Zeit niemand darüber nachdachte, bis John Garcia durch eine Geschichte darauf gebracht wurde, die seine Mutter erzählte. Als kleines Mädchen von etwa drei Jahren hatte diese Dame von einer Bekannten ein großes Stück Schokolade geschenkt bekommen, unmittelbar bevor die Familie ein Fährschiff bestieg, auf dem die Kleine von stärkster Seekrankheit befallen wurde. Frau Garcia empfand bis in ihr hohes Alter eine unüberwindliche Aversion gegen Schokolade, ihr Sohn aber baute auf dieser Erfahrung eine Reihe höchst wichtiger Experimente auf. Es war nicht die Schokolade die Übelkeit erregt hatte, der aversionsbedingende Reiz ging also nicht von dem Gegenstand der Aversion aus, wohl aber von einer Reizsituation, die sehr wohl die Folge des Schokolade-Essens hätte sein können. Es war wohl die offensichtliche Teleonomie dieses Lernvorgangs, die John Garcia's Interessen erregte und ihn zu folgenden Versuchen führte. Er bot Ratten eine Reihe verschiedener Nahrungsstoffe in zeitlichem Hintereinander und versuchte, den Tieren das Fressen einzelner Stoffe durch Strafreize verschiedenster Art abzudressieren. Wie sich zeigte, waren elektrische Schläge und sonstige mechanische Strafen verschiedenster Art völlig wirkungslos, nur Einwirkungen, die intestinales Übelbefinden hervorrufen, wie Injektion von Apomorphin oder eine schwache Röntgenbestrahlung, wie sie bei Menschen den sogenannten „Röntgenkater" erzeugt, wirkte abdressierend, u. z. betraf, dem Gesetz der Succedaneität und Kontiguität (S. 214) folgend, die bedingte Aversion jene Speise, die das Tier genossen hatte unmittelbar bevor ihm übel wurde. Die einzige Ausnahme von dieser Regel betraf *neue* Futterstoffe, die zwischen einer Folge von altbekannten, vom Tier als unschädlich ausprobierten, eingeschaltet wurden. In diesem Fall bezog sich die bedingte Aversion stets auf das neue Nahrungsmittel, ohne Rücksicht darauf, wieviele andere, bekannte, das Versuchstier zwischen dem Genuß der neuen Speise und dem Übelwerden gefressen hatte.

Die Teleonomie dieses phylogenetisch „wohldurchdachten" Lern-Programms ist offensichtlich. Daß gewisse geschmackliche Reizsituationen Unheil verkünden, kann nur durch vegetative Folgen andressiert werden, während andere Strafreize leichter mit anderen Verhaltensweisen als denen der Nahrungsaufnahme assoziiert werden. Es fällt schwer, sich einen natürlichen, im Freileben eines Tieres vorkommenden Zusammenhang zu erdenken, in dem ein Geschmack andere als vegetative Folge ankündigt, oder ein nicht vegetativer Strafreiz das Fressen einer bestimmten Nahrung verbietet*.

Diese Beispiele reichen hin, um an ihnen das Prinzip der bedingten Aversion aufzuzeigen. Wenn auf die Wahrnehmung einer neutralen oder sogar einer bis dahin Appetenz-auslösenden Reizsituation ein oder mehrere Male eine üble Erfahrung folgt, so wird die Reizsituation mit einer Verhaltensweise des *Vermeidens* assoziiert, die sich in Flucht oder in der Hemmung der Annäherung auswirken kann. B. Hassenstein gibt hierzu folgende kybernetische Analyse sowie das beigefügte Funktionsschaltbild (Abb. 32): „Zunächst erhebt sich die Frage nach den *Eingangs-* und *Ausgangsvariablen des Lernsystems bei der bedingten Aversion.* Als Eingangsvariable kann man auffassen: erstens den zuerst neutralen, dann bedingten Reiz, zweitens die Meldungen über schlechte Erfahrungen, die, wie die Beispiele andeuteten, sehr verschiedener Art sein können: Schreck, Schmerz, Trennung von der Artgenossen-Gruppe, vegetative Störung. Ausgangsvariablen sind zunächst die Reaktion des Vermeidens und der Flucht, manchmal aber auch die (nach dem Lernakt gehemmte) Annäherung an die zuvor angestrebte Reizsituation.

„*Eingangs-Ausgangs-Beziehungen.* Wegen der Ähnlichkeit mit den anderen Lernformen erübrigt sich die mathematische Formulierung. Die Reaktion ist Vermeiden, Flucht, Hemmung anderen Verhaltens. Sie wird zunächst unmittelbar durch die schlechte Erfahrung ausgelöst; sie geht auf bedingte Reize

---

* Polemik gehört nicht in ein Lehrbuch, doch darf nicht unerwähnt bleiben, daß J. Garcia Schwierigkeiten hatte, diese Erkenntnisse zu veröffentlichen und daß die Publikation der früher erwähnten wichtigen Beobachtung Lidells unterbunden wurde. So groß war die Macht der ideologischen Vorurteile gegen die Tatsache, daß Verhalten phylogenetisch programmiert ist.

über, sofern auf deren Auftreten in der Vergangenheit ein- oder mehrmals in entsprechendem Zeitabstand schlechte Erfahrungen folgten. Eine etwaige ursprüngliche Appetenz zu dem bedingten Reiz wird dadurch unterdrückt."

„*Funktionsschaltbild.* In Abb. 32 ist ein Signalfluß- oder Datenverarbeitungsdiagramm angegeben, das die eben genannten Reiz-Reaktions-Zusammenhänge zu verwirklichen vermag. Auf der rechten Seite ist ein Teilsystem der *gegenseitigen Hemmung* eingezeichnet; es ist aufgrund seiner Schaltung instabil, sodaß jeweils die schwächere der beiden von links auftretenden Meldungen ganz unterdrückt wird, während die andere ungeschwächt hindurchtritt."

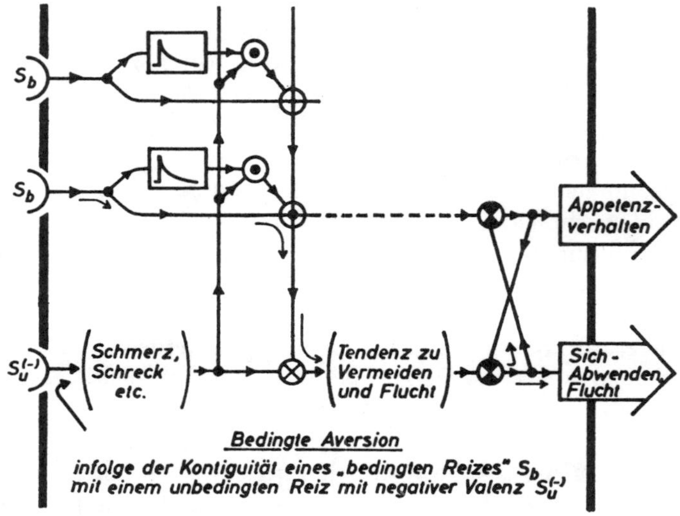

Abb. 32. Idealisiertes vereinfachtes Funktionsschaltbild für die *bedingte Aversion.* Der zusätzliche gebogene Pfeil nach unten links soll andeuten, daß das negativ bewertete Ereignis nicht nur ein Außenreiz, sondern auch ein vegetativer Zustand (z. B. Übelkeit) sein kann. – Ein *Differenzierglied* wie bei der Belohnung einzufügen, hätte im Fall der Strafe keinen funktionellen Sinn. – Der hinsichtlich der Aversion erfahrungsbedingte Reiz kann zugleich der frühere auslösende Reiz für ein zu einer anderen Bereitschaft gehörendes Appetenzverhalten sein; das ist durch die gestrichelte Linie angedeutet; die Bereitschaftsinstanz für dieses andere Verhalten ist nicht eingezeichnet. (Aus: Hassenstein, Verhaltensbiologie des Kindes)

Bedingte Aversionen spielen bei eurytrophen Tierarten, d. h. bei solchen, die vielerlei Nahrung zu sich nehmen, eine ungeheuer wichtige Rolle. Sie gehören ganz sicher zu den Lernvorgängen, die unter natürlichen Bedingungen am häufigsten sind, jedenfalls sehr viel häufiger als echtes instrumentelles Lernen mit Verhaltensauswahl.

5. Die bedingte Aktion

„Wenn ein Tier ein- oder mehrmals irgend ein motorisches Verhalten ausführt und unmittelbar danach eine gute Erfahrung macht, also z. B. belohnt wird, so kann durch eine funktionelle Koppelung zwischen diesem motorischen Verhalten und demjenigen Antrieb entstehen, der durch die Belohnung befriedigt wird. Das Lernergebnis besteht darin, daß das Tier das „lohnende" Verhalten bevorzugt ausführt, wenn der betreffende Antrieb erwacht ist. Eine bedingte Aktion ist also aufzufassen als Appetenzverhalten, das aufgrund von Erfahrungen eine neue motorische Ausführungsweise dazugewonnen hat" – so definiert Hassenstein die bedingte Aktion, wobei das Wort ‚Aktion' (nicht Reaktion) darauf hinweisen soll, daß es sich um ein Lernen auf dem Sektor der Verhaltens*ausführung* handelt.

Unzählige Verhaltensweisen, seien es nun Instinktbewegungen, Kombinationen von mehreren solchen oder ein beliebiges Folgen zufällig ausgelöster Bewegungsweisen können in dieser Weise andressiert werden. Viele Zirkusdressuren beruhen darauf, daß man absichtlich ein solches „Hintereinander" auslöst und anschließend belohnt. Eva Maria Dolderer hat mit Hilfe des Zirkusdirektors Fredy Knie eine sehr genaue Analyse des Zustandekommens bedingter Aktionen geliefert.

Wie aus der oben gegebenen Definition Hassensteins hervorgeht, ist es für die bedingte Aktion kennzeichnend, daß die Belohnung aus *einem anderen* Verhaltens-System geholt wird, als dem der anzudressierenden Bewegungsweise. Das Verfahren ist aus der Hunde- und Pferdedressur, ja selbst aus der Kindererziehung, so vertraut, daß man sich nicht genügend darüber wundert, wenn einem Pferd eine Bewegungsweise, die zweifellos aus dem Verhaltens-System der Verteidigung gegen Freßfeinde stammt, als bedingte Aktion durch sanfteste Signale und nachfolgende Belohnung durch Liebkosungen und Zucker andressiert werden kann.

Nach K. Zeeb ist die sogenannte *Capriole* eine natürliche Bewegungsweise des Pferdes, die auch an den verwilderten Pferden des Herzogs von Croy beobachtet werden kann. Die Bewegungsweise besteht darin, daß das Pferd „steigt", d. h. sich auf der Hinterhand hoch aufrichtet, aus dieser Stellung hoch in die Luft springt und, noch hoch über dem Boden, mit den Hinterbeinen ausschlägt. Nach Oberst von Podhajsky, dem Leiter der Spanischen Reitschule in Budapest (mündliche Mitteilung 1946) wurde die Capriole auch im Kampf angewendet, indem der Reiter sein Roß nach allen Seiten hin hintereinander ausschlagen ließ. Man kann sich vorstellen, daß die Capriole sowohl bei der Verteidigung des Pferdes gegen andringende Wölfe als auch bei der des Reiters im Kampfgetümmel sehr wirksam sein muß.

In der Dressur wird dem Pferd zuerst das Steigen beigebracht, und dann wird es auf den Hinterbeinen stehend, zugleich mit einem stimmlichen Kommando solange an der Hinterhand und am Bauch durch Berührung mit der Peitsche gereizt, bis es ausschlägt, worauf sofort die stärkste nur mögliche Belohnung folgt. Es ist bemerkenswert, daß das Tier überhaupt imstande ist, die durchaus autochthone Abwehr-Reaktion des Ausschlagens mit dem Empfang von Zucker und Liebkosungen zu assoziieren. Seine Assoziationsfähigkeit geht aber noch weiter. Weil bei der Capriole der schöne lange Schweif der Lipizzanerhengste leicht in den Bereich der Hinterhufe kommt, pflegt man ihn an der Wiener Hofreitschule in einem Netzbeutel hochzubinden. Es war dem Beobachter, der die Bewegung kennt, durchaus deutlich, daß die Hengste in „Capriolen-Stimmung" gerieten, sowie ihnen dieser Beutel über den Schwanz gezogen wurde.

Ein weiteres erheiterndes Beispiel einer bedingten Aktion verdanken wir Karl von Frisch. Er hielt einen brasilianischen Blumenau-Sittich (Brotogerys tirica Gmelin), den er im Zimmer frei fliegen ließ. Um Beschmutzung der Möbel möglichst zu verhindern, ließ er den Vogel immer dann frei, wenn er gerade Kot abgesetzt hatte. Der Vogel hatte bald heraus, daß diese Tätigkeit durch Freiflug belohnt wurde und es war im höchsten Maße komisch zu sehen, wie er sich geradezu krampfhaft bemühte ,,ein Batzi" zu machen, wenn Frisch an den Käfig herantrat. Merkwürdigerweise generalisierte der Vogel die ,,Hypothese", daß Kotabsetzen eine allgemein belohnenswerte Tätigkeit sei, und begann auch dann in der beschriebenen Weise zu ,,bitten", wenn er außerhalb des Käfigs einen Leckerbissen sah oder sonst irgend etwas von seinem Pfleger wollte.

Wenn oben gesagt wurde, daß ,,unzählige" (S. 241) Verhaltensweisen durch Belohnung zu bedingten Aktionen gemacht werden können, so muß andererseits erwähnt werden, daß es auch solche gibt, bei denen das auch bei größtem Aufwand von Mühe und Geduld *nicht* geht. Das Vorhandensein nichtbedingbarer Aktivitäten und Reaktionen wird oft unterschlagen, oder zumindest unterschätzt. Selbst in K. Foppas Buch wird z. B. der Sehnenreflex irrtümlich in der Liste bedingbarer Reaktionen angeführt.

Aktionen, die nicht bedingbar sind, gibt es wahrscheinlich in noch größerer Zahl als Reaktionen. Nicht mit bedingten Reizen verknüpfbar, sind nachgewiesenermaßen viele sexuelle Bewegungsweisen. Man kann z. B. nicht einem Tauber durch Belohnung mit Futter oder Wasser andressieren, auf ein gegebenes Signal sein Balzgurren hören zu lassen, und wenn er noch so hungrig oder durstig ist. Ebensowenig kann man auf diesem Wege einer weiblichen Ratte beibringen, auf ein Zeichen hin die Bewegung der weiblichen Begattungsaufforderung zu vollführen. W. Verplanck versuchte, das seitliche Schnabelschütteln der Stockente, eine ihrer häufigsten Bewegungen der Körperpflege (comfort activity), durch regelmäßige sofortige Belohnung mit Brotstückchen zu einer bedingten Aktion zu machen. Man kann der Ente an dem vorangehenden Gefiedersträuben gut ansehen, in welchem Augenblick das Schütteln kommen wird und ihr unmittelbar danach das Brotbröckchen zuwerfen, wobei gleichzeitig die vorbereitende Bewegung des Experimentators einen Signalreiz setzt, den die Ente sehr wohl zu verstehen lernt. Sie schafft auch prompt die Assoziation, *aber nicht die Bewegung!* Sowie Verplanck an den Teich herantrat, vollführten die Enten mit Hals und Kopf merkwürdige krampfhaft wirkende Seitenbewegungen. Dies war offenbar die nächste Annäherung an die Schüttelbewegung, die sie zustandebrachten. (Mündliche Mitteilung, leider hat Verplanck diesen Versuch nicht veröffentlicht).

Dieses Phänomen wirft die Frage auf, wovon es wohl abhängen mag, ob eine gegebene Bewegungsweise durch Verknüpfung mit einer Belohnung zur bedingten Aktion gemacht werden kann, oder nicht. Viele Instinktbewegungen, wie die erwähnten sexuellen, sind offenbar zu fest in die phylogenetisch programmierte Kette ihrer eigenen Appetenz und der zugehörigen AAM eingebaut, um mit Belohnungsreizen andersartigen Ursprungs verknüpft werden zu können. Ähnliches gilt ja für die Bedingbarkeit von Aversionen gegen bestimmte Nahrungsmittel, die nur mit vegetativen Reizen verknüpft werden können (3. IV/4, S. 239). Je näher die Beziehungen zwischen den beiden Verhaltens-Systemen sind, denen die zu bedingende Aktion und der sie belohnende Reiz entstammen, desto leichter kann ihre Verknüpfung bewerkstelligt werden.

Zweitens hängt die Möglichkeit zu Bildung bedingter Aktionen offenbar von der allgemeinen Entwicklungshöhe des ZNS der betreffenden Tierart ab. Es ist kein Zufall, daß die schönsten Beispiele für bedingte Aktionen – mit der einzigartigen Ausnahme von Karl von Frischs Blumenau-Sittich – aus dem Verhalten höherer Säugetiere stammen. Es gehört eben schon allerhand dazu, Zucker und Liebkosungen mit einer wütenden Selbstverteidigungsbewegung zu assoziieren.

Drittens ist für das Zustandekommen bedingter Aktionen die leichte ,,Verfügbarkeit" der betreffenden Bewegungsweise wesentlich. Die in 2. I/12, S. 99 besprochenen Werkzeug – oder Mehrzweck-Bewegungen treten häufig in Form bedingter Aktionen d. h. mit erlernten Reizen assoziiert, in Erscheinung. Vor allem sind es die Elemente der Lokomotions-Bewegungen, die sich leicht zu Ketten bedingter Aktionen zusammenfügen lassen. Dies stellt, wie in 3. V/1 zu besprechen, die einfachste Form des motorischen Lernens dar. Wie die Wichtigkeit des motorischen Lernens nimmt auch die der bedingten Aktion mit der Entwicklungshöhe der Lebewesen zu und erreicht beim Menschen ihr Maximum.

6. Die bedingte Appetenz nach Ruhezuständen

In 3. IV/4 dieses Kapitels wurde von Lernvorgängen gesprochen, die durch eine vorher nicht vorhandene Verknüpfung neutrale Reizsituationen und sogar solche, die ursprünglich Appetenz anregten, in zu vermeidende ,,Störungsreize" (2. I/10) verwandeln. Hier soll ein Lernvorgang besprochen werden, bei dem primär störende unbedingt wirksame Reize den Organismus zu Lernvorgängen, sogar zu sehr komplexen, motivieren.

Wie schon in 2. I/10, S. 104 diskutiert, kann man gewisse zweckgerichtete Verhaltensweisen, die auf *Vermeidung* bestimmter Reizsituationen abzielen, ebensogut als Appetenz nach einem Ruhezustand auffassen, wie Monika Meyer-Holzapfel vorgeschlagen hat. Wie an jener Stelle schon besprochen, erscheint diese Bezeichnung besonders auf solche Verhaltensweisen zutreffend, durch die ein Organismus gewisse Optima der Lebensbedingung anstrebt, seien es solche von Beleuchtungsstärke, Feuchtigkeit, Temperatur usw. Auch innere Optima werden durch Verhaltenssysteme ähnlicher Art aufrechterhalten, Hunger, Durst und vor allem Atemnot können durchaus als ,,Störungsreize" aufgefaßt werden, die das Tier nicht zur Ruhe kommen lassen.

Den ,,Ruhezustand", den das Tier anstrebt, indem es sich vom unbedingten Störungsreiz zu befreien sucht, darf man sich nicht etwa als Bewegungslosigkeit oder gar Schlaf vorstellen, der Ausdruck bedeutet nur, daß der Organismus ,,vor etwas Ruhe hat", das ihn, solange es auf ihn einwirkt, zu keiner anderen Tätigkeit kommen läßt, als zum Versuch sich von dieser Einwirkung zu befreien. Ein Krebs, dem es ,,zu trocken", eine Maus, der es ,,zu hell" ist wandert ruhelos umher, bis das erstrebte Optimum von Feuchtigkeit oder Beleuchtungsstärke erreicht ist. Wenn dies einmal der Fall ist, schläft das Tier aber keineswegs ein, sondern geht zur Tagesordnung über, indem es nun erst recht seine normalen Aktivitäten beginnt.

Den meisten unbedingten Störungsreizen ist gemeinsam, daß ihre dauernde Einwirkung den Organismus stark schädigt, ja sein Leben unmittelbar bedroht. Es ist daher vom teleonomen Gesichtspunkt verständlich, daß die glückliche Abwendung dieser Bedrohung noch stärker andressierend wirkt, als selbst das Ablaufen der am stärksten „belohnenden" triebbefriedigenden Akte. Das Fressen der wohlschmeckendsten Beute oder das Begatten des anziehendsten Weibchens ist einfach weniger lebenswichtig als das Entkommen aus selbst auf kurze Zeit nicht tragbaren Umgebungsbedingungen. Wie bekannt, hat Clark L. Hull seine ganze Lerntheorie auf der Annahme aufgebaut, daß das Nachlassen der Spannung der wesentliche motivierende Faktor bei allem Lernen sei. Die weite Verbreitung dieses Lernmechanismus und die Rolle, die er auch beim Menschen spielt, wird gerade aus seinen Fehlleistungen ersichtlich, die beim Menschen so häufig sind. Es ist in hohem Grade günstig und sinnvoller Weise belohnend, wenn der Mensch es fertig bringt, sich aus Konfliktsituationen und sonstigen Schwierigkeiten zu lösen, die ihn pathogenen (krankheitserzeugenden) Spannungen, sogenanntem „Stress" unterwerfen. Leider wirkt es nun als ebenso starke Belohnung, wenn es durch Pharmaka gelingt, die innere Spannung zu beseitigen, wie wenn er die Stress-Situation wirklich gemeistert hätte. Jules Masserman dressierte Katzen durch Strafreize auf Unterscheidung sehr ähnlicher Figuren, die er schrittweise ähnlicher machte, bis die Schwierigkeit der Lösung zu pathogenem Stress führte. Gleichzeitig bot er den Versuchstieren neben reiner Milch solche, die verdünnten Alkohol enthielt. Normale Katzen lehnen auch geringe Alkoholbeimischungen entschieden ab, während die unter den beschriebenen Versuchsbedingungen stehenden alsbald lernten, daß der Suff eine Linderung der inneren Spannung, ja vorübergehend sogar eine Leistungsverbesserung bewirkt. Im Gegensatz zu menschlichen Alkoholikern hörten sie aber sofort auf, Alkohol zu nehmen, wenn sie aus der Stress-Situation befreit worden waren. Dabei wirkte die Beschäftigung mit leicht zu bewältigenden Problemlösungen stärker heilend als völlige Ruhe.

Diese Fehlleistungen besagen keineswegs, daß die Appetenz nach Ruhezuständen nicht unter natürlichen Bedingungen hochgradig teleonome Lernvorgänge motiviert. Es ist ganz sicher in unzähligen Fällen eine biologisch sinnvolle Strategie, Handlungsweisen zu bevorzugen, die zur Entspannung führen. Dies tun ja schließlich auch alle zielbildenden Aktionen, nach deren Ablauf ein Trieb befriedigt ist. Dennoch erscheint es gekünstelt, von einem leidenschaftlich balzenden Männchen irgendeiner Tierart zu behaupten, daß sein Verhalten von dem Bestreben motiviert sei, den unangenehmen Spannungszustand in seinen Samenblasen loszuwerden. Dennoch hat diese abstruse Annahme in dem seinerzeit durchaus gängigen Ausdruck „Detumeszenztrieb" ihren Niederschlag gefunden.

Die motivierende Macht des Störungsreizes erklärt auch die Tatsache, daß Lernvorgänge mit Verhaltensauswahl, also Konditionieren vom Typ R oder operant conditioning fast nur unter seinem Einfluß zustande kommt, woferne nicht das im nächsten Kapitel zu besprechende explorative oder Neugierverhalten mitspielt. Der männliche Hund, der in zweckgerichtetem Verhalten verschiedene Bewegungsweisen durchprobiert, um zu seiner läufigen Hündin zu gelangen, zeigt, daß auch die Appetenz nach einer triebbefriedigenden Aktion eine ähnliche Wirkung entfalten kann, aber fast in allen Beispielen, die in wissenschaftlichen Berichten für das Lernen mit Verhaltensauswahl vorkommen, spielt Appetenz nach Ruhe, oder aber, wie bei vielen Ratten-Versuchen, das explorative Verhalten mit. Jedenfalls ist es nicht leicht, Freilandbeobachtungen beizubringen, aus denen eindeutig ein Lernen mit Verhaltens-Auswahl hervorgeht, das unter dem Druck einer Appetenz allein und nicht im Rahmen des weit komplizierter programmierten Neugierverhaltens vor sich geht.

7. Zusammenfassung des Kapitels

Eine besondere Art des Lernens beruht darauf, daß aus dem Erfolg oder Mißerfolg einer bestimmten Verhaltensweise Information gewonnen und dazu verwendet wird, das vorangehende Verhalten des Tieres adaptiv zu modifizieren. Dieser Vorgang läßt sich nicht unter den behavioristischen Begriff des passiven Lernens mit Selektion des Reizes (auch „klassische" Konditionierung oder Typ S genannt) einordnen, da die erworbene Information aus dem aktiven Verhalten des Tieres stammt. Noch weniger paßt die von Behavioristen gegebene Definition des „operant conditioning" (auch als Konditionierung mit Verhaltens-Selektion oder Typ S, deutsch meist als instrumentelles Lernen bezeichnet) auf den in Rede stehenden Vorgang, da dieser nicht eine Verhaltensweise auswählt, die auf die vorgegebene Umweltsituation paßt, sondern gerade umgekehrt, durch aktives Verhalten jene Reizsituation ermittelt, in der eine vorgegebene Appetenz zu ihrem teleonomen Ziele führt. Die Appetenz kann dabei ebensowohl nach einer bestimmten triebbefriedigenden Aktion (W. Craig) als nach einem bestimmten Ruhezustand (M. Meyer-Holzapfel) gerichtet sein.

Das Lernen aus den Folgen des Verhaltens setzt eine „Rückkoppelung" d. h. einen Regelkreis voraus und damit eine erhebliche Mindestkomplikation des Systems. Die Annäherung an dessen Verständnis versuchen wir auf dem Wege der in der Bio-Kybernetik üblichen „Fließdiagramme" oder Schaltbilder und folgen darin im Wesentlichen der Lerntheorie B. Hassensteins. Der Rückführungskreis hat offensichtlich die Mechanismen des Appetenzverhaltens, des AAM und der zielbildenden Endhandlung oder End-Situation zur Voraussetzung und ist wohl auch phylogenetisch aus diesem linearen System entstanden.

Rückkoppelungsmechanismen, die nur die Beendung der Verhaltensweise bewirken, gibt es auch bei nicht modifizierbaren Systemen auf propriozeptorischem Gebiet. Um aber Information über die teleonome Wirkung zu gewinnen, die ein Verhalten auf die Außenwelt entwickelt, sind Rückmeldungen nötig, die aus dieser stammen. Dieser Rückmeldungs-Apparat, der „angeborene Schulmeister", muß phylogenetisch erworbene Information darüber besitzen, was ein Erfolg und was ein Mißerfolg einer Verhaltensweise ist.

Die bestärkende oder hemmende Wirkung des Erfolges wird in sehr vielen, ja den meisten Fällen mit dem Appetenzverhalten und nicht mit der zielbildenden Bewegungsweise, noch weniger mit dem zielbildenden Ruhezustand verknüpft. Ein Tier, das einen bestimmten Reiz zugleich mit der Auslösung einer Endhandlung erhält, sodaß es niemals im Zusammenhang mit ihm Appetenzverhalten auszuführen Gelegenheit hatte, zeigt auf den nunmehr bedingten Reiz hin nur Appetenzverhalten und nie die Endhandlung. Diese *bedingte Appetenz* wurde wiederholt mit dem bedingten Reflex (im Hassensteinschen Sinne) verwechselt. Bei diesem löst der bedingte Reiz stets nur dieselbe Bewegung aus, die auch schon auf den unbedingten hin erfolgte, bei der bedingten Appetenz dagegen erscheint als erfahrungsbedingtes Verhalten stets das der Appetenz, gleichgültig ob es in der Lernsituation stattfand oder nicht. Der „angeborene Lehrmeister" sitzt sehr häufig in der zielbildenden Instinktbewegung selbst, indem diese nur in der teleonomen Umweltsituation die bestärkenden Reafferenzen liefert.

Wenn auf die Wahrnehmung einer neutralen oder sogar appetenzauslösenden Reizsituation eine üble Erfahrung folgt, vor allem wenn diese von der Ausführung der auf die Appetenz folgende Verhaltensweise verursacht wird, so wird die Reizsituation mit Flucht oder Vermeidung der Annäherung verknüpft. Solche *bedingte Aversionen* spielen bei der Nahrungs-Auswahl eurytropher Tiere eine wichtige Rolle.

Auch eine einzelne Bewegungsweise kann dadurch aus dem natürlichen Zusammenhang ihrer ursprünglichen Teleonomie und ihres eigenen Appetenzverhaltens gelöst und zur *bedingten Aktion* gemacht werden, daß das Tier mehrmals unmittelbar nach ihrer Ausführung einen stark belohnenden Reiz empfängt, der *zu einem anderen* Verhaltenssystem gehört. Das Lernergebnis besteht dann darin, daß das Tier das „lohnende" Verhalten dann ausführt, wenn die Appetenz nach jenem anderen Reiz geweckt wird. Ein Pferd lernt auszuschlagen, um Zucker zu bekommen, eine Bewegung aus dem System der Verteidigung gegen Freßfeinde wird zur Appetenz nach Nahrung.

Bedingte Aktionen, in denen eine Bewegungsweise mit einem aus einem so völlig anderen Verhaltenssystem stammenden Bestärkungsreiz assoziiert wird, kommen offenbar nur bei hochentwickelten Organismen vor. Dagegen können auch auf einfacherer Ebene Bewegungsweisen mit bestärkenden Reizen assoziiert werden, wenn diese aus näher verwandten Systemen stammen, so entstehen Verkettungen bedingter Aktionen. Dies ist als die primitivste Form des motorischen Lernens zu betrachten (3.V/1).

Wie in 3.IV/4 besprochen, können neutrale und sogar appetenzerregende Reizsituationen durch Verknüpfung mit üblen Erfahrungen in zu vermeidende Störungsreize verwandelt werden, *bedingte Aversion,* auf der anderen Seite können solche, die von vornherein als unbedingte Reize Aversion auslösen, in bestimmten Lernvorgängen als mächtige Bestärker wirken. Zweckgerichtete Verhaltensweisen, durch die das Tier Befreiung von solchen Störungsreizen anstrebt, können ebensogut als Aversion im Sinne Craigs wie als *Appetenz nach Ruhezustand* im Sinne Meyer-Holzapfels aufgefaßt werden. *Instrumentelles Lernen* (operant conditioning) kommt, wo nicht das auf höherer Integrationsebene stehende Programm des explorativen oder Neugier-Verhaltens auf den Plan tritt, so gut wie immer unter dem Druck einer Appetenz nach Ruhezuständen vor. Dies ist teleonomisch insoferne verständlich, als die unbedingten Störungsreize sämtlich lebensbedrohend werden, wenn es dem Tier nicht gelingt, sich ihnen zu entziehen. Auch das Eingesperrt-Sein in einer „Vexierkiste" hat diese Wirkung und es ist sinnvoll, wenn das Tier buchstäblich „alles daransetzt", d. h. sein ganzes Verhaltens-Inventar spielen läßt, um der unerträglichen Situation zu entkommen. Die hohe Allgemein-Erregung, die durch die bedrohlichen Störungsreize hervorgerufen wird, trägt zur Aktivität des gequälten Tieres bei.

V. Motorisches Lernen, Willkürbewegung und Einsicht

1. Motorisches Lernen

Die in 3.III/1 und 3.III/2 besprochenen Lernvorgänge spielen sich ausschließlich im afferenten Sektor des Verhaltens ab. Selbst bei jenen, an denen Assoziation und Rückkoppelung des Erfolgs beteiligt sind (3.III/3 und 3.III/4) entstehen keine neuen Bewegungsweisen, die durch adaptive Modifikation ihrer Funktion besser angepaßt sind. Solche entstehen erst dadurch, daß die in 3.IV/5 besprochene Verknüpfung bedingter Aktionen aus einfachen und leicht verfügbaren Bewegungselementen neue Folgen formt und zu Einheiten zusammenschweißt, die mit Recht als neue Bewegungsweisen aufgefaßt werden dürfen. Der Wiener Zoologe Otto Storch war meines Wissens der Erste, der darauf hinwies, daß die „Erwerbs-Rezeptorik", wie er es nannte, schon auf sehr viel einfacheren Stufen der Evolution auftritt und im Tierreich um sehr viel weiter verbreitet ist, als die „Erwerbs-Motorik".

Die ersten Ansätze zum Erlernen neuer Bewegungsfolgen sind wie gesagt Verknüpfungen bedingter Aktionen. Wenn ein bestärkender Reiz unmittelbar auf eine leicht und unabhängig aktivierbare Bewegungsweise folgt und die Bewegung nun schnell wieder auftritt und sofort wieder bestärkt wird, so kann in erstaunlich kurzer Zeit erreicht werden, daß sich längere Verkettungen dieser Bewegung bilden. Belohnt man z. B. eine Taube in einer Skinnerschen Kiste auch nur wenige Male, wenn sie den Kopf nach links gedreht hat, und fährt damit bei jeder weiteren Linksdrehung fort, so kann man es in erstaunlich kurzer Zeit erreichen, daß der Vogel, sowie er hungrig ist, vor der Futtervorrichtung linksherum tanzt. Man hat erst eine kleine Wendung verstärkt, anschließend eine deutlicher ausgeprägte, usf. bis die Taube die „Hypothese" entwikkelt hat, daß Linksherumdrehen das Herabfallen von Futterkörnern verursacht.

Aus Gründen, die schon in 3.I/12 und 3.IV/5 auseinandergesetzt wurden, sind die Instinktbewegungen der Lokomotion diejenigen, die sich am besten zur Verknüpfung der Sequenzen bedingter Aktionen eignen. Auch die bedingten Aktionen der Pferdedressur stammen ja, wie wir schon sahen, größtenteils aus dieser Quelle. In der Laboratoriumsdressur kann man, indem man die erste Bewegung, die als Anfangsglied in der gewünschten Folge fungieren kann, sofort belohnt, und es wiederum belohnt, wenn sich ein weiteres in gleichem Sinne erwünschtes Bewegungselement – zunächst rein zufällig – daranfügt, unglaublich komplexe Sequenzen bedingter Aktionen zusammenfügen, von denen das berühmte Ping-Pong-Spielen dressierter Tauben nur ein Beispiel ist. Sehr schöne Beispiele für dieses *Formen* neuer Verhaltensweisen (shaping) sind in Karen Pryor's Delphinbuch („Lads before the Wind") zu finden.

In freier Natur spielen sich verwandte oder sogar gleiche Vorgänge beim *Wegelernen* vieler Säugetiere ab. O. Koehler und W. Dingler haben davon sehr lehrreiche Filme hergestellt. Setzt man eine Maus auf ein ihr unbekanntes, auf hohen lotrechten Trägern stehend gebautes sog. Hochlabyrinth aus Latten, so arbeitet sich die Maus zunächst ganz langsam, dauernd nach allen Seiten hin mit den Schnurrhaaren tastend, Schritt für Schritt vorwärts. Schon, wenn sie das Labyrinth zwei oder drei Male durchlaufen, oder besser gesagt durchkrochen hat, kommt es vor, daß sie plötzlich ein kleines Wegstück *schnell* durchläuft, wonach sie wieder stockt und zur vorherigen, vorsichtigen und nur von Augenblicksinformation gesteuerten Methode des Vorwärtskommens zurückkehrt. Mit weiteren Wiederholungen werden die schnell durchlaufenen Stückchen länger, weitere treten an neuen Wegstellen auf und bald konfluieren zwei oder mehrere bereits ,,gekonnte" Stücke. Die ,,Schweißnähte", durch die zwei solche unabhängig entstandene Ketten bedingter Aktionen aneinander geschlossen wurden, bleiben oft noch lange sichtbar, man sieht an der betreffenden Stelle immer noch ein kleines Zögern, eine ,,Rauhigkeit" des Ablaufs. Als fertig erlernt kann die Wegdressur dann gelten, wenn die Bewegung in einem einzigen ,,glattgeschliffenen" Zusammenhang abläuft.

Der Arterhaltungswert eines solchen erlernten Ablaufs liegt offensichtlich darin, daß er *nicht durch Reaktionszeiten verzögert* ist, und daher um sehr viel *schneller* ist, als jede durch Augenblicksinformation erwerbende Mechanismen gesteuerte Lokomotion. In engem Zusammenhang mit dieser Teleonomie steht bei sehr vielen Tieren die Selbst-Beschränkung auf ein verhältnismäßig enges *Territorium:* in diesem kennen sie alle Wege auswendig. Wie groß der Unterschied zwischen dem gekonnten und dem gesteuerten Durchmessen sonst ähnlicher Wege ist, wird einem eindrücklich zum Bewußtsein gebracht, wenn man solche Tiere zu *fangen* versucht: Auf ihren gekonnten Wegen sind sie viel zu schnell dazu, gelingt es aber, eine Maus, Eidechse, einen Blennius oder Pomacentriden durch plötzlichen Angriff so zu erschrecken, daß das Tier in Panik über die Grenzen des auswendig gelernten Territoriums hinausgerät, so kriegt man es in der Regel.

In seinem klassisch gewordenen Buch ,,Die Orientierung der Tiere im Raum" hat Alfred Kühn genau diese Form des Lernens, deren Existenz er eigentlich nur theoretisch postulierte als ,,Mnemotaxis" beschrieben, hat sie aber, da er kein reales Beispiel fand, in späteren Ausgaben seines Werkes gestrichen. Er postulierte die Existenz eines Engramms der gesamten Bewegungsfolge, das mit der Folge der nacheinander eintretenden Reizsituationen dauernd im Gleichklang gehalten werde, was er als ,,mnemische Homophonie" bezeichnete. Nun scheint sich der Zusammenschluß der einzeln verfügbaren Stücke von Lokomotionsbewegungen wirklich dadurch zu vollziehen, daß eine bedingte Aktion an die nächste geknüpft wird, jede stellt eine *weitere* Reizsituation her, die einerseits dem Tier sagt, daß es noch auf dem rechten Wege sei, gleichzeitig aber den nächsten motorischen Impuls auslöst. Gegen diese Vorstellungen wurde eingewendet, daß, wenn sie richtig sein sollen, das Tier völlig desorientiert sein müsse, wenn auch nur eine einzige, winzige Teilbewegung anders abliefe, wenn auch nur ein Schrittchen nicht ganz genau auf den festgelegten Platz träfe. Das ist nun aber, entgegen der Erwartung des Kritikers, tatsächlich der Fall, wie ich an Wasserspitzmäusen (Neomys fodiens) nachweisen konnte. Unterbricht man nämlich die mnemische Homophonie, indem man eine kleinere oder größere Veränderung an der Unterlage vornimmt, auf der die Spitzmaus läuft, so ist diese völlig desorientiert, greift auf die Wegfindung durch Schnurrhaartasten zurück und sucht *nach rückwärts* nach dem verlorenen Wege. Hat sie dann ein Wegstück wiedererkannt, das sie kurz vor dem Desorientiertwerden durchlaufen hatte, so nimmt sie einen neuen „Anlauf" und versucht, gewissermaßen mit Schwung, über die schwierige Stelle hinwegzukommen. Sie benimmt sich dabei ähnlich wie ein Kind, das beim Aufsagen eines Gedichtes steckengeblieben ist.

Über die Physiologie der Verknüpfungen zwischen den einzelnen Bewegungen einer solchen Wegdressur weiß man so wenig, wie über andere assoziative Vorgänge. Manche Autoren haben das „Auswendig Können" erlernter Bewegungsfolgen als „kinaesthetisch" bezeichnet. Subjektiv und phänomenologisch trifft dieser Ausdruck recht gut zu, wir sagen ja auch, wir hätten die Bewegung – griechisch kinesis – „im Gefühl". (αἰσθάνομαι = griechisch, ich fühle.) Auch mag beim Erwerben der gekonnten Bewegung die Rückmeldung durch Propriozeptoren eine Rolle spielen.

Doch sprechen zwei Gründe gegen die Richtigkeit der vom Terminus nahegelegten Vorstellung. Erstens hat Erich von Holst gezeigt, daß auch erlernte Bewegungskoordinationen den Gesetzen des Magneteffektes und der zentralen Koordination unterworfen sind, was neuerdings mehrfach bestätigt wurde. Das Organ in dem die Koordination gekonnter Bewegungen geordnet wird, ist, wie man durch J. Eccles weiß, das *Kleinhirn.* Zweitens spricht eine Selbstbeobachtung gegen die Annahme, daß das Engramm der gekonnten Bewegung in einem sensorischen kinaesthetischen Erinnerungsbild festgehalten wird. Wenn man einen guten Autofahrer, dem die gekonnten Bewegungen des Fahrens „in Fleisch und Blut" übergegangen sind, danach fragt, welches von den beiden größeren Pedalen des Wagens das der Kupplung und welches das der Bremse sei, so weiß er dies meist nicht anzugeben. Um die selbstverständlich scheinende Antwort auf die Frage zu finden, beginnt er regelmäßig mit den Beinen zu strampeln, d. h. er muß die gekonnte Bewegung aktivieren um dabei selbstbeobachtend festzustellen, mit welchem Fuß er kuppelt und mit welchem er bremst.

Man darf wohl annehmen, daß auch das Lernen komplizierterer zweckmäßiger Bewegungen auf demselben Wege zustande kommt, wie die einfache lineare Aneinanderkopplung der Bewegungselemente einer Wegdressur. Jedenfalls gibt es keinen Grund, weshalb die Verknüpfung gleichzeitig ablaufender Teilbewegungen nicht durch gleiche Vorgänge bewerkstelligt werden sollte, wie die aufeinanderfolgender.

Merkwürdigerweise hat die gut „eingeschliffene" gekonnte Bewegung eine Reihe von Eigenschaften mit der erbkoordinierten gemeinsam. Erstens gelten für sie, wie schon gesagt, die Gesetze der relativen Koordination und des Magneteffektes, die dahin wirken, daß die einzelnen Bewegungen in möglichst ganzzahlige, harmonische Phasenbeziehungen zueinander gebracht und in ihnen festgehalten werden. Je besser das gelingt, desto stabiler sind die erreichten Koordinationen, je mehr sich die geforderte Bewegungsweise den Tendenzen der zentralen Koordination widersetzt, desto instabiler bleibt sie, jedes Klavier spielende Kind merkt, wie schwer es ist mit der einen Hand Triolen und mit der anderen Achtel zu spielen. Die in Rede stehenden harmonisierenden Wirkungen der relativen Koordination und des Magneteffektes verleihen jeder gut gekonnten erlernten Bewegungsweise jene arbeitsparende und elegante Form, die unser Schönheitsempfinden anspricht.

Eine zweite Eigenschaft, die gekonnten und erbkoordinierten Bewegungen in ähnlicher, wenn auch nicht gleicher Weise zukommt, ist ihre Resistenz gegen Abänderungen. Wie Karl Bühler zu sagen pflegte, kann alles Lernen rückgängig gemacht werden, d. h. alles Gelernte kann wieder vergessen werden, was wohl für alles Lernen durch Belohnung gilt, das durch Gegendressur ausgelöscht und umgelernt werden kann. Es gilt nicht für die schon erwähnte Prägung (3.III/6) und es gilt nur bedingt für das Bewegungslernen. Es scheint, daß eine gut eingeschliffene gekonnte Bewegung überhaupt nie ganz vergessen werden kann und daß Abänderungen des äußeren Bewegungsablaufes mehr durch Überlagerung, durch zusätzliche Erwerbungen, als durch Auslöschen des Altgewohnten zustande kämen. Jeder Sportlehrer weiß, daß ein Schüler, der als Autodidakt schwimmen oder Tennis spielen gelernt hat, meist für immer verdorben ist: Die optimal zweckmäßigen Bewegungen des betreffenden Sportes sind ihm unzugänglich, da er unwiderruflich an ungeschickteren, selbst andressierten Bewegungsweisen festhält.

Die dritte und merkwürdigste Übereinstimmung zwischen der erbkoordinierten und der gekonnten Bewegung liegt darin, daß auch diese nach längerem Nichtgebrauch ein deutliches, auf ihren Ablauf gerichtetes Appetenzverhalten bewirken kann. Wie stark die Motivation ist, die den Menschen zum Tanzen, Eislaufen oder sonstigen gekonnten Bewegungsweisen treibt, kann daran ermessen werden, wieviel Geld die Menschen dafür ausgeben. Wie H. Harlow an Makaken zeigte, macht auch diesen Tieren das Ausführen einer gelernten Bewegungsweise so großen Spaß, daß sie diese ohne weitere Belohnung wieder und immer wieder durchführen. Die Stärke dieser Appetenz ist umso größer, je schwieriger die gekonnte Bewegung ist und je besser sie eingeschliffen wurde. Karl Bühler, der dieses Phänomen als Erster gesehen und richtig beschrieben hat, nannte es *Funktionslust.* Sie spielt offensichtlich eine große Rolle beim Zustandekommen und vor allem bei der Vervollständigung gekonnter Bewegungsweisen. Wie wir von uns selbst wissen, stellt jede Vervollständigung der Bewegung, jedes Glätten einer noch vorhandenen Rauhigkeit – was immer eine Ersparnis an aufgewendeter Arbeit bedeutet – einen ganz erheblichen Lustgewinn dar. Die Vervollkommnung der Bewegung ist somit ihre eigene Belohnung, es muß einen Vervollkommnung bestärkenden Mechanismus (perfection-reinforcing mechanism) geben, wie ich in einem Buche ,,Evolution and Modification of Behaviour" behauptet habe.

2. Die sogenannte Willkürbewegung

Wie schon (3.IV/5) gesagt, besteht ein physiologischer Unterschied zwischen verschiedenen Instinktbewegungen, der darin liegt, daß die einen von ihnen sich hartnäckig dem Lernvorgang widersetzen, der sie als bedingte Aktion bestärken soll, während andere geradezu darauf zu warten scheinen, durch einen solchen Lernvorgang mit bedingten Reizen verknüpft zu werden. Eine ganze Reihe anderer erbkoordinierter Bewegungsweisen lassen sich nicht zur bedingten Aktion machen, andere dagegen mit Leichtigkeit, wir haben Beispiele hiefür in vielen Bewegungen des Pferdes (S. 241) und auch in solchen der Taube (S. 248).

Wir vermögen nicht zu sagen, worin dieser Unterschied physiologisch begründet ist: betreffs ihrer Teleonomie unterscheiden sich die nicht bedingbaren und die bedingbaren Bewegungsweisen meist darin, daß die ersteren bei ihrem normalen teleonomen Ablauf von einer einzigen, sehr spezifischen Motivation aktiviert werden, während die bedingbaren Bewegungsweisen meist solche sind, die als sogenannte Mehrzweckbewegung (S. 99) im Verlaufe sehr vieler Verhaltensweisen vorkommen, die zu völlig verschiedenen Systemen angeborenen Verhaltens gehören können. Dies gilt besonders für alle Bewegungsweisen der Lokomotion, für Taxien-bedingte Wendungen, wie auch für das Picken der Taube, für das Nagen von Ratten und Mäusen usw., usf.

Von den Bewegungsweisen der Lokomotion wissen wir ziemlich sicher, daß endogene Erregungsproduktion und zentrale Koordination ihre Grundlage bilden, Vorgänge also, die von der Peripherie her nur angetrieben oder gebremst, nicht aber in ihrer Form adaptiv verändert werden können. Wohl aber können sie durch Vorgänge *überlagert* werden, die unmittelbar von Außenreizen gesteuert sind, Holst spricht von einem ,,Mantel der Reflexe", der sich schützend und anpassend zwischen die erbkoordinierte Bewegung und die Außenwelt lagert. Wenn die Umwelt einer Tierart von den Lokomotionsbewegungen so radikale augenblickliche Anpassung fordert, daß der ,,Mantel der Reflexe" sie nicht zu leisten vermag, so geht die phylogenetische Anpassung nicht etwa den Weg, die Erbkoordinationen ,,weich" und damit anpassungsfähiger zu machen, wie sich viele ältere Tierpsychologen das vorstellten. Die Anpassung besteht vielmehr darin, daß die erbkoordinierte Bewegungsweise *teilbar* wird, sie zerfällt gewissermaßen in kleine Stücke, deren jedes zwar ebenso ,,hart" ist, wie es zentral koordinierte Bewegungen nun einmal sind, die sich aber wegen ihrer Kürze und leichten Verfügbarkeit zu Bausteinen eignen, aus denen sich durch Verkettung bedingter Aktionen gekonnte Bewegungen von nahezu unbegrenzter Komplikation zusammenstellen lassen.

Der Beginn dieses phylogenetischen Vorgangs läßt sich durch den Vergleich der Lokomotion naheverwandter Tierarten studieren, die sehr verschiedene Lebensräume bewohnen. Je homogener ein Biotop in räumlicher Hinsicht ist, desto weniger Anpassung an äußere Gegebenheiten wird von der Lokomotion des Tieres verlangt. Bei schnellen Schwimmern des freien Meeres und bei schnellaufenden Tieren der offenen Steppe braucht der Einfluß von räumlich anpassenden Mechanismen auf Lokomotionsbewegungen nicht viel weiter zu gehen, als jener, den der Kapitän eines Schiffes auf seine Maschinerie ausübt. Schritt, Trab oder Galopp können nur als ganze koordinierte Gangarten ,,befohlen" werden. Der Boden bietet für jeden Galoppsprung eine ziemlich gleich bleibende Unterlage und wenn sie dies im Einzelfalle einmal nicht tut, so ist das Hindernis meist schon aus größerer Entfernung erkennbar, sodaß rechtzeitiges Bremsen oder Abbiegen möglich ist. Über unvorhergesehene Hindernisse stürzen Pferde, wie andere Steppentiere allzu leicht.

Auch die Überlagerung der lokomotorischen Erbkoordinationen eines solchen Steppentieres durch taxienmäßig gesteuerte Komponenten ist sehr bescheiden. Beim Bergaufgehen auf unebenem Boden strampelt ein Pferd zwar nicht gerade blindlings vorwärts, es achtet schon einigermaßen auf den Weg und tritt so ungefähr dorthin, wo sich Halt bietet, aber dieses Zielen ist ganz ungenau.

Um eine genauere Orientierung von Lokomotionsbewegungen möglich zu machen, muß die unabhängig verfügbare Einheit, das Minimum separabile, kleiner gemacht werden. Um gezielt auf einen bestimmten Punkt, etwa auf die Kuppe eines Geröllsteines, und von dieser auf die nächste treten oder springen zu können, muß das Tier jeden einzelnen Schritt, jeden einzelnen Sprung gezielt auf einen bestimmten Punkt richten können. Das betreffende Element muß schon deshalb einzeln verfügbar sein, weil das Tier auch imstande sein muß, auf einem beliebigen Punkt der Wegstrecke innehalten zu können.

Die Fähigkeit, die Koordinationen der Lokomotion in solche Einzelstücke zu zerhacken, um sie dann durch individuelles Lernen zu einer angepaßten Folge gekonnter Bewegungen zusammenfügen zu können, ist ein phylogenetischer Vorgang, der sich bei zwei verschiedenen Ordnungen von Huftieren an analoger Weise abgespielt hat. Bei den Vertretern dieser Gruppen, die Steppentiere sind, bleibt das „minimum separabile“ der lokomotorischen Koordinationen relativ groß, die Orientierung relativ grob. Das Pferd, wie die meisten Steppenantilopen, kann nicht gezielt auf geeignete Punkte, etwa die Wölbung eines Geröllsteines, treten, der Esel kann es schon besser, die Bergzebras sollen nach verläßlichen Beobachtungen Meister darin sein und die Gebirgsantilope, die Gemse (Rupicapra rupicapra L.) übertrifft darin alle größeren Huftiere. Außer der Verfügbarkeit einzelner Koordinations-Elemente hilft diesen Gebirgstieren aber auch eine besondere Ausbildung der überlagernden Taxien, des Mantels der Reflexe. Gemsen sind imstande, über eine aus verschieden großen Blöcken bestehende Geröllhalde zu galoppieren, dabei jeden Tritt gezielt an die richtige Stelle zu setzen und bei alledem doch nicht von der energiesparenden Erbkoordination des Galopps abweichen zu müssen. Hie und da sieht man eine kleine Synkope, durch die der Fluß der Bewegung nur noch eleganter erscheint, die aber doch zeigt, daß die Überlagerung durch gesteuerte Bewegung nicht ganz ausreicht und die Gemse doch öfters gezwungen ist, zur Hemmung und Enthemmung der Erbkoordination ihre Zuflucht zu nehmen, um die Bewegung an die Struktur der Unterlage anzupassen.

Ein motorisches Element, das sich bei sehr verschiedenen Säugetieren in dieser Weise unabhängig gemacht hat, ist gewissermaßen ein halber Schritt mit der Vorderextremität. In Verlegenheit, wie z. B. in eine „puzzle-box“ gesperrt, vollführen Katzen und Hunde regelmäßig vorgreifende Bewegungen mit der Vorderpfote, und zwar noch ehe sie gelernt haben, daß diese Bewegung bei richtiger Orientierung geeignet ist, einen Riegel zu öffnen. Es sind im Gegenteil die Riegel derartiger Apparate, die vom Versuchsleiter in Anpassung an diese Bewegungsweise der Versuchstiere konstruiert sind. Das Scharren mit dem Vorderhuf, das nahezu alle gefangenen Equiden als leicht verständliche Bettelbewegungen benützen, das Pfötchengeben der Hunde u. a. m., stammt aus dieser Quelle.

Die größten Anforderungen an die unabhängig verfügbaren Bewegungselemente der Lokomotion, an ihre genaue Orientierung und an ihre glatte Zusammenfügung in hochkomplexen gekonnten Bewegungen stellt selbstverständlicherweise der Biotop der Baumkrone. Dies gilt besonders dann, wenn das Tier nicht mit Krallen oder Haftscheiben, wie manche Frösche, Reptilien und Nagetiere, sondern mit Greifhänden klettert, wie Chamäleons, manche Beuteltiere und viele Primaten. Für die Funktion der Greifhand ist es Voraussetzung, daß sie sich im richtigen Augenblick und in der richtigen Ebene um einen Zweig schließt, sonst gewährt sie überhaupt keinen Halt, während die Haftscheibe des Baumfrosches oder die Kralle des Eichhorns auch dann einen Halt gewährt, wenn sie das Ziel nur ziemlich ungefähr trifft. Eine interessante Korrelation zwischen Raumorientierung und gezieltem Zugriff ist folgende: alle mit Greifhänden kletternden Säugetiere, die im Gezweige nicht nur langsam, Chamäleon-ähnlich Schritt für Schritt klettern, sondern rasch dahinspringen, haben die sogenannte „Maki-Physiognomie" mit eulenartig nach vorne gerichteten, auf binokuläre Raumerfassung spezialisierten Augen. Es ist durchaus verständlich, warum der Mensch mit seinem begrifflichen Denken nur aus Baumtieren mit greifenden Händen hervorgehen konnte.

Der phylogenetische Vorgang, durch den aus einer längeren Folge erbkoordinierter Bewegungen kleine Stücke herausgeschnitten und einzeln verfügbar gemacht werden, hat sehr wahrscheinlich zur Entstehung der sogenannten *Willkürbewegungen* geführt. Allerdings ist das, was wir beim Menschen als solche zu bezeichnen gewohnt sind, nicht die Vielzahl der zunächst noch voneinander unabhängigen einzelnen Elemente, sondern vielmehr das integrierte, fertige Produkt der aus ihnen zusammengebauten gekonnten Bewegung. Genau genommen müßte man unter Willkürbewegungen nur die Elementarbewegungen verstehen und nicht ihr durch Erlernen bedingter Aktionen erreichtes komplexes Zusammenspiel. Jedes dieser Elemente ist keineswegs als neurale Elementarfunktion aufzufassen, sondern ist vielmehr eine fest programmierte, dem Organismus angeborenermaßen zur Verfügung stehende erbkoordinierte Bewegung, die hoch über dem Integrationsniveau einer Einzelentladung oder einer fibrillären Zuckung liegt und stets die Koordination antagonistischer Muskeln zur Voraussetzung hat, wie etwa das Beugen und Strecken eines Fingers.

Die im eigentlichen Sinne von der Willkür des Menschen gesteuerte Bewegung gibt es genau genommen nur dann, wenn man erstmalig den Versuch macht, solche Elemente zu einer neuen, gewollten Bewegung zu vereinen. Ein solcher erster Versuch sieht stets im höchsten Grade *ungeschickt* aus, wie etwa Schreiben mit der linken Hand. Die dabei ausgeführten Bewegungen erinnern oft stark an die einer Maus in einem ihr unbekannten Hochlabyrinth.

3. Willkürbewegung und Einsicht

Wie schon vorweggenommen (2. VI/1) besteht ein enger Zusammenhang zwischen der Entwicklungshöhe der Willkürbewegung und jener komplexesten Leistung der Augenblicks-Information verwertenden Mechanismen, die wir als *Einsicht* bezeichnen. Es sind gleiche Bedingungen des Lebensraumes, die einen

Selektionsdruck auf höchste Ausbildung räumlicher Einsicht und gleichzeitig auf die Evolution von Bewegungsweisen ausgeübt haben, die an kleinste räumliche Einzelheiten angepaßt werden können. Für gewöhnlich gehen die Einsicht des Tieres in die räumliche Struktur der Umgebung mit seiner Fähigkeit, ihnen seine Bewegungen anzupassen, so genau Hand in Hand, daß dem Beobachter die Zweiheit der rezeptorischen und der motorischen Funktionen verborgen bleibt.

Umso aufschlußreicher sind deshalb jene Fälle, in denen die räumliche Einsicht eines Tieres mehr leistet als die Anpassungsfähigkeit seiner willkürlich kontrollierbaren Bewegungen. Eine Graugans ist mit einiger Mühe imstande, treppauf und treppab zu gehen. Beim Aufwärtssteigen kann sie ihre Schrittlänge dem Stufenabstand besser anpassen, als beim Abwärtssteigen. Ist der Stufenabstand etwas größer als die Schrittlänge der Gans, so müßte sie, um sich dieser Diskrepanz anzupassen, die mit jedem Schritt ungünstiger werdende Phasenbeziehung zwischen ihren Schritten und den Stufen durch einen kleinen Zwischenschritt korrigieren, da sie beim Abwärtssteigen nicht imstande ist die Schrittlänge zu vergrößern. Nah verwandte Anatiden, wie beispielsweise Türkenenten (Cairina muscata), die keineswegs „klüger" sind als eine Graugans, vermögen dies ohne Weiteres, sie machen einfach einen wohlabgemessenen Zwischenschritt bis an die vorspringende Kante der Stufe, wenn ihnen der Schritt auf die nächst-untere zu weit ist.

Eben das kann die Graugans *nicht*. Wenn der Phasenabstand zwischen Schritten und Stufen es mit sich bringt, daß ihr Fuß eine Stufe so nahe an ihrem hinteren, einspringenden Winkel trifft, daß sie beim nächsten Schritt mit der Hinterseite des Laufes an die vordere Stufenkante anstreift und die nächste untere daher nicht mehr mit dem Fuß erreicht, weiß sie nicht weiter. Sie zieht den vorgestreckten Fuß zurück, aber nur, um unzählige weitere Male, mit dem Lauf an der Stufenkante abgleitend, nach unten ins Leere zu treten. Früher oder später nimmt sie die Flügel zu Hilfe und macht, das eine Bein nicht belastend, mit dem anderen einen einbeinigen Sprung auf die nächst untere Stufe. Nun ist eine bessere Phasenbeziehung wiederhergestellt und die Gans steigt eine Reihe weiterer Stufen abwärts, bis Stufen und Schritte wieder außer Phase geraten, worauf sich der ganze Vorgang wiederholt.

Gerät eine Gans an ein für sie brusthohes Hindernis, etwa an eine der üblichen Raseneinfassungen aus Bandeisen, so sieht man ihr schon, wenn sie noch mehrere Meter vom Hindernis entfernt ist, deutlich die Einsicht an, daß sie es übersteigen muß. Sie zielt schon von weitem mit etwas gesenktem Kopf und Hals binokulär auf das Hindernis, sie „weiß" ganz genau, wo es sich befindet, aber die beschränkte Beherrschung ihrer Motorik zwingt sie zu ganz merkwürdigen und sinnlosen Bewegungsweisen: Sie beginnt im Heranschreiten die Füße höher und höher zu heben, sodaß sie manchmal schon einen ganzen Schritt vor Erreichen des Hindernisses den Fuß höher hebt, als dieses tatsächlich ist. Selten trifft der Fuß dann genau auf die Oberkante des Bandeisens. Sie tritt ebenso oft allzu weit wie zu kurz. Dann behilft sie sich, wie schon beschrieben durch Fliegen. Ausnahmsweise verhalten sich Gänse vor einem solchen Hindernis anders, sie gehen, das Hindernis fixierend mit eingezogenem und vor Spannung zitterndem Hals dicht heran, springen beidbeinig hinauf und sofort auf der anderen Seite wieder hinunter. Die Türkenenten, die Baumtiere sind und sich auf Äste verstehen, verhalten sich immer so, während es bei der Graugans nur dann regelmäßig angewendet wird, wenn es sich um ein kompaktes Hindernis wie etwa einen Steinblock handelt.

Die wichtigen Wechselbeziehungen zwischen Willkürbewegung und Einsicht werden wir im nächsten Kapitel kennen lernen, hier sei vorweggenommen, daß Willkürbewegungen und die aus ihnen gewonnenen Reafferenzen eine große Rolle bei der Raumexploration, d. h. beim Gewinnen räumlicher Einsicht spielen.

VI. Das Neugierverhalten

1. Verhaltens-Auswahl

Wie schon 3. IV/5 erwähnt, ist bei den meisten Tieren Lernen, das zur Auswahl bestimmter Verhaltensweisen führt, unter natürlichen Lebensbedingungen selten. Es kommt fast nur bei den höchstentwickelten Tieren vor, und auch bei ihnen nur unter dem Druck sehr starker Störungsreize, oder aber, wie nun zu besprechen, unter dem Antrieb jener merkwürdig unabhängigen Motivation, die wir *Neugier* nennen. Lernen mit Verhaltensauswahl (operant conditioning, Typ S) entfaltet seine wesentliche teleonome Leistung im Rahmen des explorativen oder Neugier-Verhaltens, das nur von dieser einen Motivation aktiviert werden kann, und nur so lange, wie alle anderen Antriebe schweigen.

Exploratives Verhalten darf nicht mit jenem Verhalten gleichgesetzt werden, das nach dem Prinzip von Versuch und Irrtum verfährt. Auch bei dem in 3.IV/3 besprochenen Lernvorgang ermittelt das Tier, beispielsweise der Rabenvogel, durch Versuch und Irrtum, auf welches Objekt und in welcher Situation seine angeborene Nestbaubewegung die besten belohnenden Reafferenzen liefert. Die Motivation stammt aber aus der Appetenz nach dieser Instinktbewegung, die Verhaltensweise liegt fest, die Reizsituation wird erlernt.

Auch bei den klassischen Vexierkasten-Versuchen an Katzen probiert das Tier keineswegs alle Bewegungsweisen seines Verhaltensinventars hintereinander durch, sondern nur einige wenige, die noch dazu eng miteinander verwandt sind, entspringen sie doch einer einzigen Motivation, nämlich dem überstarken Streben, aus der bedrohlichen Situation des Eingesperrtseins zu entkommen. Das Tier kratzt an den Wänden, beißt die Gitterstäbe, zwängt den Kopf in Ausweg-versprechende Spalten usw.

Das Einzigartige am explorativen Verhalten ist, daß das Tier wirklich so ziemlich alle ihm zur Verfügung stehenden Verhaltensweisen an einem und demselben Objekt durchprobiert, wenn dieses seine Neugier erweckt. Ein Rabe, dem man ein ihm völlig unbekanntes Ding vorsetzt, vollführt an ihm eine Reihe von Verhaltensweisen in bestimmter teleonom programmierter Reihenfolge. Er beginnt vorsichtiger Weise mit den Bewegungsweisen des Hassens auf ein größeres Raubtier, d. h. er naht sich dem unbekannten Objekt vorsichtig, indem er fluchtbereit seitwärts und sogar etwas rückwärts gehend an es heranschleicht, versetzt ihm einen fürchterlichen Schnabelhieb und flieht auch schon so schnell er kann. Erweist sich das Objekt als lebend und flieht, so ist der Rabe sofort hinterher und geht zu den Bewegungsweisen des Tötens größerer Beute über. Ist das Objekt „schon tot", wovon sich der Rabe durch immer heftiger werdende Schnabelhiebe vergewissert, so packt er es mit den Krallen an und versucht es zu zerreißen. Erweist es sich dabei als eßbar, so kommen die Bewegungsweisen des Fressens und des Versteckens von Beute an die Reihe, ist das Objekt zu überhaupt nichts brauchbar, so wird es dem Raben allmählich uninteressant und wird unter Umständen als Sitzplatz, oder in Stücken zum Verstecken interessanter Gegenstände verwendet. Dieser Vorgang entspricht genau dem, was Arnold Gehlen als eine *sachliche* Exploration eines Gegenstandes bezeichnet, durch welche dieser ,,intim gemacht" und zu eventuellem weiterem Gebrauch ,,dahingestellt" wird, d. h. er wird in dem Sinne ,,ad acta" gelegt, daß das Tier im Bedarfsfalle auf ihn zurückgreifen kann.

2. Der autonome Antrieb des Neugierverhaltens

Wie Monika Meyer-Holzapfel gezeigt hat, werden die im explorativen Verhalten, wie auch im Spiel auftretenden Erbkoordinationen von einer *anderen* Motivationsquelle aktiviert, als aus derjenigen, durch die sie im Fall ihres arterhaltenden Ablaufes ,,im Ernstfalle" verursacht werden. Die von Meyer-Holzapfel angeführten Gründe sind zwingend. Die im Spiel, wie beim explorativen Verhalten auftretenden Bewegungsweisen stammen aus den verschiedensten Funktionskreisen, aus denen des Beuteerwerbs, des Rivalenkampfs, des sexuellen Verhaltens, der Verteidigung gegen größere Raubtiere, usw. Sie alle sind in ihrer unverwechselbaren Bewegungsgestalt eindeutig erkennbar. Wollte man nun diese einzelnen Instinktbewegungen dadurch hervorrufen, daß man das Verhaltens-System aktiviert, zu dem sie teleonomer Weise gehören, so würde die Trägheit dieser großen Systeme verhindern, daß zwei zu verschiedenen Systemen gehörige Instinktbewegungen rasch hintereinander auftreten. Eine Katze, die ,,im Ernstfall" die gebuckelte Abwehrstellung gegen ein größeres Raubtier eingenommen hat, würde mindestens 30 Minuten brauchen, ehe sie sich nach solchem Schrecken für Beutetiere interessieren würde – zumal wenn sie am gleichen Ort verbleiben müßte. Im Spiel aber können Katzenbukkel und Beutesprung innerhalb von Bruchteilen von Sekunden aufeinanderfolgen. Es ist dies ein überzeugendes Argument für die Annahme, daß im Neugierverhalten eine besondere, autonome Motivation am Werke ist, die imstande ist Instinktbewegungen in Gang zu setzen, die im Dienste spezieller Funktionen entstanden sind und teleonomerweise von einem besonderen ASP aktiviert werden. Im Spiel ist das ähnlich, zwischen Neugier-Verhalten und Spielen bestehen keine scharfen Grenzen.

Ein weiteres starkes Argument für die Meyer-Holzapfelsche Annahme ist die schon erwähnte Tatsache, daß Neugierverhalten, wie Spielen nur im ,,entspannten Feld" vor sich gehen kann, wie Gustav Bally sich in der Terminologie von Kurt Lewins Feldtheorie ausgedrückt hat. Das heißt soviel, daß exploratives Verhalten wie Spiel, sofort erlöschen, sowie eine Motivation auf den Plan tritt, die imstande ist, eine der beteiligten Bewegungsweisen ,,im Ernst" zu motivieren. Der explorierende Kolkrabe in unserem Beispiel würde die Instinktbewegungen von Flucht, Beuteerwerb, Fressen, usw., sofort unterlassen, wenn wirkliche Fluchtstimmung, Jagdtrieb oder Hunger bei ihm auf den Plan träte. Würde er hungrig, so würde er zur bekannten Futterstelle gehen, oder den Pfleger anbetteln, mit anderen Worten, er würde auf Objekte und Verhaltensweisen zurückgreifen, deren hungerstillende Wirkung *er schon kennt.*

Es wäre falsch, sich den Antrieb des Neugier-Verhaltens als schwächer vorzustellen, als den der „normalen" Motivation der einzelnen Verhaltensweisen. Wohl sind, wie eben betont, die beiden Antriebe so geschaltet, daß der Ernstfall vor dem Spiel- und Neugierverhalten Vortritt erhält, was ja teleonomisch selbstverständlich ist. Dennoch ist die Appetenz nach Exploration, d. h. nach einer zu explorierenden Reizsituation ungemein stark, in einigen Fällen stärker als die nach dem Objekt eines spezifischen Antriebes, wie z. B. Fressen. Bei meinen Kolkraben war das stärkste Lockmittel, durch das ich sie, wenn die besten Leckerbissen versagten, doch noch in ihren Käfig locken konnte, meine Kamera, die sie aus naheliegenden Gründen nie untersuchen hatten dürfen. Mein Bruder hielt, als ich noch ein Kind war, einen Mungo und benützte als stärkstes Lockmittel sein Doktordiplom. Fallenstellern ist das Neugierobjekt als Lockmittel wohl bekannt, im englischen gibt es sogar ein Sprichwort: „curiosity killed the cat".

3. Latentes Lernen

In seinem Neugierverhalten behandelt das Tier jede beliebige Umweltsituation so, *als ob* sie biologisch relevant wäre. Die Ratte untersucht jeden durchkriechbaren Gang auf Länge und Gangbarkeit, nach demselben Prinzip, das wir eben am Kolkraben kennen gelernt haben und nachdem sie in ihrem Territorium alle darin möglichen Wege exploriert hat, weiß sie ganz genau, welcher kürzeste Weg von jedem denkbaren Punkte dieses Raumes zur nächsten Deckung führt, und ebenso, wie sicher der Schutz ist, den diese Deckung gewährt.

Von diesem durch Explorieren erworbenen, sehr reichhaltigen Wissen merkt man indessen im beobachtbaren Verhalten des Tieres nichts, bis jener Bedarfsfall eintritt, in welchem das Tier auf das „ad acta Gelegte" zurückgreift. Deshalb hat sich bei englisch sprechenden Verhaltensforschern der Ausdruck latentes Lernen eingebürgert, wiewohl der Lernvorgang selber völlig offenkundig und nur das durch ihn erworbene Wissen latent ist. Latentes Wissen wäre ein viel besser zutreffender Ausdruck.

4. Sachlichkeit

Die Existenz einer autonomen Motivation für exploratives Verhalten macht den Lernvorgang wie das durch ihn erworbene Wissen unabhängig von jeder speziellen, eben aktivierten Motivation und verleiht beidem eine neue Art der *Objektivität.* Wie Arnold Gehlen von diesen Verhaltensweisen sagt, geschehen sie begierdelos und haben keinen unmittelbaren Wert der Triebbefriedigung. Dieses Umgangsverhältnis mit den Bedingungen der Umwelt ist ein sachliches. Grob gesagt: Der Rabe, der einen Gegenstand untersucht, will ihn nicht fressen, die Ratte, die einen Schlupfwinkel exploriert, will sich nicht verstecken, sie wollen wissen, ob das betreffende Umweltding *theoretisch* eßbar oder als Versteck brauchbar sei. Wenn Jakob von Uexküll einmal gesagt hat, alle Dinge in der Umwelt von Tieren seien Aktionsdinge, so trifft dies in einem ganz besonderen Sinne die durch Exploration intim gemachten und dann für späteren Gebrauch ad acta gelegten Gegenstände in der Umwelt von Neugierwesen. Sie sind in einem, bei Tieren sonst nicht vorkommenden Sinne *objektiviert,* weil das Wissen um die Art ihrer Verwendbarkeit vom Situationsdruck wechselnder Motivationen unabhängig erworben und aufbewahrt wird.

5. Spezialisierung auf Nicht-Spezialisiertsein

Die genetisch festgelegten Verhaltensprogramme von Tieren mit stark entwickeltem Neugierverhalten sind in ganz besonderem Maße das, was wir mit Ernst Mayr als *offen* bezeichnen. Insbesondere zeichnen sich die AAMs aller Verhaltensweisen, deren Objekt oder adäquate Reizsituation durch Explorieren erworben wird, durch ihre extreme *Unselektivität* aus, die hier arterhaltend günstig wirkt. Die Eigenschaft der Weltoffenheit, die Arnold Gehlen richtig als eine den Menschen auszeichnende Eigenschaft darstellte, ist in geringerem Maße, aber in prinzipiell gleicher Weise, allen Neugierwesen zu eigen. Dadurch, daß sie jeden unbekannten Gegenstand als potentiell biologisch relevant behandeln, finden die Neugierwesen tatsächlich alle in ihrem Lebensraum vorkommenden Gegenstände heraus, die das wirklich sind. Dadurch erlangen sie eine gewaltige Anpassungsfähigkeit an die verschiedensten Biotope. Der Kolkrabe z. B. ist imstande, in so verschiedenen Biotopen wie in der afrikanischen Wüste, dem Walde der Alpen und einer Vogelinsel der nordischen Meere so erfolgreich zu leben, als wäre er auf jeden dieser Lebensräume besonders spezialisiert. So lebt er als Aasfresser der Wüste das Leben des Geiers, betreibt in Mitteleuropa nach Art einer Krähe Jagd auf Kleinlebewesen und lebt wie eine Raubmöve auf den Vogelinseln parasitisch von Eiern und Jungen der Koloniebrüter.

Der Unspezialisiertheit des Verhaltensprogramms muß begreiflicherweise eine ebensolche des Körperbaus entsprechen, denn eine hohe morphologische Spezialisation der Organe schließt Mannigfaltigkeit des Verhaltens aus. Deshalb sind die Neugierwesen morphologisch stets „mittlere“ oder durchschnittliche Vertreter der taxonomischen Gruppe, aus der sie stammen, wie die Ratte unter den Nagetieren, der Rabe unter den Vögeln und schließlich auch, wenn man vom Großhirn absieht, der Mensch unter den Primaten. Die Ratte kann schlechter klettern als das Eichhorn, schlechter schwimmen als der Biber, schlechter laufen als eine Wüstenspringmaus und schlechter graben als eine Blindmaus (Spalax), aber sie übertrifft jeden dieser Spezialisten in jeder der drei Leistungen, in denen er *nicht* Spezialist ist. Bedeutungsvollerweise sind unter den höheren Tieren ausschließlich „Spezialisten auf nicht Spezialisiertsein“ zu Kosmopoliten geworden.

Auch der Mensch, von Gehlen als das „Mängelwesen“ bezeichnet, kann sich an Vielseitigkeit seiner körperlichen Fähigkeiten mit allen annähernd gleichgroßen Säugetieren messen; eine Strecke unter Wasser schwimmen und gezielt Gegenstände herausholen, in einem Tage 25 km weit marschieren und an einem Tau emporklettern kann jeder einigermaßen tüchtige Mensch und kein einziges Säugetier macht ihm das nach!

6. Das Spielen

Es ist gar nicht leicht zu definieren, was man meint, wenn man naiv und im Sinne der Umgangssprache sagt: „Ein Tier oder ein Mensch spielt." Die meisten Verhaltensweisen, über die man das sagt, haben wohl das eine gemein, daß bestimmte Handlungen, deren Ablauf und deren Funktion man aus einem anderen Bezugs-System her kennt, ausgeführt werden, ohne diese Leistung zu vollbringen. Weiters würde wohl jeder naive Betrachter hinzufügen, daß die betreffenden Bewegungen um ihrer selbst willen, „zum Spaß" ausgeführt werden, er würde damit auch in vielen Fällen recht haben, man denke an das in 3. V/2 Gesagte.

Die stammesgeschichtlich und häufig auch ontogenetisch ursprünglichsten einfachsten Verhaltensweisen, die der naive Beobachter als „Spiel" aufzufassen geneigt ist, sind Leerlaufaktivitäten, vor allem solche der Lokomotion, die, wie schon erwähnt (2. I/9, S. 103), bei höherer Intensität in solche der Flucht oder der Feind-Abwehr übergehen können. Ein springendes, bockendes und ausschlagendes Fohlen macht durchaus den Eindruck des spielerischen Übermutes, und dieser Eindruck verstärkt sich, wenn zwei solche Jungtiere einander jagend dahinstürmen. Bei solchen primitiven Formen des Spielens wäre die Annahme einer besonderen Motivation unsinnig, es ist offensichtlich das autonome ASP der beteiligten Instinktbewegungen, das sie aktiviert. Von solchen einfachsten „Urformen" leiten alle nur denkbaren Übergänge zu Verhaltensweisen über, die weit eindeutiger unter den schwer definierbaren Begriff des Spielens fallen, und die genau so wie es im vorangehenden Abschnitt für das explorative Verhalten beschrieben wurde, aus einer bunten Folge von Instinktbewegungen bestehen, die aus den verschiedensten Verhaltens-Systemen stammen. In solchen Fällen ist M. Meyer-Holzapfels Annahme einer besonderen Motivationsquelle des Spielens durchaus zwingend.

Wie schon gesagt, läßt sich das Spielen vom Neugierverhalten keineswegs scharf trennen, einen nur graduellen Unterschied könnte man darin erblicken, daß die autochthonen Motivationen der einzelnen erbkoordinierten Bewegungsmuster beim Spielen manchmal stark mitwirken, beim explorativen Verhalten dagegen nur schwach oder gar nicht. Es gibt ja auch oft bei derselben Tierart verschiedene Arten des Spielens, in denen ganz verschiedene Bewegungsweisen aktiviert werden, Kampfspiele, Verfolgungsspiele usw. Bei den Kampfspielen besteht ein erheblicher Unterschied zum „Ernstfall" darin, daß die sozialen Hemmungen des Waffengebrauchs erhalten bleiben. Ein mir bekannter nahezu ein Jahr alter Luchs (Lynx lynx) führt mit den Kindern seines Besitzers wild aussehende Kampfspiele aus, in denen alle bekannten Bewegungsweisen des Feliden-Kampfes vorkommen, aber die Krallen bleiben dabei verläßlich eingezogen, es gibt auf der zarten Menschenhaut kaum einen Kratzer. Übermütige Hunde begleiten ihre Kampfspiele oft mit schauerlichen, denen des wirklichen Kampfes sehr ähnlichen, aber von diesen doch unterscheidbaren Lauten, jedenfalls höre ich es sofort, wenn ein solches Spiel in eine ernste Rauferei auszuarten droht. Dies kommt bei Hunden nur sehr selten vor, bei niedrigeren und weniger sozialen Raubtieren kann ein solcher Umschlag leichter und plötzlicher eintreten, wie ich zu meinem Schaden an einem zahmen Dachs erleben mußte.

Jedenfalls bringt das Auftreten einer spezifischen Erregung das Spielen nicht ganz so radikal zum Erlöschen wie das explorative Verhalten. Auch hat der zur Zeit des Spielens bestehende Spiegel aktions-spezifischen Potentials einer bestimmten, im Spiel vorkommenden Bewegungsweise einen nachweisbaren Einfluß auf die Häufigkeit ihres Auftretens. Wie Leyhausen an verschiedenen Katzenarten (Felidae) fand, treten im Spiel jene Bewegungsweisen des Beute-Erwerbs besonders häufig auf, die vom gefangenen und mit Futter versorgten Tier nicht gebraucht werden, und zwar auch bei erwachsenen Tieren, die sonst nicht viel spielen.

Auf einen wichtigen Unterschied zwischen der Betätigung einzelner Bewegungsweisen im Spielen und im Ernstfall hat ebenfalls Leyhausen hingewiesen. Das vegetative Nervensystem ist am Spielen offensichtlich nicht in gleicher Weise beteiligt: Bestimmte Instinktbewegungen werden im Ernstfall stets von einem starken Sträuben der Haare an ganz bestimmten Körperteilen begleitet, im Spiele aber laufen sie ab, ohne daß das Fell sich sträubt.

Ein klarer Unterschied zwischen Spielen und explorativem Verhalten besteht wohl nur in ihrer Teleonomie. Die Funktion der Neugier ist es, Gegenstände und Umweltsituationen bekannt zu machen, die des Spielens liegt in seiner engen Verbundenheit zum Erwerb gekonnter Bewegungen. Das Spiel ist zu sehr großem Teile von der 3. V/1, S. 251 besprochenen Funktionslust motiviert und eben dadurch führt es häufig zu einer schöpferischen Produktion neuer und oft sehr eleganter Bewegungsweisen. Dabei spielt der dort erwähnte Mechanismus, der möglichst große motorische Effekte mit möglichst geringem Energieverbrauch bekräftigt, eine wesentliche Rolle. Er bringt es mit sich, daß gerade die „reinsten“ Spiele, bei denen das Explorieren von Objekten in den Hintergrund tritt, auf dem Ausnutzen von Energiequellen beruhen, die außerhalb des Organismus gelegen sind und ihn nichts kosten. Zu den wenigen wirklichen Spielen von Vögeln gehören die Flugspiele der Raben, die individuell verschiedene, oft ungemein elegante Figuren des Kunstfluges schöpferisch produzieren. Die Worte Kunst und schöpferisch habe ich bewußt nicht unter Anführungszeichen gestellt, da hier Vorgänge am Werke sind, die höchstwahrscheinlich auch allem menschlichen Kunstschaffen zugrunde liegen, ganz sicher aber der urtümlichsten aller menschlichen Künste, dem Tanz.

Unter den Säugetieren sind es merkwürdigerweise die Wassertiere, Fischotter, Seelöwen und Delphine, die unter Ausnützung der Wasserkräfte ähnliche Kunstprodukte zustande bringen, wie der Kolkrabe unter Benutzung der Windströme. Seelöwen und Delphine haben, wie der Mensch, das Wellenreiten erfunden, indem sie sich an der Vorderseite einer hohen Woge mit dem Bauch so auf die Oberfläche des Wassers schnellen, daß sie von der Schwerkraft getrieben auf dieser abwärts gleiten und nach dem Prinzip des Wasserskifahrens nicht in diese einsinken. Delphine verstehen es außerdem, sich von der Druckwelle, die ein größeres Schiff vor sich herschiebt, vorwärts treiben zu lassen. Da ihnen dies umso mehr Spaß macht, je schneller das Schiff fährt, führte ihr Spiel zu übertriebenen Ansichten über die von Delphinen erreichbaren Geschwindigkeiten, bei Beobachtern, die die Mechanik des Vorganges nicht durchschauten.

K. Groos hat schon 1933 vermutet, daß Tiere im Spiele lernen, daß diese als „Vorahmung“ späteren Verhaltens dieses vorbereiten und vervollkommnen. Mit dieser Hypothese steht im Einklang, daß ganz allgemein die Differenzierung und die Häufigkeit des Spielens mit der Fähigkeit zu motorischem Lernen und mit der Ausbildung frei verfügbarer Willkürbewegungen korreliert sind. Allerdings klingt es nach dieser Feststellung wie eine „petitio principi“ wenn ich behaupte, daß gerade die genannten, besonders spielfreudigen Wassersäugetiere besonders gut zur Ausbildung gekonnter Bewegungen befähigt seien, doch steht dies nicht nur durch Zirkusdressuren unter Beweis: Seelöwen erfinden spontan ganz unglaubliche Kunststücke und die Beobachtungen Karen Pryors an Delphinen bringen unzählige Beispiele derselben Fähigkeit.

Es steht also zu erwarten, daß das Spielen bei den Primaten, die mit ihren Greifhänden die reichsten Möglichkeiten zu willkürlichen Operationen besitzen (3. V/2 und 3), die größte Bedeutung hat, die geringste dagegen bei niedrigeren Säugern. Von Insektenfressern, wie Igeln, Spitzmäusen usw. ist wirkliches Spielen meines Wissens nicht bekannt. Ratten haben in ihrer Jugend ausgesprochene Kampfspiele, nicht aber die Maus. Diese aber hat die Fähigkeit zum Spielen offenbar sekundär verloren, denn es treten beim Jungtier in einem bestimmten Stadium Vestigien des Spielens auf, die man nur als solche erkennen kann, wenn man die entsprechenden Verhaltensweisen von Ratten kennt. Im Kampfspiel dieser Art kommt, wenn zwei Gegner sich im Scheinkampf gefaßt haben, ein Treten mit dem Hinterbein – meist nur mit einem – vor, das der analogen Bewegung spielender oder kämpfender Katzen ähnelt. Bei Mäusen hat sich nun merkwürdigerweise diese eine Bewegung als Vestigium des Spielens erhalten und junge Mäuse vollführen sie oft ganz unvermittelt, wenn sie in „übermütiger“ Stimmung sind. Außerdem hüpfen junge Mäuse oft unvermittelt oder auf minimale Reize, ähnlich wie junge Ratten es im Spiele tun, wahrscheinlich ebenfalls ein Vestigium des Spielens. Ehe wir diesen Verdacht hatten, sprachen wir scherzhaft von einem „Flohstadium“ in der Entwicklung der Mäuse. Schon bei den einfachen Kampfspielen der Ratten hat man den Eindruck, daß dabei *Folgen* von Bewegungsweisen gelernt werden, deren einzelne Elemente zur Bildung bedingter Aktionen (3. IV/6) zur Verfügung stehen. Deutlicher wird dies bei den Kampfspielen von Raubtieren, bei denen ja viele „Mehrzweckhandlungen“ vorkommen, wie z. B. die Orientierung des Beißens in den Hals des Spielpartners, das im Ernstfalle gleicherweise im Kampf wie beim Beuteerwerb, und bei manchen Marderartigen (Mustelidae) außerdem noch bei der Begattung Verwendung findet. Wie Eibl-Eibesfeldt nachgewiesen hat, wird die richtige Orientierung dieses Bisses im Spiel mit Geschwistern gelernt und dann in den drei genannten Ernstfällen richtig angewendet.

Wie H. Harlow zeigte, erwerben Rhesusaffen (Macaca rhesus) im Spiele komplizierte gekonnte Bewegungen, z. B. solche, die zum Öffnen eines Schlosses dienen und zeigen anschließend Appetenz nach ihrer Ausführung (3. V/2). Es läßt sich denken, daß das Spielen eine besondere teleonome Leistung dann entwickelt, wenn ein Lebewesen imstande ist, eine Erfindung praktisch anzuwenden, die ihm im Spielen zufällig gelungen ist. Das klassische Beispiel hiefür ist die Beobachtung von Wolfgang Köhler (1921) der seinem heute weltberühmten Schimpansen Sultan die Aufgabe stellte, eine vor dem Käfig liegende Banane mit einem Werkzeug heran zu holen, das aus zwei ineinander steckbaren Stöckchen bestand. Solange Sultan sich auf die Banane als Zielobjekt seiner Appetenz konzentrierte, beharrte er in Versuchen mit dem längeren der beiden Stöcke die Frucht zu erreichen. Erst als er sich von seiner Appetenz nach der Frucht befreite und ziellos mit den beiden Stöcken zu spielen begann, gelang es ihm, die beiden ineinander zu stecken. Dann allerdings verstand er sofort, daß er nun ein Werkzeug besaß, mit der er die Banane erreichen konnte.

7. Neugier, Spiel, Forschung und Kunst

Explorieren und Spielen sind lebenswichtige Bestandteile des menschlichen Verhaltens.

Das von Wolfgang Köhler so anschaulich geschilderte Verhalten des Schimpansen Sultan ist paradigmatisch für alle Forschung. Die neue Erfindung wird im ,,entspannten Felde" des *nicht* zweckgerichteten und nicht von einer spezifischen Appetenz motivierten Spieles gemacht, und erst *nachträglich* wird ihre Anwendbarkeit auf praktische Belange entdeckt. Die Geschichte der Wissenschaft ist überreich an Beispielen für diese Aufeinanderfolge der Erkenntnis-Schritte, das anschaulichste von ihnen ist die Erfindung des Blitzableiters durch Benjamin Franklin, der bekanntlich bei Gewitterneigung einen Drachen steigen ließ und Funken aus der feucht werdenden Drachenschnur zog. Nichts lag ihm beim Spiel mit dem Drachen ferner als der Schutz von Häusern vor Blitzschlag.

Das freie Spiel der Faktoren, das nach keinerlei Zielen strebt, durch keinerlei vorgegebene Weltenzwecke gebunden ist, das Spiel, in dem nichts festliegt außer den Spielregeln, hat auf der Ebene molekularer Vorgänge zur Entstehung des Lebens geführt, es hat die Evolution verursacht und das Werden höherer Lebewesen aus niedrigeren vorangetrieben. Wahrscheinlich ist dieses freie Spiel die Voraussetzung für alles im wahren Sinne schöpferischen Geschehen, in der menschlichen Kultur nicht anders als überall sonst. Das von unersättlichem Hunger nach Erkenntnis vorangetriebene Forschen des Menschen ist ein solches schöpferisches Geschehen und es ist keineswegs verwunderlich, daß es seine volle Leistung nur entfalten kann, wenn es, aller Zwecksetzungen entledigt, zum Spiele wird. Alfred Kühn hat dies einst in einem unvergeßlichen Vortrag vor der Österreichischen Akademie der Wissenschaften sehr scharf formuliert: ,,Eine angewandte Naturwissenschaft gibt es nicht, sondern nur eine Anwendung ihrer Ergebnisse und von dieser lebt die Menschheit. Die Wissenschaft trägt manchmal goldene Früchte, aber nur für den, der sie ausschließlich um ihrer Blüten willen kultiviert."

Menschliche Forschung steht auf der unscharf definierten Grenze zwischen Neugierverhalten und Spielen, die menschliche Kunst gehört viel eindeutiger zum Spielen. Schon die Umgangssprache drückt dies aus: wir ,,spielen" Theater, jemand ,,spielt" Flöte oder Geige. Beides aber muß man können, das Wort Kunst ist aus diesem Zeitwort abgeleitet. Der bloße Wille genügt nicht, ein Kunstwerk hervorzubringen, sonst hieße es, wie Clemens Holzmeister einmal sagte, nicht Kunst sondern Wulst.

Die erwähnte Funktion des Spielens, solche gekonnten Bewegungen zu produzieren, die einen möglichst großen Effekt durch eine möglichst geringe Ausgabe von Energie erzielen, führt merkwürdigerweise zu Bewegungsweisen, auf deren Harmonie unser Schönheitsempfinden anspricht. Die erwähnten herrlichen Flugspiele der Kolkraben, die eleganten Figuren des Wellenreitens von Seelöwen und Delphinen, erinnern zwingend an die Urform aller menschlichen Kunst, an den *Tanz*.

Die Funktionslust ist teleonomerweise in den Lernvorgang eingebaut, der gekonnte Bewegungen immer glatter, eleganter und energiesparender werden läßt. Dieses an sich rein vom Nützlichkeits-Standpunkt aus gesetzte Ziel läßt sich am besten dadurch erreichen, daß *harmonische* Beziehungen zwischen den Bewegungs-Anteilen entstehen, wie sich ja auch schon auf der sehr viel niedrigeren Ebene der relativen Koordination harmonische Bewegungsweisen als stabil und zweckmäßig erweisen. Man könnte sich vorstellen, daß die Funktionslust, von ihrer teleonomen Leistung befreit, als selbständiger Faktor in das große Spiel eintritt, in dem nichts festliegt, außer den Spielregeln. Es wäre denkbar, daß die menschliche Kunst ihre Fähigkeit zum Erschaffen von Niedagewesenem dadurch erlangt hat, daß sich ihr stärkster Antrieb, die Funktionslust, aus den Banden ihrer teleonomen Bestimmtheit befreit hat.

Nachwort zum 3. Teil

Ich habe versucht, hier einige Vorgänge teleonomer Modifikation des Verhaltens zu schildern, die ich aus eigener Anschauung kenne. Sie alle habe ich an Tieren beobachtet, die unter annähernd natürlichen Lebensbedingungen gehalten wurden. Von diesem Gesichtspunkte aus erscheinen begreiflicherweise andere Lernvorgänge als die wichtigsten und genauer Besprechung bedürftigsten, als von dem Standpunkte der experimentellen Laboratoriumsforscher. „Operant conditioning", durch Belohnung („reinforcement") andressierte Verhaltensauswahl kommt unter natürlichen Umständen so gut wie ausschließlich im Zusammenhang mit explorativem Verhalten vor. Dieses aber spielt nur bei verhältnismäßig wenigen, sehr hoch organisierten Vögeln und Säugetieren eine Rolle und die Überschätzung der biologischen Bedeutung des operant conditioning kommt ganz sicher daher, daß so viele Lernpsychologen aus der unendlichen Vielzahl der Lebewesen hauptsächlich die Ratte und den Menschen genauer kennengelernt haben, und gerade diese beiden sind ausgesprochene „Neugierwesen".

In der Einteilung der verschiedenen Lernmechanismen habe ich mich vom kybernetischen Gesichtspunkt beeinflussen lassen, deshalb habe ich die kleine Gruppe der Lernvorgänge, bei denen Assoziation nicht mitspielt, scharf von jener größeren getrennt, bei der Verknüpfungsvorgänge eine wesentliche Rolle spielen. Unter den Lernmechanismen, bei denen eben dies der Fall ist, habe ich wiederum diejenigen in ein besonderes Kapitel zusammengefaßt, bei denen die teleonome Modifikation des Verhaltens durch die Rückkoppelung seines Erfolges bewirkt wird. In den beiden letztgenannten Kapiteln habe ich mich den kybernetischen Vorstellungen von Bernhard Hassenstein angeschlossen.

Ich erhebe keinerlei Anspruch, eine auch nur einigermaßen vollständige Übersicht über die Vielzahl der existierenden Lernleistungen gegeben zu haben, noch weniger über die Möglichkeiten der Kombination, in denen sie zusammenwirken können. Vor allem enthalte ich mich jeder Aussage darüber, welche Wechselwirkungen das begriffliche Denken mit Lernleistung beim Menschen entfalten mag.

Was ich gezeigt zu haben glaube, ist die Hoffnungslosigkeit jeglichen Versuches, „das Lernen" mit einer einzigen Theorie zu erfassen. Es gibt ganz sicher unzählige unabhängig voneinander evoluierte und voneinander grundverschiedene „offene" Programme, deren jedes auf seine eigene Weise Information aufnimmt und in einer teleonomen Modifikation jener physiologischen Maschinerie verwertet, deren Funktion das Verhalten ist. Jedes dieser offenen Programme enthält gewaltige Mengen phylogenetisch erworbener und genetisch kodierter Information.

Literaturverzeichnis

Abel, O.: Lehrbuch der Paläozoologie. Jena: G. Fischer. 1920.

Adler, M. J.: The Difference of Man and the Difference It Makes. New York – Chicago – San Francisco: Holt, Reinhart and Winston. 1967.

Anokhin, P. K.: A New Conception of the Physiological Architecture of Conditioned Reflex, in: Brain Mechanism and Learning, pp. 189–229. Oxford: Blackwell. 1961.

Aschoff, J.: Circadian Clocks. Proc. Feldafing Summer School, September 1964. Amsterdam: North Holland Publ. Co. 1965.

Baerends, G. P.: Fortpflanzungsverhalten und Orientierung der Grabwespe Ammophila campestris. Tijdschr. Ent. **84**, 68–275 (1941).

Baerends, G. P.: On the Life-History of Ammophila campestris Jur. Nederl. Akademie van Wetenschappen, Proceedings **44**, 1–8 (1941).

Baerends, G. P.: Aufbau tierischen Verhaltens, in: Handb. d. Zool. (Kükenthal, W., Hrsg.), **8**, 10, 1–32 (1956).

Baerends, G. P.: Moderne Methoden und Ergebnisse der Verhaltensforschung bei Tieren. Rheinisch-Westfälische Akad. Wiss. Vortrag, 218. Opladen: Westdeutscher Verlag. 1973.

Baerends, G. P., Drent, R. H.: The Herring Gull's Egg. Behaviour **17** (Suppl.) (1970).

Baeumer, E.: Lebensart des Haushuhns. Z. Tierpsychol. **22**, 394–411 (1955).

Baeumer, E.: Verhaltensstudie über das Haushuhn – dessen Lebensart, 2. Teil. Z. Tierpsychol. **16**, 284–296 (1959).

Bally, G.: Vom Ursprung und den Grenzen der Freiheit. Eine Deutung des Spielens bei Mensch und Tier. Basel: Birkhäuser. 1945.

Batham, E. J., Pantin, C. F. A.: Muscular and Hydrostatic Action in the Sea-anemone Metridium senile (L.). J. Exp. Biol. **27**, 264–289 (1950).

Batham, E. J., Pantin, C. F. A.: Inherent Activity in the Sea-anemone Metridium senile (L.). J. Exp. Biol. **27**, 290–301 (1950).

Becker-Carus, Ch., Schöne, H.: Motivation, Handlungsbereitschaft, „Trieb". Z. Tierpsychol. **30**, 321–326 (1972).

Bertalanffy, L. v.: Theoretische Biologie. Bern: Francke. 1951.

Bierens de Haan, J. A.: Die tierischen Instinkte und ihr Umbau durch Erfahrung. Leiden: E. J. Brill. 1940.

Bol, A.: siehe Sevenster-Bol.

Brehm, A. E.: Brehms Tierleben. Leipzig–Wien: Bibliographisches Institut. 1890.

Brehm, A. E.: Gefangene Vögel. Leipzig–Heidelberg: C. F. Winter'sche Verlagsbuchhandlung. 1872.

Bridgeman, P. W.: Remarks on Niels Bohr's Talk. Daedalus Spring. 1958.

Brunswick, E.: Wahrnehmung und Gegenstandswelt. Psychologie vom Gegenstand her. Leipzig–Wien: 1934.

Brunswick, E.: Scope and Aspects of the Cognitive Problem, in: Contemporary Approaches to Cognition (Bruner et al., Hrsg.). Cambridge: Harvard Univ. Press. 1957.

Bubenik, A. B.: The Significance of the Antlers in the Social Life of the Cervidae. Deer **1**, 208–214 (1968).

Bühler, K.: Handbuch der Psychologie, I. Teil: Die Struktur der Wahrnehmung. Jena: 1922.

Bullock, Th. H.: Introduction to Nervous Systems. San Francisco: Freeman & Co. 1977.

Butenandt, E., Grüsser, O. J.: The Effect of Stimulus Area on the Response of Movement Detecting Neurons in the Frog's Retina. Pflügers Archiv **298**, 283–293 (1968).

Buytendijk, F. J. J.: Wege zum Verständnis der Tiere. Zürich–Leipzig: Max Niehaus Verlag. 1940.

Craig, W.: Appetites and Aversions as Constituents of Instincts. Biol. Bull. Woods Hole **34**, 91–107 (1918).

Dethier, V. G., Bodenstein, D.: Hunger in the Blowfly. Z. Tierpsychol. **15**, 129–140 (1958).

Dewey, J.: Experience and Nature. Chicago–London: Open Court Publishing Co. 1925.

Dewey, J.: Reconstruction in Philosophy. New York: North Holland & Co. 1936.

Dobzhansky, T.: Genetics of Natural Populations XVI. Genetics **33**, 158–176 (1948).

Dobzhansky, T.: Genetics of Natural Populations XVIII. Genetics **33**, 588–602 (1948).

Dobzhansky, T.: Genetics of Natural Populations XX. Evolution **6**, 234–243 (1952).

Dobzhansky, T.: Mankind Evolving. Yale Univ. Press. 1962.

Dolderer, E. M.: Lernverhalten von Pferden aus der Sicht der modernen Verhaltensbiologie. Zulassungsarbeit f. d. Wiss. Prüfung f. d. Lehramt an Gymnasien, Univ. Freiburg, 1975.

Drees, O.: Untersuchungen über die angeborenen Verhaltensweisen bei Springspinnen (Salticidae). Z. Tierpsychol. **9**, 169–207 (1952).

Driesch, H.: Philosophie des Organischen. Leipzig: Quelle & Meyer. 1928.

Eccles, J. C.: The Neurophysiological Basis of Mind: The Principle of Neurophysiology. London: Oxford Univ. Press. 1953.

Eccles, J. C.: Brain and Conscious Experience. Berlin–Heidelberg–New York: Springer. 1966.

Eccles, J. C.: Uniqueness of Man (Roslansky, J. B., Hrsg.). Amsterdam: North Holland. 1968.

Ehrenfels, C. v.: Über Gestaltqualitäten. Vierteljahresschrift für wiss. Philosophie **14**, 249–292 (1890).

Eibl-Eibesfeldt, I.: Zur Biologie des Iltis (Plutorius plutorius L.). Zool. Anz. Suppl. **19,** 304–314 (1956).
Eibl-Eibesfeldt, I.: Versuche über den Nestbau erfahrungsloser Ratten. (Wiss. Film B 757.) Göttingen: Inst. wiss. Film. 1958.
Eibl-Eibesfeldt, I.: Grundriß der vergleichenden Verhaltensforschung. München: Piper. 1967.
Eigen, M., Winkler, R.: Das Spiel. München: Piper. 1975.
Fisher, R. A.: The Genetical Theory of Natural Selection. Oxford: Clarendon Press. 1930.
Fletcher, R. A.: Instinct in Man. London: George Allen & Unwin. 1957.
Foppa, K.: Lernen, Gedächtnis, Verhalten. Köln–Berlin: Kiepenheuer & Witsch. 1965.
Fraenkel, G. S., Gunn, D. S.: The Orientation of Animals. Oxford: Clarendon Press. 1961.
Franck, D., Wilhelmi, U.: Veränderungen der aggressiven Handlungsbereitschaft männlicher Schwertträger Xiphophorus helleri, nach sozialer Isolierung. Experientia **29,** 896–897 (1973).
Franzisket, L.: Untersuchungen zur Spezifität und Kumulierung der Erregungsfähigkeit und zur Wirkung einer Ermüdung in der Afferenz bei Wischbewegungen des Rückenmarksfrosches. Z. Tierpsychol. **34,** 525–538 (1953).
Freud, S.: Gesammelte Werke. London: Imago Publ. 1950.
Frisch, K. v.: Ein Zwergwels, der kommt, wenn man ihm pfeift. Biol. Zbl. **43,** 439–446 (1923).
Frisch, K. v.: Erinnerungen eines Biologen. Berlin–Heidelberg–New York: Springer. 1957.
Frisch, K. v.: Tanzsprache und Orientierung der Bienen. Berlin–Heidelberg–New York: Springer. 1965.
Gadow, H.: Vögel, in: Bronn's Klassen und Ordnungen des Tierreichs, Anat. Theil, **6,** 1–1008. Leipzig: 1891.
Garcia, J., Koelling, R. A.: A Comparison of Aversions Induced by X-Rays, Drugs and Toxins. Radiation Res. Suppl. **7,** 439–450 (1967).
Garcia, J., Hankins, W. G., Rusiniak, K. W.: Behavioral Regulation of the Milieu Interne in Man and Rat. Science **185,** 824–831 (1974).
Garcia, J., Ervin, F. R.: A Neuropsychological Approach to Appropriateness of Signals and Specifity of Reinforcers. Proc. of Intern. Neuropsychology Society Meeting, 1967.
Gehlen, A.: Der Mensch, seine Natur und seine Stellung in der Welt. Berlin: Junger und Dürrhaupt. 1960.
Grey Walter, W.: The Living Brain. London: Gerald Duckworth & Co. 1953.
Groos, K.: Die Spiele der Tiere, 3. Aufl. Jena: 1933.
Gunn, D. S., Fraenkel, G. S.: The Orientation of Animals. Oxford: Clarendon Press. 1961.
Haldane, J. B. S.: The Inequality of Man. London: Chatto & Windus. 1932.
Haldane, J. B. S.: The Philosophy of a Biologist. Oxford: Clarendon Press. 1936.
Harlow, H. F.: Primary Affectional Patterns in Primates. Amer. J. Orthopsychiat. **30** (1960).

Harlow, H. F., Harlow, M. K.: The Effect of Rearing Conditions on Behavior. Bull. Menninger Clinic **26**, 213–224 (1962).

Harlow, H. F., Harlow, M. K., Meyer, D. R.: Learning Motivated by a Manipulation Drive. J. Exp. Psychol. **40**, 228–234 (1950).

Harlow, H. F., Harlow, M. K.: Social Deprivation in Monkeys. Scient. American **207**, 137–146 (1962).

Hassenstein, B.: Abbildende Begriffe. Zool. Anz. Suppl. **18**, 197–202 (1955).

Hassenstein, B.: Biologische Kybernetik. Heidelberg: Quelle & Meyer. 1965.

Hassenstein, B.: Kybernetik und biologische Forschung. Handb. d. Biol. **1**, 631–719. Frankfurt: Athenaion. 1966.

Hassenstein, B.: Verhaltensbiologie des Kindes. München: Piper. 1973.

Hartert, E. (1899): zitiert nach Stresemann: Die Entwicklung der Ornithologie.

Hartline, H. K., Wagner, H. G., Rattcliff, F.: Inhibition in the Eye of Limulus. J. of General Physiology **39**, 651–673 (1956).

Hartmann, M.: Allgemeine Biologie. Jena: G. Fischer. 1933.

Hartmann, M.: Die philosophischen Grundlagen der Naturwissenschaften. Jena: G. Fischer. 1948, 1959.

Hartmann, N.: Der Aufbau der realen Welt. Berlin: Walter de Gruyter. 1964.

Hartmann, N.: Teleologisches Denken. Berlin: Walter de Gruyter. 1966.

Hebb, D. O.: The Organization of Behaviour. New York: 1940.

Hebb, D. O.: Heredity and Environment in Mammalian Behaviour. Brit. J. Anim. Beh. **1**, 43–47 (1953).

Hebb, D. O.: A Textbook of Psychology. Philadelphia: W. B. Saunders Co. 1958.

Hediger, H.: Zur Biologie und Psychologie der Flucht bei Tieren. Biol. Zbl. **54**, 21–40 (1934).

Hediger, H.: Wildtiere in Gefangenschaft. Basel: Benno Schwabe & Co. 1942.

Hediger, H.: Skizzen zu einer Tierpsychologie im Zoo und im Zirkus. Zürich: Gutenberg. 1954.

Heilbrunn, L. V.: Grundzüge der allgemeinen Physiologie. Berlin: Dtsch. Verl. d. Wiss. 1958.

Heiligenberg, W.: Ursachen für das Auftreten von Instinktbewegungen bei einem Fische (Pelmatochromis subocellatus kribensis). Z. vergl. Physiol. **47**, 339–380 (1963).

Heiligenberg, W.: Ein Versuch zur ganzheitsbezogenen Analyse des Instinktverhaltens eines Fisches (Pelmatochromis subocellatus kribensis, Boul., Cichlidae). Z. Tierpsychol. **21**, 1–52 (1964).

Heiligenberg, W.: Der Einfluß spezifischer Reizmuster auf das Verhalten der Tiere, in: Grzimeks Tierleben, Ergänzungsband Verhaltensforschung, 234–254. Zürich: Kindler Verlag AG. 1974.

Heinroth, O.: Beiträge zur Biologie, insbesondere Psychologie und Ethologie der Anatiden. Verh. 5. Int. Ornithologen-Kongr., Berlin, 589–702 (1910).

Heinroth, O.: Über bestimmte Bewegungsweisen der Wirbeltiere. Sitzungsber. Ges. naturforsch. Freunde Berlin, 1930.

Heinroth, O., Heinroth, M.: Die Vögel Mitteleuropas. Berlin–Lichterfelde: Behrmüller. 1928.

Heinroth-Berger, K.: Beobachtungen an handaufgezogenen Mantelpavianen. Z. Tierpsychol. **16**, 706–732 (1959).
Heinroth-Berger, K.: Über Handaufzuchten. Der Zool. Garten **39**, 1/6 (1970).
Heisenberg, W.: Der Teil und das Ganze. Gespräche im Umkreis der Atomphysik. München: Piper. 1969.
Herrick, F. H.: Instinct. Western Res. University Bulletin 22/6.
Herrick, F. H.: Wild Birds at Home. New York–London: D. Appleton-Century Comp. 1935.
Herter, K.: Beziehungen zwischen der Ökologie und der Thermotaxis der Tiere. Biol. Gen. **17**, 243–309 (1943).
Herter, K.: Der Temperatursinn der Säugetiere. Beitr. Tierkunde-Tierzucht **3**, 1–171 (1952).
Herter, K.: Der Temperatursinn der Insekten. Berlin: Duncker & Humblot. 1953.
Hess, E. H.: Space Perception in the Chick. Scient. American **195**, 71–80 (1956).
Hess, E. H.: Imprinting, an Effect of Early Experience. Science **130**, 133–141 (1959).
Hess, E. H.: Imprinting: Early Experience and the Developmental Psychobiology of Attachment. New York: Nostrand. 1973. Deutsche Übersetzung: Prägung. München: Kindler. 1975.
Hess, W. R.: Das Zwischenhirn, 2. Aufl. Basel: Schwabe. 1954.
Hess, W. R.: Die Formatio reticularis des Hirnstammes im verhaltensphysiologischen Aspekt. Arch. Psychiatr. Nervenkr. **196**, 329–336 (1957).
Hinde, R. A.: The Nestbuilding Behaviour of Domesticated Canaries. Proc. Zool. Soc. London **131**, 1–48 (1958).
Hinde, R. A.: Unitary Drives. Anim. Behavior **7**, 130–141 (1959).
Hinde, R. A.: Animal Behaviour. New York u. a.: McGraw-Hill Book Company. 1966.
Hoffmann, K.: Versuche zu der im Richtungsfinden der Vögel enthaltenen Zeitschätzung. Z. Tierpsychol. **11**, 453–475 (1954).
Hoffmann, K.: Experimental Manipulation of the Orientational Clock in Birds. Cold Spring Harbor Symp. Quant. Biol. **25**, 379–387 (1960).
Hogan, J. A., Adler, N.: Classical Conditioning and Punishment of an Instinctive Response in Betta splendens. Anim. Behav. **11**, 351–354 (1963).
Holst, E. v.: Zur Verhaltensphysiologie bei Tieren und Menschen. (Gesammelte Abhandlungen, Band I und II.) München: Piper. 1969/70.
Hull, C. L.: Principles of Behavior. New York: 1943.
Huxley, J. S.: The Courtship of the Great Crested Grebe. Proc. Zool. Soc. London. 1914.
Huxley, J. S.: Courtship Activities in the Red-Throated Diver (Colymbus stellatus PONTOPP); Together With a Discussion of the Evolution of Courtship in Birds. J. Linn. Soc. London Zool. **53**, 253–292 (1923).
Huxley, J. S.: Evolution, the Modern Synthesis. New York: Harper. 1942.
Huxley, J. S.: A Discussion on the Ritualization of Behaviour in Animals and Man. Philosoph. Trans. Roy. Soc. (London) **B 251** (1966).

Immelmann, K.: Prägungserscheinungen in der Gesangsentwicklung junger Zebrafinken. Naturwiss. **52,** 169–170 (1965).

Immelmann, K.: Zur Irreversibilität der Prägung. Naturwiss. **53,** 209 (1966).

Iersel, J. J. v.: An Analysis of the Parental Behavior of the Three-Spined Stickleback (Gasterosteus aculeatus). Behaviour, Suppl. 3 (1953).

Iersel, J. J. v.: Some Aspects of Territorial Behavior of the Male Three-Spined Stickleback. Arch. Neerl. Zool. **13,** 383–400 (1958).

Jennings, H. S.: The Behavior of the Lower Organisms. New York: 1906. Deutsch: Berlin–Leipzig: 1910.

Jordan, H. J.: Vergleichende Physiologie wirbelloser Tiere. Jena: S. Fischer. 1913.

Jordan, H. J.: Allgemeine vergleichende Physiologie der Tiere. Berlin: Walter de Gruyter. 1929.

Kaltenhäuser, D.: Über Evolutionsvorgänge in der Schwimmentenbalz. Z. Tierpsychol. **29,** 481–540 (1971).

Kant, I.: Werke (Cassirer, E., Hrsg.), 11 Bde. Berlin: Bruno Cassirer. 1912–1918.

Kaup, J. J.: Classification der Säugethiere und Vögel. J. Orn. 1854.

Kear-Matthews, J.: Mündliche Mitteilung.

Knoll, F.: Insekten und Blumen. Abhandl. Zool.-Bot. Ges. Wien **12** (1926).

Koehler, O.: Die Ganzheitsbetrachtung in der modernen Biologie. Verh. d. Königsberger gelehrten Gesellschaft, 1933.

Koehler, O.: Die Analyse der Taxisanteile instinktartigen Verhaltens. Symp. Soc. Exp. Biol. **4,** 269–302 (1950).

Koehler, O.: Vom unbenannten Denken. Zool. Anz. Suppl. **16,** 202–211 (1952).

Koehler, O., Dinger, W.: Orientierungsvermögen von Mäusen, Versuche im Hochlabyrinth. (Wiss. Film B 635.) Göttingen: Inst. wiss. Film. 1953.

Koenig, O.: Ungewöhnliches Nistmaterial. Die Pyramide **10,** 4 (1962).

Kogon, Ch.: Das Instinktive als philosophisches Problem. (Kulturphilos., philosophiegeschichtliche u. erziehungswissenschaftl. Studien, Heft 16.) Würzburg: K. Triltsch. 1941.

Köhler, W.: Intelligenzprüfungen an Menschenaffen. Berlin–Heidelberg–New York: Springer. (Neudruck 1963.)

Kortlandt, A.: Eine Übersicht über die angeborenen Verhaltensweisen des mitteleuropäischen Kormorans. Arch. neerl. Zool. **4,** 401–442 (1940).

Kortlandt, A.: Aspects and Prospects of the Concept of Instinct. Arch. neerl. Zool. **11,** 155–284 (1955).

Krueger, F.: Lehre vom Ganzen. Bern: Huber. 1948.

Kruijt, J.: Ontogeny of the Social Behaviour in Burmese Red Jungle Fowl (Gallus gallus spadicus). Behaviour, Suppl. 12 (1974).

Kruijt, J.: Early Experience and the Development of Social Behaviour in Jungle Fowl. Psychiatr. Neurol. Neurochir. **74,** 7–20 (1971).

Kuenzer, P.: Die Auslösung der Nachfolgereaktion bei erfahrungslosen Jungfischen von Nannacara anomala (Cichlidae). Z. Tierpsychol. **25,** 257–314 (1968).

Kühn, A.: Die Orientierung der Tiere im Raum. Jena: G. Fischer. 1919.

Kuo, Z. Y.: Ontogeny of Embryonic Behavior in Aves I and II. J. Exp. Zool. **61** (1932).

Lawick-Goodall, J. v.: In the Shadow of Man. Boston: Houghton-Mifflin/London: Collins. 1971.

Lawick-Goodall, J. v., Lawick, H. v.: Innocent Killers. Boston: Houghton-Mifflin. 1971.

Lehrman, D. S.: A Critique of Konrad Lorenz's Theory of Instinctive Behavior. Quarterly Rev. Biol. **28**, 337–363 (1953).

Leong, C. Y.: The Quantitative Effect of Releasers on the Attack Readiness of the Fish Haplochromis burtoni (Cichlidae). Z. vgl. Physiol. **65**, 29–50 (1969).

Lettvin, J. Y., Maturana, H. R., McCulloch, W. S., Pitts, W. H.: What the Frog's Eye Tells the Frog's Brain. Proc. Instit. Radio Engineers **47**, 1940–1951 (1959).

Leyhausen, P.: Verhaltensstudien an Katzen. Berlin–Hamburg: Parey. 1975.

Leyhausen, P., Lorenz, K.: Antriebe tierischen und menschlichen Verhaltens. Gesammelte Abhandlungen. München: Piper. 1968.

Lidell, H. S.: The Conditioned Reflex, in: Comparative Psychology (Moss, F. A., Hrsg.), 247–296. New York: Prentice-Hall. 1934.

Lidell, H. S.: Conditioned Reflex Method and Experimental Neurosis, in: Personality and the Behavior Disorders (Hunt, J. McV., Hrsg.), Vol. I, 389–412. New York: Ronald. 1944.

Lissmann, H.: Die Umwelt des Kampffisches Betta spelndens. Z. vgl. Physiol. 18–65

Lorenz, K.: Beobachtungen an Dohlen. J. Orn. **75**, 511–519 (1927).

Lorenz, K.: Über den Begriff der Instinkthandlung. Folia biotheoretica, **B 2**, Instinctus, 17–50 (1937).

Lorenz, K.: Vergleichende Verhaltensforschung. Verh. Dt. Zool. Ges., Zool. Anz. Suppl. **12**, 69–102 (1939).

Lorenz, K.: Vergleichendes über die Balz der Schwimmenten. J. Orn. **87**, 172–174 (1939).

Lorenz, K.: Kants Lehre vom Apriorischen im Lichte gegenwärtiger Biologie. Blätter für Deutsche Philosophie **15** (1941).

Lorenz, K.: Die angeborenen Formen möglicher Erfahrung. Z. Tierpsychol. **5**, 235–409 (1943).

Lorenz, K.: Die Entwicklung der vergleichenden Verhaltensforschung in den letzten 12 Jahren. Zool. Anz. (Suppl.), 36–58 (1952).

Lorenz, K.: Moralanaloges Verhalten geselliger Tiere. Universitas **11**, 691–704 (1956).

Lorenz, K.: Über das Töten von Artgenossen, in: Die Natur, das Wunder Gottes (Dennert, E., Hrsg.), 6. Aufl., 262–281. Bonn: Athenäum. 1957.

Lorenz, K.: Das sogenannte Böse. Zur Naturgeschichte der Aggression. Wien: Borotha-Schoeler. 1963.

Lorenz, K.: Zur Naturgeschichte der Aggression. Neue Sammlung **4**, 296–308 (1965).

Lorenz, K.: Über tierisches und menschliches Verhalten. (Gesammelte Abhandlungen, Band I und II.) München: Piper. 1965.

Lorenz, K.: Innate Bases of Learning, in: On the Biology of Learning (Pribram, K. H., Hrsg.). New York: Harcourt, Brace & World. 1969.

Lorenz, K.: The Enmity Between Generations and Its Probable Ethological Causes, in: The Place of Value in a World of Facts. Nobel Symposium 14, Stockholm, 385–418, 1970.

Lorenz, K.: Fritz Knoll als vergleichender Verhaltensforscher. Verh. d. Zool.-Bot. Ges. Wien. 1974.

Lorenz, K.: Die Rückseite des Spiegels. München: Piper. 1973.

Lorenz, K.: Analogy as a Source of Knowledge. Les Prix Nobel en 1973, 185–195. The Nobel Foundation: 1974.

Lorenz, K., Rose, W.: Die räumliche Orientierung von Paramaecium aurelia. Die Naturwiss. **19,** 623–624 (1963).

Lorenz, K., Saint-Paul, U. v.: Die Entwicklung des Spießens und Klemmens bei den drei Würgerarten Lanius collurio, L. senator und L. excubitor. J. Orn. **109,** 137–156 (1968).

McDougall, W.: An Outline of Psychology. London: Methuen & Co. Ltd. 1923.

MacKay, D. M.: Freedom of Action in a Mechanistic Universe. Cambridge: Univ. Press. 1967.

Makkink, G. F.: An Attempt at an Ethogram of the European Avocet (Recurvirostra avosetta L.) With Ethological and Psychological Remarks. Ardea **25,** 1–60 (1936).

Marler, P., Hamilton, W. J.: Mechanisms of Animal Behaviour. New York–London–Sydney: John Wiley & Sons Inc. 1966.

Massermann, J. H.: Behavior and Neurosis. Chicago: University of Chicago Press. 1943.

Matthaei, R.: Das Gestaltproblem. München: J. F. Bergmann. 1929.

Mau, H.: Zum Einfluß von Testosteron auf Balz-, Kopulations- und aggressives Verhalten erwachsener weiblicher Stockenten (Anas platyrhynchos L.). Inaugural-Dissertation zur Erlangung des Doktorgrades für Biologie der Ludwig-Maximilians-Universität zu München, 1973.

Mayr, E.: Systematics and the Origin of Species. New York: Columbia University Press. 1942.

Mendel, G.: Versuche über Pflanzenhybriden, in: W. Ostwalds Klassiker der exakten Wissenschaften (von Tschermak, E., Hrsg.). 1901.

Metzger, W.: Psychologie. Darmstadt: Steinkopff. 1953, 4. Aufl.: 1968.

Meyer-Holzapfel, M.: Triebbedingte Ruhezustände als Ziel von Appetenzhandlungen. Die Naturwiss. **28,** 273–280 (1940).

Meyer-Holzapfel, M.: Das Spiel bei Säugetieren. Handb. Zool. **8,** 1–36 (1956).

Mittelstaedt, H.: Prey Capture in Mantids. Recent Advances in Invertebrate Physiology. University of Oregon Publications, 51–71 (1957).

Morris, D.: "Typical Intensity" and Its Relation to the Problem of Ritualization. Behaviour **11,** 1–12 (1957).

Moynihan, M.: Hostile and Sexual Behavior Patterns of South American and Pacific Laridae. Behaviour, Suppl. 8 (1962).

Neweklowsky, W.: Untersuchungen über die biologische Bedeutung und die Motivation der Zirkelbewegung des Stars (Sturnus v. vulgaris L.). Z. Tierpsychol. **31**, 474–502 (1972).

Nice, M. M.: Studies of the Life History of the Song Sparrow. Transact. Linn. Soc. (New York) **4**, 57–83 (1937).

Nicolai, J.: Elternbeziehung und Partnerwahl im Leben der Vögel. (Gesammelte Abhandlungen.) München: Piper. 1970.

Pallas, S. P.: zitiert nach Stresemann, Die Entwicklung der Ornithologie.

Pantin, C. F. A.: siehe Batham, E. J., Pantin, C. F. A.

Pawlow, I. P.: Conditioned Reflexes. Oxford: 1927.

Pittendrigh, C. S.: Perspectives in the Study of Biological Clocks, in: Perspectives in Marine Biology. La Jolla: Scripps Inst. Oceanogr. 1958.

Popper, K. R.: Scientific Reduction and the Essential Incompleteness of All Science, in: Studies in the Philosophy of Biology (Ayala, F. J., Dobzhansky, T., Hrsg.), 259–284. London: Macmillan Press Ltd. 1974.

Popper, K. R.: Studies in the Philosophy of Biology (Ayala, F. J., Dobzhansky, T., Hrsg.). London: Macmillan Press Ltd. 1974.

Portielje, A. F. J.: Dieren zien en leeren kennen. Amsterdam: Nederlandsche Keurboekerij. 1938.

Porzig, W.: Das Wunder der Sprache. München–Bern: 1950.

Prechtl, H. F. R.: Zur Physiologie angeborener Auslösemechanismen I. Quantitative Untersuchungen über die Sperrbewegung junger Singvögel. Behavior **5**, 32–50 (1953).

Prechtl, H. F. R.: Die Entwicklung der frühkindlichen Motorik I–III. (Wiss. Filme C 651, C 652, C 653.) Göttingen: Inst. wiss. Film. 1955.

Prechtl, H. F. R., Schleidt, W.: Auslösende und steuernde Mechanismen des Saugaktes I. Z. vgl. Physiol. **32**, 252–262 (1950).

Prechtl, H. F. R., Schleidt, W.: Auslösende und steuernde Mechanismen des Saugaktes II. Z. vgl. Physiol. **33**, 53–62 (1951).

Prechtl, I.: Auslösende und steuernde Mechanismen der Sperrbewegung einiger Nesthocker. Dissertation, Univ. Wien, 1949.

Prosser, C. L., Brown, F. A., jr.: Comparative Animal Physiology, 2. Aufl. Philadelphia: W. B. Saunders & Comp. 1961.

Pryor, K.: Lads Before the Wind. New York–Evanston–San Francisco–London: Harper & Row. 1975.

Pumphrey, R. J.: Hearing. Symp. Soc. Exp. Biol. **4**, 1 (1950).

Rasa, O. A. E.: Appetence for Aggression in Juvenile Damsel Fish. Beiheft zu Z. Tierpsychol. Hamburg: Parey. 1971.

Regen, J.: Über die Orientierung des Grillenweibchens nach dem Stridulationsschall des Männchens. Sitz. Ber. Akad. Wiss. Wien, math.-naturw. Kl. **132** (1924).

Remane, A.: Die Grundlagen des natürlichen Systems der vergleichenden Anatomie und Phylogenetik. Leipzig: 1952.

Remane, A.: Die Geschichte der Tiere, in: Die Evolution der Organismen (Heberer, G., Hrsg.), 2. Aufl., 340–419. Stuttgart: G. Fischer. 1959.

Rensch, B.: Evolution Above the Species Level. New York: Columbia Univ. Press. 1960.

Richter, C. P.: Animal Behavior and Internal Drives. Quart. Rev. Biol. **2**, 307–343 (1927).

Richter, C. P.: Total Self Regulatory Functions in Animals and Human Beings. Harvey Lectures Series **38**, 63–103 (1942–43).

Riess, B. F.: The Effect of Altered Environment and of Age on the Mother-Young Relationships among Animals. Ann. N. Y. Acad. Sci. **57**, 606–610 (1954).

Roeder, K.: Spontaneous Activity and Behavior. The Scientific Monthly **80**, 362–370 (1955).

Roeder, K., Tozian, L., Weiant, E. A.: Endogenous Nerve Activity and Behaviour in the Mantis and Cockroach. J. Ins. Physiol. **4**, 45–62 (1960).

Rose, W.: Versuchsfreie Beobachtungen des Verhaltens von Paramaecium aurelia. Z. Tierpsychol. **21**, 257–278 (1964).

Ruiter, L. de: The Physiology of Vertebrate Feeding Behavior; Toward a Synthesis of the Ethological and Physiological Approaches to Problems of Behavior. Z. Tierpsych. **20**, 489–516 (1963).

Saint-Paul, U. v., Lorenz, K.: Die Entwicklung des Spießens und Klemmens bei den drei Würgerarten Lanius collurio, L. senator und L. excubitor. J. Orn. **109**, 137–156 (1968).

Schindewolf, O. H.: Paläontologie, Entwicklungslehre und Genetik. Kritik und Synthese. Berlin: 1936.

Schleidt, M.: Untersuchungen über die Auslösung des Kollerns beim Truthahn. Z. Tierpsychol. **11**, 417–435 (1954).

Schleidt, W. M.: Reaktion von Truthühnern auf fliegende Raubvögel und Versuche zur Analyse ihrer AAMs. Z. Tierpsychol. **18**, 534–560 (1961).

Schleidt, W. M.: Die historische Entwicklung der Begriffe „Angeborenes auslösendes Schema“ und „Angeborener Auslösemechanismus“. Z. Tierpsychol. **19**, 697–722 (1962).

Schleidt, W. M.: Wirkung äußerer Faktoren auf das Verhalten. Fortschr. Zool. **16**, 469–499 (1963).

Schleidt, W. M.: Über die Spontaneität von Erbkoordinationen. Z. Tierpsychol. **21**, 235–256 (1964).

Schleidt, W. M.: How „Fixed“ Is the Fixed Action Pattern? Z. Tierpsychol. **36**, 184–211 (1974).

Schleidt, W. M., Schleidt, M., Magg, M.: Störungen der Mutter–Kind-Beziehung bei Truthühner durch Gehörverlust. Behaviour **16**, 254–260 (1960).

Schutz, F.: Sexuelle Prägung bei Anatiden. Z. Tierpsychol. **22**, 50–103 (1965).

Schutz, F.: Sexuelle Prägungserscheinungen bei Tieren, in: Die Sexualität des Menschen, Handb. d. Med. Sexualforschung (Giese, H., Hrsg.), 284–317. Stuttgart: F. Enke. 1968.

Schwartzkopff, J.: Vergleichende Physiologie des Gehörs. Fortschr. Zool. **12**, 206–264 (1960).

Schwartzkopff, J.: Vergleichende Physiologie des Gehörs und der Lautäußerungen. Fortschr. Zool. **15**, 214–336 (1962).

Seitz, A.: Die Paarbildung bei einigen Cichliden I. Z. Tierpsychol. **4**, 40–84 (1940).

Seitz, A.: Die Paarbildung bei einigen Cichliden II. Z. Tierpsychol. **5,** 74–100 (1941).

Sevenster-Bol, A. C. A.: On the Causation of Drive Reduction After a Consummatory Act. Arch. neerl. Zool. **15,** 175–236 (1962).

Sevenster, P.: A Causal Analysis of Displacement Activity, Fanning in Gasterosteus aculeatus. Behaviour, Suppl. 9 (1961).

Sevenster, P.: Motivation and Learning in Sticklebacks, in: The Central Nervous System and Fish Behaviour (Ingle, D., Hrsg.), 223–245. Chicago–London: Univ. Press. 1968.

Sjölander, S.: Sexual Imprinting on Another Species in a Cichlid Fish, Haplochromis burtoni. Rec. Comp. Animal T. **7,** 77–81 (1973).

Sjölander, S.: Effects of Cross-Fostering on the Sexual Imprinting of the Female Zebra Finch Taeniopygia guttata. Z. Tierpsychol. **45,** 337–348 (1977).

Skinner, B. F.: Conditioning and Extinction and Their Relation to Drive. J. gen. Psychol. **14,** 296–317 (1936).

Skinner, B. F.: The Behavior of Organisms. New York: Appleton-Century-Crofts. 1938.

Skinner, B. F.: Reinforcement Today. Amer. Psychologist **13,** 94–99 (1958).

Skinner, B. F.: Beyond Freedom and Dignity. New York: Knopf. 1971.

Stellar, E.: The Physiology of Motivation. Psychol. Review **61,** 5–22 (1954).

Stellar, E.: Drive and Motivation, in: Handbook of Physiology (Field, J., Hrsg.), Sec. 1, Vol. III, 1501–1527. Washington: Amer. Physiol. Soc. 1960.

Stellar, E., Hill, J. H.: The Rat's Rate of Drinking as a Function of Water Deprivation. J. comp. Physiol. **45,** 96–102 (1952).

Stensiö, E. A.: The Downtonian and Devonian Vertebrates of Spitzbergen. I. Skrift im Svalbard, No. 12 (1927).

Stensiö, E. A.: On the Head of Macropetalichthyids With Certain Remarks on the Head of the Other Arthrodires. Field Mus. Nat. History, Chicago (1925).

Storch, O.: Erbmotorik und Erwerbsmotorik. Anz. Math. Nat. Kl., Öst. Akad. Wiss. **1,** 1–23 (1949).

Stresemann, E.: Die Entwicklung der Ornithologie. Von Aristoteles bis zur Gegenwart. Berlin: F. W. Peters. 1951.

Thorndike, E. L.: Animal Intelligence. New York: Macmillan. 1911.

Tinbergen, N.: The Study of Instinct, 1. Aufl. Oxford Univ. Press. 1951.

Tinbergen, N.: Das Tier in seiner Welt. München: Piper. 1977.

Tinbergen, N., Lorenz, K.: Taxis und Instinkthandlung in der Eirollbewegung der Graugans. Z. Tierpsychol. **2,** 1–29 (1938).

Tinbergen, N., Meeuse, B. J. D., Boerma, L. K., Varossieau, W. W.: Die Balz des Samtfalters (Eumenis semele L.). Z. Tierpsychol. **5,** 182–226 (1943).

Tolman, E. C.: Purposive Behavior in Animals and Men. New York: Appleton. 1932.

Twarog, B. M., Roeder, K. D.: Properties of the Connective Tissue Sheath of the Cockroach Abdominal Nerve Cord. Biol. Bull. (Woods Hole) **111,** 278–286 (1956).

Uexküll, J. v.: Umwelt und Innenleben der Tiere. Berlin: 1909 (2. Aufl. 1921).

Verplanck, W.: Mündliche Mitteilung.

Washburn, S. L., DeVore, I.: The Social Life of Baboons. Scient. Americ. **204**, 62–71 (1961).
Wells, M. J.: Brain and Behavior in Cephalopods. London: Heinemann. 1962.
Wells, G. P.: Spontaneous Activity Cycles on Polychaete Worms. Symp. Soc. exp. Biol. **4**, 127–142 (1950).
Whitman, C. O.: Animal Behavior. Biol. Lect. Mar. Biol. Lab. (Woods Hole, Mass.) **1898**, 285–338.
Whitman, C. O.: The Behavior of Pigeons. Publ. Carnegie Inst. **257**, 1–161 (1919).
Wickler, W.: Mimikry – Signalfälschung in der Natur. München: Kindler. 1968.
Wickler, W.: Sind wir Sünder? Naturgesetze in der Ehe. München: Droemer. 1969.
Wickler, W.: Stammesgeschichte und Ritualisierung. München: Piper. 1970.
Wickler, W., Seibt, U.: Vergleichende Verhaltensforschung. Hamburg: Hoffman und Campe. 1973.
Wright, S.: Statistical Genetics and Evolution. Bull. Amer. Math. Soc. **48**, 223–246 (1942).
Wright, S.: Evolution and the Genetics of Populations, Vols. I and II. Univ. Chicago Press. 1968, 1969.
Wundt, W.: Vorlesungen über die Menschen- und Tierseele. Leipzig: Verlag von Leopold Voss. 1922.
Zeeb, K.: Zirkusdressur und Tierpsychologie. Mitt. Nat. forsch. Ges. Bern, (N. F.) **21** (1964).
Zimen, E.: Wölfe und Königspudel. Ethologische Studien (Wickler, W., Hrsg.). München: Piper. 1971.

Namen- und Sachverzeichnis